강 구 조
디자인과
모형실험

김덕재 김용익 이은택 이한필
은희창 최병정 심현주 공 저

머리말 | Preface

강구조는 고층건물이나 장스팬 건물 등 현대건축구조로서 불가결(不可缺)의 구조이지만 구조형식, 단면형태, 접합 방법 등 선택의 폭이 매우 넓어 목구조나 철근콘크리트구조에 비해 디자인 접근에 많은 어려움이 있음을 감지(感知)하여 건축공학을 전공하는 학생뿐만 아니라 건축학을 전공하는 학생들의 교재 및 일반 건축기술인들의 참고서로 이용할 수 있도록 저자 일동은 비재(非才)를 무릅쓰고 이 책을 엮어보았습니다.

따라서 이 책을 집필할 때는 강구조를 이해하기 쉽게 설명하는데 목표를 두었습니다. 강구조 디자인의 기본이 되는 강재와 디자인 방법, 그리고 모형실험 등에 관해 자세히 설명하도록 노력하였습니다. 또한 어려운 용어에는 한자와 영어를 병기하였습니다.

이 책의 내용은 2009년 국토해양부 고시 강구조설계기준 · 건축구조기준(KBC)에 따라 새롭게 편집하였지만 기준의 개정에 따라 미비한 점은 계속 수정 · 보완할 것을 다짐합니다.

끝으로 출판에 즈음하여 원고정리에 기여한 연구실의 장보라, 박진선 학생과 출간에 적극 협력하여 주신 기문당에 감사의 뜻을 전하는 바입니다.

2010년 2월

저자 일동

차 례

Chapter 4 압축재

Chapter 5 보

Chapter 6 기둥

Chapter 7 접합부

Chapter 8 합성재

Chapter 9 건물의 디자인

Chapter 10 모형실험

Suvarnabhumi International Airport of Bangkok, 2007. H형강, 원형강관을 사용한 강구조 건축물 : 강구조의 조형미를 나타낸 곡면 및 입체트러스.

Chapter 1

강구조

Chapter **1**

강구조

1.1 강구조 개요

강구조는 목구조나 콘크리트구조에 비해 설계조건에 대한 설계의 폭이 매우 높아 작게는 단일보 또는 기둥에서부터 장스팬 건물이나 초고층 건물에 이르기까지 널리 사용됨으로써 그 구조형식도 매우 다양하다. 그러나 강구조의 구조형식은 대체로 다음 3가지 유형으로 나눌 수 있다.

1. 프레임구조(Framed structures)
2. 쉘구조(Shell structures)
3. 현수구조(Suspension structures)

(1) 프레임구조

단층건물이나 고층건물 등 대부분의 건물들은 이 유형에 속한다. 프레임구조는 보와 기둥이 강접합으로 이루어지며 필요에 따라 가새를 사용하여 건물을 안정되게 만든다. 프레임구조는 실제로 입체구조이지만 양 방향으로 튼튼하게 서로 지지하고 있기 때문에 일반적으로 평면골조로 다루는 경우가 많다. 특히 공장이나 교회당 같은 단층건물에는 포탈(portal)구조, 박공(gable)구조, 평면트러스(plane truss)구조가 많이 사용되고 강당이나 체육관 건물에는 입체트러스(space truss)구조, 돔(dome)구조 등이 사용된다.

(a) Empire State Building, N.Y. (b) John Hancock Center, Chicago (c) Willis Tower, Chicago

그림 1.1 프레임구조 형식의 건축물

(2) 쉘구조

쉘구조는 쉘 자체가 용도기능을 갖춘 내력구조를 말하는데, 건물에는 프레임구조와 함께 사용하는 것이 일반적이다. 고가수조(高架水槽)를 비롯한 각종 재료의 저장용기 등이 좋은 예라 할 수 있다.

(3) 현수구조

현수구조에서의 주 버팀재는 인장 케이블인데 본래는 현수교에서 응용되었다. 강구조에서 인장재는 하중을 전달하는 가장 효율적인 수단이므로 케이블 지붕구조뿐 아니라 이 개념을 활용하는 건물들이 점점 늘어나고 있다. 또한, 프레임구조, 쉘구조, 현수구조 형식들을 조합한 특수한 건물들도 건축되고 있다.

(a) Golden Gate Bridge, San Francisco (b) Normandie Bridge, France

그림 1.2 현수구조 형식의 교량

(a) Madison Square Garden, New York (b) HSBC Bank Building, Hong Kong

그림 1.3 현수구조 형식의 건축물

1.2 강구조의 특징

강구조는 철근콘크리트구조와 비교하여 대조적인 특징을 가지고 있다.

강재는 철근콘크리트에 비해 강도가 매우 큰 재료이다. 물론 철근콘크리트도 콘크리트를 철근으로 보강한 것이지만 강재에 비하면 약한 재료이므로 부재단면이 커질 뿐 아니라 자중도 크다. 이에 비하여 강하고 인성이 풍부하며 시공성이 우수한 강재는 단면이 작아질 수 있고, 이에 따라 자중이 감소되므로 철근콘크리트에 비하여 훨씬 큰 스팬, 그리고 훨씬 높은 건물에 적합하다.

보의 스팬으로 보통 10m 이내가 철근콘크리트구조의 적당한 스팬이고 그 이상은 철골철근콘크리트, 프리스트레스 콘크리트(prestressed concrete)가 쓰이지만, 30m 이상의 구조물은 거의 강구조로 이루어져 있으며 특히 가벼운 지붕으로 스팬이 큰 구조물은 강구조가 더욱 적합하다.

철근콘크리트 기둥은 강재 기둥에 비하여 강도가 크지 않으므로 기둥이 크게 되어 좌굴의 영향이 작은 것이 일반적이다. 그러나 강재는 무게에 비하여 강도가 높아 단면이 작기 때문에 압축재에서는 좌굴에 대하여 고려할 필요가 있다. 따라서 좌굴이 일어나지 않는 단면과 구조형식을 선정하는 것이 중요하다.

강구조에 나타나는 좌굴현상은 부재 전체의 휨좌굴, 휨-비틀림좌굴, 횡좌굴, 부재를 구성하는 판요소의 국부좌굴 등으로 다양하고, 고층건물 및 장스팬구조에서는 이것들이 소성역에서 문제가 되는 일이 많다. 또한, H형강, 강관, 경량형강 등의 형강류는 최근 그 종류가 늘어나고, 또 그 치수도 대형화되므로 이것들을 기둥, 보 등의 구조부재로서 그대로 이용하는 경우가 많다. 이와 같이 강구조에서는 개개의 부재가 어느 정도 공업생산화되었다고 볼 수 있다. 따라서 이들 부재를 어떻게 접합할 것인가가 설계에서 차지하는 비율이 매우 높고 마무리, 강도, 변형에 대해서 충분한 검토를 필요로 한다. 이러한 관점에서 철근콘크리트구조와 같이 기둥, 보, 접합부를 일체로 하는 구조와는 뚜렷한 대비를 보인다.

그림 1.4 서귀포 월드컵 경기장(케이블구조)

(1) 강구조의 장점

강재는 그 무게에 비해 다른 재료보다 강도가 상당히 높다. 또한 강재는 공장생산하므로 품질에 신뢰성이 있고, 부재제작은 공장에서 하고 현장에서 설치하게 되므로 공기가 단축되고 구조물의 품질관리 면에서 좋은 구조이다. 그리고 철근콘크리트와는 달리 강재의 재료적 특성은 시간에 따라 심하게 변하지 않는다.

강재는 항복점 이후부터 파괴점까지 큰 변형능력인 연성(延性, ductility)을 가지고 있으며 또한, 인성(靭性, toughness)이 크므로 강한 구조물을 만들 수 있다.

(2) 강구조의 단점

강구조는 구조물 자중에 비해 하중부담 능력이 크므로 부재가 가늘고 길게 되기 쉽다. 이 때문에 부분적으로 좌굴, 비틀림 등이 일어날 우려가 있으므로 안정성 문제(stability problem)를 충분히 고려하여야 한다. 또한, 강성이 작을 경우 처짐이 커져서 진동이 커질 수 있다. 따라서 휨재에서는 같은 강재량에 대해 될 수 있는 한 강성이 높은 단면을 선정해야 한다. 강구조는 철근콘크리트구조보다 접합부의 설계, 시공에 더 세심한 주의가 필요하다.

한편 강구조는 내화성과 내식성에서 약점을 갖고 있다. 공법의 근대화와 더불어 경량 내화피복구조의 보급이 예상되지만 이 경우에 내화성능에는 주의할 필요가 있다. 또 부식은 건물의 내구·내화에 유해하므로 방청도료의 시공에 주의하는 것은 물론, 설계시 가능한 한 녹이 발생하지 않도록 유의하여야 한다.

위의 문제점들을 해결하기 위하여 근래에는 내후성강, 내화강, 스테인리스강 등

신재료가 개발되고 있다. 한편 고장력강, TMC강, SN강, SHN강, HBS강 등 신재료의 개발로 강구조 설계의 가능성을 넓혀주고 있으며 강재의 가공방법, 시공법 등이 개선되고 있다.

그림 1.5 방콕 스완나폼 국제공항 (장스팬구조)

1.3 강구조의 역사

1.3.1 철강재

강구조는 이 구조의 재료인 철강을 이용한 역사부터 고찰해 볼 필요가 있다.

학자들에 의하면 인류는 운석의 형태로 지구에 떨어진 운철을 사용하는 방법을 먼저 알게 되었다고 한다. 고대 수메르인은 철을 안바(anbar)라고 불렀는데, 이것은 하늘의 산물이라는 뜻으로 운철(隕鐵, iron meteorite)을 의미한다. 운석은 철(Fe)과 니켈(Ni)의 합금으로 되어 있다. 그린랜드 이누이트 에스키모가 쇠로 된 칼을 가지게 된 것도 이 운철을 통해서였다고 하며 철기시대를 경험하지 못한 마야, 잉카, 아스테카인도 운철을 이용해서 제의용 칼을 만들었다고 한다.

인류역사상 최초의 철생산은 에게해 부근 고대 트로이지방의 이다(Ida)산에 발생한 커다란 산불부터이며, 지표면에 함유된 철성분이 이 산불로 인하여 여러 가지 형상으로 다듬질할 수 있는 자연산 형태의 철이 생성되었다고 알려지고 있다. 철을 제련하는 방법은 처음에는 광산에서 캐낸 철광석 덩어리 위에 장작을 태워서 얻은 열로 녹이는 단순한 방법에서부터 시작되었다. 그 후 장작 대신 목탄을 쓰게 되었으며 온도를 높이기 위하여 풍구를 이용하거나 간단한 화로(火爐)를 사용하게 되었다. 이와 같이 철의 역사는 철광석을 녹여서 철기를 만들었던 기간이 대부분을 차지하고 있으며 오늘날 우리들이 사용하고 있는 것과 같은 선철이나 강철을 만들기 시작한 것은 그리 오래되지 않았다.

14세기 초 처음으로 목탄을 사용한 용광로로 선철(銑鐵, pig iron)을 만들기 시작했으며, 18세기에 비로소 목탄 대신에 코크스(cokes)를 사용하는데 성공하였다. 그러나 이와 같은 방법으로 만들어낸 선철은 단단하기는 했지만 잘 늘어나거나 펴지지 않았기 때문에 두드려서 일정한 형태의 모양으로 만들기 어려웠다. 따라서 철을 좀 더 여리게 하는, 즉 기계적·물리적 성질을 향상시키는 여러 가지 방법이 연구되었다.

대표적인 것으로 석탄과 코크스를 사용하여 용융선철에서 연철(鍊鐵, wrought iron)을 만드는 교반정련법(攪拌精鍊法, puddle process)이 1784년 영국의 헨리 코트(Henry Cort)에 의해 발명되었다. 이후 1856년에 영국의 헨리 벳세머(Henry Bessemer, 1813~1898)는 용융선철에서 강철을 대량 생산할 수 있는 전로(轉爐, converter)를 개발하였다.

구조용으로 철이 사용된 초기에는 주철(鑄鐵, cast iron)이 사용되었지만 영국에서는 18세기에 에이브라함 다비(Abraham Darby, 1677~1717)가 용광로의 연료로 석탄에서 얻은 코크스를 사용하는 방법을 보급시키기까지는 주철의 생산량은 거의 없었다. 벳세머 전로로 정련된 초기의 강(鋼, steel)의 대부분은 취약하여 압연시킬 때 가루로 되기 쉬웠다. 이러한 취약점은 주조하기 전에 망간을 더하면 좋다는 것을 로버트 뮤셋(Robert Mushet)이 제안하여 해결되었다.

그러나 광석으로부터 정련된 강은 여전히 취약점이 남아 있었다. 많은 연구 결과 그것은 인(P)에 의한 것임을 알게 되었고, 인을 제거하는 방법을 세상에 소개한 사람은 시드니 토마스(Sidney Thomas)와 퍼시(Percy Gilchrist)로서 1878~1879년의 일이었다. 이 방법은 불필요한 인과 결합하여 인을 철에서 분리하는 물질을 용광로에 넣음으로써 철을 정련하는 것이다. 오늘날의 강은 1879년에 비롯되었다고 해도 지나친 말은 아니다. 그리고 지금은 강도와 경도 등을 달리하는 신뢰할만한 여러 가지 특성의 강이 생산되게 되었다.

그림 1.6 철강재의 제조과정

1.3.2 강구조 건물

주철이 건축물에 사용되기 시작한 것은 18세기말부터였다. 1779년 영국에서는 주철로 된 아이언브리지(iron bridge)인 콜 부룩데일(coal brookdale)교가 처음 세워졌고, 대영박물관에는 최대 12.5m의 주철보가 사용되었다. 그러나 연철은 주철보다는 인장에 강하고 충격에 의한 손상도 덜하기 때문에 1840년경 이후부터는 보에 연철을 사용하였다. 유럽에서 연철조의 큰 구조물은 에펠탑일 것이다. 에펠탑은 1889년에 건축되었는데 약 7,300톤의 연철이 사용되었다. 연철은 그의 생산방법 때문에 큰 보를 하나로 압연하기에는 적당하지 않았으며 벳세머 제강법과 시멘스 마르탱 제강법이 발명된 후에는 강이 연철보다 강하기 때문에 연철을 대신하여 사용하게 되었다.

완전한 강구조 건물은 1890년경 시카고에서 시작되었고, 1892년에는 20층의 매소닉 템플(Masonic Temple)이 시카고에 세워졌다. 그 후에 뉴욕에도 그 영향이 파급되어 20세기 초기에 벌써 100m 높이의 고층건축으로 발전하게 되었다. 뉴욕의 특징인 마천루(sky scraper)는 베들레헴(Bethlehem) 제철회사가 1921년에 H형강을 생산하기 시작한 때부터 막이 오르기 시작하였다.

고층건물에서 획기적이고 기념비적인 것은 1931년에 건립된 엠파이어스테이트 빌딩(Empire state building, 102층, 381m)이다. 그리고 H형강의 출현, 구조기술의 발달, 사회적 요구에 부응하여 새로운 구조물이 계속 나타나게 되었다. 그 중에서 1968년에 완공된 시카고의 존 핸콕 센터(John Hancock Center, 99층, 344m), 1974년에 시어스 타워(Sears Tower, 110층, 443m)가 건설되어 건축물의 초고층화 시대를 열었다. 장스팬 구조물은 경제적 · 공간적 · 조형적 견지에서 체육관, 공항, 공장, 시장, 창고 등과 같은 건물에 적용되고, 규모가 큰 것으로 주목할 만한 건물은 미국 휴스턴에 있는 애스트로 돔(실내야구장)을 들 수 있다.

우리나라도 경제성장과 기업규모의 대형화 물결에 의해 도심지 건물의 고층화 시대를 맞이하였다. 1969년 KAL빌딩을 비롯하여 1970년 포항제철, 현대제철이 태동하면서 1980년대에는 63빌딩, 한국무역센터, 대우빌딩, 롯데호텔, 한화증권사옥, 글래스타워, 큰길타워 등 많은 강구조물이 건축되었고, 1994년 TMC강을 사용한 POSCO센터, 1998년 SK 본사사옥, 1999년 삼성타워, 2002 한 · 일월드컵 경기장 등이 계속하여 건설되었다.

이와 같이 강구조 건축물들이 초고층화, 장스팬화되고 있는 반면, 최근에 친환경 공법의 사회적 요구에 따라 저층 건물에도 경량형강재를 사용한 새로운 건축양식이 보급되고 있는데, 스틸하우스(steel house)가 그 좋은 예라고 생각된다.

(a) SK 본사사옥

(b) 삼성타워

(c) 스틸하우스

그림 1.7 강구조 건축물

1.4 구조용 강재

일반적으로 사용되는 구조용 강재는 탄소(C)량이 약 0.2% 이하이고 인장강도가 400N/mm^2(MPa)의 탄소강(carbon steel)으로 이를 연강(軟鋼, mild steel)이라 한다. 강도를 높일 목적으로 탄소량을 0.25~0.35%까지 늘려서 인장강도 490~570 N/mm^{2}의 고탄소강을 얻을 수 있지만 고탄소강은 모재의 인성을 저하시키고 또한 용접시 열영향부의 경화와 갈라짐의 원인이 되므로 이러한 것은 비용접성의 강재가 된다. 이 결점을 막기 위하여 탄소량을 0.2% 이하로 두고 대신 강화원소로서 망간(Mn), 규소(Si), 니켈(Ni), 크롬(Cr), 몰리브덴(Mo), 바나듐(V), 붕소(B)를 소량첨가하고 다시 열처리하여 조질형(調質形)의 저탄소 고장력강을 만들 수 있다. 이것 외에 니오브(Nb), 구리(Cu) 등의 원소를 첨가하여 항복점을 높인 고항복점 강재와 심한 기상조건에 견디는 내후성 강재도 있다. 구조용 강재로는 일반적으로 압연강재를 사용하고 있으며, 압연에는 1,200℃ 정도까지 가열하는 열간압연과 상온에서 성형되는 냉간압연이 있다. 그림 1.8은 압연강재의 단면형상과 그 표시방법을 도시한 것이고, 표 1.1은 주요 구조용 강재의 재료강도를 나타낸 것이다.

종래의 H형강은 제작 롤러 때문에 내치수를 일정하게 하고 플랜지 두께를 변화시켜 춤의 크기를 정하는 것과는 달리, 외치수를 일정하게 하고 플랜지의 두께를 변화시켜 동일 호칭 크기에서 춤을 변화시키지 않고 외치수를 일정하게 만든 하이퍼빔(Hyper Beam)이 생산되고 있다. 최근에는 강구조 건축물의 초고층화, 장스팬화, 그리고 체육관과 같은 대공간구성 등 복잡한 구조계획에 따라 강재의 강도가 높은 고장력강의 필요성이 증대하고, 접합부의 용접 사용 및 극후강의 사용에 따른 용접성이 우수한 강재가 요구되고 있다. 이러한 요구조건에 부합하여 생산되는 구조용 강재는 다음과 같다.

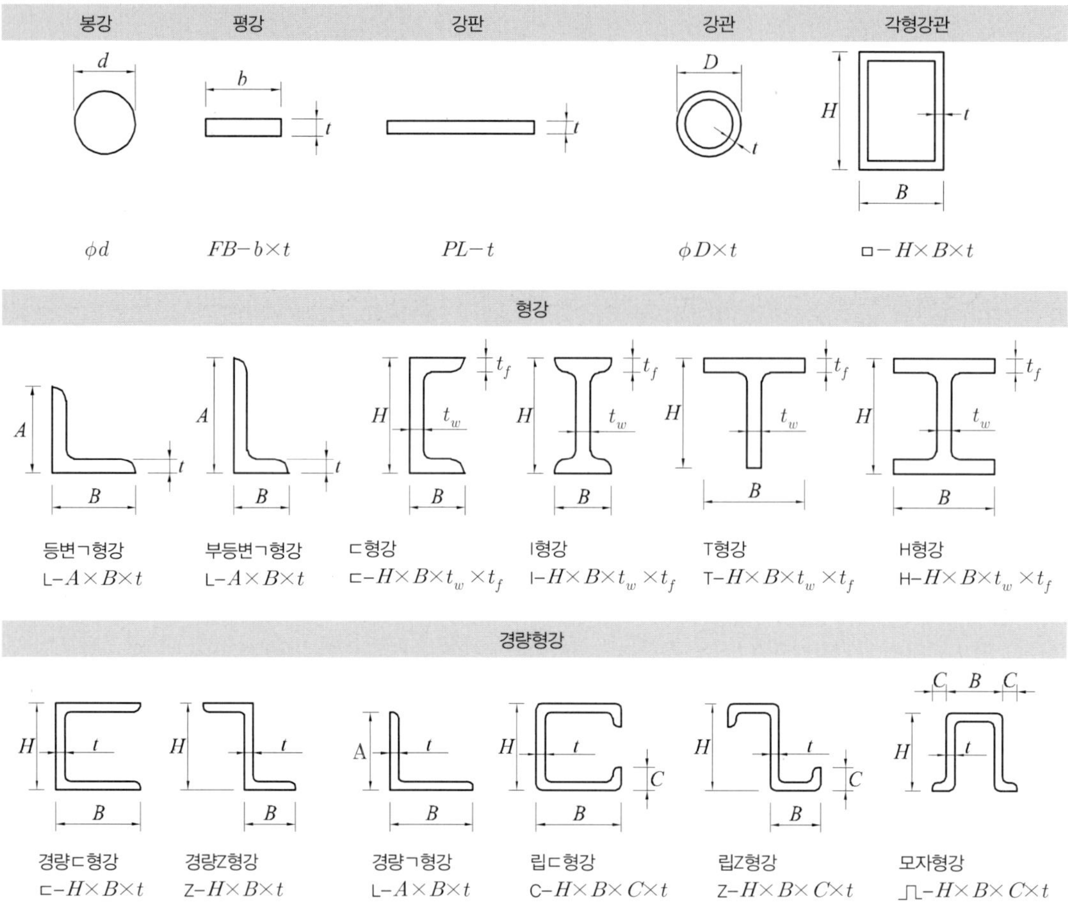

그림 1.8 압연강재의 종류

표 1.1 구조용 강재의 재료강도 (MPa)

강도	강재 기호 / 판두께	SS400 SN400 SM400 SMA400	SS490	SM490 SMA490	SN490	SHN490	SM520 SM490Y	SS540	SM570 SMA570
F_y	40mm 이하	235	275	315	325	325	355	390	450
	40mm 초과 75mm 이하	215	255[1)]	295	295	325	335	–	430
	75mm 초과 100mm 이하	215	–	295	295	–	325	–	420
F_u	100mm 이하	400	490	490	490	490	520 (490)[2)]	540	570

(표 계속)

강도	판두께 \ 강재 기호	SM490TMC[3)]	SM520TMC[3)]	SM570TMC[3)]	HSB500	HSB600
F_y	100mm 이하	315	355	450	380	450
F_u	100mm 이하	490	520	570	500	600

1) SS490의 적용 두께는 60mm 이내
2) SM490Y의 인장강도는 490MPa
3) 건축물 강구조에 적용되는 TMC 강재의 적용두께는 80mm 이하

표 1.2 강관용 강재의 재료강도(MPa)

강재 기호		STK400 SKK400 SKY400 SPAP235 STKN400W STKN400B	SPSR400	SPAR295	STK490 SKK490 SKY490 SCW490-CF	SPSR490 STKN490B SPAP325	STK500	STKT540 STKN540B	STKT590
강도	F_y	235	245	295	315 (325, 295)[1)]	325	355	390	440
	F_u	400	400	400	490	490	500	540	590

1) SCW490-CF는 판두께 40mm 이하일 때 항복강도 325MPa 이상, 40mm 초과 60mm 이하일 때 항복강도는 295MPa 이상

(1) TMC강

강구조 건축물의 초고층화에 따라 부재의 판두께 극후화 및 고강도가 필요하지만 현재 건축법에서는 SM570의 강재가 최고의 강도를 갖고 있으며, 판두께가 40mm 초과 시에는 강도를 저감해야 한다. 종래의 고장력강은 판두께가 두꺼워지면 강도를 확보하기 어렵고, 반대로 강도를 확보하기 위해서는 합금원소의 첨가가 필요하기 때문에 용접성을 해치는 결과를 초래할 수밖에 없었다. 그리고 용접접합에서 입열량의 증대와 고장력화에 따른 탄소당량(炭素當量, carbon equivalent)의 증대에 따라 인성 저하가 초래된다. 따라서 저탄소당량으로서 고강도, 고인성이며 용접성 및 내진성이 우수한 강을 제조하기 위하여 개발 초기에 주로 조선용, 해양구조용 및 라인 파이프용 강의 제조에 적용하던 기존의 TMCP(thermo mechanical control process)를 다소 개량하여 구조용으로 사용 가능한 TMC강을 개발하게 되었다. 이 강은 수냉형 열가공 제어법이라는 압연공정(가열-압연-냉각)에 의해 제작된 것으로 동일 강도 수준의 강재 중에서 탄소당량이 적고, 용접성과 인성이 우수하다. 그리고 강도가 높고, 판두께의 증가(80mm 이하)에 따른 항복강도 F_y값이 일정하고 항복비가 낮아 이방성(異方性, anisotropy)이 우수하다.

(2) 내화강(FR강)

강재는 고온 시(화재 시)에 역학적 성질이 저하됨을 방지하기 위하여 모르터, 암면, 규산칼슘판 등으로 내화피복을 해야 한다. 따라서 내화강은 강의 내화성을 개선하기 위하여 종래의 강에 니켈, 크롬, 몰리브덴 등 내화성이 있는 원소를 첨가하여 임계온도를 600℃까지 상승시킨 것이다. 이 강재는 내화성뿐만 아니라 용접성, 경제성을 고려한 신재료이다. 특히 일반강에 비해 고온특성이 우수하다는 점과 일반 건축구조용 강과 상온특성, 가공성 및 용접성이 동등하고, 항복비가 낮아 내진성이 우수한 장점이 있다. 또한 피복을 줄일 수 있고, 건축물의 화재 및 설계조건에 따라 무피복의 강구조 건축물을 설계할 수도 있다. 제조방법으로는 일반적으로 소준(燒準, normalizing) 또는 압연으로 제조하고 있지만, 경제성을 고려하여 주로 압연방법이 많이 이용된다. 그러나 압연에 의한 제조도 슬래브의 가열온도, 압연 종료의 온도 등에 따라 그 특성이 크게 변하기 때문에 TMCP 조건과 같은 엄밀한 제어가 필요하다.

내화강을 적용하면 피복의 경감 또는 생략으로 경비절감과 공기단축 등이 가능하여 경제적일 뿐 아니라 건물의 유효공간을 증대시키고 건물의 외관을 내화강재로 디자인함으로써 독창적이고 매력적인 강구조 건물을 실현할 수 있다.

(3) 스테인리스강

강구조의 결점 중 하나는 부식이 발생하는 것이다. 따라서 현재는 이를 방지하기 위하여 콘크리트 피복에 의한 철골철근콘크리트구조(SRC구조)나 방청재료를 이용하고 있다. 근래에는 구조체를 표면에 노출시켜 건축공간을 창출하려는 건축가의 욕구가 늘어나고, 또 해변건축물, 수영장의 천장 등과 같이 습기에 의한 부식에 노출되는 곳에서는 더욱 세심한 방청대책이 필요하다. 이러한 요구를 만족시키는 강이 스테인리스강이다. 스테인리스강은 크롬이 일반강재의 10배가 내포되어 있으므로 내식성, 내열성, 강도, 인성, 내충격성, 내구성, 의장성이 우수하여 건물의 지붕 및 건축의장재로 많이 사용되고 있을 뿐 아니라 수영장, 테니스장과 같은 스포츠시설, 전시관, 각종 플랜트, 하수처리장 등 많은 용도에서 건축구조재로서의 수요가 증가되고 있다.

(4) SN강

SN강은 건축구조용 강재로, 일반구조용 강재(SS강)와 용접구조용 강재(SM강)의 내진성능을 향상시켜 건축구조에 적합하도록 개발된 강재이다. SN강의 대표적인 성질은 소성변형능력(내진성), 용접성능, 두께방향의 성능, 사용 부위를 고려한 개발된 강재의 보유 특성이다. SN강의 강도 수준은 건축 분야의 현상을 고려하여 400 N/mm^2(SN400), 490N/mm^2(SN490)으로 한다. 즉 종래의 SS400을 대신하는 것으로 SN400을, SM490A를 대신하는 것으로 SN490의 강도레벨이 되었다. 그리고 건축물에서 사용범위를 고려하여 400N급에서는 A, B, C의 3가지 종류로 490N급에서는 B, C의 2가지 종류로 구분한다. SN강은 항복비의 상한치가 80% 이내로 규정된 강으로서 샤르피(charpy) 흡수에너지 하한치 규정(0℃, 27J) 이상의 재료적 특성을 나타내고 있다. 한편 탄소당량이 0.45%보다 작고 유황(S)과 탄소의 화학성분이 우수한 것으로 판명되었다.

(5) SHN강

우수한 내진성능을 가진 H형강의 필요에 따라 개발된 건축구조용 열간압연 H형강으로 항복비가 85% 이하이며 소성변형능력이 향상되었고 항복강도의 상한과 하한을 규정하였다. 탄소당량이 0.45% 이하이며, 샤르피 흡수에너지 (0℃, 27J)를 규정한 것이 특징이다.

(6) HSB강

HSB(high performance steel for bridges)는 KS D 3868(교량구조용 압연강재)에 규정되어 있다. 이는 기존 강재와 비교해서 강도뿐만 아니라 인성, 용접성 등을 종합적으로 개선한 교량용 고성능 강재로서 인장강도 500MPa급인 HSB500과 600MPa급인 HSB600이 있다. 또한 강판 두께에 따른 강도 손상이 없어 구조적으로 유리하며 교량 등 지지구조물에 HSB를 활용하면 설계 및 제작 편의성을 향상시킬 수 있다.

(a) POSCO센터(TMC강) (b) 신도림 테크노마트(SN강) (c) 파주 현대모비스(SHN강)

그림 1.9 신소재를 이용한 건축물

위에 기술된 강재 이외에도 내후성강, 저항복강 등 용도에 따라 많은 강재들이 사용되고 있으며 연구·개발되고 있다. 이와 같이 다양하게 사용하는 강재의 종류를 설계도서에 명확히 표기해 두어야 한다. 특히 강재의 제작 및 감리에 있어서 지정된 품질의 재료가 사용되고 있는지를 확인해야 한다.

1.5 강재의 기계적 성질

구조용 강재의 기계적 성질은 일반적으로 항복점, 인장강도, 연신율, 충격치 및 경도로 나타낸다. 인장강도는 경도에 거의 비례한다. 연신과 수축은 재료의 소성을 나타내지만 2가지가 반드시 동일 성질의 것은 아니고 연신이 크게 되어도 수축은 작은 것이 있다. 일반적으로 강은 퀀칭(quenching)에 의해서 경도와 인장강도가 크게 되지만 퀀칭상태에서는 소성이 작고, 가벼운 성질을 나타낸다.

그러나 이것을 템퍼링(tempering)하면 강도와 경도는 어느 정도 저하하지만 소성은 크게 된다. 인장강도가 크고 소성이 큰 경우에 인성이 크다고 할 수 있지만 템퍼링 온도를 적당히 선택하는데 따라 최대의 인성이 얻어진다. 사용 중에 온도상승이 예상되는 경우에는 고온강도와 내산화성, 환경에 의해 내식성이 필요한 경우도 있다. 이들의 여러 가지 요구를 잘 검토하고 요구에 더 적합한 재료와 열처리를 선택해야 한다. 한편 내마모성이 필요한 경우에는 인성보다도 높은 경도가 요구된다. 충격치는 노치(notch)에 대한 강도를 나타내는 것이지만 인성이 큰 재료는 충격치도 큰 것이 일반적이다.

(1) 응력-변형도

강구조의 거동을 이해하려면 우선 강재의 재료특성에 대해 알아야 한다. 응력-변형도 곡선관계는 주어진 상황에서 강재가 어떻게 거동하는지를 이해하는데 필수적인 정보를 제공한다. 강구조를 설계하는 모든 방법은 사용된 강재의 응력-변형도의 관계를 알고 난 후에 가능하다. 강재의 기계적 성질을 알기 위해서는 인장시험편을 실험하여 하중(N)에 대한 시험편의 늘어난 길이(elongation)와의 관계를 알아보아야 한다. 응력과 변형도는 다음의 식으로 구할 수 있다.

$$\text{응력} : \sigma = \frac{N}{A} \tag{1.1}$$

$$\text{변형도} : \varepsilon = \frac{\Delta L}{L} \tag{1.2}$$

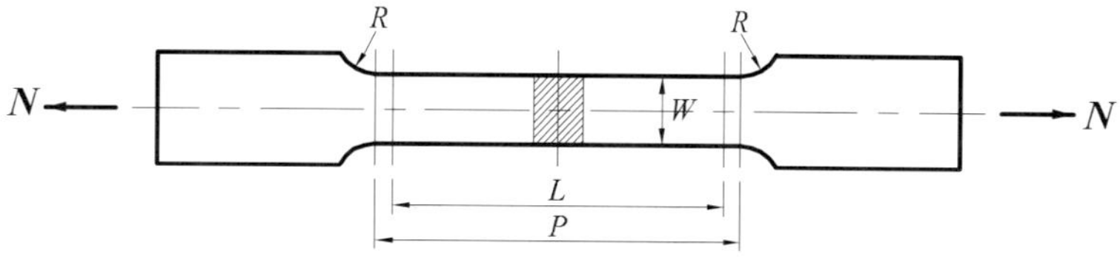

그림 1.10 인장시험편

L : 표점거리(mm), P : 평행부 길이(mm), W : 폭(mm)

A : 시험편의 단면적(mm^2)

ΔL : 늘어난 길이(mm)

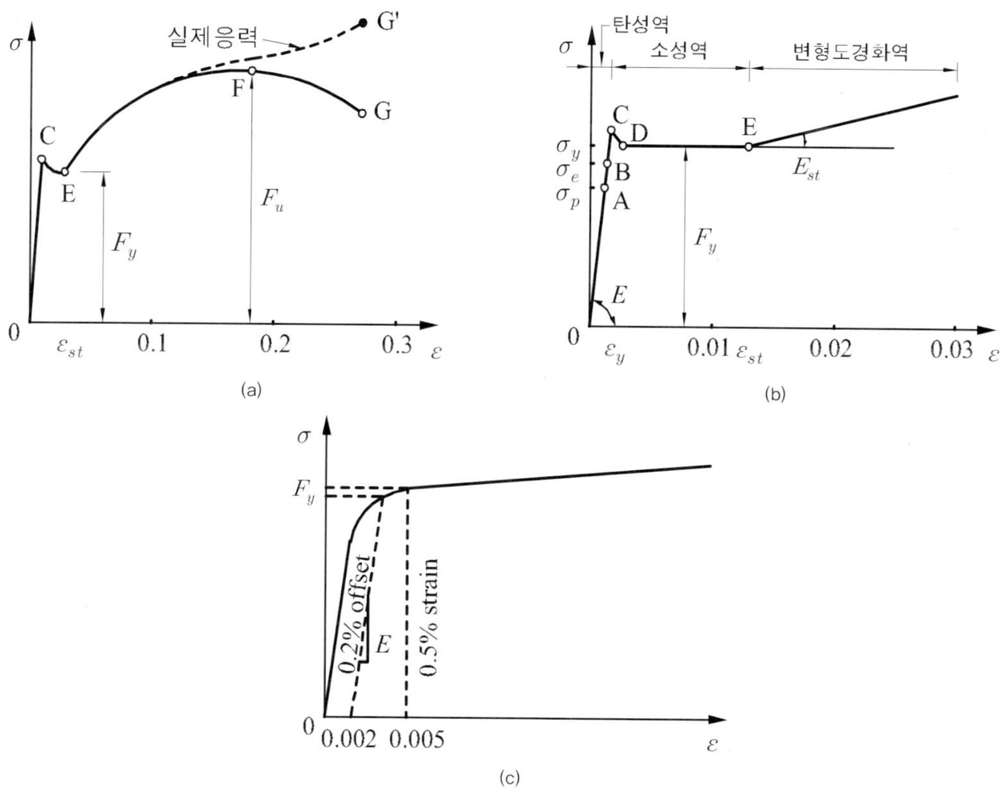

그림 1.11 응력-변형도 곡선

그림 1.11은 구조용 강재의 인장시험으로부터 얻어진 응력-변형도 곡선으로 곡선의 변화에 따라 탄성역(elastic range), 소성역(plastic range), 변형도경화역(strain hardening range)으로 나눈다. A점은 비례한도(proportional limit)로서 응력과 변형이 비례하여 선형관계를 유지하는 구간으로 OA간은 후크의 법칙

(Hooke's law)이 성립되는 범위이다. B점은 탄성한도(elastic limit)로서 탄성관계가 유지되는 한계를 나타내는데, 이 한계 내에서 하중을 영으로 되돌리면 변형 또한 영으로 되돌아간다. C점을 지나 D점에 이르면 응력의 커짐 없이 변형은 소성흐름(plastic flow)을 시작한다. 이 현상을 항복(yielding)이라고 하는데 C점을 상항복점(upper yielding point), D점을 하항복점(lower yielding point)이라 한다. 강재의 항복강도 F_y는 하항복점을 의미한다. 응력-변형도 곡선에서 항복점이 뚜렷하지 않은 고강도 열처리강은 0.2%의 영구변형도에 해당하는 응력(0.2% offset yield strength) 또는 0.5%의 총 변형도에 해당하는 응력(0.5% extension under-load yield strength)을 항복강도로 정의한다(그림 1.11(c) 참조). E점까지 소성흐름을 일으키고 이 점부터 다시 인장에 대한 저항이 증가된다. 변형도 경화 개시점의 변형도 ε_{st}는 항복점에서의 변형도 ε_y값의 약 6~17배가 된다. F점은 인장강도(tensile strength, F_u)로서 인장시험에서 시험편이 받을 수 있는 최대응력을 나타낸다. G점은 파단강도(failure strength)라 하고, FG 구간은 네킹(necking)의 범위이다. 네킹 범위에서의 실제응력은 줄어든 파단면 때문에 G점은 G'점이 되며, OG'곡선(true stress-strain curve)은 OG곡선(engineering stress-strain curve)과 구분된다.

(2) 탄성계수

위에서 설명된 것처럼 그림 1.11(b)에서 OA의 기울기를 E로 표시하고, 이를 탄성계수(elastic modulus) 또는 영계수(Young's modulus)라 하며, E점에서 접선기울기 E_{st}를 변형도 경화계수(strain hardening modulus)라 한다. 탄성계수는 재료에 따라 다르지만 일반적으로 구조용 강재에서 205,000N/mm^{2}의 값을 갖는다. 이것은 강재가 단위의 변형도 $\varepsilon = 1$을 일으키는데 필요한 응력의 크기이다. 바꾸어 말하면 강재는 응력 $\sigma = 1\text{N/mm}^2$에 대해서 1/205,000만큼 변형한다는 것을 뜻한다. 즉 E의 값이 클수록 그 재료의 신축이 힘들어지는 것을 나타낸다.

전단응력의 전단변형도에 대한 비를 전단탄성계수(shearing modulus of elasticity, G)라 하고, 탄성범위에서 다음 식으로 주어진다.

$$\text{전단탄성계수}: G = \frac{E}{2(1+\nu)} \tag{1.3}$$

여기서 푸아송비 ν = 0.3 (탄성역)

= 0.5 (소성역)

전단탄성계수는 전단변형도 1을 일으키는 전단응력의 값으로, 바꾸어 말하면 단위 전단응력이 작용했을 때 물체는 $1/G$ 라디안만큼 변형하게 된다. E, ν가 알려지면 G가 구해지므로 인장시험결과로 구할 수 있다. 일반강재에서는 79,000N/mm^{2}으로 한다.

(3) 항복비

항복비(yield ratio)는 인장강도에 대한 항복강도의 비로 정의되며, 항복 후 파단에 이르기까지를 나타내는 기계적 성질의 지표가 된다. 일반구조용 강재의 항복비는 0.6~0.8이고, 냉간소성가공 강재는 0.7~0.8, 그리고 고강도 강재는 0.85이다. 항복비가 낮을수록 항복점과 인장강도 사이의 격차가 넓어지고 격차가 작을수록 가공시 형상 동결성이 양호해진다. 강재의 개발은 항복비가 낮으면서 고강도를 유지할 수 있는 쪽으로 개발되어야 한다.

(4) 연성과 취성

연성(延性, ductility)이란 강재가 하중을 받아 항복 후 인장강도(최대응력)에 이르기까지 소성변형을 할 수 있는 능력을 말하며, 취성(脆性, brittleness)이란 파괴에 이를 때까지 변형능력이 부족한 재료의 성질을 말한다. 따라서 연성파괴(ductile fracture)는 충분한 소성변형이 생긴 후에 발생하는 파괴이다. 그러나 연성이 큰 강재라도 낮은 온도나 충격력에 의해 갑작스럽게 파괴되는 것을 취성파괴(brittle fracture)라 한다. 취성파괴는 연성파괴와 달리 항복점 이하의 하중에서 발생하기 때문에 저응력파괴라고도 한다. 파괴에 영향을 주는 요소로는 흠집(notch), 균열(crack), 기하학적 비연속성(geometrical discontinuity), 인장응력(tensile stress), 변형도율(strain rate), 그리고 낮은 온도 등이 있다.

(5) 인성과 레질리언스

인성(靭性, toughness)과 레질리언스(resilience)는 강재의 변형에너지를 흡수할 수 있는 능력을 의미한다. 레질리언스는 탄성역에서의 단위체적당 변형에너지량으로 이를 레질리언스계수(modulus of resilience)라고도 하며 그림 1.12(a)의 응력-변형도 곡선에서의 면적에 해당된다. 인성은 탄성역뿐만 아니라 비탄성역까지, 즉 강재가 파단에 이르기까지의 단위체적당 변형에너지량으로 이를 인성계수(modulus of toughness)라고도 하며 그림 1.12(b)의 응력-변형도 곡선에서 파단점까지의 면적에 해당된다.

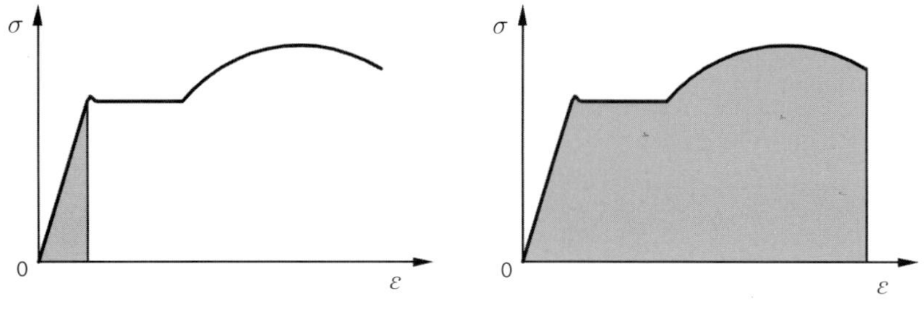

(a) 레질리언스계수 (b) 인성계수

그림 1.12 변형에너지

(6) 잔류응력

잔류응력(residual stress)은 열간압연 강재가 압연 후 냉각과정에서 강재 표면과 내부의 냉각속도가 다르기 때문에 발생한다. 즉 플랜지판 끝 부분과 웨브판 중앙부분은 2판의 접속부(juncture)보다 빨리 냉각하면서 수축한다. 이와 같이 2판의 접속부는 계속 수축하려 하므로 강재는 부분에 따라 구속되면서 판 접속부에는 인장응력(f_{rt})이 생기고 남은 단면에 압축응력(f_{rc})이 발생하게 된다. 이 응력들을 잔류응력이라 한다. 그림 1.13(a)는 H형강에 생기는 전형적인 잔류응력의 분포를 나타낸 것이다. 마찬가지로 용접형강의 경우도 용접열의 영향으로 잔류응력이 발생한다. 그림 1.13(b)는 용접 각형강관의 잔류응력 분포를 도시한 것이다.

잔류응력의 크기와 분포는 단면의 크기와 판두께에 따라 달라진다. 그림 1.13(c)는 형강부재의 인장시험과 시험편(coupon)의 인장시험 결과를 나타낸 것이다. 여기서 부재와 시험편의 시험결과를 비교해 보면 서로 다르게 나타나지만 항복강도는 같다는 것을 알 수 있다. 그러므로 인장부재의 강도는 잔류응력의 존재에 영향을 받지 않는다.

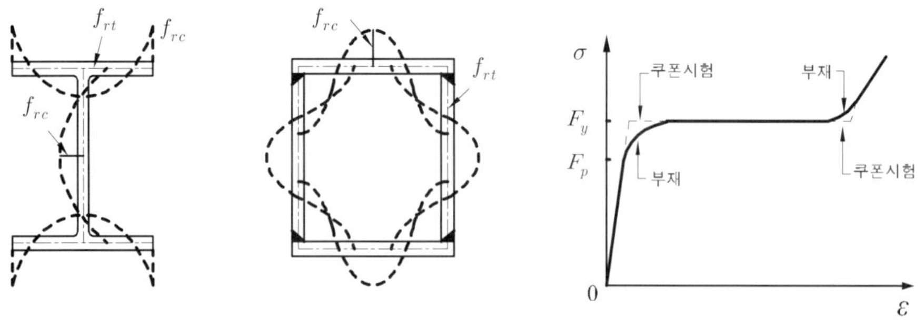

(a) H형강 (b) 용접각형강관 (c) 응력-변형도 곡선

그림 1.13 잔류응력

(7) 피로

강재가 반복하중을 장기간받을 때는 항복 후 최대하중에 이르기 전에 순간적으로 파괴되는 일이 있다. 먼저 강재에 미세한 균열이 일어나고 그곳에 생기는 응력집중 때문에 균열은 서서히 커지다가 갑작스럽게 파괴되는 것이다. 이와 같은 현상을 피로(fatigue)라 하며, 이런 과정의 파괴를 피로파괴(fatigue failure)라 한다. 피로파괴 시에는 눈에 보이는 소성변형은 나타나지 않으며 파단면도 매끈한 것이 특징이다. 따라서 반복하중을 받는 부재 및 접합부 설계에서 응력의 반복횟수, 응력의 범위, 부재의 형태와 위치에 유의해야 한다. 피로 실험에서는 y축에 응력진폭 S, x축에는 반복횟수(number of cycles) N을 대수눈금(log scale)으로 하여 나타내는데, 그 곡선을 $S-N$곡선 또는 뵐러곡선(Wőhler curve)이라 한다. 일반 강재에서 $N=10^6 \sim 10^7$사이클 사이에서 곡선은 수평이 되는데 이 응력진폭(cyclic stress) 이하에서 파괴는 일어나지 않는다. 이 수평부의 응력을 피로한도(fatigue limit)라 한다. 피로한도를 규정하는 반복횟수 이하에서는 그의 반복횟수에 대응하는 응력진폭을 시간강도라 하고, 이 모두를 피로강도(fatigue strength)라 한다.

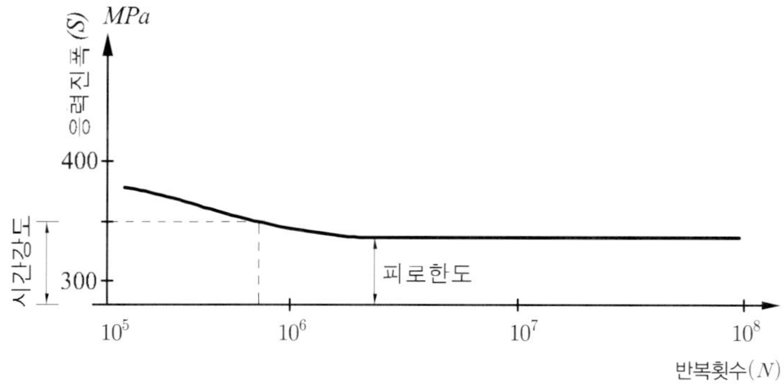

그림 1.14 S-N 곡선

(8) 전이온도

앞에서 설명한 취성파괴의 특성을 평가하기 위한 소규모 시험방법으로 샤르피충격시험을 행한다. 샤르피충격시험에 의하면 그림 1.15와 같이 저온에 이를수록 흡수에너지(파괴에너지)가 급격히 저하되어 취성파괴에 이르며, 반대로 고온에서는 흡수에너지가 커져 강재는 연성파괴에 이른다. 이때 강재의 파괴형태가 연성에서 취성으로 변하는 온도범위를 전이온도범위라 하고 전이온도곡선(transition temperature curve) 상에서 최대 기울기를 갖는 점 A를 전이온도(轉移溫度)라 한다. 그림에서 흡수에너지 21N·m 일 때의 연성전이온도는 −9℃가 되며, A점의 전이온도는 −1℃가 된다.

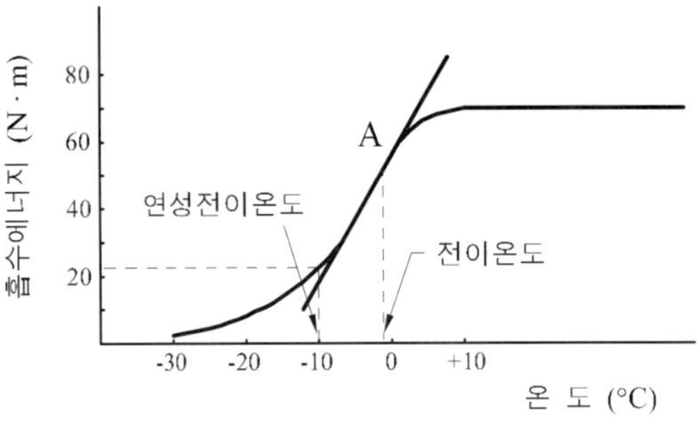

그림 1.15 전이온도 곡선

(9) 라멜라테어링

라멜라테어링(lamellar tearing)은 취성파괴의 한 형태이다. 그림 1.16에서 열간압연에 의해 생산되는 형강은 압연방향(rolling direction), 가로방향(압연직각방향, transverse direction), 두께방향(thru-thickness direction)에 대해 서로 다른 특성을 갖는다. 두께방향에 대한 연성(변형능력)은 압연방향에 비해 떨어지므로 응집력이 떨어져 라멜라테어가 생긴다. 그림 1.17에서는 용접접합부에서 용접금속의 수축으로 모재에 생기는 라멜라테어링을 나타낸 것이다. 그러나 용접에 의한 라멜라테어링은 그림 1.18과 같이 용접 상세를 합리적으로 개선함으로써 최소화할 수 있다.

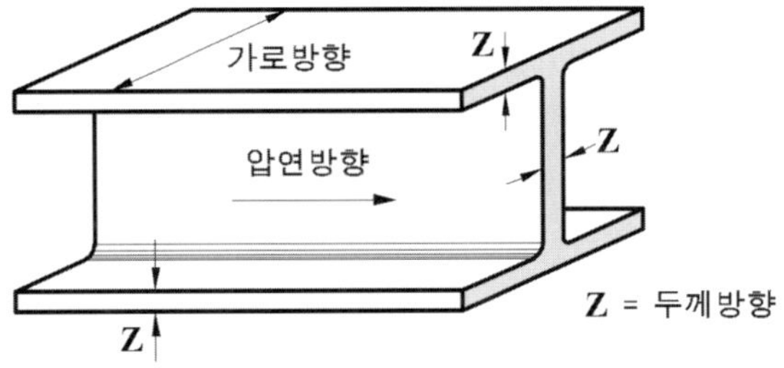

그림 1.16 압연형강 판방향의 정의

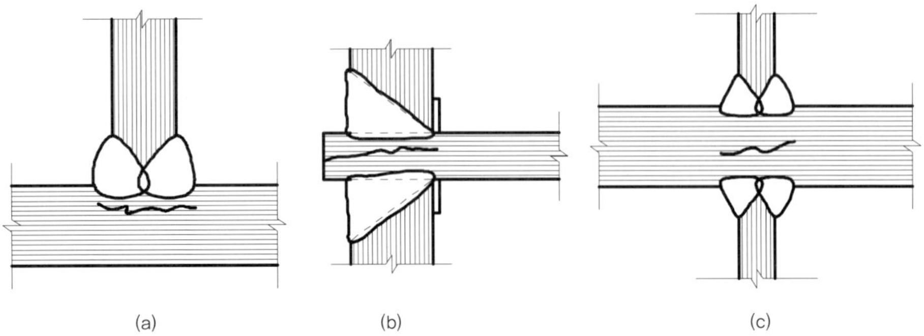

그림 1.17 용접접합부 라멜라테어

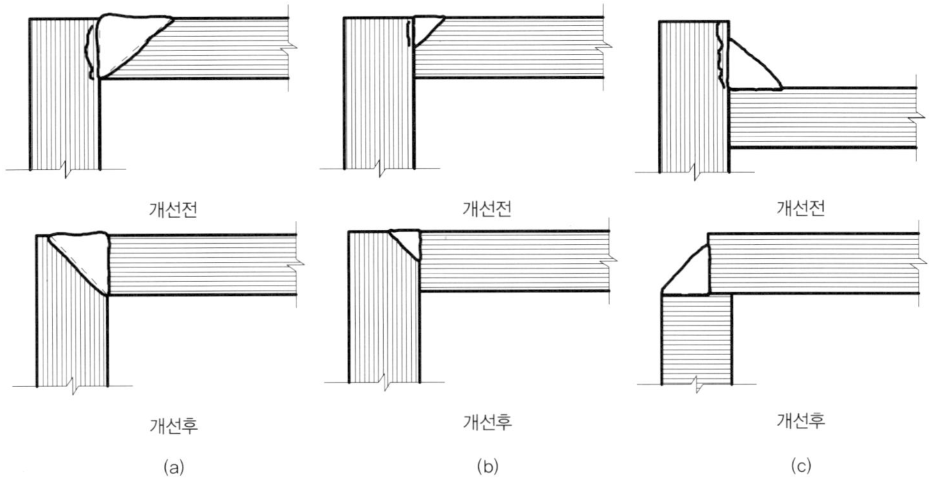

그림 1.18 용접 상세 개선방법

Hydrabad International Airport in INDIA, 2009. 강구조디자인의 컨셉은 인도 내륙의 황량한 사막 분지에 오아시스 및 돛단배 디자인으로 시공된 장스팬 건축물.

Chapter 2

강구조디자인

1
2
3
4
5
6
7
8
9
10

Chapter 2

강구조디자인

2.1 디자인 개요

건축은 동결된 음악이라 표현하듯이 예술과 기술의 종합체라 할 수 있다. 따라서 한 건물이 세워지기 위해서는 건축가와 구조, 전기, 기계, 환경 등 각 분야의 전문가인 엔지니어들과의 협력이 필수적이다. 다양한 구조이론과 새로운 구조재료가 개발되기 시작한 18세기 이전까지만 하더라도 건물의 디자인은 오늘날과 같이 수학적 해석에 바탕을 둔 복잡한 디자인 절차를 거치지 않고 직관과 경험에 의해 건축되었다. 그리스 신전이나 중세 교회당 건물은 그 좋은 예라 할 수 있다. 일반적으로 건축가는 건물의 기능과 외관에 중점을 두고 디자인하는 반면, 구조기술자는 안전성과 경제성에 기반을 두어 디자인하게 된다. 근래에 와서는 컴퓨터와 같은 보조기술의 개발로 보다 안전하고 경제적인 구조디자인 방법이 시행되고 있는데 이를 최적설계(optimum design)라 한다.

디자인의 방법은 과거의 경험과 학술적 연구 결과에 따라 대부분 표준적인 설계기준이 마련되어 있으며 일부는 법규화되어 있다. 안전성을 결정하는 요소는 많지만 설계시 건물에 가해지는 하중의 평가와 구조물의 강도와의 관계를 추정한 하중-내력 문제와 주어진 하중조건하에서 구조물에 어느 정도의 장애나 손상을 허용한다는 허용한계의 문제로 대별하여 고려하여야 한다. 일반적인 구조디자인 과정은 다음과 같이 요약될 수 있다.

1. 계　　획 : 사용 구조물이 갖는 기능을 확인하여 최적의 설계가 되도록 그 기준을 설정한다.
2. 구조 형식 : 각 구조 부재의 배치
3. 하　　중 : 적용 하중의 산정

4. 부재 선정 : 처음 설정한 기준에 맞는 최소 부재단면을 선정한다.
5. 해 석 : 구조해석을 통해 구조체의 부재력과 처짐을 구한다.
6. 검 사 : 해석결과, 강도와 사용성에 대한 구조요건에 합당한지 또는 그 결과가 최적인지를 처음 설정한 기준과 비교한다.
7. 재 설 계 : 위의 1~6단계는 어느 부문에서나 필요시 반복검사를 할 수 있다.
8. 확 정 : 최적설계가 이루어졌는지를 최종적으로 결정한다.

2.2 하 중

2.2.1 설계하중

건물에 가해지는 하중은 고정하중(dead load), 적재하중(활하중, live load), 적설하중(snow load), 풍하중(wind load), 지진하중(earthquake load) 등으로 분류된다. 이들 하중의 크기는 건물의 종류, 용도, 지역, 환경 등의 조건에 따라 다르므로 하중의 성질을 분석하여 이것을 설계에 편리하도록 단순화시켜 예상되는 실제하중을 적당히 크게 한 하중을 설계하중이라 한다. 건축설계에 적용하는 하중은 건축물 하중기준에 따르도록 한다.

(1) 고정하중

고정하중이란 구조체의 자중과 이에 부착된 바닥, 천장, 지붕의 마감재 및 조명 냉 · 난방 등 각종 전기 기계설비의 중량을 말하며, 구조물이 존재하는 동안 이동하지 않고 고정적으로 구조물에 작용하는 연직하중이다(그림 2.1 참조). 재료의 단위체적중량(밀도)은 정확히 알려져 있으므로 건물의 실상에 따라 고정하중을 구할 수 있다. 구조물의 형식에 따라 한 층에 분포하는 단위면적당 평균 고정하중의 크기는 개략적으로 다음과 같다.

1. 통상적인 목구조 : 2.0~2.5kN/m^2
2. 강구조 : 2.5~4.0kN/m^2
3. 철근콘크리트구조 : 5.0~7.5kN/m^2

(2) 적재하중

적재하중이란 구조물을 점유 사용할 때 발생하는 하중이다(그림 2.1 참조). 예를 들어 건물의 층바닥에 적재되는 사람, 가구, 저장품 및 움직일 수 있는 장비 등이 적재하중이 되는데, 그 크기와 위치, 그리고 하중품목의 밀도가 불명확하기 때문에 정확히 그 크기를 결정하기가 어렵다. 따라서 각 기준에서는 정확한 계산값보다는 경험치에 근거, 구조물의 안전도를 고려한 최소값으로 정한다. 하중기준에서는 적재하중을 등분포적재하중과 집중적재하중으로 나누어 이들 중 큰 응력을 발생시키는 경우를 적용하도록 하였으며, 구조물에 작용하는 적재하중이 기준에서 명시한 것보다 크다고 판단되는 경우에는 실제하중을 적용하여 설계하여야 한다. 또한, 적재하중은 구조설계시 바닥 전면적에 작용하는 것으로 가정하지만 실제로 건물 전층에 걸쳐 전하중이 동시에 작용하는 경우는 거의 존재하지 않으므로 하중기준에서는 이와 같은 영향을 고려한 하중저감방법을 채택하고 있다.

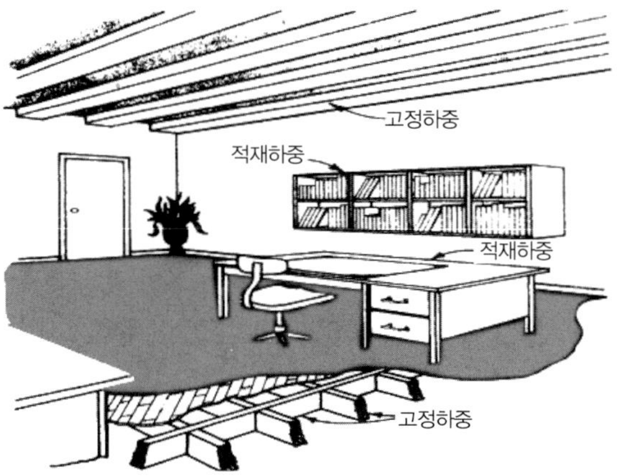

그림 2.1 고정하중과 적재하중

(3) 적설하중

지붕적설하중은 지상적설하중의 기본값을 기준으로 하여 건축물의 주변환경, 난방상태, 중요도 및 지붕의 형상과 기타 눈의 분포상태 등을 고려하여 산정한다. 지상적설하중은 눈의 평균 단위중량에 그 지방의 수직 최심 적설깊이를 곱하여 계산한다. 눈의 평균단위중량은 적설깊이에 따라 큰 차이가 있다. 적설량 1mm에 대한 단위중량은 적설깊이 0.5m 이하일 때 1.0N/m^2이며, 1.0m일 때 1.5N/m^2, 1.5m일 때 2.0N/m^2, 2.0m 이상일 때 3.0N/m^2가 된다. 수직 최심 적설깊이는 과거의 적설관측 기록을 참조하여 그 지방에 따라 정해지며 최대적설량의 재현기간은 100년을 택하는 것이 보통이다.

경사지붕의 적설하중은 지붕의 경사와 바람의 영향으로 눈이 미끄러져 떨어지기 때문에 적설하중은 감소된다. 경사지붕에서 미끄러져 감소하는 눈은 지붕 윗부분과 아랫부분의 장애물 유·무와 지붕의 온도 및 지붕 표면이 미끄러지기 쉬운지 또는 쉽지 않는지에 따라 달라진다. 또한 경사지붕에서는 햇빛이나 바람에 의하여 바람이 불어오는 부분에는 적설하중이 감소되지만 반대방향에는 적설하중이 증가하는 경향이 있으므로 이 경우 적설하중은 균형하중과 불균형하중으로 나누어 고려하여야 한다. 지붕의 등분포적재하중은 최소 $1\mathrm{kN/m^2}$ 이상이기 때문에 다설지역이 아닌 경우, 일반적으로 적설하중보다 지붕적재하중 값이 클 때 많다. 따라서 적설하중은 그 영향이 지붕적재하중에 비하여 큰 경우에만 적용하게 된다.

그림 2.2 적설하중

(4) 풍하중

모든 구조물들은 풍하중의 영향을 받는다. 풍하중의 크기는 풍속, 공기밀도, 건물의 형상, 바람의 변동 특성 등 여러 가지 요인으로 정해진다. 이 요인들을 고려해서 풍하중은 구조골조 설계용, 지붕골조 설계용, 외장재 설계용으로 구분하여 적용한다. 풍하중은 설계풍압에 유효 내압면적을 곱하여 산정하며, 설계풍압은 설계속도압에 가스트영향계수, 풍력계수 또는 풍압계수를 곱하여 산정하고 설계속도압은 공기밀도와 설계풍속의 제곱으로 산정한다. 풍하중은 동적하중이지만 등가의 정적하중으로 치환하여 사용하는 것이 일반적이다. 그러나 고층건물이나 바람의 영향을 받는 특수 구조물은 풍동실험을 통해 구조안정성을 확인한다.

그림 2.3 풍하중에 의한 Tacoma bridge 붕괴

(5) 지진하중

그림 2.4와 같이 지진이 발생하면 지반의 진동으로 지반에 놓인 구조물들이 진동하게 된다. 이때 구조물의 질량(W)과 지진응답계수(C_s)에 의해 발생한 수평 관성력($C_s W$)이 구조체에 작용하게 되는데, 이를 지진하중(V)이라 한다. 지진에는 수평과 수직(상 · 하) 지반운동이 있는데 일반적으로 건물에 대해서는 피해가 큰 수평 지반운동을 지진하중으로 설계한다. 하중기준에서는 지진하중을 등가정적하중으로 환산하였을 때, 건축물의 밑면에 작용하는 밑면전단력은 지역계수, 중요도계수, 반응수정계수 등을 고려한 지진응답계수에 건축물의 전 중량을 곱하여 산정한다. 구조물의 밑면전단력이 구해지면 지진하중의 수직분포와 층전단력을 구할 수 있다. 그러나 지진에 민감한 고층건물이나 핵발전소 등 중요한 건축물을 설계할 때는 동적해석방법을 적용한다.

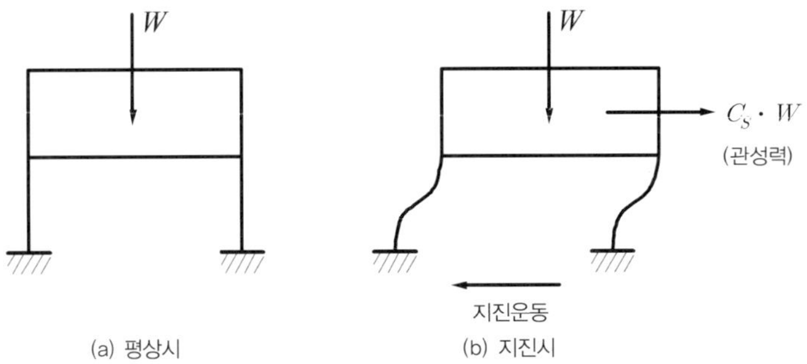

그림 2.4 지진하중

그림 2.5 지진하중에 의한 피해 사례

(6) 기타하중

1) 토압과 지하수압

구조체 또는 벽체에 작용하는 토압에는 주동토압, 수동토압, 정지토압 등이 있다. 주동토압은 벽체 후면의 배면토가 자중으로 벽체를 전방으로 밀어내면서 자신이 파괴되는 상태의 토압이며, 배면토가 벽체에 미치는 토압의 최소치이다. 수동토압은 벽체에 작용하는 토압에 의해 반대편의 흙이 밀리면서 파괴되는 상태의 토압이며, 배면토의 강도가 극한 상태에서 완전히 파괴될 때까지의 토압이다.

정지토압은 벽체의 수평방향의 이동과 회전이 없는 정지한 상태에서의 토압이다. 일반적인 상태에서의 정지토압은 주동토압과 수동토압 사이의 값을 가진다.

지하수위면 하부에 작용하는 토압은 부력에 의한 흙 중량의 저하와 지하수압을 동시에 고려하여 구한다.

2) 온도하중

구조물은 온도변화에 따라 신축한다. 구조물이 구속되어 있지 않으면 단순히 신축만 일어난다. 그러나 현실적으로는 어떤 형태로든지 구속되어 있으므로 이에 따른 응력이 발생한다. 온도차가 큰 지역의 구조물, 온도변화에 의한 부재의 신축량이 큰 장대 구조물, 대공간 구조물, 냉동창고 및 원자력발전소 등을 설계할 때에는 이러한 온도응력을 고려해야 하는데 이 때 외기온도, 일사온도, 지중온도, 실내온도, 저장물의 온도 변화와 같은 조건에서 온도변화의 기본값에 근거한 온도하중을 산정한다.

3) 충격력

충격력이란 갑자기 가해진 하중의 동적 효과를 말한다. 고정하중이나 적재하중은 일반적으로 정하중으로 취급되지만 크레인과 같은 운반설비나 부속장치들은 동적인 효과를 지닐 수 있다. 따라서 충격력이 예상되는 적재하중은 동적해석에 의하지 않는 한 충격계수만큼 증가시켜야 한다. 별도의 규정이 없는 경우, 크레인 또는 중기계의 지지부 설계에서는 다음과 같은 증가율을 고려하여야 한다.

1. 승강기 및 승강기 기계의 지지부 ··························100%
2. 운전실조작 주행크레인 지지보와 그 연결부 ··························25%
3. 펜던트(Pendant)조작 주행크레인 지지보와 그 연결부 ··························10%
4. 축구동(軸驅動) 또는 모터구동의 경미한 기계 지지부 ··························20%
5. 피스톤운동기계 또는 동력구동장치의 지지부 ··························50%
6. 바닥과 발코니를 지지하는 행거 ··························33%

2.2.2 하중조합

한계상태설계법(2.3.1 참조)에서는 다음 7가지의 하중조합을 사용한다. 구조물과 구조부재의 소요강도는 하중조합 중에서 가장 불리한 경우로 결정해야 한다.

$$1.4(D+F) \tag{2.1}$$

$$1.2(D+F+T)+1.6(L+H)+0.5(L_r \text{ 또는 } S \text{ 또는 } R) \tag{2.2}$$

$$1.2D+1.6(L_r \text{ 또는 } S \text{ 또는 } R)+(L \text{ 또는 } 0.65W) \tag{2.3}$$

$$1.2D+1.3W+L+0.5(L_r \text{ 또는 } S \text{ 또는 } R) \tag{2.4}$$

$$1.2D+1.0E+L+0.2S \tag{2.5}$$

$$0.9D+1.3W+1.6H \tag{2.6}$$

$$0.9D+1.0E+1.6H \tag{2.7}$$

여기서, D : 고정하중, L : 적재하중, W : 풍하중, S : 적설하중, E : 지진하중
L_r : 지붕의 적재하중, H : 토압, F : 수압, R : 빗물하중, T : 온도하중

위의 식 중 식(2.3), 식(2.4) 및 식(2.5)의 L에 대한 하중계수는 차고 및 공공집회장을 제외하고 적재하중이 5.0kN/m^2 이하인 장소에 대하여 0.5를 사용할 수 있다. 식(2.6)과 식(2.7)의 H에 대한 하중계수는 토압(H)에 대한 구조거동과 풍하중(W) 또는 지진하중(E)에 의한 거동이 반대로 작용하여 서로 감쇄되는 경우 0으로 한다. 또한, 사용성 한계상태에 속하는 구조적 문제들은 상기의 하중계수를 곱하지 않은 사용하중상태, 즉 하중계수를 1.0으로 한다. 다만, 지진하중에 대한 하중계수는 0.7로 한다.

예제 2-01

3.2kN/m^2의 고정하중과 2.0kN/m^2의 적재하중을 지지하는 바닥보 H-500×200×10×16이 3m 간격으로 배치되어 있다. 하중조합에 의한 보의 설계하중을 산정하시오. 다만 형강보의 자중은 880N/m 이다.

풀이

고정하중 $D=(0.88\text{kN/m})+(3.2\text{kN/m}^2)(3\text{m})=10.48\text{kN/m}$

적재하중 $L=(2\text{kN/m}^2)(3\text{m})=6\text{kN/m}$

이 경우 L_r, S, R, W, E, T 등은 해당되지 않으므로 관련된 하중조합은

식(2.1)에서 $1.4D=1.4(10.48\text{kN/m})=14.67\text{kN/m}$

식(2.2)에서 $1.2D+1.6L=1.2(10.48\text{kN/m})+1.6(6\text{kN/m})=22.18\text{kN/m}$

따라서 적용설계하중은 22.18kN/m 가 된다.

예제 2-02

어떤 건물의 기둥이 하중기준에서 명시한 다음 하중들을 받고 있을 때, 이 기둥의 소요 강도를 구하시오.

고정하중 : 800kN, 적재하중 : 600kN, 풍하중 : 400kN, 지진하중 : 200kN

지붕하중 : 100kN (L_r 또는 S 또는 R)

2

풀이

식(2.1) : $1.4D = 1.4(800) = 1{,}120\text{kN}$

식(2.2) : $1.2D + 1.6L + 0.5L_r = 1.2(800) + 1.6(600) + 0.5(100) = 1{,}970\text{kN}$

식(2.3) : $L > 0.65W$ 이므로

$1.2D + 1.6L_r + L = 1.2(800) + 1.6(100) + (600) = 1{,}720\text{kN}$

식(2.4) : $1.2D + 1.3W + L + 0.5L_r = 1.2(800) + 1.3(400) + (600) + 0.5(100) = 2{,}130\text{kN}$

식(2.5) : $1.2D + 1.0E + L + 0.2S = 1.2(800) + 1.0(200) + (600) + 0.2(100) = 1{,}780\text{kN}$

식(2.6) : $0.9D + 1.3W = 0.9(800) + 1.3(400) = 1{,}240\text{kN}$

식(2.7) : $0.9D + 1.0E = 0.9(800) + 1.0(200) = 920\text{kN}$

그러므로 소요 압축강도는 2,130kN이다.

2.3 디자인 방법

건축물의 구조디자인 방법에는 현재 2가지 방법이 사용되고 있다. 하나는 허용응력설계법(Allowable Stress Design Method)이고 또 하나는 한계상태설계법(Limit State Design Method)인데 흔히 LRFD(Load & Resistance Factored Design)라 한다. 허용응력설계법은 지난 100년 동안 계속해서 사용되어 온 중요한 설계법인데 허용응력설계법과 더불어 지난 30년 동안 건축물의 구조설계는 "한계상태설계법"이라는 더욱 합리적이고, 확률을 기초로 한 설계방법쪽으로 발전되어 왔으며 극한강도설계(ultimate strength design), 강도설계(strength design), 하중계수설계(load factor design), 극한설계(limit design) 등으로 불리고 있다.

구조디자인에 영향을 미치는 요소로는 강도(탄성한계강도 또는 극한강도), 처짐(탄성하중에 의한 처짐의 회복성), 강성(재료의 강성 또는 진동에 의한 강성 등), 큰 변위, 안정성 확보, 피로, 취성파괴를 들 수 있다.

위에서 기술한 각 요소들의 안전성을 확보하여 구조물과 구조부재가 구조물의 사용연한 동안 기능을 다 할 수 있도록 적절한 강도뿐만 아니라 적절한 강성과 인성을 가져야 한다. 구조디자인은 사용하중을 견디는데 필요한 강도 이상의 여분의 강도를 보유해야 한다. 다시 말하면, 구조물은 설계하중보다 더 큰 하중을 받을 수 있어야 한다. 구조 디자인은 사용하는 설계방법에 관계없이 적절한 안전성을 확보해야 한다. 지난 30년 동안 구조적인 안정성에 관한 연구가 지속적으로 이루어졌다. 그 동안 연구의 주요 요지는 부재나 접합부 또는 시스템에서 발생하는 "파괴"의 가능성들을 다양한 확률적인 방법에 의해 검토하는 것이었다. 설계방법을 설명하는데 있어서 파괴(failure)라는 용어보다는 한계상태(limit state)라는 용어가 더 이용되고 있는데, 한계상태는 의도한 대로의 기능을 수행할 수 없는 구조물의 상태를 의미한다.

2.3.1 한계상태설계법

일반적인 "한계상태설계"의 접근은 1986년 미국의 Load and Resistance Factor Design Specification(American Institute of Steel Construction, AISC)을 수용함으로써 강구조디자인의 기틀이 만들어졌다. AISC-LRFD 기준은 미네소타대학의 T. V. Galambos 교수의 주관하에 개발되었다.

구조물에 적용되는 한계상태에는 일반적으로 강도(strength) 한계상태와 사용성(serviceability) 한계상태의 2가지 종류로 나누어진다. 강도(안전성) 한계상태는 구조물에 예상되는 수명 동안에 최대하중에 대한 안정성을 확보하는 것으로 최대응력(소성응력), 좌굴, 피로, 취성파괴, 전도(overturning)와 미끄럼(sliding)과 같은 거동현상을 말한다. 사용성 한계상태는 기능적인 요구에 따른 것으로 처짐, 진동, 영구변형과 균열, 인간의 쾌적감, 횡변위 등과 같은 건물에 거주하고 있는 것과 관련된 것들이다. 강도한계상태는 부재마다 다르므로 한 부재에 대해 여러 가지 한계상태가 적용될 수도 있다. 다른 구조설계기준에서와 같이 한계상태설계법은 강도한계상태를 중시하고 있는데, 이는 인간의 생명 및 재산과 같은 공공의 안전을 우선으로 하기 때문이다. 이것은 설계의 기능적 성능과 경제성을 동등하게 보장해야 하는 설계자가 사용성 한계상태를 무시해도 된다는 것은 아니다. 그러나 사용성 한계상태는 설계자측에 보다 많은 판단에 대한 훈련을 필요로 한다. 반면에 공공의 안전성에 대해 최소한의 고려는 개인적인 판단의 문제가 아니므로 기준에서는 사용성 한계상태보다 강도한계상태를 강조하고 있다.

한계상태설계법의 구조적 안전요건에 대한 일반식은 다음과 같다.

$$\phi R_n \geq \sum \gamma_i Q_i \tag{2.8}$$

설계강도(design strength, ϕR_n)는 소요강도(required strength), 즉 적용된 계수하중의 합($\sum \gamma_i Q_i$)보다 커야 한다는 것을 의미한다. 식(2.8)에서 좌변은 어떤 부재

나 시스템의 저항능력(내력) 또는 강도를 나타내고, 우변은 예상되는 하중을 나타낸다. 강도부분에서는 공칭강도 R_n에 저항계수 ϕ를 곱하여 설계강도를 구하며, 하중부분에서는 다양한 하중효과 Q_i에 과하중계수(overload factor) γ_i를 곱함으로써 계수하중의 합 $\sum\gamma_i Q_i$를 구한다. 아래첨자 i는 고정하중(D), 적재하중(L), 적설하중(S), 풍하중(W), 지진하중(E) 등 작용하는 각 하중항을 표시한 것이다.

설계강도 ϕR_n는 선택된 부재가 발휘해야 하는 저항(내력)이나 강도를 의미한다. 하중계수(load factor, γ)와 저항계수(resistance factor, ϕ)는 하중, 하중효과(구조부재의 계산된 힘과 모멘트) 및 저항이 불충분한 정확도로 계산될 수 있다는 사실을 반영한 것이다. 저항계수 ϕ는 1.0 이하이다. 왜냐하면 실제 저항내력은 산정된 공칭값보다 작을 가능성이 항상 있기 때문이다. 마찬가지로 하중계수 γ는 실제 하중효과가 규정 공칭하중에 의해 계산된 공칭값인 Q_i을 벗어날 수도 있다는 사실을 반영한 것이다.

이러한 계수는 이론적으로 나타나는 부정확성, 재료의 성질과 크기의 변화, 그리고 하중 결정에 대한 불확정성을 고려하기 위한 것이다. 이 계수들은 예기치 않은 하중을 감안하여 여유 있게 신뢰성을 부여한 것이다.

(1) 하중계수

구조물과 구조부재의 소요강도는 2.2.2 하중조합에서 기술한 바와 같이 7가지 하중조합 중에서 가장 불리한 계수하중(factored load)을 적용해야 한다. 계수하중이란 공칭하중(nominal load) 또는 작용하중(working load)에 하중계수를 곱한 값이다. 하중계수를 곱하는 것은 예정하중의 증가나 구조재료의 불확실성을 반영한 것이며, 또한 하중이 모두 동시에 작용하는 경우는 거의 존재하지 않음을 고려한 것이다.

(2) 저항계수

구조물의 극한강도를 정확하게 평가하기 위하여 재료의 강도, 크기, 그리고 공정작업에 대한 불확실성을 고려하는 것이 필요하다. 저항계수는 해석이론(예를 들어, 트러스나 다른 부재를 해석할 때 사용하는 가정), 다양한 재료 특성 및 변수, 부재의 기하학적 형상, 부정확한 부재강도 등을 고려한 계수이다.

이 사항들에 대처하기 위하여 각 부재의 이론적인 극한강도에 거의 항상 1보다 작은 저항계수 ϕ를 곱함으로써 이루어진다. 저항계수 ϕ는 부재의 형태와 한계상태에 따라 다르며, 부재별 저항계수 ϕ는 다음과 같다.

인장재	$\phi_t = 0.90$ 항복 한계상태
	$\phi_t = 0.75$ 파괴 한계상태
압축재	$\phi_c = 0.90$
보	$\phi_b = 0.90$ 휨
	$\phi_v = 0.90$ 전단
용접	$\phi =$ 모재와 같다(인장, 전단 등)
고력볼트	$\phi = 0.75$ 인장 및 전단

(3) 신뢰도 지수

신뢰도(reliability)란 건축물의 수명 중에 구조물의 강도(저항)가 구조물에 작용하는 최대하중보다 클 때를 예측하는 비율(percentage)을 나타내는 말이다. 그러므로 구조물에 작용하는 하중과 하중에 의한 구조물의 저항(강도)은 반드시 고려되어야 하는 변수들이다. 즉 고정하중에 대하여 $\gamma_D = 1.2$이나 하중값의 차이가 많은 적재하중에 대해서는 $\gamma_L = 1.6$이 되며 또한 강도평가가 정확한 보는 $\phi = 0.9$이지만 보보다 부정확한 파스너 접합에서는 $\phi = 0.75$로 변화한다.

하중(함수) Q와 저항(함수) R은 그림 2.6의 빈도분포(frequency distribution)와 같이 모두 통계수치로 $R \geq Q$인 경우 구조물은 안전하다고 생각할 수 있다.

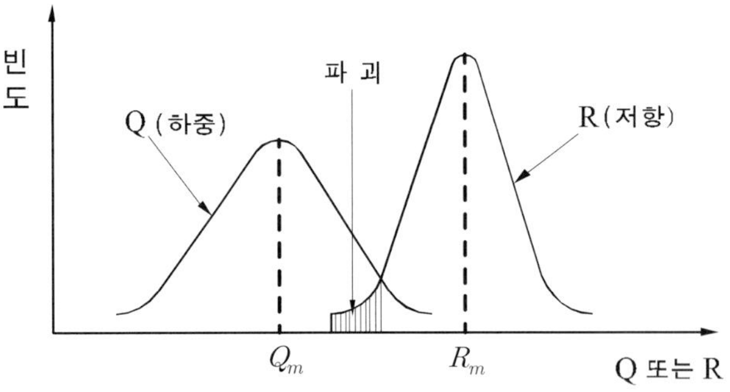

그림 2.6 하중(Q)와 저항(R)의 빈도분포

따라서 그림 2.6의 2개의 분포곡선이 교차되는 줄친 부분이 Q가 R을 초과하는 확률, 즉 한계상태를 초과하는 확률을 의미한다. 그러나 R이나 Q는 각기 독립된 무작위변수들(random variables)이므로 모든 구조물에 대해 R이 Q보다 항상 크다는 확실성이 없기 때문에 이 모든 불확실성에 대한 완전해석이 어려웠다. 근래에 이르러 구조체의 안전에 대하여 확률에 근거한 단순화된 접근방법으로 선형2차모멘트법(first-order second-moment method)이 사용되었다.

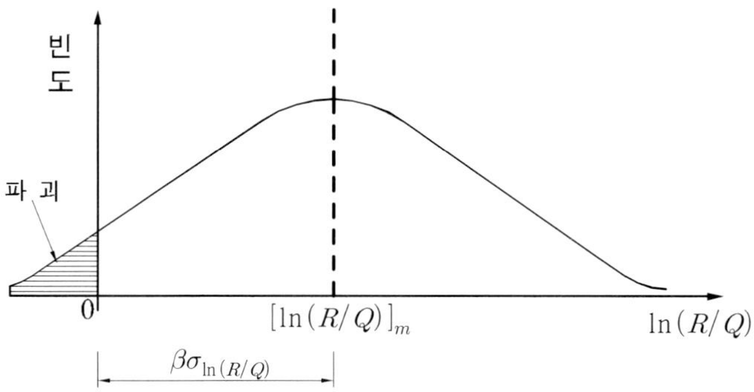

그림 2.7 신뢰도지수(β)

그림 2.7에서 보이는 것처럼 하중 Q로 나눈 저항 R의 자연로그, 즉 $\ln(R/Q)$가 무작위변수이므로 그림 2.6에서처럼 2 그룹(R과 Q)의 무작위변수로 해석하는 것보다 훨씬 간단하다. 그림 2.7에서 $\ln(R/Q)=0$은 $R/Q=1$, 즉 한계상태를 의미하는 것으로 $\ln(R/Q)<0$인 줄친 부분이 하중 Q가 강도 R를 초과하는 확률을 나타낸다.

줄친 부분이 적을수록 구조물의 신뢰도 또는 안전의 여유도(margin of safety)는 커지게 된다. 또한 그림에서 함수 $[\ln(R/Q)]$의 평균값(mean value) $[\ln(R/Q)]_m$으로부터 파괴선(줄친 부분)까지의 거리 $\beta\sigma_{\ln(R/Q)}$의 값이 클수록 신뢰도가 커지게 된다.

여기서 $\sigma_{\ln(R/Q)}$: $\ln(R/Q)$의 표준편차(standard deviation)

β : 신뢰도지수(reliability index 또는 safety index)

신뢰도지수를 구하는 데는 저항과 하중의 평균값 R_m과 Q_m, 그리고 표준편차 σ_R과 σ_Q를 적용한다. $\ln(R/Q)$에 대한 표준편차는 대략 다음과 같다.

$$\sigma_{\ln(R/Q)} \approx \sqrt{(V_R)^2+(V_Q)^2} \tag{2.9}$$

여기서, V_R과 V_Q는 각각의 변동계수(coefficient of variation)로 신뢰도를 표현하는 $\beta\sigma_{\ln(R/Q)}$는 대략 다음과 같다.

$$\beta\sigma_{\ln(R/Q)} \approx \beta\sqrt{(V_R)^2+(V_Q)^2} = \ln(R_m/Q_m) \tag{2.10}$$

그러므로 식(2.10)으로부터

$$\beta = \frac{\ln(R_m/Q_m)}{\sqrt{(V_R)^2+(V_Q)^2}} \tag{2.11}$$

계산된 많은 β값들을 조사하면 어떤 경향을 가지고 있는데, 예를 들면 표 2.1에서와 같이 보의 경우 3.0 정도의 β값을 가지고, 접합부의 경우 4~5 정도의 β값을 갖는다. 풍하중과 지진하중을 포함한 하중조합에 대한 신뢰도 지수 β는 보다 낮게 되는 경향이 있다.

한계상태설계법 개발에 사용된 확률을 기초로 한 방법의 특성 중의 하나는 표 2.1과 같은 β값을 사용하여 저항계수 ϕ에 적용하고 있다.

표 2.1 신뢰도지수 β

하중조합	β
고정하중 + 적재하중 (또는 적설하중)	3.0 (부재)
	4.5 (접합부)
고정하중 + 적재하중 + 풍하중	2.5 (부재)
고정하중 + 적재하중 + 지진하중	1.75 (부재)

2.3.2 허용응력 및 허용강도 설계법

(1) 허용응력설계법

지금까지 사용해 온 전통적인 방법은 허용응력설계(Allowable Stress Design, ASD 또는 Working Stress Design, WSD)법이다. ASD의 초점은 구조물에 대한 안전요건(적당한 강도)을 만족했을 때의 적용하중상태(탄성구조체의 내부응력)에 있다. 허용응력설계에서는 한계상태설계와 비교하여 다음과 같이 나타난다.

$$\frac{\phi R_n}{\gamma} \geq \sum Q_i \tag{2.12}$$

이 설계법에서 하중의 가변성(variability)은 같다고 생각한다. 따라서 모든 가변성은 방정식의 강도부분에 속하게 된다.

허용응력설계법으로 보의 방정식을 구하기 위해서 좌변은 안전율(factor of safety) $FS(=\phi/\gamma)$로 나눈 보의 공칭강도 M_n으로 나타내고, 우변은 모든 종류의 하중으로부터 생긴 휨모멘트 M을 나타낸다. 따라서 식(2.12)는 다음과 같이 된다.

$$\frac{M_n}{FS} \geq M \tag{2.13}$$

보의 응력을 구하기 위해 식(2.13)을 I/c(단면2차모멘트 I를 중립축으로부터 연단까리의 거리 c로 나눈 값)으로 나눈다. 그리고 공칭강도 M_n에 의한 연단 응력을 항복응력 F_y(즉 $M_n = F_y I/c$)라고 하면, 식(2.13)은 다음과 같이 된다.

$$\frac{F_y}{FS}\frac{I/c}{I/c} \geq \frac{M}{I/c} \tag{2.14}$$

또는

$$\frac{F_y}{FS} \geq \left[f_b = \frac{Mc}{I}\right] \tag{2.15}$$

허용응력설계법에서 F_y/FS는 허용휨응력 F_b가 되고 f_b는 전체 사용하중상태에서 계산된 탄성응력이 된다. 만일 공칭응력 M_n이 좌굴 때문에 F_y보다는 F_{cr}에 의하면, 허용휨응력 F_b는 F_{cr}/FS가 된다. 그러므로 허용응력설계법에서 안전기준은 다음과 같이 쓸 수 있다.

$$f_b \leq \left[F_b = \frac{F_y}{FS} \quad \text{또는} \quad F_b = \frac{F_{cr}}{FS}\right] \tag{2.16}$$

(2) 허용강도설계법

2005년도 AISC 기준은 이제까지 사용했던 허용응력설계법(Allowable Stress Design, ASD)에서 허용강도설계법(Allowable Strength Design, ASD)으로 전환하면서 LRFD 설계법과 같은 강도한계상태의 기본방침을 공유하게 되었다. 허용강도식은 다음과 같다.

$$\left[\frac{R_n}{\Omega} = \frac{\phi R_n}{\gamma}\right] \geq \left[R_a = \sum \gamma_i Q_i\right] \tag{2.17}$$

여기에서 R_n : 공칭강도, R_a : 소요강도

$\dfrac{R_n}{\Omega}$: 허용강도, Ω : 안전율

식(2.17)의 좌변은 허용강도를 나타내며 우변은 작용하중을 나타낸다.

이 식에서 사용한 γ는 LRFD 설계법과 유사하다. 그러나 여기서는 LRFD와 달리 계수하중이 거의 없기 때문에 대부분의 하중에 대해 $\gamma = 1.0$이 되지만 다음에 표시하는 하중조합에서와 같이 작용하중이 동시에 일어날 수 있는 가능성에 대비하여 이를 반영한 것이다.

AISC ASD에서 사용한 하중조합은 다음과 같다.

D

$D+L$

$D+L+(L_r$ 또는 S 또는 $R)$

$D+(W$ 또는 $0.7E)+L+(L_r$ 또는 S 또는 $R)$

$0.6D+W$

$0.6D+0.7E$

2.3.3 설계기준

우리나라에서는 강구조 건물의 구조설계는 대한건축학회 및 한국강구조학회가 제정하고 정부(국토해양부)가 고시한 강구조설계기준에 따라 시행되고 있다. 이 기준은 건축물에 대하여 안전성, 사용성 및 내구성을 확보하고 국제적 기준에 적합하도록 구조설계에 대한 일련의 공학적 과정에 대한 모든 기술적 조항을 제정한 것이다. 1973년 강구조 허용응력설계인 강구조계산기준이 처음으로 발간되어 사용하다가 2003년에 강구조 허용응력설계법이 전면 개정되었다. 이에 앞서 1997년에 강구조 한계상태설계기준을 제정하였고, 2009년 국토해양부가 건축구조설계기준과 강구조설계기준-하중저항계수법을 고시함으로써 기준 내의 여러 규정들이 법적 효력을 갖게 되었다. 강구조설계기준과 관련된 국내·외 주요 기준 또는 시방서들을 열거하면 다음과 같다.

(1) 국내 설계기준

- 강구조설계기준(하중저항계수법) : 한국강구조학회, 2009
- 강구조허용응력설계기준 : 한국강구조학회/대한건축학회, 2003
- 강관구조 설계기준 : 한국강구조학회/대한건축학회, 1998
- 냉간성형강 구조설계기준 : 한국강구조학회/대한건축학회, 1999

(2) 국외 설계기준

- Specification for Structural Steel Buildings : American Institute of Steel Construction, 2005.
- Seismic Provisions for Structural Steel Buildings : AISC, 2005.
- Specification for the Design of Cold-Formed Steel Structures Members : American Iron and Steel Institute, 1986.

- Eurocode 3 : Design of Steel Structures. European Committee for Standardization(CEN), 1990.
- BS5950 : Structural Use of Steel work in Building, British Standard Institute, 1990.

The Pompidou Centre in Paris, France. 밝은 빛깔의 와렌 트러스의 형태로 배치하여 적절히 변화를 줌으로써 공간구성의 아름다움과 독특한 구조적 조형미를 잘 표현한 건축물.

Chapter 3

인장재

Chapter **3** | 인장재

3.1 인장재 개요

인장재란 부재의 축방향으로 인장력을 받는 구조부재이다. 그림 3.1(a)와 같이 트러스의 현재 및 웨브재, 프레임구조물의 가새, 현수구조에 쓰이는 케이블, 현수교와 사장교에서의 케이블 등이 대표적인 인장재이다. 일반적으로 널리 쓰이는 인장재의 단면형태로는 그림 3.1(b)와 같이 강봉이나 ㄱ형강, 판재, 와이어로프, 아이바, 턴버클, 그리고 T형강 등이 주로 사용되지만 인장력이 큰 경우에는 H형강이 쓰이기도

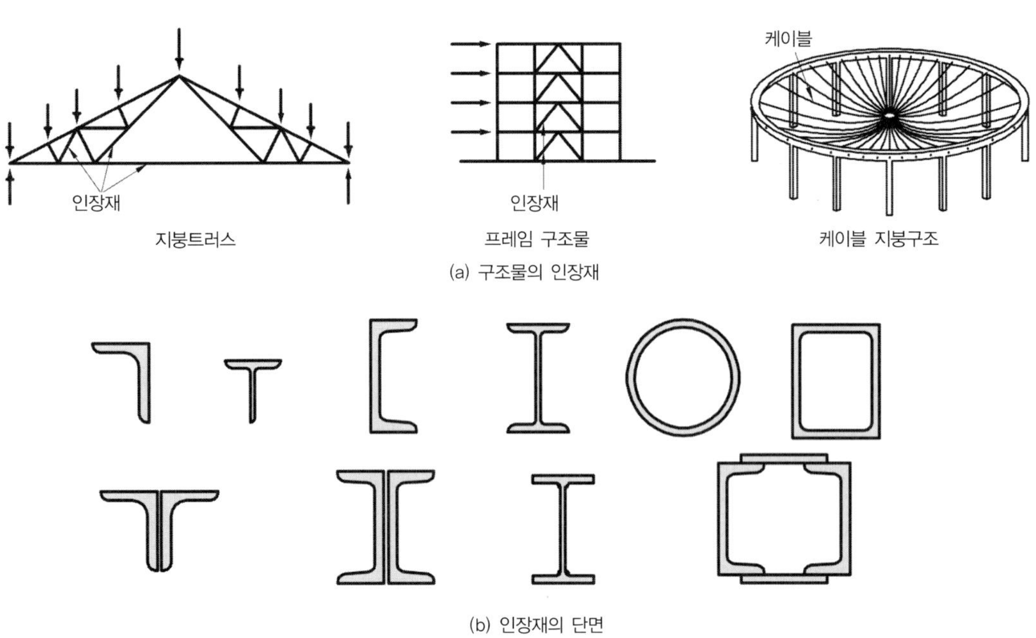

그림 3.1 인장재의 종류

한다. 인장재의 단부접합에는 고력볼트 등의 파스너(fastener)나 용접을 사용한다.

접합에 파스너를 사용하는 경우, 인장재에 파스너 설치를 위한 구멍을 뚫어야 하므로 인장력을 지지하는 단면적이 줄어들게 되거나 응력집중 등이 생기게 되므로 인장재의 설계에는 이러한 단면결손에 의한 영향을 고려하여야 한다. 따라서 인장재는 총단면의 항복, 순단면에 의한 파단 및 블록전단파단에 대하여 한계상태를 검토해야 한다.

3.2 인장재의 설계강도

인장재의 접합에 볼트를 사용하는 경우 볼트구멍으로 인한 단면결손으로 그림 3.2와 같이 인장재의 단면적이 감소하게 된다. 단면적은 총단면적(A_g), 순단면적(A_n), 유효순단면적(A_e) 3가지가 있다. 이 중 인장재의 총단면적에서 접합부의 볼트 구멍에 의한 결손부분을 뺀 단면적을 순단면적이라 한다. 인장재의 총단면적 A_g와 접합부의 단면결손을 고려한 순단면적 A_n은 각각 식(3.1) 및 식(3.2)와 같다.

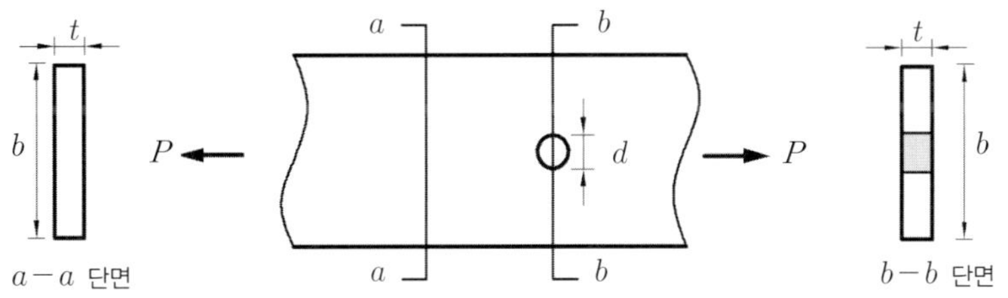

그림 3.2 인장재의 단면적

$$\text{총단면적} \quad A_g = tb \tag{3.1}$$

$$\text{순단면적} \quad A_n = t(b-d) \tag{3.2}$$

이러한 인장재에 하중을 가하면 과도한 변형 또는 파단이라는 2개의 변화가 나타나게 된다. 첫 번째로 접합부 단면결손 부분의 응력이 총단면에 작용하는 응력보다 크게 되면 단면결손 부분이 먼저 항복응력 F_y에 이르게 된다. 이렇게 항복한 단면결손 부분은 변형도 경화점에 이를 때까지 하중의 증가 없이 소성변형이 일어나게 된다. 그러나 이 소성변형은 단면결손 부분의 범위 내에 국한되므로 인장재의 전체적인 변형에는 거의 영향을 미치지 않는다.

두 번째로 그 후 하중을 증가시키면 접합부 단면결손 부분과 총단면 부분 모두에서 응력이 증가하여 단면결손 부분이 먼저 인장강도 F_u에 도달할 경우, 단면결손 부분에 파단이 발생하며 파단에 이르게 된다. 단면결손 부분이 인장강도에 도달하기 전에 총단면 부분이 먼저 항복하는 경우는 인장재의 전체길이에 걸쳐 변형도 경화점에 이르게 될 때까지 소성변형이 일어나게 된다. 변형도 경화점에 도달하고 난 후에도 계속하여 하중이 증가할 수 있으나 이 경우 인장재는 지나친 변형으로 인해 이미 구조재로서 역할을 할 수 없게 된다. 그러므로 볼트접합 인장재를 설계할 때에는 총단면에서의 항복(F_yA_g)과 단면결손 부분에서의 파단(F_uA_e)이라는 2가지 경우를 고려하게 된다.

3.2.1 순단면적

순단면적(net area)이란 인장재 접합부의 볼트 구멍에 의한 결손부분을 고려한 단면적으로서 구멍의 배열 상태에 따라 파단이 일어나는 형태가 달라지므로 모든 발생 가능한 파단선(failure line)에 대해 순단면적을 구한 후 그 중 최소값을 인장재의 순단면적으로 사용하여야 한다. 그림 3.3(a)와 같이 볼트가 인장력에 직각인 방향으로 나란히 정렬배열된 경우에는 파단이 연결재 구멍의 중심을 따라 세로로 일정하게 일어나므로 파단선은 A-B로 된다. 이 때 단면의 순단면적 A_n은 총단면적 A_g에서 연결재 구멍에 의한 결손부분을 뺀 값으로 식(3.3)과 같이 구할 수 있다.

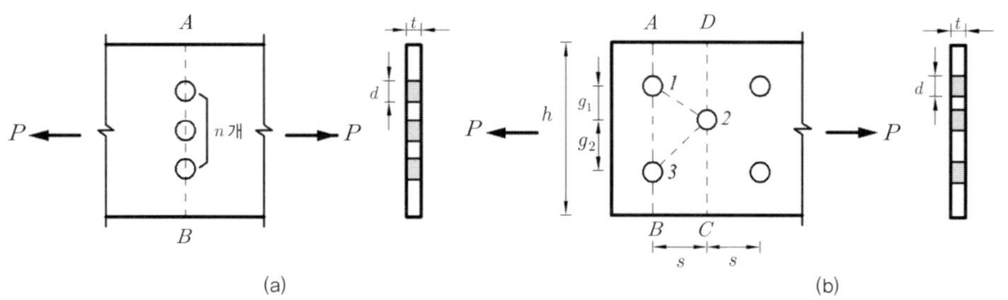

그림 3.3 인장재의 파단선

$$A_n = A_g - n(dt) \tag{3.3}$$

여기서, n : 인장력에 의한 파단선상에 있는 구멍의 개수

d : 볼트 구멍의 직경(mm), 볼트직경(mm)+2mm 임(M22까지).

t : 부재의 판두께(mm)

그림 3.3(b)와 같이 볼트의 구멍이 불규칙하게 배치된 경우에는 A-1-3-B, A-1-2-3-B, A-1-2-C 그리고 D-2-3-B의 4가지의 파단선을 가정할 수 있다.

파단선 A-1-3-B의 경우 볼트가 동일 직선 상에 위치하므로 순단면적은 식(3.3)을 이용하여 구한다. 파단선 A-1-2-3-B의 경우는 파단선 상의 구멍의 개수는 증가하나 구멍들이 동일직선 상에 있지 않아 동일직선 상에 있는 경우에 비해 구멍에 의한 단면결손 효과가 줄어들게 된다. 이처럼 파단선에 의해 이어지는 구멍이 서로 엇갈리게 배치된 경우의 순단면적은 다음과 같다.

$$A_n = A_g - ndt + \sum\left(\frac{s^2}{4g}\right)t \tag{3.4}$$

s : 피치(pitch)=인접한 2개 구멍의 응력방향 중심간격(mm)

g : 게이지(gage)=파스너 게이지선 사이인 응력방향과 직각방향의 중심간격(mm)

그림 3.3(b)의 경우 4가지 파단선에 대한 순단면적은 다음과 같다.

파단선 A-1-3-B : $A_n = (h-2d)t$

파단선 A-1-2-3-B : $A_n = \left(h - 3d + \dfrac{s^2}{4g_1} + \dfrac{s^2}{4g_2}\right)t$

파단선 A-1-2-C : $A_n = \left(h - 2d + \dfrac{s^2}{4g_1}\right)t$

파단선 D-2-3-B : $A_n = \left(h - 2d + \dfrac{s^2}{4g_2}\right)t$

이 중에서 순단면적의 크기가 가장 작은 경우가 실제로 파단이 일어나는 파단선이며, 이 인장재의 순단면적이 된다. 그런데 파단선 A-1-2-C와 D-2-3-B의 순단면적은 파단선 A-1-3-B의 경우보다 항상 크게 되므로 파단선 A-1-2-C와 D-2-3-B의 경우는 처음부터 고려할 필요가 없다는 것을 알 수 있다. 그림 3.4(a)와 같이 동일 평면상에 있지 않은 ㄱ형강의 2변에 구멍이 엇갈려 배치되어 있는 경우의 순단면적은 그림 3.4(b)와 같이 2변을 펴서 동일 평면상에 놓은 후 앞에서와 동일한 방법으로 구한다. 이 때 구멍열 사이의 간격 g의 값은 그림 3.4(a)에서 ㄱ형강의 두께 중심선을 따른 2개의 구멍 사이의 거리(g_1+g_2)에서 중복되는 두께 t를 감한 값을 사용하며, 식으로 나타내면 다음과 같다.

$$g = g_1 + g_2 - t \tag{3.5}$$

같은 원리로 판 전체의 폭 h는 다음과 같이 나타낸다.

$$h = h_1 + h_2 - t \tag{3.6}$$

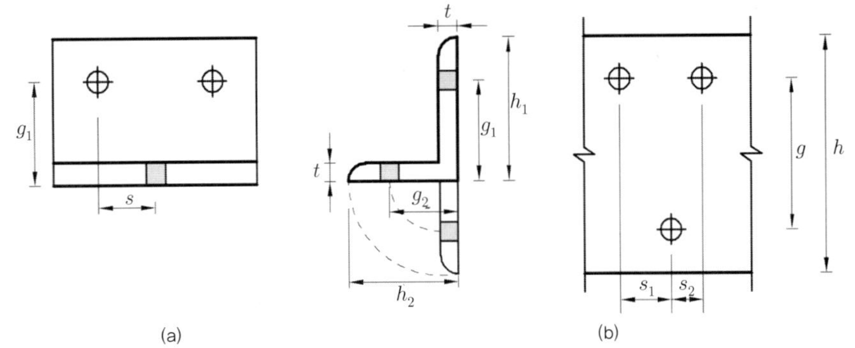

그림 3.4 ㄱ형강의 순단면적

예제 3-01

다음 그림과 같은 인장재의 순단면적(A_n)을 구하시오. 다만, 사용볼트는 F10T(M20)이다. 판의 두께는 5 mm 이다.

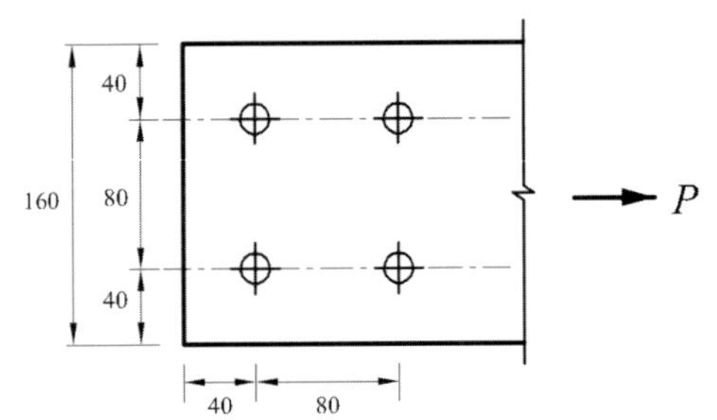

풀이

$d = 20 + 2 = 22\text{mm}$

$A_g = 5 \times 160 = 800\text{mm}^2$

$A_n = A_g - n(dt) = 800 - 2(22 \times 5) = 580\text{mm}^2$

$\therefore$ 순단면적 $A_n = 580\text{mm}^2$

예제 3-02

다음 그림과 같이 L-90×90×7형강으로 된 인장재의 순단면적(A_n)을 구하시오. 다만, 사용볼트는 F10T(M20)이다. L-90×90×7형강의 단면적(A_g)은 1,222 mm^2이다.

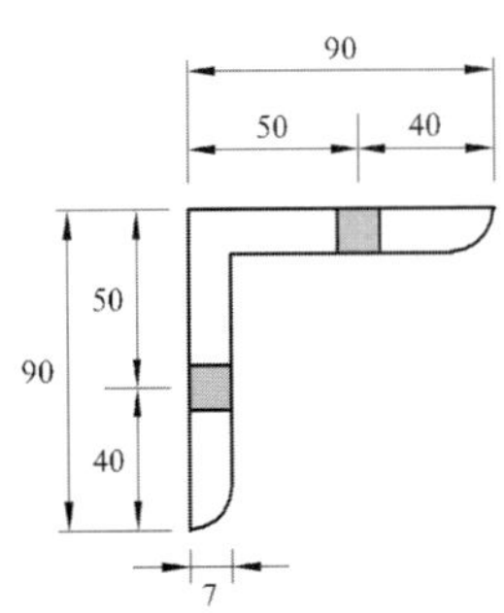

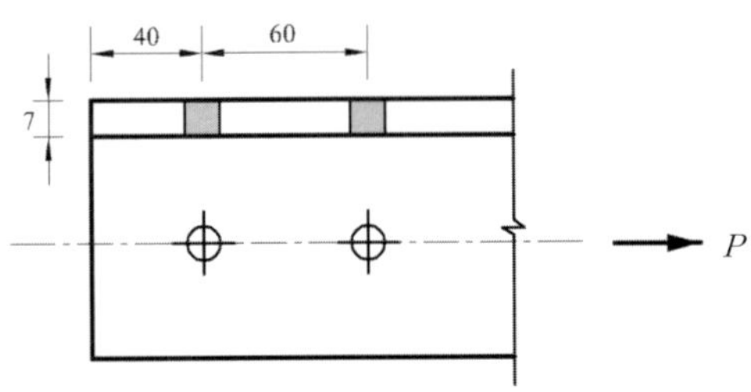

풀이

$d = 20 + 2 = 22\text{mm}$ $A_g = 1,222\,\text{mm}^2$

$A_n = A_g - n(dt) = 1,222 - 2(22 \times 7) = 914\,\text{mm}^2$

$\therefore$ 순단면적 $A_n = 914\,\text{mm}^2$

예제 3-03

다음 그림과 같이 두께 9mm 평판의 순단면적을 구하시오. 다만, 볼트의 공칭직경은 20 mm이다.

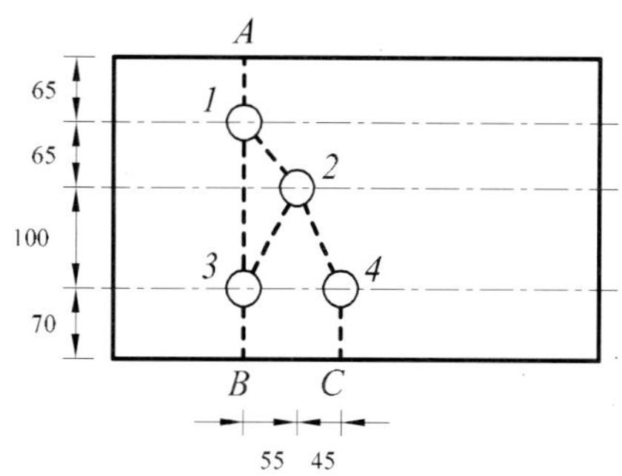

풀이

(1) 파단선 A-1-3-B

$$A_n = (h - 2d)\,t$$

$$= (300 - 2 \times 22) \times 9 = 2,304\,\text{mm}^2$$

(2) 파단선 A-1-2-3-B

$$A_n = \left(h - 3d + \frac{s_1^2}{4g_1} + \frac{s_1^2}{4g_2}\right)t = \left(300 - 3 \times 22 + \frac{55^2}{4 \times 65} + \frac{55^2}{4 \times 100}\right) \times 9$$

$$= (300 - 66 + 11.63 + 7.56) \times 9 = 2,279\,\text{mm}^2$$

(3) 파단선 A-1-2-4-C

$$A_n = \left(h - 3d + \frac{s_1^2}{4g_1} + \frac{s_2^2}{4g_2}\right)t = \left(300 - 3 \times 22 + \frac{55^2}{4 \times 65} + \frac{45^2}{4 \times 100}\right) \times 9$$

$$= (300 - 66 + 11.63 + 5.06) \times 9 = 2,256\,\text{mm}^2$$

$\therefore A_n = 2,256\,\text{mm}^2$

3.2.2 유효순단면적

접합부에서 어느 정도 떨어진 위치에서는 인장재 내의 응력은 전단면에 걸쳐 균등하게 분포된다. 그러나 접합부 부근에서는 접합의 형태에 따라 응력의 분포가 달라질 수 있다. 그림 3.5와 같이 인장재의 1개의 변만이 접합에 사용된 경우에는 접합의 중심이 인장재의 중심과 일치하지 않게 되어 편심 $\bar{x}_1$, $\bar{x}_2$에 의한 영향이 발생하게 된다. 이처럼 편심이 발생하는 접합부에서 응력의 흐름을 살펴보면 인장력은 먼저 접합에 사용된 면을 통해 전단응력의 형태로 점차 전체 단면으로 전달되게 된다. 이 때 접합에 사용된 면은 전체가 과중한 인장력을 받게 되지만 접합에 사용되지 않은 면에는 인장력이 충분하게 받지 못하게 되는데 이러한 현상을 전단지연(shear lag)현상이라고 한다.

이러한 전단지연의 영향을 고려하기 위해 순단면적(A_n) 대신에 다음과 같은 유효순단면적(effective net area, A_e)을 사용한다. 따라서 유효순단면적 A_e는 순단면적 A_n에 적절한 감소계수($U \leq 1.0$)를 곱하여 다음과 같이 나타낸다.

$$A_e = UA_n \tag{3.7}$$

여기서,

U : 감소계수(reduction coefficient) 또는 전단지연계수(shear lag factors)

A_n은 순단면적으로, 용접접합의 경우 볼트 구멍에 의한 단면결손이 없으므로 순단면적(A_n) 대신 총단면적(A_g)을 사용한다. 전단지연 현상은 그림 3.5와 같이 인장재의 중심축과 인장력의 축이 일치하지 않을 때 발생하며, 2축 사이의 거리 $\bar{x}$가 커질수록 심해지며, 연결되는 접합부의 길이 l이 길어질수록 전단지연의 영향력을 줄일 수 있게 된다. 인장재의 U값은 강관을 제외하고 다음과 같이 구할 수 있다.

$$U = 1 - \frac{\bar{x}}{l} \tag{3.8}$$

여기서, $\bar{x}$: 접합부 편심(mm) (그림 3.5 참조)

l : 접합길이(mm)

표 3.1은 설계기준에 나타낸 U값을 정리한 것이다.

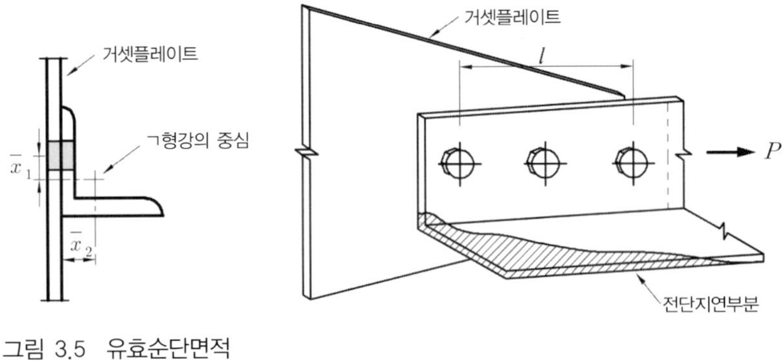

그림 3.5 유효순단면적

표 3.1 인장재 접합부의 감소계수 (U)

사례	요소 설명		감소계수, U	예
1	인장력이 용접이나 파스너를 통해 각각의 단면요소에 직접 전달되는 모든 인장재 (사례 3, 4와 같은 경우는 제외한다.)		$U=1.0$	–
2	인장력이 길이방향 용접이나 파스너를 통해 단면요소의 일부에 전달되는 판재와 강관을 제외한 모든 인장재 (H형강은 사례 5를 적용할 수도 있다.)		$U=1-\bar{x}/l$	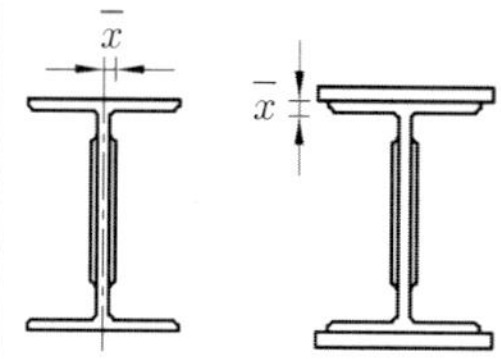
3	인장력이 가로방향 용접을 통해 단면요소의 일부에 전달되는 모든 인장재		$U=1.0$ A_n = 직접 접합된 요소의 면적	–
4	인장력이 길이방향 용접만을 통해서 전달되는 판재		$l \geq 2w \quad U=1.00$ $2w > l \geq 1.5w \quad U=0.87$ $1.5w > l \geq w. \quad U=0.75$	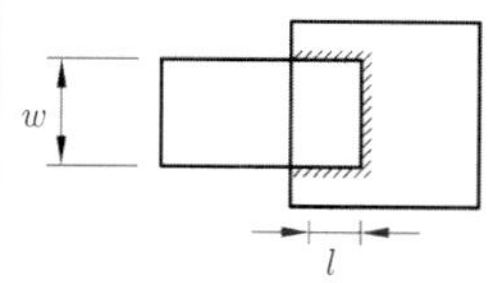
5	H형강 또는 T형강 (사례 2와 비교하여 큰 값의 U를 사용할 수 있다.)	하중방향으로 1열에 3개 이상의 파스너로 접합한 플랜지의 경우	$B \geq 2/3H \quad U=0.90$ $B < 2/3H \quad U=0.85$	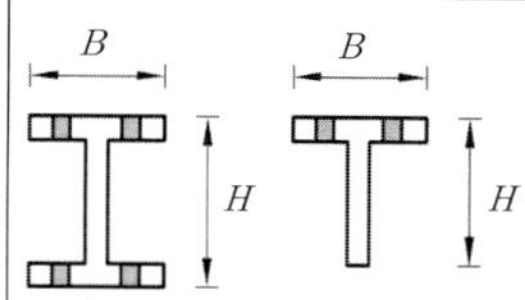
		하중방향으로 1열에 4개 이상의 파스너로 접합한 웨브의 경우	$U=0.70$	–
6	단일 ㄱ형강 (사례 2와 비교하여 큰 값의 U를 사용할 수 있다.)	하중방향으로 1열에 4개 이상의 파스너가 있는 경우	$U=0.80$	–
		하중방향으로 1열에 2개 또는 3개의 파스너가 있는 경우	$U=0.60$	–

l= 접합길이(mm), w= 판재의 폭(mm), $\bar{x}$ = 접합부편심(mm)

3.2.3 블록전단파단

고력볼트의 사용이 증가함에 따라 접합부의 설계는 보다 적은 개수, 그리고 보다 큰 직경의 볼트를 사용하는 경향이 있었다. 그러나 이러한 경향은 접합부에서 블록전단파단(block shear rupture)이라는 파단양상이 일어날 수 있는 가능성을 크게 만들었다. 블록전단파단이란 그림 3.6(a)에서와 같이 빗금 친 블록에서 종단면 a–b 부분의 전단파단과 횡단면 b–c 부분의 인장파단에 의해 접합부의 일부분이 찢어져 나가는 파단 형태이다.

전단파단강도와 인장파단강도를 구한 후 그 값의 크기에 따라 식(3.9) 및 식(3.10) 2식을 사용하여 블록전단파단강도 R_n을 구한다.

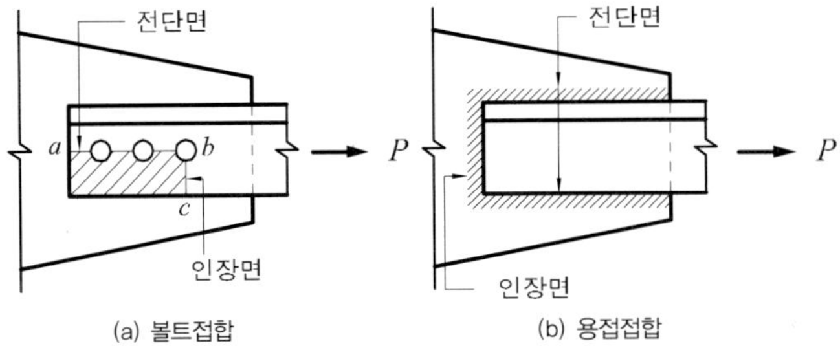

그림 3.6 블록전단파단

$F_u A_{nt} \geq 0.6 F_u A_{nv}$ 인 경우 (전단항복–인장파단)

$$\phi R_n = \phi[0.6 F_y A_{gv} + F_u A_{nt}] \tag{3.9}$$

$F_u A_{nt} < 0.6 F_u A_{nv}$ 인 경우 (전단파단–인장항복)

$$\phi R_n = \phi[0.6 F_u A_{nv} + F_y A_{gt}] \tag{3.10}$$

여기서, $\phi = 0.75$

A_{gv} : 전단저항 총단면적(mm^2)

A_{nt} : 인장저항 순단면적(mm^2)

A_{nv} : 전단저항 순단면적(mm^2)

A_{gt} : 인장저항 총단면적(mm^2)

식(3.9)와 식(3.10)은 각각 전단면의 항복과 인장면의 파단, 그리고 전단면의 파단과 인장면의 항복이라는 2가지 한계상태에 관한 것으로 식의 적용은 그림 3.7(a)와 (b)의 2가지 한계상태로 구분된다. 그림 3.7(a)의 경우는 작용하는 인장력의 대부분이 인장면(tensile plane)에 의해 지지되므로 인장면이 파단을 일으킬 때 블록전단파단이 일어난다. 그러므로 블록전단파단강도는 거의 인장파단강도에 의해 결

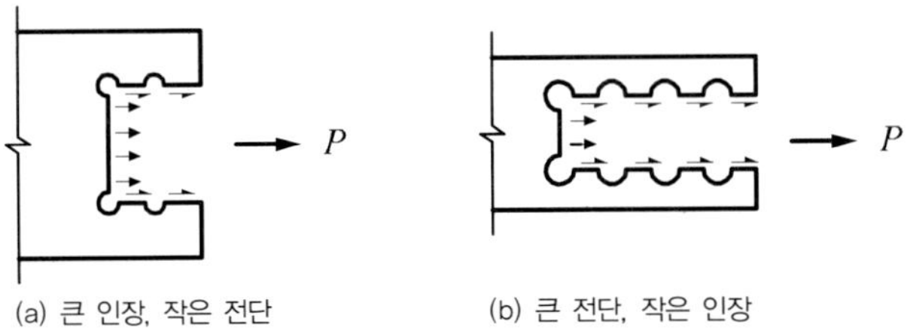

그림 3.7 블록전단파단 모드

정되며 따라서 블록전단파단강도는 식(3.10)을 사용하여 구해야 한다. 이 경우 식(3.10)을 사용하면 실제의 파단강도보다 훨씬 작은 값을 얻게 된다. 그림 3.7(b)의 경우는 인장력의 대부분이 전단면(shear plane)에 의해 지지되므로 전단면이 파단을 일으킬 때 파단이 일어난다. 따라서 식(3.10)을 사용한 값이 식(3.9)보다 커지며 실제의 파단강도에 더 가깝게 된다.

예제 3-04

다음 그림과 같이 인장재 L-100×100×7($A_g = 1,362\,\text{mm}^2$) 형강의 설계 블록전단파단강도를 구하시오. 강재는 SN400이고, 사용 고력볼트는 F10T(M22)이다.
($F_y = 235\text{N/mm}^2$, $F_u = 400\text{N/mm}^2$)

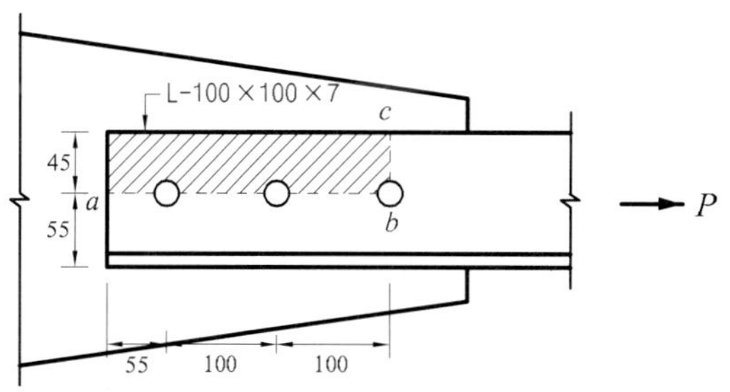

풀이

전단면 (파단선 a-b)

$A_{gv} = (55+100+100)\times 7 = 1,785\,\text{mm}^2$

$A_{nv} = 1,785 - (2.5\times 24)\times 7 = 1,365\,\text{mm}^2$

인장면 (파단선 b-c)

$A_{gt} = 45\times 7 = 315\,\text{mm}^2$

$A_{nt} = 315 - (0.5\times 24)\times 7 = 231\,\text{mm}^2$

$F_u A_{nt} = 400\times 231 = 92,400\,\text{N}$

$0.6F_u A_{nv} = 0.6\times 400\times 1,365 = 327,600\,\text{N}$

$F_u A_{nt} < 0.6F_u A_{nv}$이므로 설계블록전단파단강도는

$$\begin{aligned}\phi R_n &= \phi[0.6F_u A_{nv} + F_y A_{gt}] \\ &= 0.75[(0.6\times 400\times 1,365) + (235\times 315)] \\ &= 0.75\times 401,625 = 301,219\,\text{N} \\ &= 301\,\text{kN}\end{aligned}$$

예제 3-05

다음 그림과 같은 인장재 ㄷ-250×90×9×13의 설계 블록전단파단강도를 구하시오. 다만 형강의 재질은 SS400($F_y = 235\text{N/mm}^2$, $F_u = 400\text{N/mm}^2$)이며 사용 고력볼트는 F10T(M22)이다.

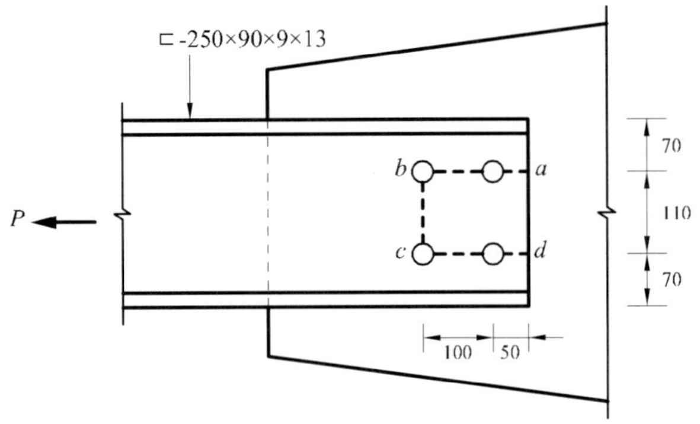

풀이

전단면 (파단선 a–b, c–d)

$A_{gv} = (50+100)\times 9\times 2 = 2{,}700\ \text{mm}^2$

$A_{nv} = 2{,}700-(1.5\times 24)\times 9\times 2 = 2{,}052\ \text{mm}^2$

인장면 (파단선 b–c)

$A_{gt} = 110\times 9 = 990\ \text{mm}^2$

$A_{nt} = 990-(1.0\times 24\times 9) = 774\ \text{mm}^2$

$F_u A_{nt} = 400\times 774 = 309{,}600\text{N}$

$0.6F_u A_{nv} = 0.6\times 400\times 2{,}052 = 492{,}480\text{N}$

$F_u A_{nt} < 0.6F_u A_{nv}$이므로 설계블록전단파단강도는

$\phi R_n = \phi[0.6F_u A_{nv} + F_y A_{gt}]$

$= 0.75[(0.6\times 400\times 2{,}052)+(235\times 990)] = 543{,}848\text{N}$

$= 544\text{kN}$

3.3 인장재의 설계

한계상태설계법의 설계개념은 2.3.1에 기술하였고, 구조적 안전요건은 식(2.8)에 나타내었다. 즉 $\phi R_n \geq [R_u = \Sigma \gamma i Qi]$

위의 일반식으로부터 인장재의 설계식은 다음과 같이 된다.

$$\phi_t P_n \geq P_u \tag{3.11}$$

여기서, P_n : 공칭인장강도(N)

P_u : 소요인장강도(계수하중, N)

3

인장재의 설계는 적절한 총단면적과 순단면적을 갖고 있는 부재를 선택하는 것이며 또한 총단면의 항복과 유효순단면의 파단이라는 2가지의 한계상태에 대하여 검토한다. 한계상태설계에서 저항계수 ϕ_t는 연성을 갖는 총단면의 항복강도에 대해서는 0.9의 값을 적용하며, 급격한 파단이 일어나는 유효순단면의 파단강도에 대해서는 0.75의 값을 적용한다. 총단면의 항복이 발생하는 경우에 지나친 변형으로 인해 인장재로서의 사용성은 상실하게 되지만 이것이 전체의 구조물 파괴로 이어질 가능성은 적다. 그러나 유효순단면의 파단은 급격하게 일어나게 되며 전체 구조물의 파괴로 이어질 가능성이 매우 크다. 따라서 유효순단면의 파단에 대해서는 안전에 대해 보다 큰 여유를 두기 위해 총단면의 항복에 비해 작은 저항계수값을 적용한 것이다.

인장재의 설계인장강도 $\phi_t P_n$은 다음과 같은 2가지 한계상태에 관한 강도값 중에서 작은 값으로 결정한다.

총단면항복(yielding)의 한계상태인 경우 : $P_n = F_y A_g$ (3.12)

$$\phi_t = 0.90$$

순단면파단(rupture)의 한계상태인 경우 : $P_n = F_u A_e$ (3.13)

$$\phi_t = 0.75$$

여기서, F_y : 항복강도(N/mm^2)

F_u : 인장강도(N/mm^2)

A_e : 유효순단면적(mm^2)

A_g : 부재의 총단면적(mm^2)

또한 인장재설계에서 반드시 고려하여야 할 사항은 접합부의 블록전단강도이다. 이에 대해서는 3.2.3에서 설명한 바 있다. 안장재의 설계에서 세장비의 제한은 없지만 부재의 강성(degree of stiffness)을 고려하여 기준에서는 300을 초과하지 않도록 다음과 같이 권장하고 있다.

$$\frac{L}{r} \leq 300 \tag{3.14}$$

여기서 L은 부재의 길이이고, r은 단면의 최소2차반경이다.

예제 3-06

다음 그림과 같은 등변ㄱ형강 ㄴ-200×200×15의 인장재를 고력볼트로 접합할 때, 설계인장강도를 구하시오. 다만 형강의 재질은 SS400($F_y = 235\text{N/mm}^2$, $F_u = 400\text{N/mm}^2$)이며 사용 고력볼트는 F10T(M22)이다. ($A_g = 5,775\,\text{mm}^2$)

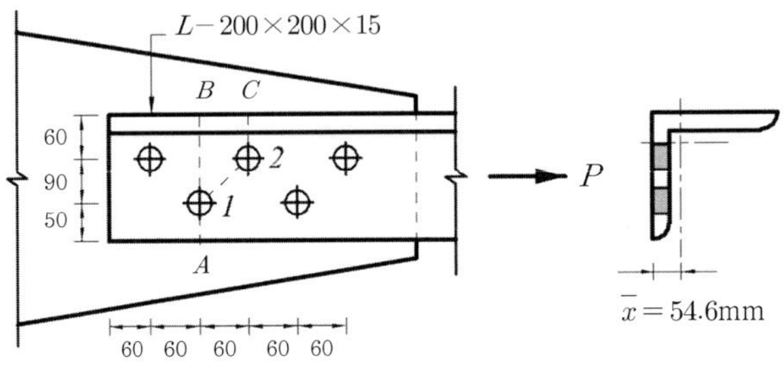

풀이

(1) 순단면적 A_n

파단선 A-1-B에 대해,

$A_n = 5{,}775 - (24 \times 15) = 5{,}415\text{mm}^2$

파단선 A-1-2-C에 대해

$A_n = 5{,}775 - (2 \times 24 \times 15) + \dfrac{60^2}{4 \times 90} \times 15 = 5{,}205\text{mm}^2$

순단면적 $A_n = 5{,}205\text{mm}^2$

(2) 유효 순단면적 A_e

인장재의 1변만이 접합부에 접합되어 있으므로 전단지연을 고려한다.

$A_e = U \times A_n$에서

$U = 1.0 - \dfrac{\bar{x}}{l} = 1.0 - \dfrac{54.6}{240} = 0.77$, 표 3.1 사례 6에서의 $U = 0.6$보다 크므로

$A_e = 0.77 \times 5{,}205 = 4{,}008\text{mm}^2$

(3) 설계강도의 계산

총단면의 항복 : $\phi_t P_n = \phi_t F_y A_g$

$= 0.9 \times 235 \times 5{,}775 = 1{,}221{,}412\text{N} = 1{,}221\text{kN}$

순단면의 파단 : $\phi_t P_n = \phi_t F_u A_e$

$= 0.75 \times 400 \times 4{,}008 = 1{,}202{,}400\text{N} = 1{,}202\,\text{kN}$

따라서 설계강도 $\phi_t P_n = 1{,}202\,\text{kN}$

예제 3-07

그림과 같은 등변 ㄱ형강 L-150×150×15($A_g = 4{,}276\,\text{mm}^2$)의 인장재에 고정하중과 적재하중이 각각 $P_D = 280\text{kN}$, $P_L = 350\text{kN}$이 작용할 때, 인장재의 안전성을 검토하시오. 다만, 형강의 재질은 SS400($F_y = 235\text{N/mm}^2$, $F_u = 400\text{N/mm}^2$)이며, 구멍 크기는 22mm이고 $\bar{x}$는 42.4mm이다.

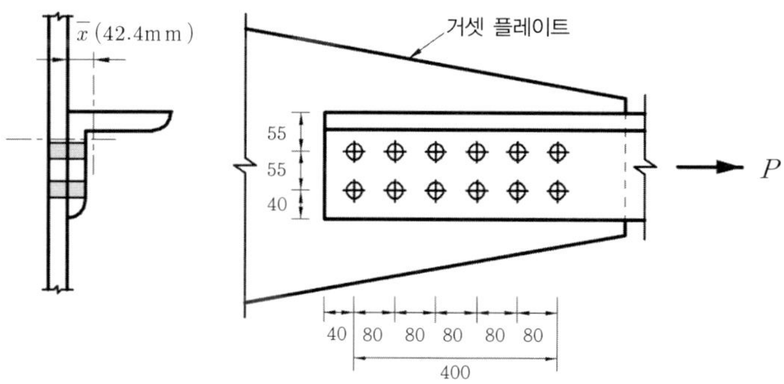

풀이

(1) 유효 순단면적 A_e

$A_n = 4{,}276 - (2 \times 22 \times 15) = 3{,}616\text{mm}^2$

감소계수 $U = 1.0 - \dfrac{\bar{x}}{l} = 1.0 - \dfrac{42.4}{400} = 0.89$

표 3.1 사례6에서의 $U = 0.8$보다 크므로

유효 순단면적 $A_e = UA_n = 0.89 \times 3{,}616 = 3{,}218\text{mm}^2$

(2) 설계강도

총단면의 항복

$\phi_t P_n = \phi_t F_y A_g = 0.9 \times 235 \times 4{,}276 = 904{,}374\text{N} = 904\text{kN}$

순단면의 파단

$\phi_t P_n = \phi_t F_u A_e = 0.75 \times 400 \times 3{,}218 = 965{,}400\text{N} = 965\text{kN}$

∴ 설계강도 $\phi_t P_n = 904\text{kN}$

(3) 블록전단강도

전단면

$A_{gv} = [(40+5\times80)\times15]\times2 = 6{,}600\times2 = 13{,}200\ \text{mm}^2$

$A_{nv} = [6{,}600-(5.5\times22\times15)]\times2 = 9{,}570\ \text{mm}^2$

인장면

$A_{gt} = 55\times15 = 825\ \text{mm}^2$

$A_{nt} = 825-22\times1.0\times15 = 495\ \text{mm}^2$

$F_uA_{nt} = 400\times495 = 198{,}000\text{N}$

$0.6F_uA_{nv} = 0.6\times400\times9{,}570 = 2{,}296{,}800\text{N}$

$F_uA_{nt} < 0.6F_uA_{nv}$ 이므로 설계 블록전단파단강도는

$\phi R_n = \phi[0.6F_uA_{nv}+F_yA_{gt}]$

$= 0.75[(0.6\times400\times9{,}570)+(235\times825)] = 1{,}868{,}006\text{N}$

$= 1{,}868\text{kN} > 904\text{kN}$

(4) 인장재의 안전성 검토

$P_u = 1.2P_D+1.6P_L = (1.2\times280)+(1.6\times350) = 896\text{kN}$

$\phi_tP_n(=904\text{kN}) > P_u(=896\text{kN})$ 적합

∴ 안전함

예제 3-08

그림과 같이 용접한 인장재에서 블록전단을 고려하여 설계인장강도를 구하시오. 사용강재는 SS400($F_y = 235\text{N/mm}^2$, $F_u = 400\text{N/mm}^2$)이다.

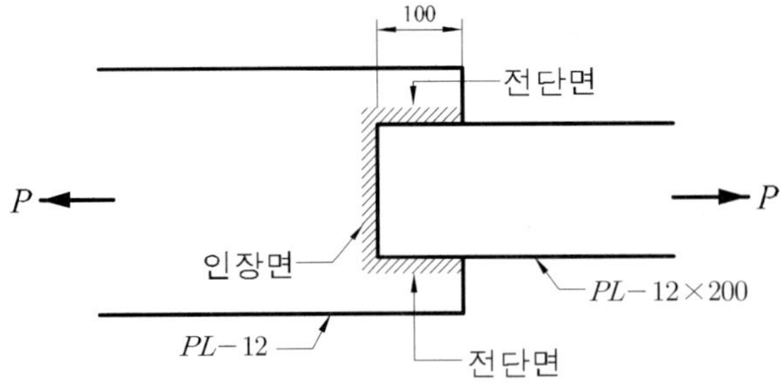

풀이

(1) 전단항복-인장파단인 경우 :

$\phi R_n = \phi[0.6F_yA_{gv}+F_uA_{nt}]$

$= 0.75[0.6\times235(12\times100\times2)+400(12\times200)] = 973{,}800\text{N} = 974\text{kN}$

(2) 인장항복-전단파단인 경우 :

$$\phi R_n = \phi[0.6F_u A_{nv} + F_y A_{gt}]$$
$$= 0.75[0.6 \times 400(12 \times 100 \times 2) + 235(12 \times 200)] = 855{,}000\text{N} = 855\text{kN}$$

(3) 판재의 인장강도

$$P_u = \phi_t P_n = 0.9F_y A_g$$
$$= 0.9 \times 235(12 \times 200) = 507{,}600\text{N} = 508\,\text{kN}$$

부재의 설계강도는 ϕR_n의 큰 값 974kN과 판재의 인장강도 508kN 중 작은 값이므로 508kN이 된다.

예제 3-09

그림과 같은 등변ㄱ형강 ㄴ-120×120×8 ($A_g = 1{,}876\text{mm}^2$)의 인장재를 고력볼트로 접합할 때, 설계인장강도를 구하시오.
다만 형강의 재질은 SS400($F_y = 235\text{N/mm}^2$, $F_u = 400\text{N/mm}^2$)이며 사용 고력볼트는 F10T(M20)이다. 접합이 없는 다른 1면(다리)에도 뚫린 구멍이 있는 것으로 가정한다.

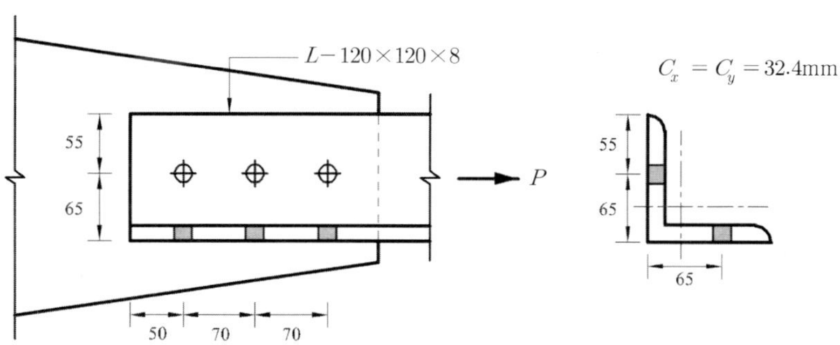

풀이

(1) 순단면적(A_n)

볼트구멍의 지름 $d = 20 + 2 = 22$

$A_n = A_g - ndt = 1{,}876 - 2 \times 22 \times 8 = 1{,}524\text{mm}^2$

순단면적 $A_n = 1{,}524\text{mm}^2$

(2) 유효순단면적(A_e)

인장재의 1변만이 접합부에 접합되어 있으므로 전단지연의 영향을 고려한다.

$$U = 1.0 - \frac{\bar{x}}{l} = 1.0 - \frac{32.4}{140} = 0.77$$

표 3.1 사례6 에서의 $U=0.6$보다 크므로

$A_e = UA_n = 0.77 \times 1{,}524\text{mm}^2 = 1{,}173\text{mm}^2$

(3) 설계강도의 계산

총단면의 항복 :

$\phi_t P_n = \phi_t F_y A_g = 0.9 \times 235 \times 1{,}876 = 396{,}774\text{N} = 397\text{kN}$

순단면의 파단 :

$\phi_t P_n = \phi_t F_u A_e = 0.75 \times 400 \times 1{,}173 = 351{,}900\text{N} = 352\text{kN}$

∴ 설계인장강도 $\phi_t P_n = 352\text{kN}$

예제 3-10

그림과 같이 인장재 H-244×175×7×11의 상·하 플랜지가 각 플레이트에 연결되어 있다. F10T(M20) 고력볼트를 2열로 사용했을 때, 이 인장재의 설계인장강도를 구하시오. 다만 사용강재는 SS400($F_y = 235\text{N/mm}^2$, $F_u = 400\text{N/mm}^2$)이며, 플레이트의 강도는 고려하지 않는다.

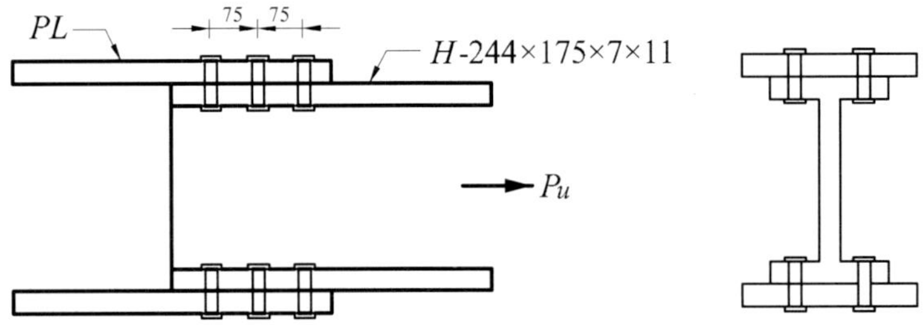

풀이

(1) 단면성능

$A_g = 5.624 \times 10^3\text{mm}^2$

(2) 유효순단면적 A_e

$A_n = (5.624 \times 10^3) - (4 \times 22 \times 11) = 4{,}656\text{mm}^2$

표 3.1 사례2를 적용하면 H형강 단면을 2개의 T형강으로 취급한다.

$T-122 \times 175 \times 7 \times 11$

$C_y = 22.7\text{mm} = \bar{x}$

$$U = 1 - \frac{\bar{x}}{l} = 1 - \frac{22.7}{150} = 0.85$$

표 3.1 사례5에서 $B(175) > \frac{2}{3}H(163)$이므로

$U = 0.9 > 0.85$

$\therefore\ A_e = UA_n = (0.9)(4{,}656) = 4{,}190\text{mm}^2$

(3) 설계강도

총단면의 항복

$\phi_t F_y A_g = 0.9 \times 235 \times (5.624 \times 10^3) = 1{,}189{,}476\text{N} = 1{,}189\text{kN}$

순단면의 파단

$\phi_t F_u A_e = 0.75 \times 400 \times 4{,}190 = 1{,}257{,}000\text{N} = 1{,}257\text{kN}$

$\therefore$ 설계인장강도 $\phi_t P_n = 1{,}189\text{kN}$

연습문제

Steel Structures

01 다음 그림과 같은 인장재 L-200×200×15 에서 인장재의 순단면적 A_n을 구하시오. 다만, 사용볼트는 F10T(M20)이다. 단면적(A_g)은 $5{,}775\mathrm{mm}^2$이다.

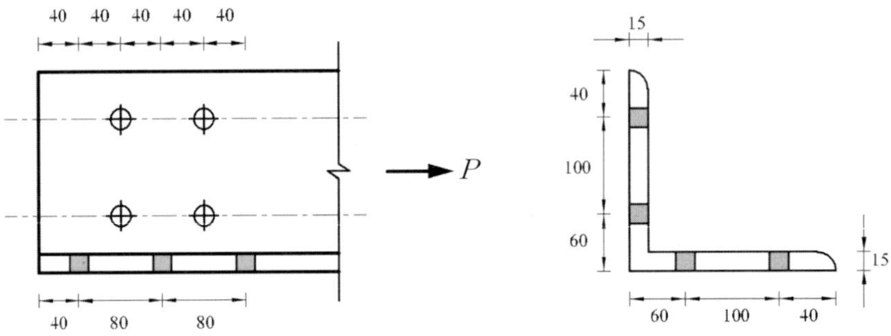

02 다음 그림과 같이 인장재에 고력볼트가 엇모배치되어 있다. 순단면적 A_n 을 구하시오. 다만, 사용볼트는 F10T(M22)이며, 판의 두께는 $15\mathrm{mm}$ 이다.

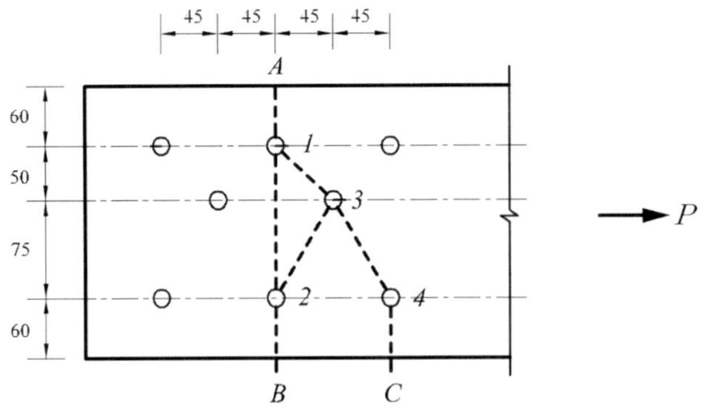

03 그림과 같이 인장재 H-250×175×7×11의 상 · 하 플랜지가 PL-9×300으로 연결되어 있다. 각 플레이트에 F10T(M20)고력볼트를 2열로 사용했을 때, 플레이트가 받을 수 있는 최대 인장력을 구하시오. 다만 사용강재는 SS400이다.

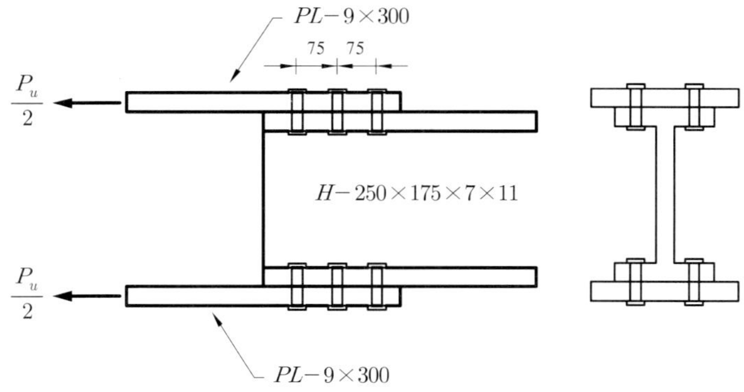

04 그림과 같이 용접된 인장재 L-150×150×12의 설계인장강도를 구하시오. 다만 사용강재는 SS400이다.

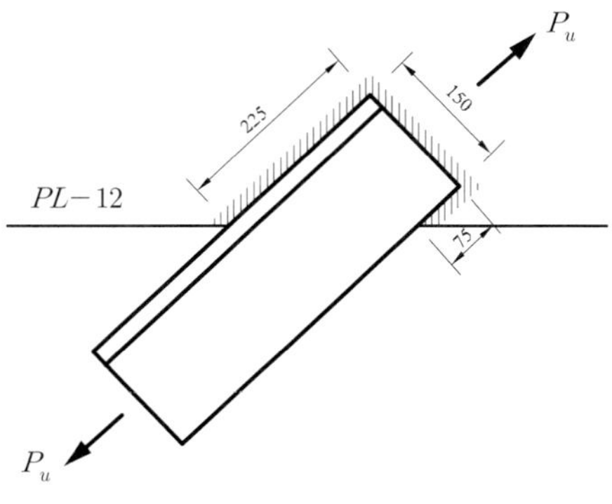

05 다음 그림과 같은 ㄱ형강 L-150×150×15($A_g = 4,276\,\mathrm{mm}^2$)을 650kN의 계수하중을 받는 인장재로 설계하고자 할 때 그 안전성을 검토하시오. 다만, 형강의 재질은 SS400($F_y = 235\mathrm{N/mm}^2$, $F_u = 400\mathrm{N/mm}^2$)이다. 사용 고력볼트는 F10T(M20)이다. 블록전단파단은 고려하지 않으며, 거셋 플레이트는 안전한 것으로 가정한다.

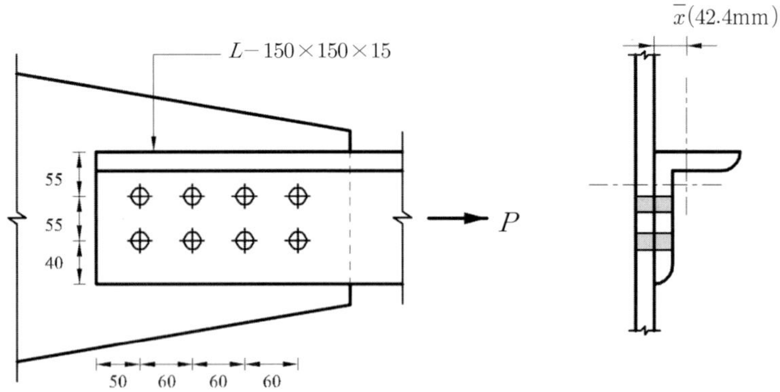

06 그림과 같은 등변 ㄱ형강 L-200×200×15($A_g = 5,775\mathrm{mm}^2$, $C_x = 54.6\,\mathrm{mm}$)의 인장재가 고력볼트 접합할 때, 설계인장 강도를 구하시오. 다만, 강재의 재질은 SM490 ($F_y = 325\mathrm{N/mm}^2$, $F_u = 490\mathrm{N/mm}^2$)이다. 사용고력볼트는 F10T(M20)이다.

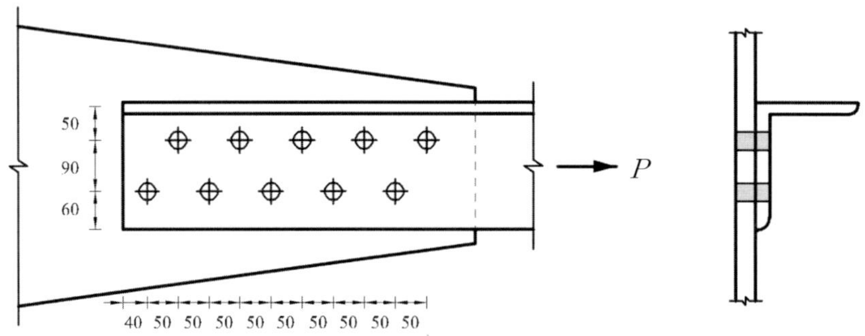

07 다음 그림과 같은 부등변 ㄱ형강 L–100×75×10($A_g = 1{,}650\text{mm}^2$)의 인장재를 고력볼트로 접합할 때, 설계인장강도를 구하시오.
다만, 형강의 재질은 SM490 ($F_y = 325\text{N/mm}^2$, $F_u = 490\text{N/mm}^2$)이다. 사용 고력볼트는 F10T(M20)이다.

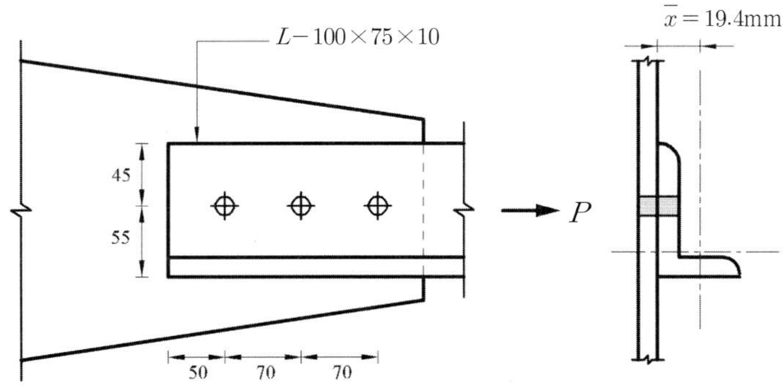

08 길이 6.0m 되는 트러스 인장재에 고정하중 180kN과 적재하중 280kN이 작용하고 있을 때, 이 인장재를 T형강(SS400)으로 설계하시오.

Lippo Centre V2 in admiralty quarter, Hong Kong. 강구조디자인의 컨셉은 코알라가 나무를 붙잡고 있는 형상으로 팔각형의 평면과 원형강관을 강구조의 접합기술을 사용한 건축물

Chapter 4

압축재

1 2 3 4 5 6 7 8 9 10

Chapter 4 압축재

4.1 압축재 개요

압축재(compression member)는 축방향 압축력만을 받는 구조용 부재이다. 트러스의 현재 및 웨브재, 그리고 압축력만을 받는 기둥이 이에 속한다. 그러나 일반적인 프레임구조에서의 실제 기둥은 압축력과 모멘트가 함께 작용하므로 순수 압축재라고 할 수 없으므로 이를 보-기둥(또는 기둥)이라 하여 중심압축재와 구별한다. 압축재의 단면형태로는 H형강, ㄱ형강 등과 같은 개단면(open section)과 각형강관, 원형강관의 폐단면(closed section)이 있으며, 이와 같은 단일압축재 외에 단일압축재를 조합시킨 조립압축재가 있다.

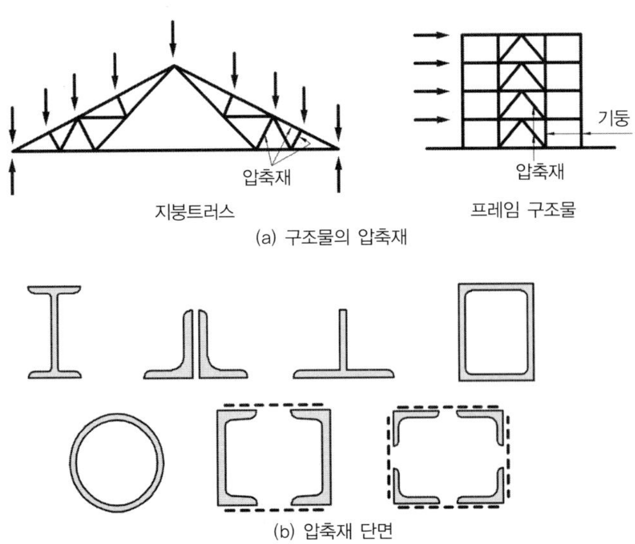

그림 4.1 압축재의 종류

강재의 단면은 구성되는 판요소의 판폭두께비(width-thickness ratio)에 따라 조밀(稠密)단면(compact section), 비조밀(非稠密)단면(noncompact section), 세장(細長)단면(slender-element section)으로 구분한다. 강재의 판폭두께비가 비조밀단면의 한계 판폭두께비를 초과하지 않는다면 국부좌굴 방지를 위한 내력의 감소는 필요하지 않다. 그러나 압축재가 길어지면 압축재 전체가 불안정 현상을 나타내는 부재좌굴이 발생하여 구조재의 안전에 문제를 일으키게 된다. 그리고 이러한 부재좌굴은 압축재의 길이가 동일해도 양단의 지지조건에 따라 압축재의 저항능력이 달라지므로 설계식에 이러한 사항을 고려할 필요가 있다.

4.2 압축재의 거동

4.2.1 좌굴하중

그림 4.3(a)와 같이 양단이 핀지지상태인 세장한 부재에 중심압축력 P를 받고 있을 때, 중심압축력 P가 작은 경우에는 부재에 횡변위가 생기지 않고 길이방향으로 그대로 줄어들 뿐이지만 한계하중에 도달하게 되면 기둥은 갑자기 횡방향으로 큰 변형을 일으키면서 불안정한 상태가 된다(그림 4.2 참조). 이와 같은 현상을 좌굴(buckling)이라 하고, 이 한계상태의 하중 P_{cr}을 좌굴하중이라고 한다. 이 때 하중 P_{cr}과 부재의 횡방향 변형 δ와의 관계는 그림 4.3으로 설명할 수 있다.

압축재가 좌굴하게 되면 더 이상의 큰 내력을 기대할 수 없다.

부재가 세장하다면 저항할 수 있는 하중은 작다. 따라서 부재에 생기는 압축응력이 탄성범위 내에 있을 때 좌굴이 발생한다. 이와 같은 좌굴을 탄성좌굴(elastic buckling)이라고 하고, 이 때 저항하는 하중을 탄성좌굴하중이라고 한다.

탄성좌굴하중은 오일러(Euler)가 1757년에 다음과 같은 중심압축력을 받는 양단 핀인 부재(중심압축재)의 좌굴미분방정식으로부터 구하였다. 그림 4.3(a)와 같이 중심압축재의 좌굴이 발생한 상태에서 다음과 같은 관계식이 성립된다. 한편 그림 4.3(b)는 압축재에 하중이 증가함으로써 변형을 더

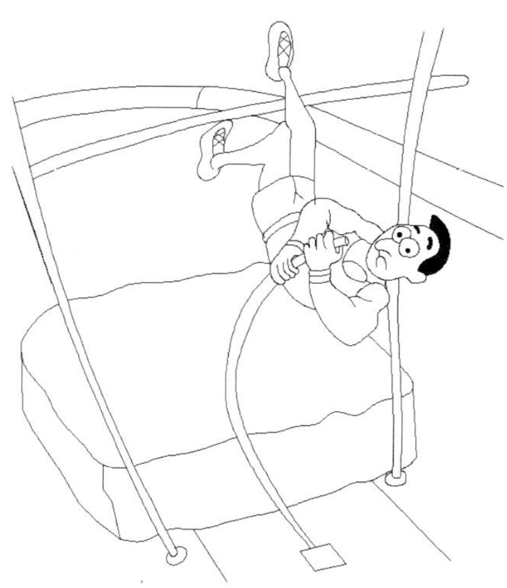

그림 4.2 높이뛰기 장대의 좌굴

이상 견디지 못하고 영구좌굴로 들어가는 한계하중을 의미한다.

$$\frac{d^2y}{dx^2}+\frac{Py}{EI}=0 \tag{4.1}$$

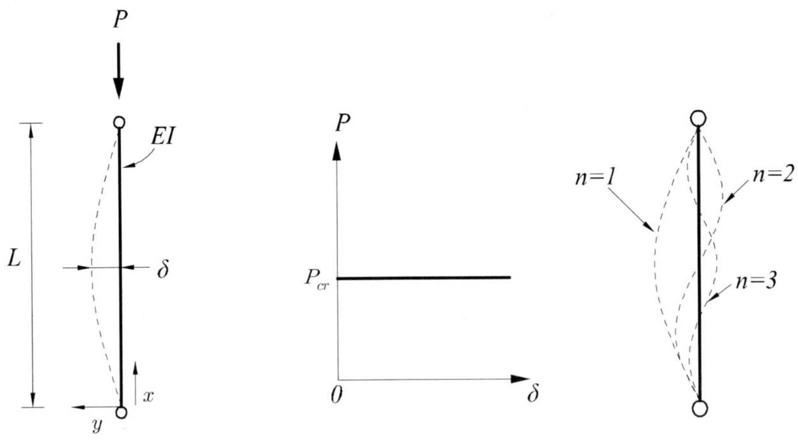

(a) 탄성좌굴 (b) 하중-횡변위 관계 (c) 좌굴모드

그림 4.3 양단 핀지지된 중심압축재의 탄성좌굴

$k^2=\dfrac{P}{EI}$로 놓으면 식(4.1)은 다음과 같이 된다.

$$\frac{d^2y}{dx^2}+k^2y=0 \tag{4.2}$$

식(4.2)의 미분방정식의 일반해는 식(4.3)과 같이 된다.

$$y=A\sin kx+B\cos kx \tag{4.3}$$

여기서, A, B는 적분상수이다. 부재의 경계조건으로부터

$x=0$ 일 때 $y=0$으로부터 $B=0$

$x=L$ 일 때 $y=0$으로부터 $\sin kL=0$

$$\sin kL=0\text{이므로 } kL=n\pi \ (n\text{은 정수}) \tag{4.4}$$

따라서

$$P=n^2\frac{\pi^2EI}{L^2} \tag{4.5}$$

또한 좌굴변형 상태는 $y=A\sin\dfrac{n\pi x}{L}$가 된다. (4.6)

이 때 n은 정수로서 그림 4.3(c)과 같이 좌굴의 변형상태, 즉 좌굴모드에 관계한다. 즉 $n=1$일 때 가장 불리한 경우로 중심압축재의 좌굴하중이 된다.

$$P_{cr} = \frac{\pi^2 EI}{L^2} \quad \text{또는} \quad P_{cr} = \frac{\pi^2 EA}{\left(\frac{L}{r}\right)^2} \tag{4.7}$$

식(4.7)의 P_{cr}은 양단이 핀인 경우의 탄성좌굴하중으로서 오일러의 좌굴하중(Euler's buckling load 또는 critical load)이라고도 한다. 이 값을 응력으로 표현하면 다음과 같다.

$$F_{cr} = \frac{P_{cr}}{A} = \frac{\pi^2 E}{(L/r)^2} \tag{4.8}$$

여기서, L : 부재길이(mm)

r : 압축재의 단면2차반경(mm)

L/r : 세장비

A : 단면적(mm^2)

앞에 기술한 중심압축재의 좌굴은 부재가 초기변형이 없이 하중이 단면의 도심에 작용할 때를 생각한 것이다. 그리고 강재의 제작과정에서 발생되는 응력 등의 영향은 고려하지 않은 상태이다. 그런데 현실적으로는 부재의 초기변형 및 잔류응력이 존재하고, 하중이 단면도심에 작용하기란 쉽지 않다. 따라서 이러한 요인은 부재의 좌굴내력을 저감시킨다.

초기변형 및 편심하중이 있을 때 부재의 힘의 평형방정식은 식(4.9), 식(4.10)과 같이 표현되어 각각 식(4.1)과 비교할 수 있다.

그림 4.4(a)와 같은 초기변형의 경우는 부재에 $y_0 = e_1 \sin\frac{\pi x}{L}$의 초기변형이 있다고 할 때, 부재의 힘의 펑형방정식은 다음 식과 같이 나타낼 수 있다.

$$\frac{d^2y}{dx^2} + \frac{P}{EI}(y + y_0) = 0 \tag{4.9}$$

그림 4.4(b)와 같이 e_2만큼의 편심하중이 작용하는 경우 평형방정식은 다음과 같이 나타낼 수 있다.

$$\frac{d^2y}{dx^2} + \frac{P}{EI}(y + e_2) = 0 \tag{4.10}$$

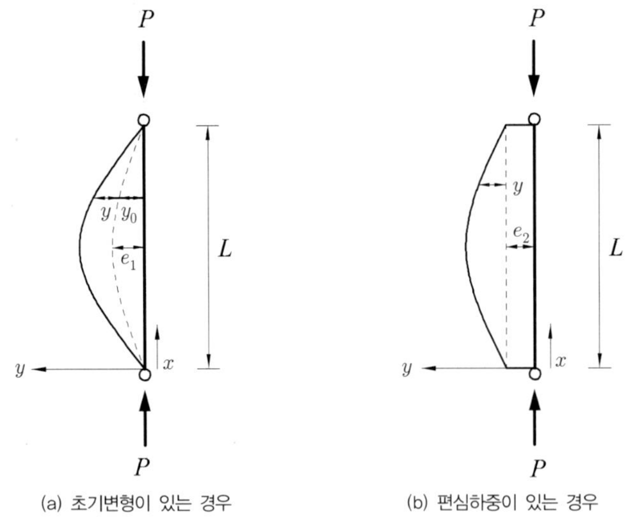

그림 4.4 초기변형과 편심영향

식(4.9), 식(4.10)에서 나타내는 바와 같이 각각 y_0, e_2만큼의 변형이 더 있게 되므로, 편심하중을 받는 기둥의 경우에는 안정 상태에서 불안정상태로 변환되는 좌굴이 발생하는 형태가 아니라, 하중이 가해지기 시작할 때부터 기둥부재가 좌굴하기 시작하는 변형의 문제라는 것을 알 수 있다. 이에 대해서는 6장 기둥에서 다루기로 한다.

4.2.2 압축재의 비탄성좌굴

식(4.7)은 강재가 탄성범위 내에 있을 때 성립되며 축하중이 증가하여 압축재의 응력이 탄성범위를 벗어나면 식(4.7)을 적용할 수 없다. 강재가 탄성범위를 넘어서 비탄성 변형상태가 되는데, 이 때의 좌굴거동을 비탄성좌굴(inelastic buckling)이라 한다. 압축재에서 탄성좌굴과 비탄성좌굴의 경계를 나타내는 세장비를 한계세장비라고 말한다.

비탄성좌굴에 관해서는 19세기에 들어와서 활발한 연구가 진행되어 다음과 같은 실험식과 이론의 발전이 있었다.

(1) 실험식

연구자들에 의해서 많은 실험식들이 제안되었다. 그중에서 대표적으로 1893년에 존슨 (J. B. Johnson)이 다음의 포물선 식을 제안하였다.

$$F_{cr} = F_y - k(KL/r)^2 \tag{4.11}$$

여기서, k는 재료 및 단부조건에 따라서 결정되는 상수로서 오일러 좌굴하중곡선에 연결되도록 정해진다.

(2) 비탄성좌굴이론

비탄성좌굴의 이론적인 연구에 대하여 1889년 엥게서(Engesser)가 접선계수이론(tangent modulus theory)을 발표한 이후 1947년 쉔리(Shanley)가 실험적, 이론적 연구결과를 발표하기까지 많은 연구자에 의해서 활발히 진행되어져 왔다.

등가계수이론(reduced modulus or double modulus theory)은 기둥의 횡변위가 생기지 않고 단면 내에 압축응력이 균등하게 분포하면서 등가계수하중(그림 4.5(a)의 A점)에 도달하고, 이 점에 도달하자마자 횡변위에 의한 응력변화가 일어나서 단면 내에 응력이 증가하는 부분과 감소하는 부분에서 상이한 탄성계수 E와 E_t가 존재한다는 이론이다. 이에 반해 접선계수이론(tangent modulus theory)은 하중이 그림 4.5(a)의 A점에 도달하여 휨변형 발생 시 응력증감 영역에서 동일한 접선계수 E_t가 존재한다는 이론이다.

2가지 이론에 의한 좌굴하중 값을 비교하면 등가계수이론은 단면 내부에 탄성계수 E가 존재하고 있다고 생각하므로 E_t만을 고려하는 접선계수이론에 의한 값보다 등가계수이론에 의한 값이 항상 크게 된다.

쉔리는 실험에 의한 결과가 접선계수하중(tangent modulus load, P_t)보다는 높지만 등가계수하중(reduced modulus or double modulus load, P_r)에는 항상 도달하지 못한다는 점을 알게 되었다. 이에 따라 그림 4.5(b)와 같이 접선계수하중에서 휘어진 기둥은 그 후에도 다소의 하중의 증대를 나타내면서 안정적인 하중-변형 곡선을 가질 수 있다는 점을 논리적으로 설명하였다.

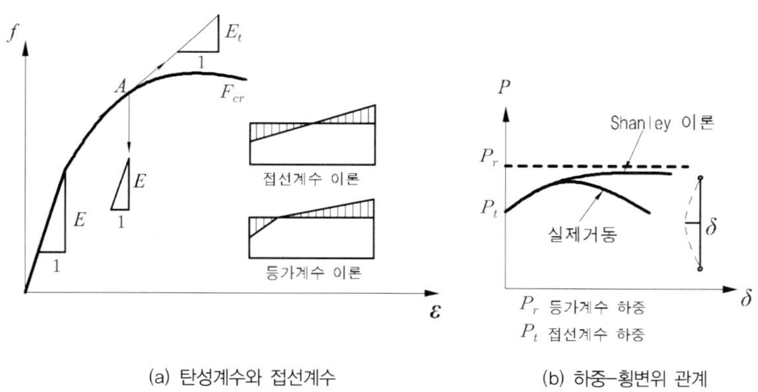

(a) 탄성계수와 접선계수 (b) 하중-횡변위 관계

그림 4.5 압축재의 비탄성좌굴

그러므로 비탄성역의 좌굴하중은 접선계수이론이나 등가계수이론에 의한 값이 아니라 2가지 이론에 의한 값 사이에 존재한다는 것이고, 좌굴하중은 접선계수하중이 하한값이 되고 등가계수하중에는 절대로 도달하지 못한다는 것이다. 또한 실제 기둥의 거동은 과도한 휨변형에 의한 재료파단으로 인하여 그림 4.5(b)의 실제거동과 같이 나타난다.

4.2.3 잔류응력의 영향

1.5 (6)에서 기술한 바와 같이 구조용강재는 열간압연후의 불균등한 냉각 과정이나, 용접부에서의 용접열 영향으로 강재 내에 잔류응력이 남아 있게 되어 압축재 좌굴내력의 저하요인이 된다.

그림 4.6은 H형강부재(단주, stub column)와 시험편(coupon)의 압축시험 결과를 비교한 것이다. 그림(c)에서 점선부분은 잔류응력의 영향을 받지 않는 시험편의 경우이고 실선인 곡선은 잔류응력이 있는 H형강의 거동을 나타낸다. 그림(c)에서 음영부분은 단면이 항복강도 F_y에 이르렀음을 의미한다. 응력-변형도 곡선상에서 비선형부분의 압축강도는 접선계수를 적용한 비탄성좌굴에 의한다.

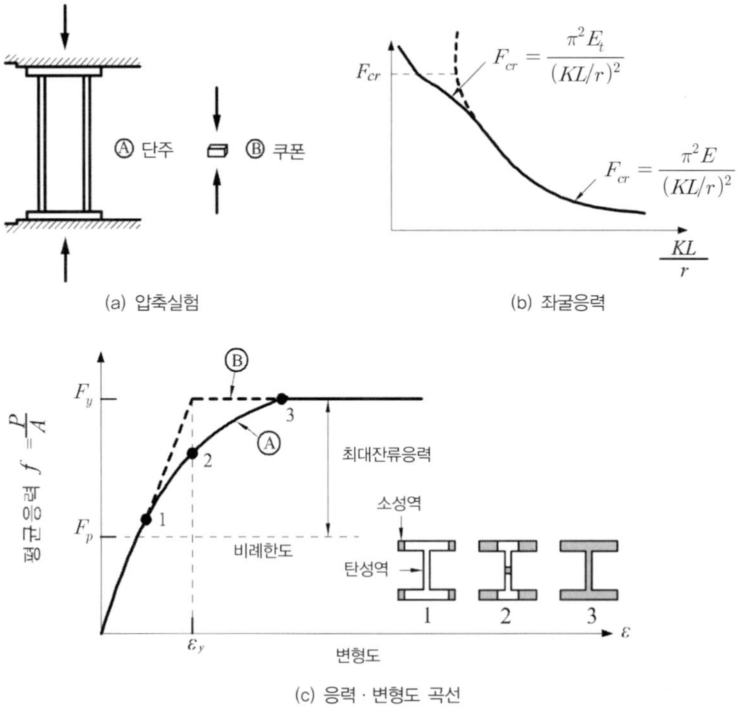

그림 4.6 잔류응력의 영향 비교

그림 4.7은 잔류응력의 영향으로 열간압연 H형강에 작용하는 단면응력(x축에 대한)의 형태(pattern)를 나타낸 것이다. 일반적으로 좌굴의 영향은 강축(x축)보다는 약축(y축)에 대해 더 크다는 것을 유의해야 한다.

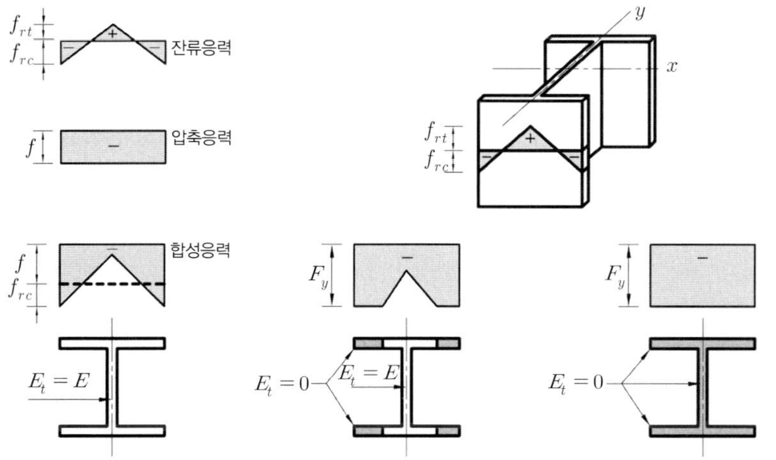

그림 4.7 단면응력의 형태

4.2.4 한계 판폭두께비

압축재는 구성하는 판이 너무 얇아지면 부재좌굴 이외에 그림 4.8과 같은 국부좌굴이 발생하여 부재의 압축내력을 저하시킨다. 따라서 부재단면을 압축재의 판폭두께비에 따라 표 4.1과 같이 조밀단면, 비조밀단면, 세장단면으로 분류한다. 이 구분에서 설명된 바와 같이 조밀단면과 비조밀단면은 한계판폭두께비 λ_p의 값으로 구별된다.

조밀단면에는 소성(항복)응력이 전단면에 분배될 수 있기 때문에 국부좌굴이 생기기 전에 조밀단면은 회전능력계수 $R=3$인 회전능력을 지니고 있다. 여기서 회전능력(rotation capacity)이란 그림 4.9에 나타낸 바와 같이 안정상태에 있는 압축단면이 큰 변형에 견딜 수 있는 능력, 즉 변형능력(deformation ability)을 말한다.

비조밀단면은 국부좌굴이 생기기 전에 압축요소단면이 부분적으로 항복한다. 따라서 조밀단면에 비해 회전능력이 적어 곧 비탄성좌굴이 일어나게 된다.

(a) H형강 (b) 원형강관 (c) 각형강관

그림 4.8 국부좌굴

세장단면은 항복응력이 생기기 전에 단면을 구성하고 있는 압축판(compressive plate element)들이 탄성적으로 좌굴한다. 이 경우 판폭두께비가 지나치게 크면 국부좌굴 발생 전에 비틀림에 의해 부재가 파단하게 되므로 표 4.2와 같은 판폭두께비의 제한이 필요하다.

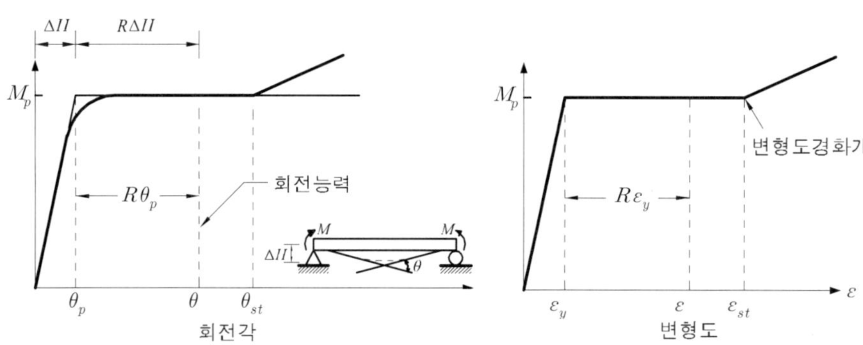

그림 4.9 회전능력계수 R

표 4.1 강재의 단면 분류

조밀 단면	단면의 플랜지들은 웨브에 연속적으로 연결되고, 그 단면의 모든 압축판요소의 판폭두께비 λ가 표 4.2의 λ_p를 초과하지 않는 단면($\lambda \le \lambda_p$)
비조밀 단면	1개 또는 그 이상의 판요소들의 판폭두께비 λ가 λ_p를 초과하고 λ_r을 초과하지 않는 단면($\lambda_p < \lambda \le \lambda_r$)
세장 단면	판폭두께비 λ가 표 4.2의 λ_r를 초과하는 단면($\lambda > \lambda_r$)

여기서, λ_r : 비조밀단면의 한계 판폭두께비, λ_p : 조밀단면의 한계 판폭두께비

단면 형상별 한계 판폭두께비 λ_p, λ_r은 표 4.2와 같고 판폭두께비 산정을 위한 b, t, h 및 D 를 그림 4.10에 나타내었다.

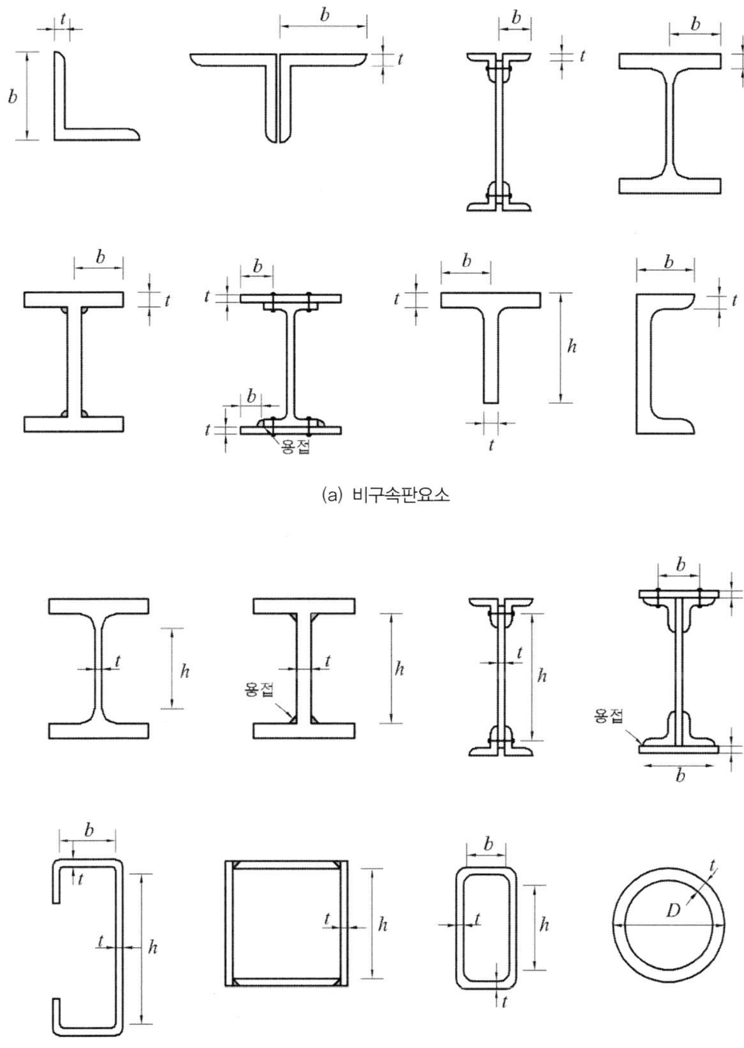

그림 4.10 구속 및 비구속 압축판요소의 폭 및 두께의 정의

표 4.2 균일 압축을 받는 압축판요소의 판폭두께비

구분	사례	판요소에 대한 설명	판폭두께비	판폭두께비 제한 값		예
				λ_p(조밀)	λ_r(비조밀)	
비구속판요소	1	- 압연H형강 및 I형강의 플랜지 - 압연H형강으로부터 돌출된 플레이트 - 서로 접한 쌍ㄱ형강의 돌출된 다리 - ㄷ형강 및 T형강의 플랜지	b/t	-	$0.56\sqrt{E/F_y}$	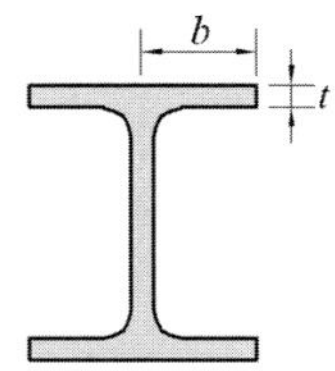
비구속판요소	2	- 용접H형강의 플랜지 - 용접H형강으로부터 돌출된 플레이트	b/t	-	$0.64\sqrt{k_c E/F_y}$ 1)	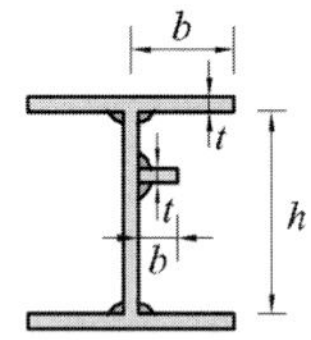
비구속판요소	3	- 단일ㄱ형강의 다리 - 낄판을 낀 쌍ㄱ형강의 다리 - 그 외 모든 비구속 판요소	b/t	-	$0.45\sqrt{E/F_y}$	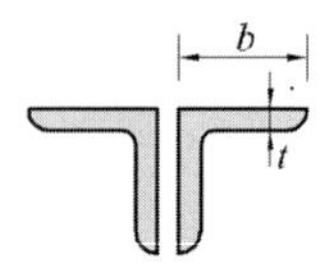
비구속판요소	4	- T형강의 스템	h/t	-	$0.75\sqrt{E/F_y}$	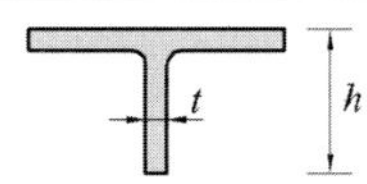
구속판요소	5	- 압연H형강 및 ㄷ형강의 웨브	h/t	-	$1.49\sqrt{E/F_y}$	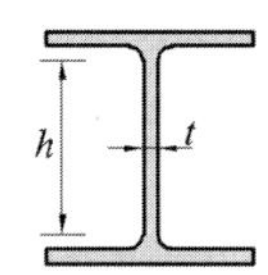
구속판요소	6	- 각형강관의 플랜지 - 플랜지 커버 플레이트 - 파스너 또는 용접선 사이의 다이아프램 플레이트	b/t	$1.12\sqrt{E/F_y}$	$1.40\sqrt{E/F_y}$	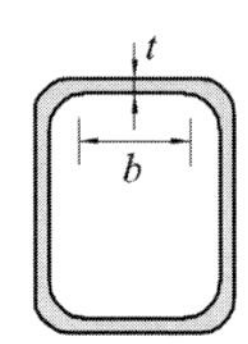
구속판요소	7	- 그 외 모든 구속 판요소	b/t		$1.49\sqrt{E/F_y}$	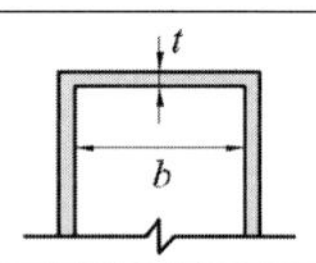
구속판요소	8	- 원형강관	D/t	-	$0.11E/F_y$	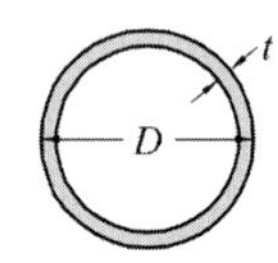

1) $k_c = \dfrac{4}{\sqrt{h/t_w}}$, $0.35 \le k_c \le 0.76$

(1) 비구속요소(unstiffened element) : 1단지지, 타단 자유인 판 요소

1) I형강, H형강 및 T형강의 플랜지에 대한 폭 b는 전체 폭의 1/2로 한다.
2) ㄱ형강의 다리, ㄷ형강 및 Z형강의 플랜지에 대한 폭 b는 전체 표준치수로 한다.
3) 커버플레이트에 대한 폭 b는 자유단으로부터 파스너의 첫 번째 줄 또는 용접선까지의 거리이다.
4) T형강의 스템에 대한 폭 h는 T형강의 표준 춤 치수로 한다.

(2) 구속요소(stiffened element) : 양단이 지지된 판 요소

1) 압연형강 및 경량형강의 웨브에 대한 폭 h는 각 플랜지에서 필릿(fillet)이나 모서리 반경을 감한 플랜지 사이의 순간격으로 한다.
2) 조립단면의 웨브에 대한 폭 h는 인접한 파스너의 열간거리 또는 용접한 경우 플랜지 사이의 순간격으로 한다.
3) 조립단면에서 플랜지 또는 다이아프램 플레이트에 대한 폭 b는 인접한 파스너의 열간거리 또는 용접선간 거리이다.
4) 각형강관의 플랜지에 대한 폭 b는 각변의 내측 모서리 반경을 감한 웨브 사이의 순간격이다. 마찬가지로 웨브에 대한 폭 h는 각변의 내측 모서리 반경을 감한 플랜지 사이의 순간격이다. 모서리 반경을 알 수 없는 경우, 폭 b와 h는 각기 단면의 바깥치수에서 두께의 3배를 감한 값으로 한다.

4.3 유효좌굴길이

4.3.1 지지상태에 따른 유효좌굴길이

오일러 좌굴하중이라고 불리어지는 식(4.7) $P_{cr} = \dfrac{\pi^2 EI}{L^2}$은 부재의 지지조건상태가 양단 핀지지일 때 성립되는 것이다. 그런데 지지조건은 항상 양단 핀지지상태만이 있는 것이 아니고 1단 핀 타단 고정, 1단 자유 타단 고정, 그리고 양단 고정의 경우도 있다. 이러한 경우도 양단 핀지지상태와 같은 방법으로 이론적인 탄성좌굴하중을 표현할 수 있다. 지지상태에 따른 좌굴하중은 다음 식과 같다.

1단 핀, 타단 고정일 때 $$P_{cr} = \frac{\pi^2 EI}{(0.7L)^2} \tag{4.12}$$

1단 자유, 타단 고정일 때 $$P_{cr} = \frac{\pi^2 EI}{(2.0L)^2} \tag{4.13}$$

양단 고정일 때 $P_{cr} = \dfrac{\pi^2 EI}{(0.5L)^2}$ (4.14)

이 식들을 일반화하면 다음 식과 같다.

$$P_{cr} = \frac{\pi^2 EI}{(KL)^2} \quad \text{또는} \quad P_{cr} = \frac{\pi^2 EA}{\left(\dfrac{KL}{r}\right)^2} \tag{4.15}$$

또한 이때의 응력상태는 다음과 같다.

$$F_{cr} = \frac{\pi^2 E}{\left(\dfrac{KL}{r}\right)^2} \tag{4.16}$$

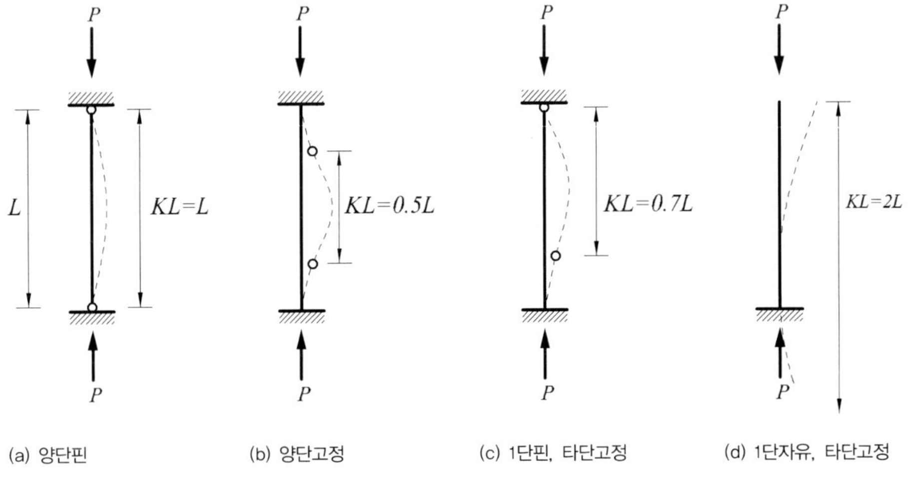

그림 4.11 유효좌굴길이 KL

식(4.7)은 $K = 1.0$인 경우이며 지지상태가 다른 경우에는 K값이 1.0이 아닌 다른 값을 가지게 된다. 이 때 KL이 그 부재의 유효좌굴길이이고, K를 유효좌굴길이계수, $\dfrac{KL}{r}$를 세장비라 한다(그림 4.11 참조). 표 4.3에는 지지상태에 따른 K값을 나타내고 있다.

표 4.3 유효좌굴길이계수 K

재단조건 (점선은 좌굴모드)		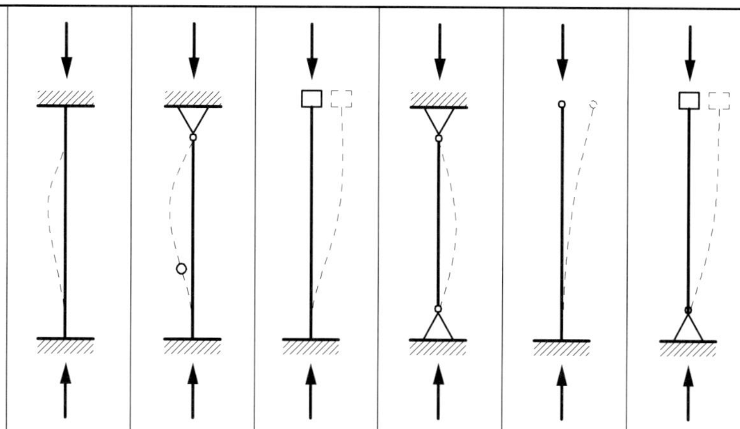					
K	이론값	0.5	0.7	1.0	1.0	2.0	2.0
	권장설계값	0.65	0.8	1.2	1.0	2.1	2.0
기호		회전구속, 이동구속					
		회전자유, 이동구속					
		회전구속, 이동자유					
		회전자유, 이동자유					

프레임구조에서는 프레임의 가새 유·무에 따라 기둥의 유효좌굴길이가 좌우된다. 그림 4.12에 나타낸 바와 같이 가새골조(braced frame)에서, 유효좌굴길이 KL은 실제 기둥길이와 같거나 보다 작으며 비가새골조(unbraced frame)에서, 유효좌굴길이 KL은 실제 기둥길이보다 크다.

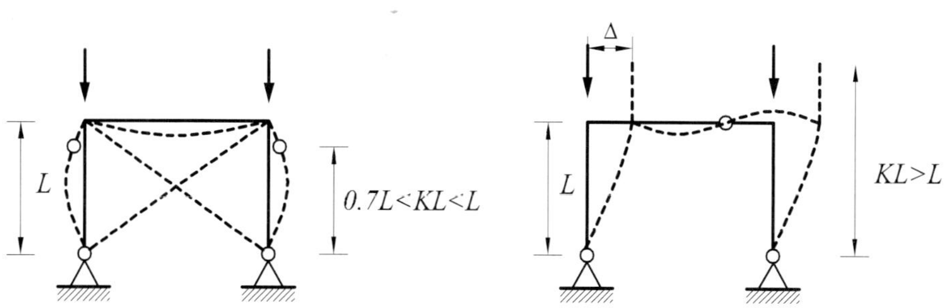

(a) 가새골조 (b) 비가새골조

그림 4.12 프레임 구조

그러므로 모든 기둥의 유효좌굴길이를 구하기 위해 전체 구조물을 해석 하는 일은 실제 설계에서는 실용적이지 않다.

따라서 간단한 방법으로는 표 4.3의 유효좌굴길이계수 K를 이용하여 기둥의 유효좌굴길이 KL을 구할 수 있으나 그림 4.13과 같은 프레임구조에서는 일반적인 방법으로 그림 4.14와 같은 계산도표(alignment chart)를 이용하여 유효좌굴길이계수 K 값을 찾은 후 기둥의 유효좌굴길이 KL을 구할 수 있다. 다만, G는 식(4.17)에 의해 계산된다.

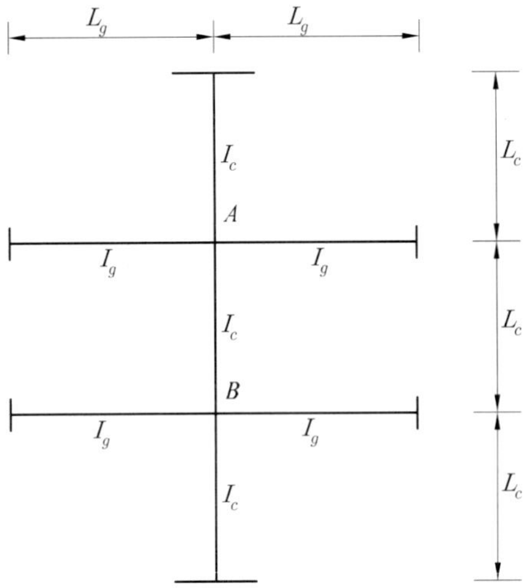

그림 4.13 G값을 위한 골조의 예

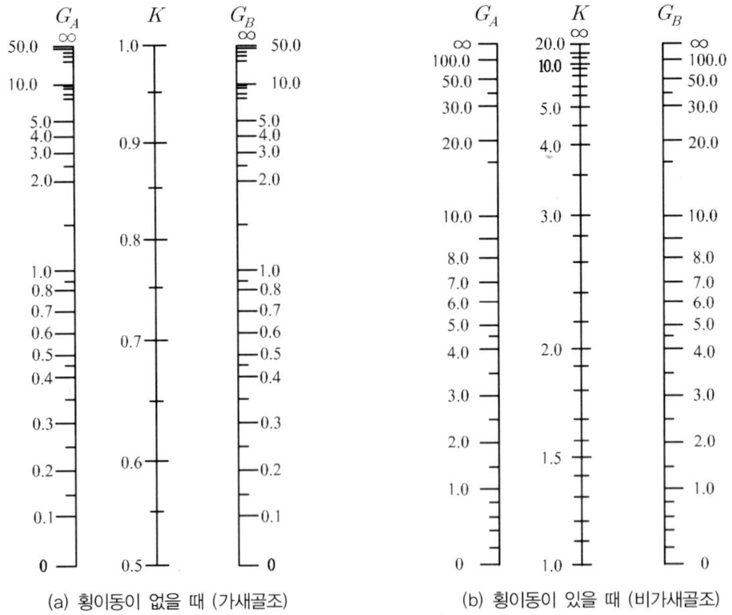

그림 4.14 유효좌굴길이계수 산정 계산도표(SSRC지침)

$$G = \frac{\Sigma \frac{I_c}{L_c}\ (\text{기둥})}{\Sigma \frac{I_g}{L_g}\ (\text{보})} \tag{4.17}$$

여기서

1) I_c와 L_c는 기둥의 단면2차모멘트와 지지길이 이며, I_g와 L_g는 보의 단면2차모멘트와 지지길이이다.
2) 각 기둥과 보는 A, B 2절점에서 강접합되었고 해당 기둥 AB는 면내좌굴이다.
3) 기초와 연결된 기둥이 핀일 경우 $G=10$, 고정단일 경우 $G=1.0$을 적용할 수 있다. 그러나 해석에 의해 합리적이라고 판단되면 더 작은 G값을 적용할 수 있다.
4) 보의 타단이 핀이나 고정인 경우, 보의 강성 I_g/L_g은 다음 표 4.4의 강성보정계수 값을 곱하여 적용한다.

4

표 4.4 강성보정계수

	횡변위가 구속된 경우	횡변위가 구속되지 않는 경우
타단 힌지	1.5	0.50
타단 고정	2.0	0.67

예제 4-01

다음 그림과 같이 1단 자유, 타단 고정인 길이 2m인 압축력을 받는 원형강관 ϕ-89.1×3.2의 탄성좌굴하중을 구하시오.
다만, $I=7.98\times10^5\text{mm}^4$, $E=205{,}000\text{N/mm}^2$이다.

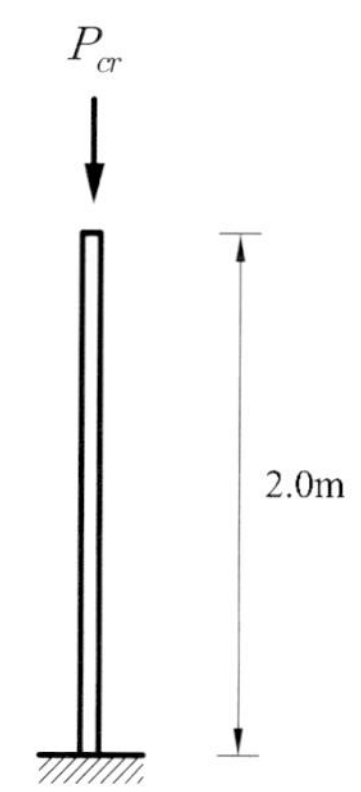

풀이

표 4.3에서 유효좌굴길이계수 $K=2.0$

식(4.5)에서 $P_{cr}=\dfrac{\pi^2EI}{(KL)^2}=\dfrac{\pi^2\times205{,}000\times7.98\times10^5}{(2\times2\times10^3)^2}$

$=100{,}910\text{N}=101\text{kN}$

예제 4-02

다음 그림과 같이 양단핀인 길이 10 m의 압축재 H-248×249×8×13가 부재의 중앙점에서 약축에 대한 휨변형이 구속되어 있다. 이 부재의 탄성좌굴응력을 구하시오.

다만, $A_g = 8.470 \times 10^3 \mathrm{mm}^2$, $I_x = 9.93 \times 10^7 \mathrm{mm}^4$, $I_y = 3.35 \times 10^7 \mathrm{mm}^4$이다.

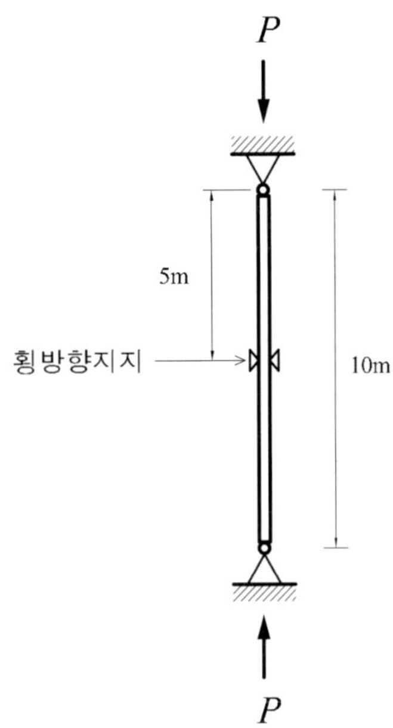

풀이

(1) 유효좌굴길이

양단 핀이므로 $K = 1.0$임

약축에 대한 좌굴길이 $KL_y = 5 \times 10^3 \mathrm{mm}$

강축에 대한 좌굴길이 $KL_x = 10 \times 10^3 \mathrm{mm}$

(2) 좌굴하중(P_{cr})

강축과 약축에 대한 좌굴하중을 산정하여 작은 쪽이 탄성좌굴하중이 된다.

$$P_{crx} = \frac{\pi^2 EI_x}{(KL_x)^2} = \frac{\pi^2 \times 205{,}000 \times 9.93 \times 10^7}{(10 \times 10^3)^2}$$

$$= 2{,}009{,}106\mathrm{N} = 2{,}009\,\mathrm{kN}$$

$$P_{cry} = \frac{\pi^2 EI_y}{(KL_y)^2} = \frac{\pi^2 \times 205{,}000 \times 3.35 \times 10^7}{(5 \times 10^3)^2}$$

$$= 2{,}711{,}180\mathrm{N} = 2{,}711\mathrm{kN}$$

∴ 탄성좌굴하중 $P_{cr} = 2{,}009\mathrm{kN}$

(3) 탄성좌굴응력 F_{cr}

$$F_{cr} = \frac{P_{cr}}{A_g} = \frac{2{,}009 \times 10^3}{8.47 \times 10^3} = 237\mathrm{N/mm}^2$$

예제 4-03

다음 그림과 같은 프레임 기둥 AB의 유효좌굴길이계수를 계산도표를 이용하여 구하시오. 모든 기둥단면은 H−350×350×12×19 ($I_x = 4.03 \times 10^8 \text{mm}^4$)

보 단면은 H−496×199×9×14 ($I_x = 4.19 \times 10^8 \text{mm}^4$)

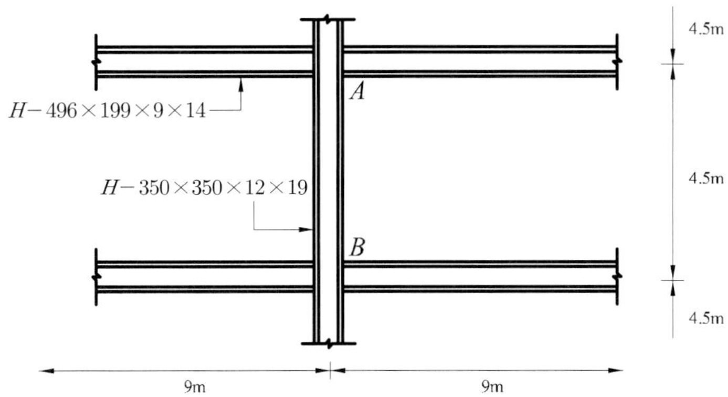

풀이

부재의 강도 기둥 : $\dfrac{I_c}{L_c} = \dfrac{4.03 \times 10^8}{4.5 \times 10^3} = 8.96 \times 10^4 (\text{mm}^3)$

보 : $\dfrac{I_g}{L_g} = \dfrac{4.19 \times 10^8}{9.0 \times 10^3} = 4.66 \times 10^4 (\text{mm}^3)$

식(4.17)에서 $G = \dfrac{(I/L)_{c_1} + (I/L)_{c_2}}{(I/L)_{g_1} + (I/L)_{g_2}}$

A점이나 B점이나 모두 같으므로

$$G_A = G_B = \frac{2 \times 8.96 \times 10^4}{2 \times 4.66 \times 10^4} = 1.92$$

비가새골조이므로 그림 4.14(b)의 계산도표로부터 $G_A = 1.92$, $G_B = 1.92$를 찾아 이를 연결하면 유효좌굴길이계수 $K = 1.59$를 얻는다.

4.3.2 트러스 압축재의 좌굴길이

트러스의 압축재에 생기는 좌굴은 그림 4.15와 같이 구면내 좌굴과 구면외 좌굴의 2종류가 있다. 이러한 경우에는 각 축에 대한 세장비 중 큰 쪽을 사용하여 압축강도를 산정한다.

특히, 단부가 구속되어 면내 절점이동이 억제되는 경우, 압축재의 유효좌굴길이는 절점간 거리보다 작을 수도 있으나 트러스의 모든 부재가 동시에 극한 상태에 도달할 수도 있고 이 때 단부의 구속이 없어지거나 크게 감소하므로 안전측으로 핀지지로 간주하여 유효좌굴길이 계수 $K = 1.0$로 하여야 한다.

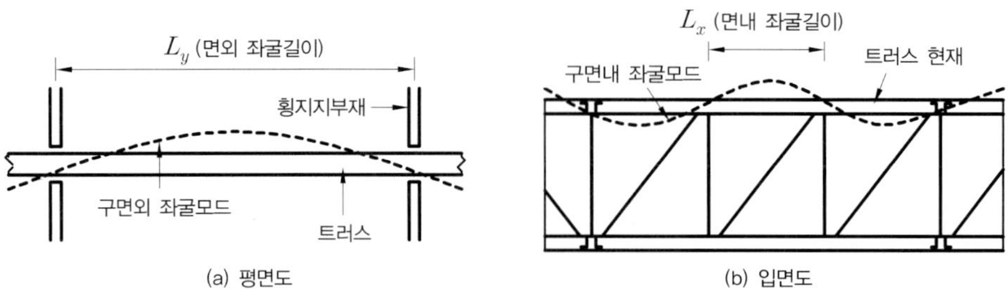

그림 4.15 트러스의 압축재 좌굴길이

4.3.3 압축재의 세장비 제한

부재의 세장비는 유효좌굴길이를 단면2차반경으로 나눈 것으로서 KL/r로 나타낸다. 설계기준에는 압축재에 대한 세장비의 제한 사항은 없지만 200을 초과하지 말 것을 권장하고 있다. 이는 세장비 200의 상한 제한이 전문가의 판단, 공사의 경제적 측면, 작업의 용이성, 공사중 손상의 최소화를 고려하여 규정한 것이다. 또한 세장비가 200을 초과한 압축재의 탄성좌굴응력은 43.5MPa에도 못 미친다는 점에 유의하여야 한다.

4.4 압축재의 설계강도

압축재의 설계강도는 공칭압축강도 P_n에 저항계수 ϕ_c를 곱한 값이다. 여기서 공칭압축강도 P_n은 휨좌굴, 비틀림좌굴 및 휨-비틀림좌굴의 한계상태에 따른 각 압축강도 중, 가장 작은 값을 택해야 한다.

4.4.1 휨좌굴에 대한 압축강도

휨좌굴(flexural buckling 또는 Euler buckling)에 대한 압축강도는 균일압축판요소로 된 조밀단면이나 비조밀단면인 압축재에 적용되며 세장단면은 이에 포함하지 않는다. 비틀림에 대한 지지길이(unbraced length)가 휨좌굴에 대한 지지길이보다 큰 경우, H형강기둥이나 그와 유사한 단면의 기둥 설계에도 적용된다. 공칭압축강도 P_n은 휨좌굴에 대한 한계상태에 의하여 다음과 같이 산정한다.

$$P_n = F_{cr} A_g \tag{4.18}$$

휨좌굴응력 F_{cr}은 다음과 같이 산정한다.

(1) $\dfrac{KL}{r} \leq 4.71\sqrt{\dfrac{E}{F_y}}$ 또는 $F_e \geq 0.44F_y$인 경우

$$F_{cr} = (0.658^{\frac{F_y}{F_e}})F_y \tag{4.19}$$

(2) $\dfrac{KL}{r} > 4.71\sqrt{\dfrac{E}{F_y}}$ 또는 $F_e < 0.44F_y$인 경우

$$F_{cr} = 0.877F_e \tag{4.20}$$

$$F_e = \frac{\pi^2 E}{\left(\dfrac{KL}{r}\right)^2} \tag{4.21}$$

여기서, A_g : 부재의 총단면적(mm^2)
F_e : 탄성좌굴응력(N/mm^2)
F_y : 강재의 항복강도(N/mm^2)
E : 강재의 탄성계수(N/mm^2)
K : 유효좌굴길이계수
L : 부재의 횡좌굴에 대한 지지길이(mm)
r : 좌굴축에 대한 단면2차반경(mm)

식(4.19)와 식(4.20)은 기본적으로 1/1,500의 초기변형에 기초를 둔 미국 SSRC (Structural Stability Research Council) 기둥카테고리(column category) P2의 기둥강도곡선을 나타낸다. 압축재의 휨좌굴응력을 구하기 위해 세장비 KL/r을 사용하고 있다. 그러나 K값을 계산하지 않고 편리하게 휨좌굴응력을 직접 계산하기 위해 식(4.19)와 식(4.20)에 식(4.16) 탄성좌굴응력(elastic critical bucking stress)인 F_e를 도입하였다.

한계세장비 이상의 세장비를 갖는 압축재에 대해서는 오일러 좌굴하중으로부터 설계압축강도를 구한다. 허용응력설계법의 곡선식과는 다르게 모든 기둥에 대해 일정한 단일안전율을 적용하고자 하였고, 세장비에 따른 강도의 변화를 곡선식에서 고려하였다. 또한, 초기변형으로 인한 내력의 저하를 반영하기 위하여 오일러방정식에 계수 0.877을 곱한 값을 설계압축강도식으로 택하였다. 비탄성역에서 설계압축강도를 구하는 계산을 하기 위해서 S자형의 곡선을 사용하고 있으며, 실험데이터로부터 하한값으로 계수 0.658을 채택하였다.

탄성좌굴과 비탄성좌굴의 한계는 $\frac{KL}{r} = 4.71\sqrt{\frac{E}{F_y}}$ 또는 $F_e = 0.44F_y$이다. 압축재의 강도식에서 중요한 파라미터 중 하나는 탄성좌굴응력 F_e이다.

표 4.5는 F_y값에 따른 $\frac{KL}{r}$ 및 F_e의 한계 값을 나타낸 것이다.

표 4.5 KL/r 및 F_e의 한계 값

F_y(MPa)	$\frac{KL}{r}$	F_e(MPa)
235	139	103
325	118	143
355	113	156
420	104	185

예제 4-04

다음 그림과 같이 양단 핀 압축재 H형강 H-150×150×7×10에 고정하중 $P_D = 200\text{kN}$, 적재하중 $P_L = 150\text{kN}$이 작용할 때 안전성을 검토하시오. 다만, 압축재의 길이는 4.0m 이며 강종은 SM490($F_y = 325\text{N/mm}^2$, $E = 205{,}000\text{N/mm}^2$)이다.

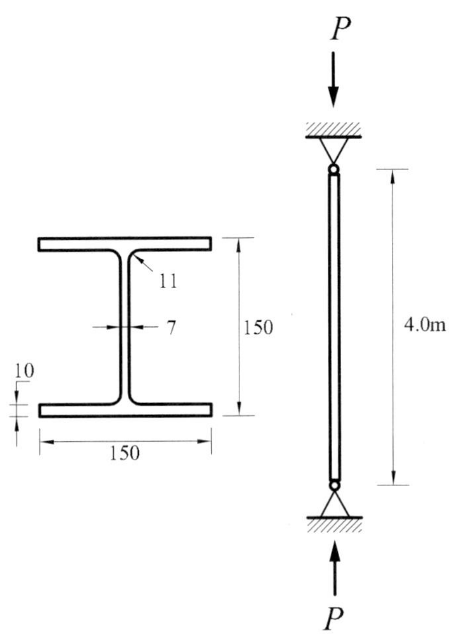

풀이

(1) 단면성능

$A_s = 4.014 \times 10^3 \text{mm}^2$, $r_x = 63.9\text{mm}$, $r_y = 37.5\text{mm}$, $r = 11\text{mm}$

(2) 판폭두께비 검토

플랜지 : $b/t_f = (150/2)/10 = 7.5$

표 4.2에서 $\lambda_r = 0.56\sqrt{E/F_y} = 0.56\sqrt{205{,}000/325} = 14.06$

$b/t_f < \lambda_r$ 적합

웨 브 : $h/t_w = [150 - 2 \times (10 + 11)]/7 = 15.4$

표 4.2에서 $\lambda_r = 1.49\sqrt{E/F_y} = 1.49\sqrt{205{,}000/325} = 37.42$

$h/t_w < \lambda_r$ 적합

따라서 비조밀단면이다.

(3) F_{cr}의 산정

유효좌굴길이계수 $K = 1.0$

$$\frac{KL}{r} = \frac{1.0 \times 4 \times 10^3}{37.5} = 106.7 \ \langle \ 4.71\sqrt{\frac{E}{F_y}} = 4.71\sqrt{\frac{205{,}000}{325}} = 118$$ (또는 표 4.5에서)

또는 $$F_e = \frac{\pi^2 E}{\left(\frac{KL}{r}\right)^2} = \frac{\pi^2 \times 205{,}000}{(106.7)^2}$$

$= 177.7\text{N/mm}^2 \ \rangle \ 0.44F_y (= 143\text{N/mm}^2)$ (또는 표 4.5에서)

따라서

$$F_{cr} = (0.658^{\frac{F_y}{F_e}})F_y = (0.658^{\frac{325}{177.7}})325 = 151.2\text{N/mm}^2$$

(4) 설계강도 산정

$\phi_c = 0.9$

$P_n = A_g F_{cr} = (4.014 \times 10^3) \times 151.2 = 606{,}917\text{N} = 607\text{kN}$

$\phi_c P_n = 0.9 \times 607 = 546\text{kN}$

(5) 안전성 검토

소요압축강도 $P_u = 1.2P_D + 1.6P_L = 1.2 \times 200 + 1.6 \times 150 = 480\text{kN}$

$\phi_c P_n (= 546\text{kN}) > P_u (= 480\text{kN})$ 적합

∴ 안전함.

예제 4-05

양단이 핀지지이고 부재 중간에 약축 방향으로 횡지지되어 있으며 소요압축강도가 $P_u = 1,600\text{kN}$ 인 압축재의 단면을 산정하시오. 다만, 압축재의 길이는 8m이며 강종은 SM490이다.

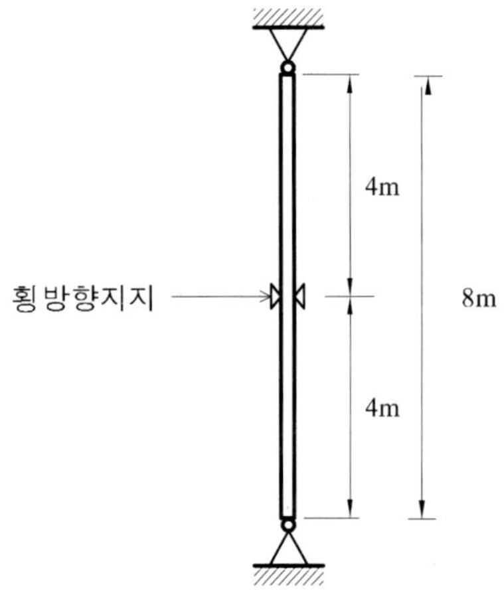

풀이

(1) 단면 가정 : H−250×250×9×14

$A_g = 9.218\times 10^3\text{mm}^2$, $r_x = 108\text{mm}$, $r_y = 62.9\text{mm}$, $r = 16\text{mm}$

(2) 판폭두께비 검토

플랜지 : $b/t_f = (250/2)/14 = 8.93$

$\lambda_r = 0.56\sqrt{E/F_y} = 0.56\sqrt{205,000/325} = 14.1$

$b/t_f < \lambda_r$ 적합

웨 브 : $h/t_w = [250 - 2\times(14+16)]/9 = 21.11$

$\lambda_r = 1.49\sqrt{E/F_y} = 1.49\sqrt{205,000/325} = 37.4$

$h/t_w < \lambda_r$ 적합

∴ 비조밀단면

(3) F_{cr}의 산정

유효좌굴길이계수 $K_x = K_y = 1.0$

$$\left(\frac{KL}{r}\right)_x = \frac{1.0\times 8,000}{108} = 74.1$$

$$\left(\frac{KL}{r}\right)_y = \frac{1.0\times 4,000}{62.9} = 63.6$$

$\therefore\ \dfrac{KL}{r} = 74.1$을 선택.

$\dfrac{KL}{r} = 74.1 < 4.71\sqrt{\dfrac{E}{F_y}} = 4.71\sqrt{\dfrac{205{,}000}{325}} = 118$ (또는 표 4.5에서)

또는 $F_e = \dfrac{\pi^2 E}{\left(\dfrac{KL}{r}\right)^2} = 368.5\text{N/mm}^2 > 0.44F_y = 143\text{N/mm}^2$ (또는 표 4.5에서)

그러므로

$F_{cr} = (0.658^{\frac{F_y}{F_e}})\,F_y = (0.658^{\frac{325}{368.5}})325 = 224.7\text{N/mm}^2$

(4) 설계강도 산정

$\phi_c = 0.9$

$P_n = A_g F_{cr} = (9.218 \times 10^3) \times 224.7 = 2{,}071{,}285\text{N} = 2{,}071\text{kN}$

$\phi_c P_n = 0.9 \times 2{,}071 = 1{,}864\text{kN}$

(5) 안전성 검토

$P_u(1{,}600\text{kN}) < \phi_c P_n(1{,}864\text{kN})$ 적합

$\therefore$ 안전함

4.4.2 비틀림좌굴 및 휨-비틀림좌굴에 대한 압축강도

비틀림좌굴(torsional buckling) 및 휨-비틀림좌굴(flexural-torsional buckling)에 대한 압축강도는 조밀단면이나 비조밀단면에 적용되며 세장단면은 이에 포함되지 않는다. 단일 ㄱ형강 압축재에 대해서는 다음 4.4.3에서 다룬다. 휨-비틀림좌굴, 비틀림좌굴에 대한 한계상태의 공칭압축강도 P_n은 4.4.1의 식(4.18)에 의해 다음과 같이 산정한다.

$$P_n = F_{cr} A_g \tag{4.18}$$

(1) 쌍ㄱ형강 및 T형강 압축재의 경우 (그림 4.16(a) 참조)

$$F_{cr} = \left(\frac{F_{cry} + F_{crz}}{2H}\right)\left[1 - \sqrt{1 - \frac{4F_{cry}F_{crz}H}{(F_{cry} + F_{crz})^2}}\right] \tag{4.22}$$

여기서, 대칭축 y축에 대한 휨 좌굴에 대해서 F_{cry}는 식(4.19)과 (4.20)에서 구한 F_{cr} 값과 $\dfrac{KL}{r} = \dfrac{KL}{r_y}$을 사용한다. 또한

$$F_{crz} = \frac{GJ}{A_g \overline{r_o}^2} \tag{4.23}$$

(2) H형강, Z형강 및 +자형 압축재의 경우 (그림 4.16(b) 참조)

탄성비틀림좌굴응력 또는 탄성휨-비틀림좌굴응력 F_e를 사용하여, 식(4.19)와 식(4.20)에 따라 F_{cr}값을 산정한다. F_e의 산정식은 다음과 같다.

$$F_e = \left[\frac{\pi^2 EC_w}{(K_z L)^2} + GJ\right]\frac{1}{I_x + I_y} \tag{4.24}$$

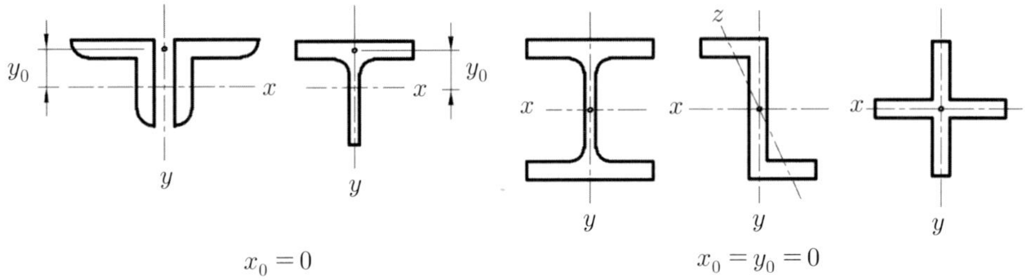

(a) (1)의 경우(1축대칭)

(b) (2)의 경우(2축대칭)

그림 4.16 적용단면과 전단중심

여기서, A_g : 부재의 총단면적(mm^2)

C_w : 뒤틀림 상수(warping constant, mm^6)

$$\overline{r_o}^2 = x_0^2 + y_0^2 + \frac{I_x + I_y}{A_g} = x_o^2 + y_o^2 + r_x^2 + r_y^2 \tag{4.25}$$

$$H = 1 - \frac{x_0^2 + y_0^2}{\overline{r_o}^2} \tag{4.26}$$

$$F_{ex} = \frac{\pi^2 E}{\left(\frac{KL}{r}\right)_x^2} \tag{4.27}$$

$$F_{ey} = \frac{\pi^2 E}{\left(\frac{KL}{r}\right)_y^2} \tag{4.28}$$

$$F_{ez} = \left[\frac{\pi^2 EC_w}{(K_z L)^2} + GJ\right]\frac{1}{A_g \overline{r_o}^2} \tag{4.29}$$

G : 강재의 전단탄성계수, 79,000MPa

I_x, I_y : 주축에 대한 단면2차모멘트(mm^4)

J : 비틀림상수(torsional constant, mm^4)

K_z : 비틀림좌굴에 대한 유효길이계수(effective length factor)

$K = 1.0$ (일반)

$K = 0.5$ (양단 뒤틀림 구속)

$K = 0.7$ (1단 뒤틀림 구속, 1단 뒤틀림 자유)

x_0, y_0 : 단면중심에 대한 전단중심의 좌표(mm)

$\bar{r}_0$: 전단중심에 대한 극2차반경(mm)

r_y : y축에 대한 단면2차반경(mm)

4

2축대칭인 H형강의 경우, $C_w = I_y h_0^2/4$ 값을 사용할 수 있다. 여기서 h_0는 플랜지의 중심간 거리이다. T형강 또는 쌍ㄱ형강의 경우 F_{ez}를 계산할 때 C_w를 포함한 항을 삭제하고 x_0를 0으로 놓는다. 즉 $F_{ez} = \dfrac{GJ}{A_g \bar{r}_o^{\,2}}$가 된다.

압연H형강과 같은 2축대칭단면 압축재의 설계에는 비틀림좌굴과 휨-비틀림좌굴의 한계상태는 고려하지 않는 것이 일반적이다. 이런 압축재는 그 한계하중이 약축에 대한 면내 좌굴하중과 큰 차이를 보이지 않아 이러한 파단형태에 좌우되지 않기 때문이다. 다만 비틀림 및 휨-비틀림좌굴은 비교적 얇은 판재로 이루어진 부재이거나 비틀림에 대한 지지길이(unbraced length)가 약축휨에 대한 지지길이보다 매우 클 때, 그 한계상태를 고려하여야 할 것이다.

또한 T형강단면인 경우 표 4.6의 제한값을 만족했을 경우 휨-비틀림 좌굴에 대해 검토할 필요가 없다.

표 4.6 T형강의 치수 제한

형강	플랜지폭/춤높이	플랜지두께/스템 두께
조립T형강	≥0.50	≥1.25
압연T형강	≥0.50	≥1.10

예제 4-06

다음 그림과 같이 양단 핀인 압축재 T-175×350×12×19(SM490)의 설계압축강도를 계산하시오. 유효좌굴길이는 x축에 대해 2.5m 이고, y축에 대해 5m 이다.

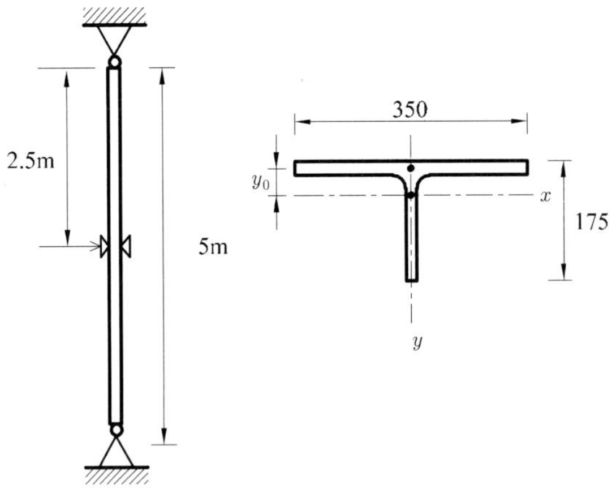

풀이

(1) T−175×350×12×19(SM490)의 단면성능

$A_g = 8.694 \times 10^3 \mathrm{mm}^2$, $r_x = 41.8\mathrm{mm}$, $r_y = 88.4\mathrm{mm}$, $y_o = 19.1\mathrm{mm}$

$I_x = 1.52 \times 10^7 \mathrm{mm}^4$, $I_y = 6.79 \times 10^7 \mathrm{mm}^4$, $J = 9.95 \times 10^5 \mathrm{mm}^4$

$G = 79{,}000\mathrm{N/mm}^2$

(2) 판폭두께비 및 국부좌굴 검토

플랜지 : $b/t_f = (350/2)/19 = 9.21$

$\lambda_r = 0.56\sqrt{E/F_y} = 0.56\sqrt{205{,}000/325} = 14.1$

$b/t_f < \lambda_r$ 적합

웨 브 : $h/t_w = 175/12 = 14.58$

$\lambda_r = 0.75\sqrt{E/F_y} = 0.75\sqrt{205{,}000/325} = 18.8$

$h/t_w < \lambda_r$ 적합

∴ 비조밀단면으로 국부좌굴은 지배적 한계상태가 아님

(3) F_{crx}의 산정

$K = 1.0$

$\left(\dfrac{KL}{r}\right)_x = \dfrac{2500}{41.8} = 59.81$, $4.71\sqrt{\dfrac{E}{F_y}} = 4.71\sqrt{\dfrac{205{,}000}{325}} = 118$ (표 4.5 참조)

$\left(\dfrac{KL}{r}\right)_x < 4.71\sqrt{\dfrac{E}{F_y}}$ 이므로

식(4.27)에서 $F_{ex} = \dfrac{\pi^2 E}{\left(\dfrac{KL}{r}\right)_x^2} = \dfrac{\pi^2 \times 205{,}000}{59.81^2} = 566\,\text{N/mm}^2$

식(4.19)에서 $F_{crx} = (0.658^{\frac{F_y}{F_{ex}}})F_y = (0.658^{\frac{325}{566}}) \times 325 = 256\,\text{N/mm}^2$

(4) x축에 대한 휨좌굴강도 산정

$\phi_c = 0.9$

식(4.18)에서 $P_n = 256 \times (8.694 \times 10^3) = 2{,}225{,}664\text{N} = 2{,}226\,\text{kN}$

$\phi_c P_n = 0.9 \times 2{,}226 = 2{,}003\,\text{kN}$

(5) F_{cry}의 산정

$\left(\dfrac{KL}{r}\right)_y = \dfrac{5000}{88.4} = 56.56$, $4.71\sqrt{\dfrac{E}{F_y}} = 4.71\sqrt{\dfrac{205{,}000}{325}} = 118$ (표 4.5 참조)

$\left(\dfrac{KL}{r}\right)_y < 4.71\sqrt{\dfrac{E}{F_y}}$

식(4.28)에서 $F_{ey} = \dfrac{\pi^2 E}{\left(\dfrac{KL}{r}\right)_y^2} = \dfrac{\pi^2 \times 205{,}000}{56.56^2} = 632\text{N/mm}^2$

$F_{cry} = (0.658^{\frac{F_y}{F_{ey}}})F_y = (0.658^{\frac{325}{632}}) \times 325 = 262\text{N/mm}^2 > F_{crx} = 256\,\text{N/mm}^2$

(6) F_{crz}의 산정

$G = 79{,}000\,\text{N/mm}^2$

식(4.25)에서 $x_0 = 0$이므로

$\bar{r}_0^{\,2} = x_o^2 + y_o^2 + \dfrac{I_x + I_y}{A_g} = 19.1^2 + \dfrac{(1.52 + 6.79) \times 10^7}{8.694 \times 10^3} = 9{,}923\text{mm}^2$

식(4.23)에서 $F_{crz} = \dfrac{GJ}{A_g \bar{r}_0^{\,2}} = \dfrac{(79 \times 10^3)(9.95 \times 10^5)}{(8.694 \times 10^3)(9.923 \times 10^3)} = 911\,\text{N/mm}^2$

(7) 휨-비틀림좌굴강도 산정

식(4.26)에서 $H = 1 - \dfrac{x_0^2 + y_0^2}{\bar{r}_0^{\,2}} = 1 - \dfrac{19.1^2}{9.93 \times 10^3} = 0.963$

식(4.22)에서 $F_{cr} = \left(\dfrac{F_{cry} + F_{crz}}{2H}\right)\left[1 - \sqrt{1 - \dfrac{4F_{cry}F_{crz}H}{(F_{cry} + F_{crz})^2}}\right]$

$= \dfrac{262 + 911}{2 \times 0.963} \times \left[1 - \sqrt{1 - \dfrac{4(262)(911)(0.963)}{(262 + 911)^2}}\right] = 258\text{N/mm}^2$

$\phi_c = 0.9$

식(4.18)에서 $P_n = 258 \times 8.694 \times 10^3 = 2{,}243{,}052\text{N} = 2{,}243\text{kN}$

$\phi_c P_n = 0.9 \times 2{,}243 = 2{,}019\text{kN}$

(8) T−175×350×12×19(SM490)의 설계압축강도

비조밀 단면이므로 국부좌굴은 검토할 필요 없고, 휨좌굴강도는 x축에 대해 $\phi_c P_n = 2{,}003\,\text{kN}$이고, 휨−비틀림좌굴강도는 $\phi_c P_n = 2{,}019\,\text{kN}$이므로 설계압축강도는 $\phi_c P_n = 2{,}003\,\text{kN}$으로 x축에 대한 휨좌굴이 지배적이다.

(9) 표 4.6에 의한 검토

플랜지 폭/ 춤 높이 = $\dfrac{350}{175} = 2.0 > 0.5$ 적합

플랜지 두께/ 스템 두께 = $\dfrac{19}{12} = 1.58 > 1.10$ 적합

따라서 휨−비틀림좌굴에 대해서 검토할 필요가 없음을 알 수 있다.

4.4.3 단일ㄱ형강압축재의 압축강도

단일ㄱ형강압축재의 공칭압축강도 P_n은 아래 (1) 또는 (2)의 수정된 세장비를 적용하여 4.4.1에 따라 산정한다.

단일ㄱ형강압축재가 양단에서 같은 다리를 통해 압축력을 받거나 부재가 용접 또는 최소 2개의 볼트로 접합되거나 부재중간에 횡하중이 작용하지 않는다면, 아래에 정의된 유효세장비 중 하나를 사용한 압축부재로서 평가될 때, 단일ㄱ형강의 편심에 대한 영향은 무시할 수 있다.

(1) 등변ㄱ형강 또는 긴 다리쪽에 접합된 부등변ㄱ형강이 단일부재 또는 평면트러스의 웨브재로 인접한 웨브재나 현재에 거셋플레이트와 같은 면에 접합된 경우

1) $0 \le \dfrac{L}{r_x} \le 80$일 때

$$\frac{KL}{r} = 72 + 0.75\frac{L}{r_x} \tag{4.30}$$

2) $\dfrac{L}{r_x} > 80$일 때

$$\frac{KL}{r} = 32 + 1.25\frac{L}{r_x} \le 200 \tag{4.31}$$

부등변ㄱ형강에서 다리길이의 비가 1.7 이하이고, ㄱ형강의 짧은 다리쪽에 접합되는 부재는 식(4.30)과 식(4.31)에 $4\left[(b_l/b_s)^2 - 1\right]$를 더하여 KL/r을 산정한다.

다만, 이 값은 $0.95L/r_z$ 이상이어야 한다.

(2) 등변ㄱ형강 또는 긴 다리쪽에 접합된 부등변ㄱ형강이 박스형트러스 또는 입체트러스의 웨브재로 인접한 웨브재나 현재에 거셋플레이트와 같은 면에 접합된 경우

1) $0 \le \dfrac{L}{r_x} \le 80$일 때

$$\frac{KL}{r} = 72 + 0.75\frac{L}{r_x} \tag{4.32}$$

2) $\dfrac{L}{r_x} > 80$일 때

$$\frac{KL}{r} = 45 + \frac{L}{r_x} \le 200 \tag{4.33}$$

부등변ㄱ형강에서 다리길이의 비가 1.7 이하이고, ㄱ형강의 짧은 다리쪽에 접합되는 부재는 식(4.32)와 (4.33)에 $6\left[(b_l/b_s)^2 - 1\right]$를 더하여 KL/r을 산정한다. 다만, 이 값은 $0.82L/r_z$ 이상이어야 한다.

여기서, L : 부재길이(mm)
b_l : ㄱ형강의 긴쪽다리의 길이(mm)
b_s : ㄱ형강의 짧은쪽다리의 길이(mm)
r_x : 접합된 다리의 단면2차반경(mm)
r_z : 약축(minor principal axis)에 대한 단면2차반경(mm)

3) 다리길이의 비가 1.7 이상 또는 중간하중을 받는 단일 ㄱ형강이 (1) 또는 (2)의 조건과 다른 단부조건인 경우, 압축력과 휨을 받는 부재로 설계하여야 한다.

예제 4-07

평면트러스의 웨브재(압축재)인 L-100×100×13(SS400)의 양단이 같은 다리쪽에 2개의 볼트로 현재와 접합되어 있다. 부재길이 $L = 3.0\text{m}$일 때 이 압축재의 설계강도를 구하시오.

풀이

(1) 단면성능

$A_g = 2.431 \times 10^3 \text{mm}^2$, $r_x = 30.1\text{mm}$

(2) 유효세장비

$$\frac{L}{r_x}=\frac{3\times 10^3}{30.1}=99.7>80$$ 이므로 식(4.31) 사용

$$\frac{KL}{r}=35+1.25(99.7)=160<200$$

(3) F_{cr}의 산정

$$\frac{KL}{r}=160>4.71\sqrt{\frac{E}{F_y}}=139$$ (표 4.5에서)이므로

식(4.21)에서 $F_e=\dfrac{\pi^2 E}{\left(\dfrac{KL}{r}\right)^2}=\dfrac{\pi^2(205,000)}{(160)^2}=79\text{N/mm}^2$

∴ 식(4.20)에서 $F_{cr}=0.877F_e=0.877(79)=69.3\text{N/mm}^2$

(4) 설계강도

공칭압축강도 $P_n=F_{cr}A_g=(69.3)(2.431\times 10^3)=168,468\text{N}=168\text{kN}$

설계강도 $\phi_c P_n=0.9(168)=151\text{kN}$

4.5 조립압축재

4.5.1 조립압축재 개요

압연형강의 크기와 형태는 제조시설의 한계성으로 인하여 일정한 규격으로 생산된다. 따라서 압축력을 단일재로서 지지하는 것이 불가능한 경우가 있으며, 이러한 경우에는 여러 형강으로 구성된 조립압축재로 설계압축력을 지지할 수 있다. 그림 4.17과 같이 2개의 같은 부재로 구성된 조립재(built-up member)를 생각해보면 부재들 간의 연결상태에 따라 부재가 갖고 있는 강성이 달라진다.

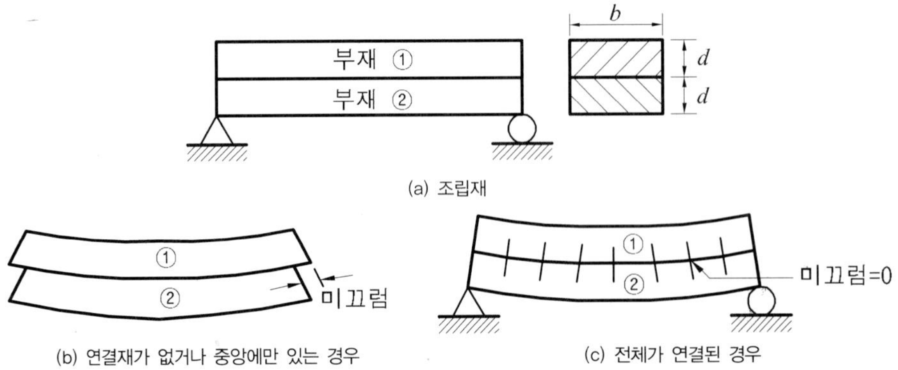

그림 4.17 조립재의 개념도

그림(b)와 같이 연결재(connector)가 없는 경우, 단면의 유효단면2차모멘트 I_{eff}는 각 부재의 I의 합과 거의 같게 된다. 즉 $I_{eff}=2\left[bd^3/12\right]$이 된다. 그러나 그림(c)와 같이 부재 ①과 ②사이에 미끄럼(slip)이 발생하지 않는다면, 단면은 하나의 단일체처럼 거동할 것이고, 그 때의 유효단면2차모멘트는 $I_{eff}=b(2d)^3/12$이 된다. 즉 연결재가 없는 경우에 비하여 4배의 단면2차모멘트가 되는 것이다.

만일 두 부재간에 몇 개의 연결재가 사용된다면, 부재의 유효강성은 그림(b)와 (c)에 나타나 있는 두 경우의 사이값이 될 것이다. 그리고 가장 큰 효과는 연결재가 부재의 양쪽 끝에 연결되어 있을 때 발생하게 된다. 연결재를 중간지점에 연결시키는 것은 효과가 없을 것이다.

기둥에 이러한 개념을 도입하여 그림 4.18과 같이, 연결재가 없는 경우, 완전히 연결되었을 경우, 그리고 양쪽 끝에만 연결재로 연결되었을 경우의 3가지 경우를 생각해보기로 한다.

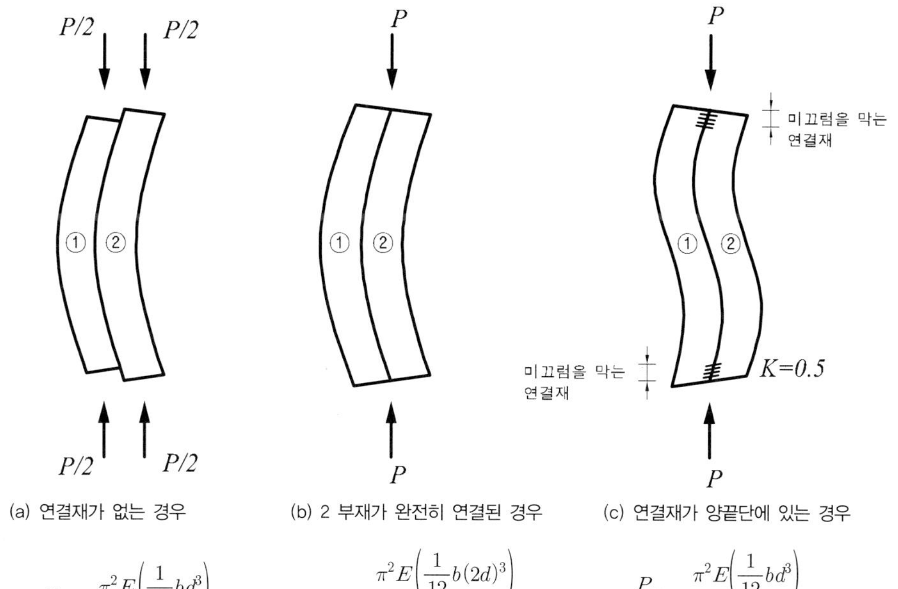

$$\frac{P_{cr}}{2}=\frac{\pi^2E\left(\frac{1}{12}bd^3\right)}{L^2} \qquad P_{cr}=\frac{\pi^2E\left(\frac{1}{12}b(2d)^3\right)}{L^2} \qquad \frac{P_{cr}}{2}=\frac{\pi^2E\left(\frac{1}{12}bd^3\right)}{(0.5L)^2}$$

$$P_{cr}=\frac{\pi^2Ebd^3}{6L^2} \qquad P_{cr}=\frac{2}{3}\frac{\pi^2Ebd^3}{L^2} \qquad P_{cr}=\frac{2}{3}\frac{\pi^2Ebd^3}{L^2}$$

그림 4.18 조립압축재의 거동

위 그림에서 알 수 있는 것처럼, 그림 4.18(a)의 경우는 조립기둥이 연결재에 의해 연결되어 있지 않은 것이다. 부재 ①과 ②는 각각 좌굴하는 동안에 같은 좌굴길이를 갖게 된다. 따라서 각각의 부재가 하중을 각각 반씩 받아서 좌굴하중은

$P_{cr} = \pi^2 Ebd^3/(6L^2)$이 된다. 그림(b)의 경우, 부재가 단일재와 같이 거동하게 되는데, 부재 ①은 좌굴 중에 길이가 증가하게 되고 부재 ②는 좌굴 중에 부재가 줄어들게 된다. 이러한 경우는 앞에서 설명한 것처럼, 연결재에 의해 연결이 안 된 경우에 비하여 4배의 압축강도를 갖게 된다. 또한 그림(c)의 경우, 좌굴 중에 부재의 길이는 같게 유지가 되고 그 때의 유효좌굴길이계수 K는 0.5가 된다. 그리고 중간에는 연결재가 필요 없게 된다. 따라서 그림 4.18(b)와 (c)는 같은 좌굴하중 ($P_{cr} = 2\pi^2 Ebd^3/(3L^2)$)을 갖게 되어 그림 4.18(a) 경우의 4배를 더 받게 된다. 일반적인 경우 부재들 간에 얼마간의 분리가 있을 때, 그림(b) 경우의 강도능력은 증가할 것이고 비록 그림(c)의 경우에 초기의 불완전성 때문에 강도능력상으로 효과적으로 감소하는 경향이 있다하더라도 그림(a)와 (c)의 경우는 변화가 없을 것이다. 따라서 조립기둥의 경우, 전체를 완전히 연결하거나 양쪽 끝단을 연결하는 경우가 더 좋은 결과를 낳는데 일반적으로 위의 결과는 그림에서 보이는 경우에만 적용되는 사례이고 연결재를 많이 연결하는 경우가 많다. 중요한 점은 조립기둥의 끝단은 기둥의 강도를 최대화하기 위하여 미끄럼을 막는 연결재를 사용해야 한다는 것이다.

이러한 연결재(connector)로는 그림 4.19에서와 같이 낄판, 띠판, 래티스형식(단일래티스, 중복래티스), 유공커버플레이트 등이 있으며, 구조설계시 수평력에 의한

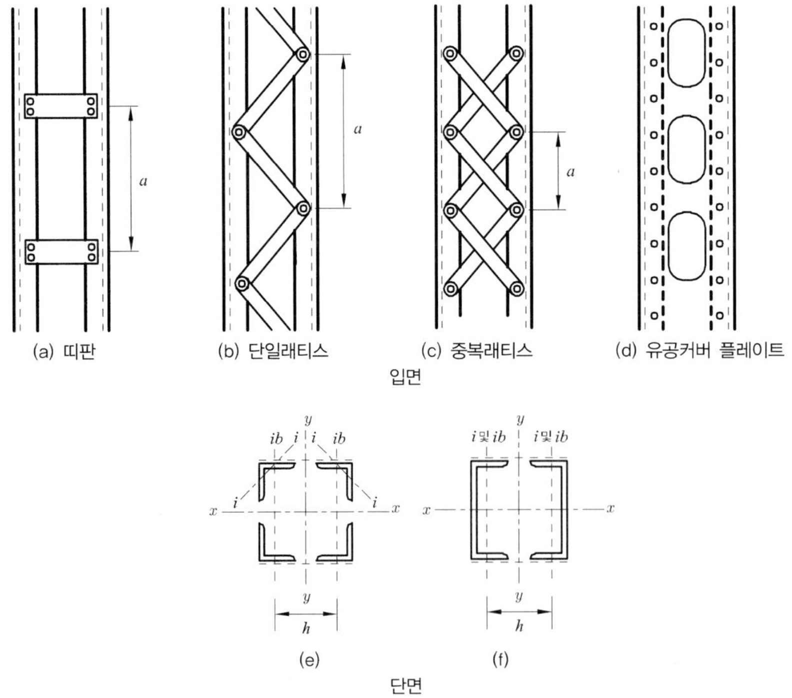

그림 4.19 조립압축재의 종류

전단변형과 접합재의 설계에 유의하여야 한다.

조립압축재의 한계상태 하중은 조립재를 구성하는 개재(個材, individual component)의 좌굴에 의해 결정되지 않도록 연결재의 간격을 조정해야 한다. 또한 조립압축재는 부재에 발생하는 전단력에 견딜 수 있도록 설계되어야 하며, 파스너의 최대 간격은 맞댄 부위 전체가 완전히 밀착되도록 접합이 완전해야 하므로 강도상 필요한 간격보다 더 좁게 설치해야 한다.

4.5.2 조립압축재의 세장비

그림 4.19에 나타낸 것과 같이 조립압축재의 주축과 개재의 주축이 일치하는 축(x축)을 충복축(充腹軸)이라 하고, 조립재의 주축과 개재의 주축이 일치하지 않는 축(y축)을 비충복축이라 한다. 그림 4.19(e)의 단면에서는 x축도 비충복축이 된다.

충복축에 대한 단면2차 반경(r_x)은

$$r_x = \sqrt{\frac{\Sigma I_x}{\Sigma A}} = \sqrt{\frac{I_x}{A}} \tag{4.34}$$

여기서, I_x : 개재의 주축(x축)에 대한 단면2차모멘트(mm^4)

A : 개재의 단면적(mm^2)

그러므로 충복축에 대한 세장비 $\left(\frac{KL}{r}\right)_x$는 단일압축재와 동일한 방법으로 산정한다. 한편, 비충복축에 대한 조립재의 단면2차모멘트는

$$I_y = 2\left\{I_{ib} + A\left(\frac{h}{2}\right)^2\right\} \tag{4.35}$$

여기서, I_{ib} : 조립재의 좌굴축(y축)에 나란한 개재의 도심축(y_{ib}축)에 대한 단면2차모멘트(mm^4)

A : 개재의 단면적(mm^2)

h : 개재의 중심간 거리(mm) (그림 4.19 참조)

조립재의 단면2차반경은 다음 식으로 계산한다.

$$r_y = \sqrt{\frac{I_y}{2A}} = \sqrt{\frac{I_{ib}}{A} + \left(\frac{h}{2}\right)^2} = \sqrt{(r_{ib})^2 + \left(\frac{h}{2}\right)^2} \tag{4.36}$$

따라서 비충복축에 대한 조립재의 세장비는 $\left(\frac{KL}{r}\right)_y$ 이다.

만일, 좌굴로 인한 상대변형으로 연결재에 전단력이 생길 경우, 조립재의 세장비

는 $\left(\frac{KL}{r}\right)_y$ 대신 $\left(\frac{KL}{r}\right)_m$ 으로 다음과 같이 계산한다.

(1) 연결재가 밀착조임(snug-tight) 볼트로 접합된 경우

$$\left(\frac{KL}{r}\right)_m = \sqrt{\left(\frac{KL}{r}\right)_0^2 + \left(\frac{a}{r_i}\right)^2} \tag{4.37}$$

(2) 연결재가 용접이나 프리텐션(pretension) 볼트로 접합된 경우

$$\left(\frac{KL}{r}\right)_m = \sqrt{\left(\frac{KL}{r}\right)_0^2 + 0.82\frac{\alpha^2}{(1+\alpha^2)}\left(\frac{a}{r_{ib}}\right)^2} \tag{4.38}$$

여기서, $\left(\frac{KL}{r}\right)_m$: 조립재의 수정 유효세장비

$\left(\frac{KL}{r}\right)_0$: 좌굴축에 대한 조립재의 세장비, $\left(\frac{KL}{r}\right)_x$ 또는 $\left(\frac{KL}{r}\right)_y$

a/r_i : 개재의 세장비

a/r_{ib} : 조립재좌굴축과 나란한 개재도심축에 대한 개재의 세장비

a : 연결재 간의 거리(mm) (그림 4.19 참조)

r_i : 개재의 최소 단면2차반경(mm)

r_{ib} : 부재좌굴축과 나란한 개재도심축(ib축)에 대한 개재의 단면2차 반경(mm)

α : 이격비(離隔比, separation ratio) $h/2r_{ib}$

조립압축재를 구성하고 있는 개재의 세장비는 조립재의 세장비의 3/4 이하가 되도록 하고 조립재의 끝단은 용접이나 장력조임 볼트로 접합하여야 한다.

4.5.3 압축강도

조립압축재의 압축강도는 4.4.1 및 4.4.2에서 다룬 압축강도식에 따라 산정한다. 다만, 조립재의 좌굴로 인해 연결재에 전단력이 생길 경우 4.5.2에서 설명한 대로 연결재의 형태와 간격에 따라 수정 유효세장비를 적용한다. 연결재는 기둥압축력은 부담하지 않으나 횡방향전단력은 연결재의 형태에 따라 반드시 검토해야 한다.

연결재에 생기는 전단력은 조립압축재의 변형량에 비례하지만 래티스인 경우, 압축설계강도 $\phi_c P_n$의 2% 정도의 전단력에 대비하여야 한다. 래티스는 인장 및 압축 모든 하중조건에 대해 설계하여야 한다.

4.5.4 연결재

4.5.1에서 설명한 바와 같이 큰 압축력을 받는 조립재는 개재들을 함께 묶어 놓지 않으면 개재들은 제각기 좌굴하게 된다. 따라서 연결재(lacing)를 설치하여 조립재의 전체 단면 형태를 유지하고, 응력분포를 균등하게 해야 한다. 그러므로 개재의 유효세장비$\left(\frac{Ka}{r_i}\right)$가 조립재의 세장비 $\left(\frac{KL}{r}\right)$의 3/4을 초과하지 않도록 연결재를 배치하여야 한다. 연결재로는 래티스(lattice), 띠판(batten), 덧판(outside plate), 유공판(perforated cover plate) 등이 사용된다.

(1) 래티스와 띠판

래티스와 띠판은 주로 평강(flat bar)이 사용되나(그림 4.20 참조) 경우에 따라 ㄱ형강, ㄷ형강 등 압연형강이 사용된다.

띠판의 경우, 기준에서는 명시되어 있지 않지만 래티스에 준해 설계하도록 한다.

1) 래티스판의 세장비

단일래티스일 때 $L/r \leq 140$,

중복래티스일 때 $L/r \leq 200$이며 중복래티스의 교차점은 접합한다.

2) 압축을 받는 래티스판의 길이(l)는 개재를 연결시키는 용접 또는 파스너 간의 지지길이를 말하며, 중복래티스의 경우, 단일래티스 지지길이의 70%를 취한다. 용접선 또는 파스너간의 거리가 380mm를 초과하면 래티스는 중복래티스 또는 ㄱ형강을 사용하는 것이 바람직하다.

3) 래티스판의 기울기

단일래티스일 때 60° 이상

중복래티스일 때 45° 이상이 바람직하다.

4) 띠판의 설치

래티스 조립재의 단부 또는 래티스 설치에 지장이 있는 부분에는 띠판(tie plate)으로 긴결하여야 한다(그림 4.20 참조).

① 띠판의 길이

단부에서는 개재를 연결하는 파스너 또는 용접선간의 거리 이상, 부재중간에서는 단부 띠판길이의 1/2 이상으로 한다.

② 띠판의 두께

개재를 연결하는 파스너 또는 용접선간의 거리의 1/50 이상으로 한다.

③ 띠판의 접합은 용접 또는 프리텐션 볼트로 하며,

- 용접의 경우 : 용접길이는 띠판길이의 1/3 이상
- 볼트접합의 경우 : 볼트 간격은 볼트직경의 6배 이하로 하되 최소 3개 이상의 볼트를 설치한다.

특히 베이스플레이트에 지지되는 조립재의 하단 띠판의 접합은

- 용접의 경우 : 용접길이가 조립재의 최대폭 이상이 되도록 연속용접한다.
- 볼트접합의 경우 : 조립재 최대폭의 1.5배 이상의 구간에 대해 볼트 직경의 4배 이하의 간격으로 접합한다.

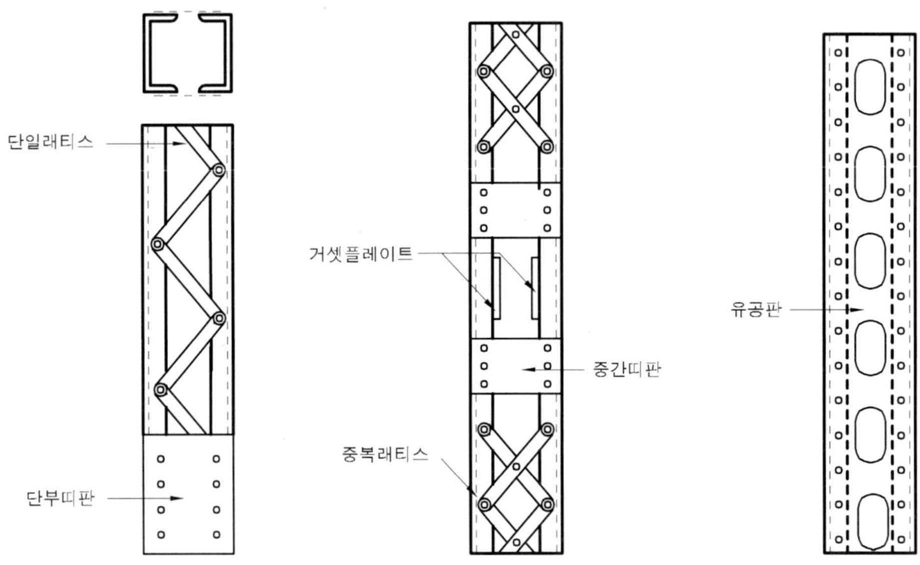

그림 4.20 연결재의 배치

(2) 덧판과 유공판

1) 덧판

덧판을 사용한 조립압축재의 파스너 및 단속용접(intermittent weld)의 최대간격(pitch)은, 가장 얇은 덧판두께의 $0.75\sqrt{E/F_y}$ 배 또는 300mm 이하로 하고, 파스너가 엇모배치일 때의 최대간격은 가장 얇은 덧판두께의 $1.12\sqrt{E/F_y}$ 배 또는 450mm 이하로 한다.

2) **유공판**

① 판폭두께비는 4.2.4에 따르되 표 4.2의 사례 7을 사용해도 무방하다. 여기서 폭 b는 가장 인접한 게이지(gage)선간의 거리이며, 유공판의 단면은 구멍폭이 가장 큰 단면을 택한다.

② 구멍의 길이는 구멍폭의 2배 이하로 한다(응력방향으로).

③ 구멍간의 간격은 가장 인접한 파스너 또는 용접선간의 거리보다 커야 한다(응력방향으로).

④ 구멍의 모서리 반경은 최소 38mm로 한다.

예제 4-08

그림과 같이 2ㄷ-300×90×12×16(SS400)으로 구성된 래티스 조립압축재가 $P_u = 2{,}000\text{kN}$의 압축력을 받을 때 이 부재의 안정성을 검토하시오.

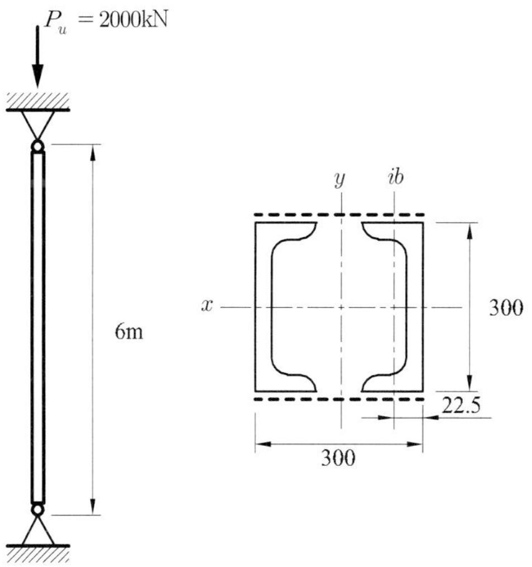

풀이

(1) 개재의 단면성능

$A_g = 6.190 \times 10^3 \text{mm}^2$, $r_x = 113\text{mm}$, $r_y = 25.1\text{mm}$

$C_x = 22.5\text{mm}$, $h = 300 - 2 \times 22.5 = 255\text{mm}$

(2) 세장비

양단 핀지지이므로 $K = 1.0$ $KL = 6 \times 10^3 \text{mm}$

x축(충복축)에 대해 $r_x = 1.13 \times 10^2 \text{mm}$

y축(비충복축)에 대해 $r_y = \sqrt{(r_{ib})^2 + \left(\frac{h}{2}\right)^2} = \sqrt{(2.51 \times 10)^2 + \left(\frac{255}{2}\right)^2}$
$= 1.3 \times 10^2 > 1.13 \times 10^2$

$\therefore \ \frac{KL}{r} = \frac{6 \times 10^3}{1.13 \times 10^2} = 53.1$

(3) 설계강도

SS400인 경우 표 4.5에서 $4.71\sqrt{\frac{E}{F_y}} = 139 > 53.1$이므로

식(4.19) $F_{cr} = (0.658^{\frac{F_y}{F_e}})F_y$ 에서

$F_e = \frac{\pi^2 E}{\left(\frac{KL}{r}\right)^2} = \frac{\pi^2 (205{,}000)}{(53.1)^2} = 718\text{N/mm}^2$

$F_{cr} = (0.658^{\frac{235}{718}})(235) = 205\,\text{N/mm}^2$

$P_n = F_{cr} A_g = (205)(6.190 \times 10^3 \times 2) = 2{,}537{,}900\text{N} = 2{,}538\text{kN}$

$\phi_c P_n = 0.9 \times 2{,}538 = 2{,}284\text{kN} > 2{,}000\text{kN}$

$\therefore$ 안전함.

4.6 압축재의 설계

2.3.1에서 기술한 한계상태설계법의 일반식으로부터 압축재의 설계식은 다음과 같다.

$$\phi_c P_n \geq P_u \tag{4.39}$$

여기서, 공칭압축강도 $P_n = F_{cr} A_g$ 저항계수 $\phi_c = 0.9$를 적용한다.

좌굴응력 F_{cr}는 탄성좌굴과 비탄성좌굴의 한계가 되는 $KL/r = 4.71\sqrt{E/F_y}$ 또는 $F_e = 0.44F_y$에 따라 식(4.19)와 식(4.20)을 적용한다.

압축재 설계에서는 단면이 결정되기까지 $\phi_c F_{cr}$값을 알 수 없기 때문에 단면가정의 과정(trial and error process)을 거쳐 설계하는 것이 일반적이다.

예제 4-09

1단 핀, 타단 고정인 길이 9.0m의 압축재 H-250×125×6×9가 기둥 중간에 그림과 같이 약축방향으로 횡변형이 구속되어 있다. 이 부재의 탄성좌굴응력을 구하시오.

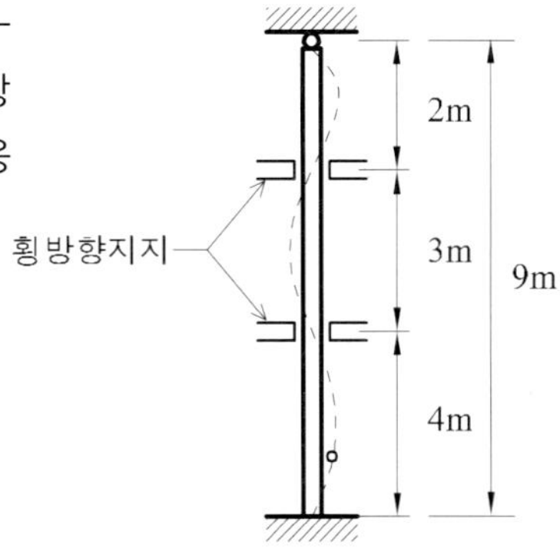

다만, $A_g = 3.766 \times 10^3 \text{mm}^2$

$I_x = 4.05 \times 10^7 \text{mm}^4$

$I_y = 2.94 \times 10^6 \text{mm}^4$

풀이

(1) 좌굴길이

강축에 대해 : $KL_x = 9 \times 10^3 \text{mm}$

약축에 대해 : 2m, 3m, 4×0.7=2.8m 중 가장 불리한 3m를 택함.

$KL_y = 3 \times 10^3 \text{mm}$

(2) 좌굴하중

$$P_{crx} = \frac{\pi^2 EI_x}{(KL_x)^2} = \frac{\pi^2 (205{,}000)(4.05 \times 10^7)}{(9 \times 10^3)^2} = 1{,}011{,}634\text{N} = 1{,}012\text{kN}$$

$$P_{cry} = \frac{\pi^2 EI_y}{(KL_y)^2} = \frac{\pi^2 (205{,}000)(2.94 \times 10^6)}{(3 \times 10^3)^2} = 660{,}935\text{N} = 661\text{kN}$$

(3) 탄성좌굴응력 F_{cr}

$$F_{cr} = \frac{P_{cr}}{A_g} = \frac{661 \times 10^3}{3.766 \times 10^3} = 176\text{N/mm}^2$$

예제 4-10

양단 고정인 H형강기둥($L = 6.0\text{m}$)에 고정하중 $P_D = 800\text{kN}$(자중 포함)과 적재하중 $P_L = 1{,}200\text{kN}$이 작용하고 있다. 기둥의 하단은 기초에 고정되었고 기둥의 상단은 약축(좌굴축)방향으로만 가새를 설치하여 횡변위(sidesway)가 생기지 않도록 하였다. SS400 강재를 사용하여 기둥단면을 설계하시오.

풀이

(1) 소요압축강도

$P_u = 1.2P_D + 1.6P_L = 1.2(800) + 1.6(1{,}200) = 2{,}880\text{kN}$

단면가정 : H$-350\times350\times12\times19$

(2) 단면성능

$A_g=1.739\times10^4\text{mm}^2$, $r_x=152\text{mm}$, $r_y=88.4\text{mm}$, $r=20\text{mm}$

$F_y=235\text{N/mm}^2$, $E=205{,}000\text{N/mm}^2$

(3) 판폭두께비 검토

플랜지 : $\dfrac{b}{t_f}=\dfrac{(350/2)}{19}=9.21$

표 4.2에서 $\lambda_r=0.56\sqrt{\dfrac{E}{F_y}}=0.56\sqrt{\dfrac{205{,}000}{235}}=16.54>\dfrac{b}{t_f}$ 적합

웨브 : $\dfrac{h}{t_w}=\dfrac{[350-2(19+20)]}{12}=22.67$

표 4.2에서 $\lambda_r=1.49\sqrt{\dfrac{E}{F_y}}=1.49\sqrt{\dfrac{205{,}000}{235}}=44.0>\dfrac{h}{t_w}$ 적합

(4) F_{cr}의 산정

유효좌굴길이계수(표 4.3 참조) : $K_x=1.2$ $K_y=0.65$

$$\left(\frac{KL}{r}\right)_x=\frac{(1.2)(6\times10^3)}{(1.52\times10^2)}=47.4$$

$$\left(\frac{KL}{r}\right)_y=\frac{(0.65)(6\times10^3)}{(8.84\times10)}=44.1<\left(\frac{KL}{r}\right)_x$$

표 4.5에서 $4.71\sqrt{\dfrac{E}{F_y}}=139>\dfrac{KL}{r}$ 이므로

식(4.19) $F_{cr}=(0.658^{\frac{F_y}{F_e}})F_y$ 및 식(4.21) $F_e=\dfrac{\pi^2E}{\left(\dfrac{KL}{r}\right)^2}$에서 $\left(\dfrac{KL}{r}\right)$이 클수록 F_{cr}은 작아지므로 $\left(\dfrac{KL}{r}\right)_x$를 택한다.

$$F_e=\frac{\pi^2(205{,}000)}{(47.4)^2}=901\text{N/mm}^2$$

$$F_{cr}=(0.658^{\frac{235}{901}})235=210.7\text{N/mm}^2$$

(5) 설계강도 산정

$\phi_c=0.9$

$P_n=A_gF_{cr}=(1.739\times10^4)(210.7)=3{,}664{,}073\text{N}=3{,}664\text{kN}$

$\phi_cP_n=0.9\times3{,}664=3{,}298\text{kN}>P_u=2{,}880\text{kN}$ 적합

$\therefore$ H$-350\times350\times12\times19$ 사용함.

예제 4-11

다음 그림과 같은 프레임구조 기둥의 유효좌굴길이 계수를 그림 4.14의 계산도표를 사용하여 구하시오. 사용부재 단면은 다음과 같다.

1층 기둥 : H−300×300×10×15 ($I_x = 2.04 \times 10^8 \mathrm{mm}^4$)

2층 기둥 : H−294×200×8×12 ($I_x = 1.13 \times 10^8 \mathrm{mm}^4$)

1층 보 : H−440×300×11×18 ($I_x = 5.61 \times 10^8 \mathrm{mm}^4$)

2층 보 : H−400×200×8×13 ($I_x = 2.37 \times 10^8 \mathrm{mm}^4$)

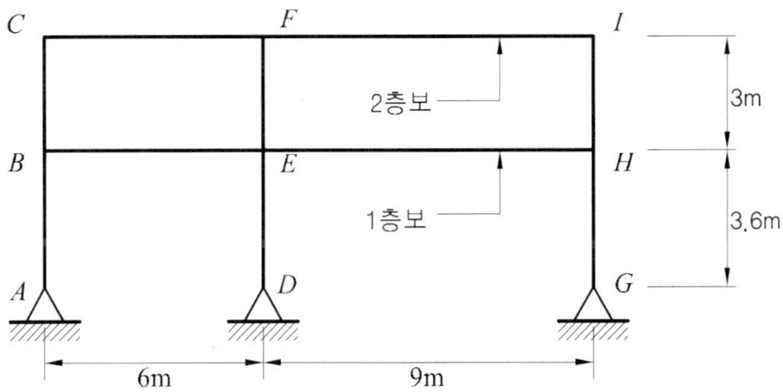

풀이

(1) 부재의 강도

부재	$I(\mathrm{mm}^4)$	$L\,(\mathrm{mm})$	$I/L\,(\mathrm{mm}^3)$
AB	2.04×10^8	3.6×10^3	5.667×10^4
BC	1.13×10^8	3.0×10^3	3.767×10^4
DE	2.04×10^8	3.6×10^3	5.667×10^4
EF	1.13×10^8	3.0×10^3	3.767×10^4
GH	2.04×10^8	3.6×10^3	5.667×10^4
HI	1.13×10^8	3.0×10^3	3.767×10^4
BE	5.61×10^8	6.0×10^3	9.35×10^4
CF	2.37×10^8	6.0×10^3	3.95×10^4
EH	5.61×10^8	9.0×10^3	6.233×10^4
FI	2.37×10^8	9.0×10^3	2.633×10^4

(2) 각 절점에 대한 G값

식(4.17)을 적용한다.

절점	$\frac{\Sigma(I_c/L_c)}{\Sigma(I_g/L_g)}$	G
A	4.3.1의 3) 참조	10.0
B	$\frac{(5.667+3.767)}{9.35}$	1.009
C	$\frac{3.767}{3.95}$	0.954
D	4.3.1의 3) 참조	10.0
E	$\frac{(5.667+3.767)}{(9.35+6.233)}$	0.605
F	$\frac{3.767}{(3.95+2.633)}$	0.572
G	4.3.1의 3) 참조	10.0
H	$\frac{(5.667+3.767)}{6.233}$	1.514
I	$\frac{3.767}{2.633}$	1.431

(3) 기둥의 K계수

비가새골조이므로 그림 4.14(b)의 계산도표로부터

기둥	기둥양단의 G 값		K
AB	10.0	1.009	1.9
BC	1.009	0.954	1.32
DE	10.0	0.605	1.8
EF	0.605	0.572	1.18
GH	10.0	1.514	2.0
HI	1.514	1.431	1.44

예제 4-12

그림과 같이 양단 핀인 압축재 2L-150×150×15(SM490)의 설계압축강도를 구하시오. 연결재의 두께는 9mm, 간격은 1.2m로 밀착조임볼트로 접합되었다.

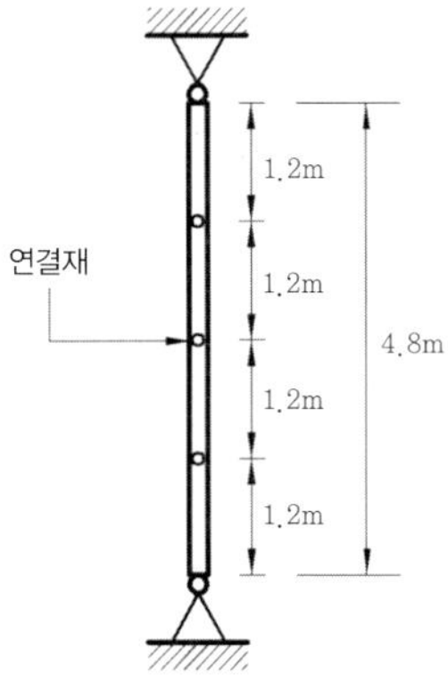

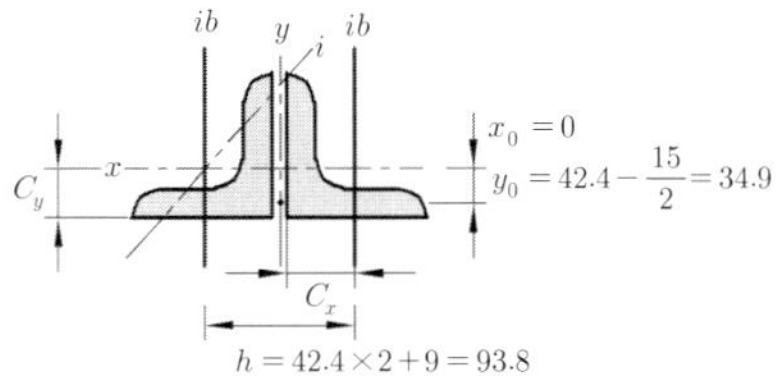

풀이

(1) 개재의 단면성능

$A_g = 4.276 \times 10^3 \text{mm}$, $r_x = r_y = 45.6\text{mm}$, $r_v = 29.2\text{mm}$

$C_x = C_y = 42.4\text{mm}$, $J = 3.12 \times 10^5\text{mm}$, $G = 79{,}000\text{N/mm}^2$

(2) 판폭두께비 및 국부좌굴 검토

$$\frac{b}{t} = \frac{150}{15} = 10$$

$$\lambda_r = 0.45\sqrt{\frac{E}{F_y}} = 0.45\sqrt{\frac{205{,}000}{325}} = 11.30$$

$\frac{b}{t} < \lambda_r$ 적합

∴ 비조밀단면으로 국부좌굴은 지배적 한계상태가 아님

(3) 조립재 및 개재의 세장비

개재 : $\frac{Ka}{r_i} = \frac{1.0 \times 1.2 \times 10^3}{29.2} = 41.1$

조립재 : $r_x = 45.6\text{mm}$

$$r_y = \sqrt{(r_{ib})^2 + \left(\frac{h}{2}\right)^2} = \sqrt{(45.6)^2 + \left(\frac{93.8}{2}\right)^2} = 65.4\text{mm} > r_x$$

$$\left(\frac{KL}{r}\right)_x = \frac{(1)(4.8 \times 10^3)}{45.6} = 105.3 < 4.71\sqrt{\frac{E}{F_y}} = 118 \text{ (표 4.5에서)}$$

$$\left(\frac{KL}{r}\right)_y = \frac{(1)(4.8 \times 10^3)}{65.4} = 73.4 < 118$$

$\frac{3}{4}\left(\frac{KL}{r}\right)_x = \frac{3}{4}\times 105.3 = 79.0 > 41.1$ 적합

(4) 휨좌굴 강도

$r_x = 45.6\text{mm} < r_y(=65.4\text{mm}),\ \left(\frac{KL}{r}\right)_x = 105.3 < 4.71\sqrt{\frac{E}{F_y}}$ 이므로

식(4.19) $F_{cr} = (0.658^{\frac{F_y}{F_e}})F_y$를 적용한다.

$$F_{ex} = \frac{\pi^2 E}{\left(\frac{KL}{r}\right)_x^2} = \frac{\pi^2(205,000)}{(105.3)^2} = 182\text{N/mm}^2$$

$$F_{crx} = (0.658^{\frac{325}{182}})325 = 153.9\text{N/mm}^2$$

$$P_n = F_{crx}A_g = (153.9)(4.276\times 10^3 \times 2) = 1,316,153\text{N} = 1,316\text{kN}$$

$$\phi_c P_n = 0.9\times 1,316 = 1,184\text{kN}$$

(5) 휨-비틀림 좌굴 강도

식(4.22) $F_{cr} = \left(\frac{F_{cry}+F_{crz}}{2H}\right)\left[1-\sqrt{1-\frac{4F_{cry}F_{crz}H}{(F_{cry}+F_{crz})^2}}\right]$ 적용

식(4.25) $\overline{r_0^2} = x_0^2 + y_0^2 + r_x^2 + r_y^2 = 0 + (34.9)^2 + (45.6)^2 + (65.4)^2 = 7,575\ \text{mm}^2$

식(4.26) $H = 1 - \frac{x_0^2+y_0^2}{\overline{r_0^2}} = 1 - \frac{0+(3.49\times 10)^2}{7,575} = 0.84$

1) F_{cry} 연결재가 밀착조임볼트로 접합되었으므로

$$\left(\frac{KL}{r}\right)_m = \sqrt{\left(\frac{KL}{r}\right)_0^2 + \left(\frac{a}{r_i}\right)^2} = \sqrt{(73.4)^2+(41.1)^2} = 84.1 < 118$$

$$\therefore\ F_{ey} = \frac{\pi^2 E}{\left(\frac{KL}{r}\right)_y^2} = \frac{\pi^2(205,000)}{(84.1)^2} = 286\ \text{N/mm}^2$$

$$F_{cry} = (0.658^{\frac{325}{286}})(325) = 202\ \text{N/mm}^2$$

2) 식(4.23) $F_{crz} = \frac{GJ}{A_g\overline{r_0^2}} = \frac{(79,000)(3.21\times 10^5)\times 2}{(4.276\times 10^3\times 2)(7.575\times 10^3)} = 761\text{N/mm}^2$

3) 식(4.22) $F_{cr} = \left(\frac{202+761}{2\times 0.84}\right)\left[1-\sqrt{1-\frac{(4)(202)(761)(0.84)}{(202+761)^2}}\right] = 244\text{N/mm}^2$

$$P_n = F_{cr}A_g = (244)(4.276\times 10^3\times 2) = 2,086,688\text{N} = 2,087\text{kN}$$

$$\phi_c P_n = 0.9\times 2,087 = 1,878\text{kN}$$

(6) $2L_s - 150 \times 150 \times 15$ (SM490)의 설계압축강도

비조밀 단면이므로 국부좌굴은 검토할 필요 없고, 휨좌굴강도는 x축에 대해 $\phi_c P_n = 1{,}184\text{kN}$이고, 휨-비틀림좌굴강도는 $\phi_c P_n = 2{,}087\text{kN}$이므로 설계압축강도는 $\phi_c P_n = 1{,}184\text{kN}$으로 x축에 대한 휨좌굴이 지배적이다.

예제 4-13

예제 4-08의 조립압축재에 대해 래티스와 단부 띠판을 설계하시오. 사용고력볼트는 F10T(M22)이다.

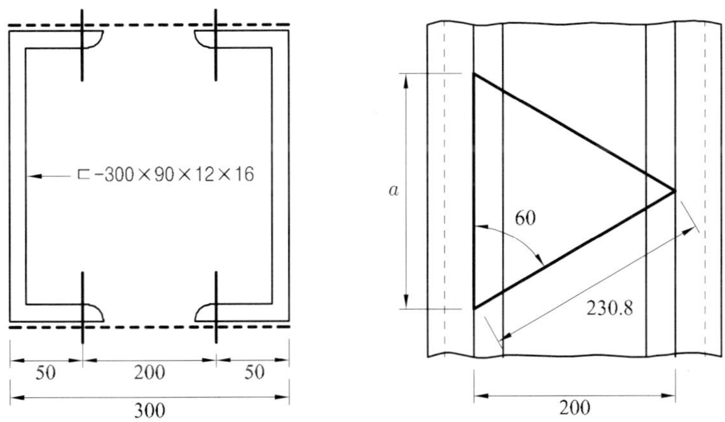

풀이

(1) 세장비 검토

$$a = \frac{200}{\cos 30^\circ} = 230.9$$

$$\text{개재}: \left(\frac{Ka}{r_i}\right) = \frac{1.0 \times 230.9}{2.51 \times 10} = 9.2$$

$$\text{조립재}: \left(\frac{KL}{r}\right) = 53.1 \qquad \text{(앞의 예제 4-8에서)}$$

$$\frac{Ka}{r_i} = 9.2 < \frac{3}{4}\left(\frac{KL}{r}\right) = 39.8 \qquad \text{적합}$$

(2) 래티스 전단력

예제 4-08에서 $\phi_c P_n = 2{,}281\text{kN}$

$$V_u = (2\%) \times (\text{설계압축강도})$$
$$= (0.02)(2{,}281\text{kN}) = 45.6\text{kN}$$

$$\frac{V_u}{2} = 22.8\text{kN} \quad \text{(1면에 대해)}$$

$$V_{lattice} = \left(\frac{230.9}{200}\right)(22.8) = 26.3\text{kN}$$

(3) 래티스의 설계

최대세장비 $\frac{L}{r} = 140$에서

래티스의 최소단면2차반경 $r = \sqrt{\frac{\frac{1}{12}bt^3}{bt}} = 0.289t$와 $L = 230.9\text{mm}$를 대입하면

$t = \frac{230.9}{0.289 \times 140} = 5.7\text{mm}$ ∴ PL-6×75로 한다.

$\frac{L}{r} = \frac{230.9}{0.289 \times 6} = 133 < 4.71\sqrt{\frac{E}{F_y}} = 139$ (표 4.5에서)

$$F_e = \frac{\pi^2 E}{\left(\frac{KL}{r}\right)^2} = \frac{\pi^2(205{,}000)}{(133)^2} = 114\text{N/mm}^2$$

$F_{cr} = (0.658^{\frac{235}{114}})235 = 99.2\text{N/mm}^2$

$P_n = F_{cr}A_g = 99.2(6 \times 75) = 44{,}640\text{N} = 44.6\text{kN}$

$\phi_c P_n = 0.9 \times 44.6 = 40.1\text{kN} > 26.3\text{kN}$ 적합

래티스의 길이는 M22 볼트의 연단거리 38mm를 고려하여

$l = 230.9 + (2 \times 38) = 307\text{mm}$

∴ PL-6×75×310 사용

(4) 단부 띠판 설계

최소두께 = $\left(\frac{1}{50}\right)(200) = 4\text{mm}$

최소폭 = $200 + 2 \times 38 = 276\text{mm}$

최소길이 = 200mm

또는 3개 이상의 볼트, 간격을 고려, $2(80+40) = 240\text{mm}$

∴ PL-6×280×240 사용

Steel Structures

연습문제

01 그림과 같이 1단핀, 타단고정인 길이 5m의 압축재 H-200×100×5.5×8이 약축방향으로 횡변형이 구속되어 있다. 이 기둥의 압축강도가 y축에 좌우되지 않는 횡방향지지부재의 위치 l을 구하시오.

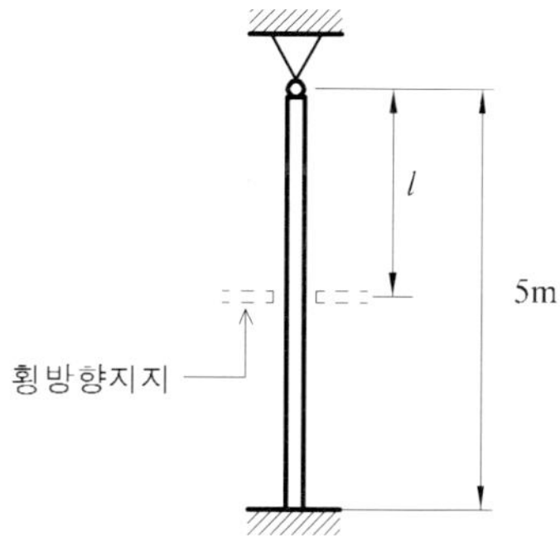

02 그림과 같이 2개의 ㄷ-150×75×9×12.5의 형강에 두께 10mm의 낄 판을 끼우고 용접하여 조립한 양단 고정 조립압축재가 있다. 좌굴모드가 각 개재간의 접합재에서 전단력을 발생시키는 상대변형을 포함하고 있다고 할 때 조립압축재의 세장비를 구하시오. 부재 길이는 3.6m이고, 낄판 간격은 1.2m이다.

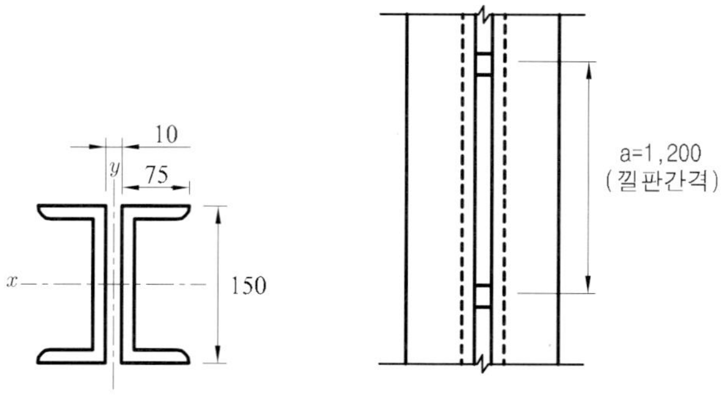

03 그림과 같이 양단핀인 압축재 2L−150×100×12(SS400)의 설계 압축강도를 구하시오. 연결재는 긴다리쪽에 맞대어 완전 장력조임 볼트로 1.2m 간격으로 접합되었으며 연결재의 두께는 9mm 이다.

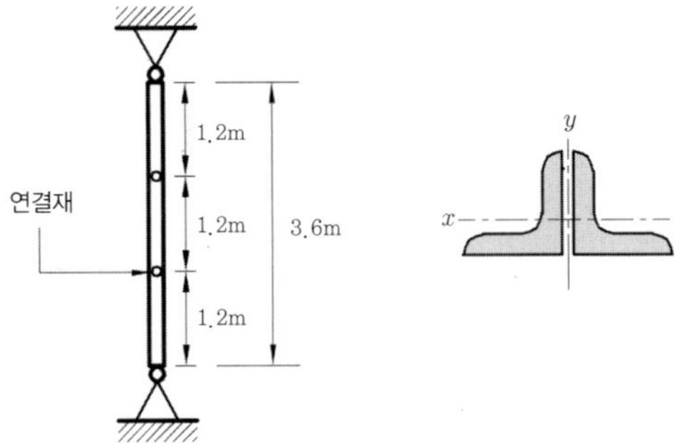

04 그림과 같이 4L−150×150×19(SS400)으로 구성된 래티스형 조립압축재의 설계압축강도 $\phi_c P_n$을 구하시오.

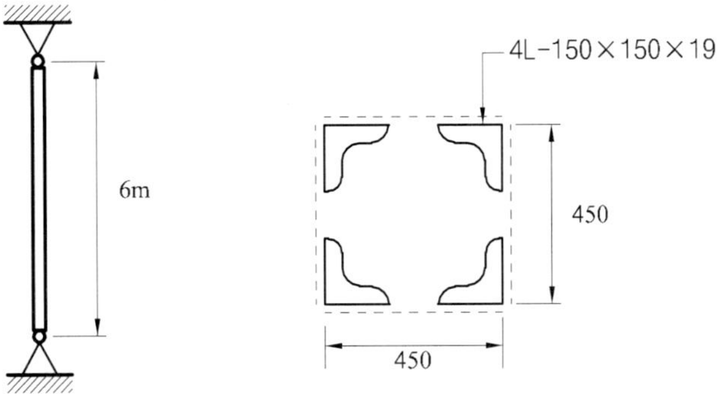

05 1단핀, 타단고정인 H형강 기둥($L = 4.5\text{m}$)에 고정하중 $P_D = 1{,}000\text{kN}$ (자중 포함), 적재하중 $P_L = 1{,}200\text{kN}$ 이 작용하고 있다. SM490강재를 사용하여 이 기둥 단면을 설계하시오.

06 3.0m 길이의 원형강관 기둥에 350kN 의 압축력이 작용하고 있다. 양단이 핀으로 지지된 이 기둥을 STK400강재를 사용하여 그 단면을 설계하시오.

Samsung Tower in Seoul, Korea. 보 및 기둥을 와렌 트러스의 형태로 배치를 하여 공간구성의 아름다움과 독특한 강구조의 특성 및 조형미를 잘 나타내고 있는 건축물.

Chapter 5

보

Chapter 5 보

5.1 보의 개요

강구조 디자인에서 보는 그림 5.1과 같이 부재축에 대하여 직각방향으로 작용하는 하중을 지탱하는 부재인데 하중으로 인해 보는 아래로 휘어지게 되므로 일반적으로 보를 휨재(bending member)라 한다. 휨재는 그 기능에 따라 보(beam), 큰보(girder), 중도리(purlin), 장선(joist), 띠장(girt), 인방(lintel) 등으로 불리어진다.

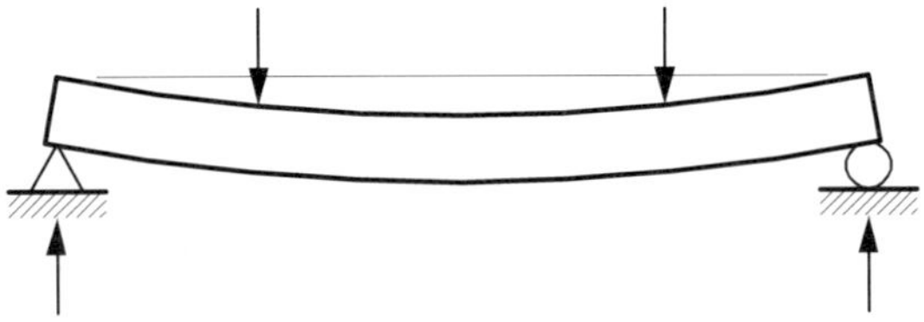

그림 5.1 보(휨재)의 개요

강구조 건축물에서 가장 많이 쓰이는 보 부재로는 그림 5.2(a)와 같이 단일형강으로는 H형강이 주로 쓰이며 I형강, ㄷ형강이 쓰이기도 한다. 이와 같이 보 부재는 주로 압연형강(rolled section)이 이용되지만 강판을 접합하여 제작된 조립보(built-up beam)가 사용되기도 한다. 강재보와 철근콘크리트 슬래브를 전단연결재를 사용하여 강성과 내력을 향상시킨 합성보도 있다. 장스팬 보나 하중이 커서 휨강성이 크게 요구되는 경우 일반 압연강재로는 단면내력이나 강성이 부족할 수 있다. 이에 대한 대안으로 플레이트 거더(plate girder), 커버플레이트 보(cover plated beam), 격자보, 래티스보, 허니컴보(honey comb 또는 castellated beam) 및 트러스 보 등이 사용된다.

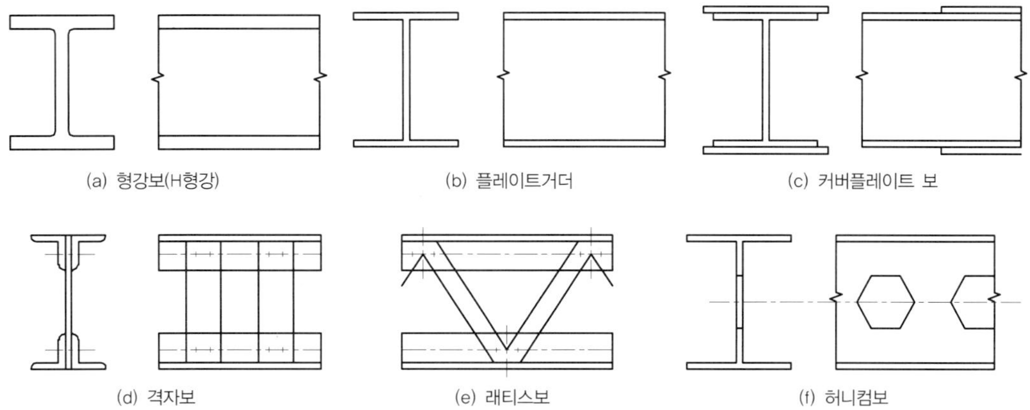

그림 5.2 보의 단면형태

5.2 보의 거동

그림 5.3(a)와 같이 하중 P가 작용하는 단순보를 고려하자. 보 단면에는 그림 5.3(c)와 같이 휨모멘트 M과 전단력 V가 작용한다. 하중을 받아 보가 휘게 되면 그림 5.3(d)와 같이 보의 상단은 압축력 C로 인해 줄어들게 되고, 하단은 인장력 T로 인해 늘어나게 된다. 따라서 형강보의 상·하 플랜지는 휨에 의한 압축력, 인장력을 각기 부담하게 되며, 보의 웨브는 전단력을 부담하게 된다. 또한 그림 5.3(e)와 같이 전단력으로 인해 보의 전단변형이 생기지만 보는 일반적으로 휨변형

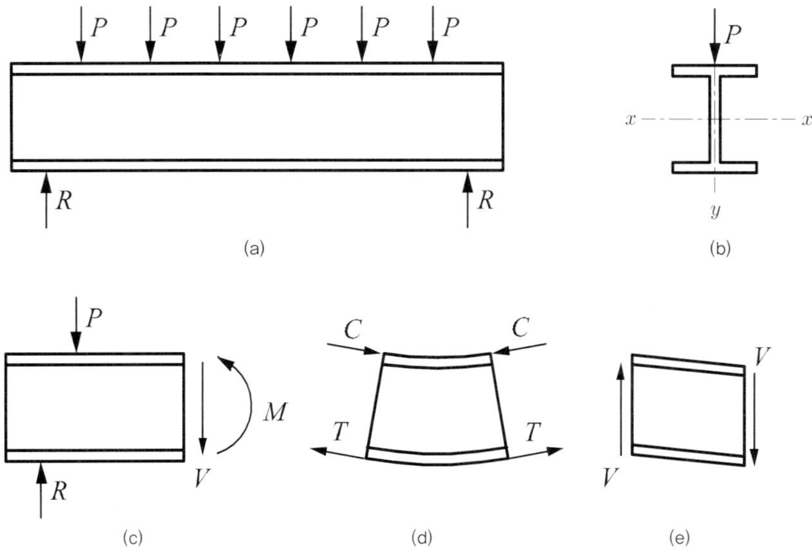

그림 5.3 보의 거동

에 의해 지배되는 구조부재이므로 전단변형은 무시할 수 있다. 그러나 깊은 보(deep beam)와 같이 보 춤(depth)이 보 폭(width)에 비해 매우 크거나(적어도 3배 이상), 스팬이 매우 짧은 경우에는 휨모멘트 보다 전단에 의한 영향을 더 받게 된다. 따라서 보를 설계 할 때는 보 스팬을 따라 어느 위치에서나 충분한 휨강도와 전단강도를 확보하는 것이 중요하다.

5.2.1 보의 휨응력

앞에서 설명한 바와 같이 보에 하중이 작용하면 보 단면에서는 휨모멘트 M과 전단력 V가 작용하여 보는 아래로 휘게 된다. 그림 5.4는 보 가운데서 단위길이만큼 절단한 보 요소의 변형을 도시한 것으로 재하(載荷) 후의 변형상태를 잘 나타내고 있다. 여기서 Y는 보의 처짐길이이고, y는 중립축으로부터의 거리이다.

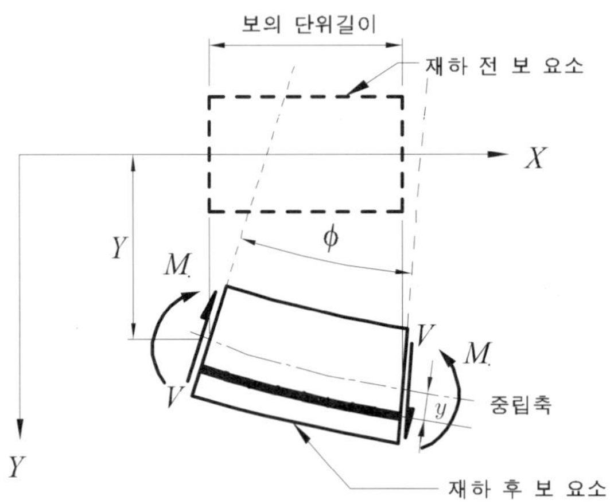

그림 5.4 보 요소의 변형

보의 곡률(curvature)을 ϕ라 하면 y점에서의 변형도는

$$\varepsilon = \phi y \tag{5.1}$$

Hooke의 법칙에 의하여 응력은

$$f_b = E\varepsilon = E\phi y \tag{5.2}$$

이로부터 각 단면 형상에 따라 발생하는 수직응력을 표현하면 그림 5.5와 같다.

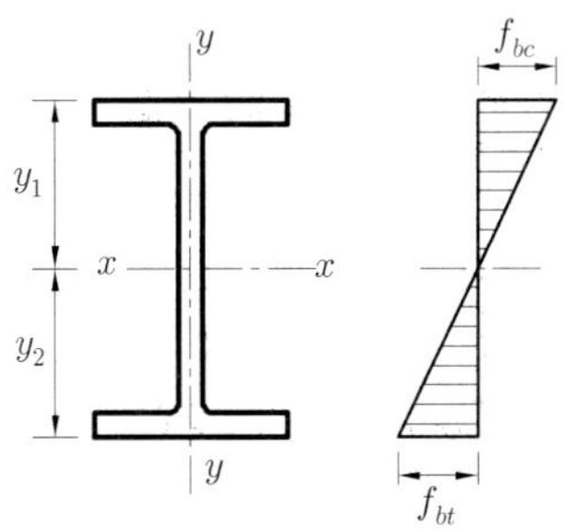

(a) 단일 H형강 단면

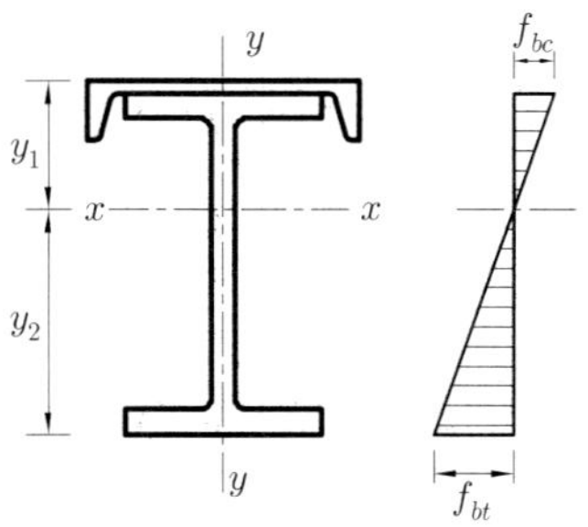

(b) 조립 단면

그림 5.5 보의 수직응력

휨모멘트는 곡률에 비례하므로 모멘트와 곡률간의 비례정수를 EI라 하면

$$M = EI\phi \tag{5.3}$$

여기서 I는 단면2차모멘트이다.

따라서 식(5.2), 식(5.3)으로부터,

$$f_b = \frac{My}{I} \tag{5.4}$$

중립축으로부터의 거리 y에서의 휨응력이 식(5.4)와 같이 $\frac{My}{I}$이면 보 단면 연단에서의 최대휨응력(extreme fiber stress)은 다음과 같이 계산된다.

$$f_{b\max} = \frac{My_{\max}}{I} = \frac{M}{I/y_{\max}} = \frac{M}{S} \tag{5.5}$$

여기서 S는 보 단면의 탄성단면계수(mm^3)이다. 이처럼 휨응력은 보 단면계수에 영향을 받으며, 단면계수가 클수록 휨모멘트에 대하여 유리하다.

그림 5.6과 같이 하중의 가력면이 단면의 주축과 일치하지 않을 경우에는 휨모멘트 M을 2개의 주축방향으로 분해한 M_x, M_y에 대하여 각각의 휨응력을 구하여 이를 조합한다.

$$f_{b\max} = \frac{M_x}{S_x} + \frac{M_y}{S_y} \tag{5.6}$$

2축 휨(biaxial bending)인 경우도 식(5.6)에 준한다.

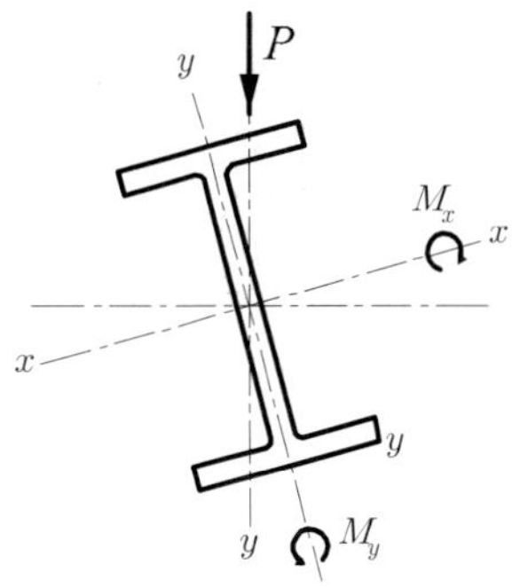

그림 5.6 2축 휨모멘트

5.2.2 보의 전단응력과 전단중심

보 단면은 일반적으로 휨에 의해 결정되지만, 특별히 보의 스팬이 짧거나 집중하중을 받는 보는 전단력에 의해 결정될 수 있다.

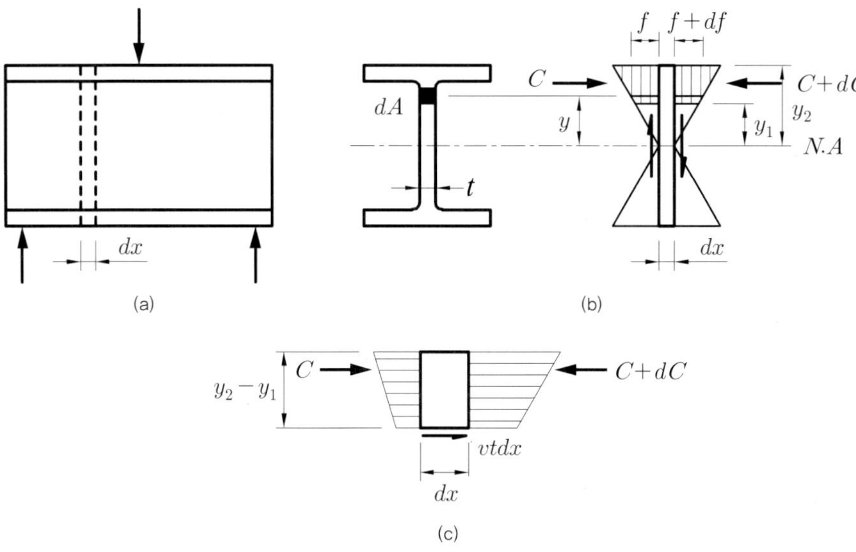

그림 5.7 휨재의 전단응력

그림 5.7(a)에서 보의 미소단면(dx구간)에 생기는 전단응력을 생각해보자. 중립축으로부터 y위치에 생기는 전단응력 v는 그림 5.7(c)의 힘의 평형조건으로부터

$$dC = vtdx \tag{5.7}$$

그림 (b)에서 휨모멘트에 의한 수직응력은

$$C=\int_{y_1}^{y_2} f dA$$

$$C+dC=\int_{y_1}^{y_2}(f+df)dA$$

그러므로 $dC=\int_{y_1}^{y_2} df dA$

$$df=\frac{dMy}{I}$$

$$dC=\int_{y_1}^{y_2}\frac{dMy}{I}dA=\frac{dM}{I}\int_{y_1}^{y_2} y dA \tag{5.8}$$

식(5.7)과 식(5.8)에서

$$v=\frac{dM}{dx}\left(\frac{1}{tI}\right)\int_{y_1}^{y_2} y dA \tag{5.9}$$

여기서 $\dfrac{dM}{dx}=V$, 그리고 $S_1=\int_{y_1}^{y_2} y dA$로 놓으면,

$$v=\frac{VS_1}{It} \tag{5.10}$$

여기서 S_1은 y_1에서 y_2에 이르는 단면의 중립축에 대한 단면1차모멘트이다. 이 식 중 S_1은 $y=0$일 때 최대이고, $y=y_2$일 때 0이 되므로 v의 분포는 상하단에서 0이고, 중립축인 곳에서 최대값을 갖는다. 따라서 보의 최대 전단응력 $f_{v\max}$는 다음 식으로 표현된다.

$$f_{v\max}=\frac{VS}{It} \tag{5.11}$$

여기서 V : 단면에 작용하는 전단력(N)
S : 중립축의 상부단면 또는 하부단면의 중립축에 대한 단면1차모멘트 (mm^3)
I : 중립축에 대한 전 단면의 단면2차모멘트(mm^4)
t : 웨브의 두께(mm)

따라서 H형강 보에서 전단력 V가 작용하는 경우 식(5.11)에 의한 단면상의 최대전단응력은 웨브의 중앙에 생긴다. 그러나 압연 H형강과 같은 경우, 최대전단응력 $f_{v\max}$은 전단력을 웨브의 단면적 Ht로 나눈 평균한 응력값에 비해 크게 다르지

않으므로 실용적으로는 다음 식으로 산정한다.

$$f_{v\max} = \frac{V}{Ht} \tag{5.12}$$

또 용접 플레이트거더와 같은 조립보 설계에는 웨브 단면적으로 ht를 사용한다. 그림 5.8은 전단응력을 계산하는 3가지 방법에 따른 전단응력분포를 나타낸 것이다.

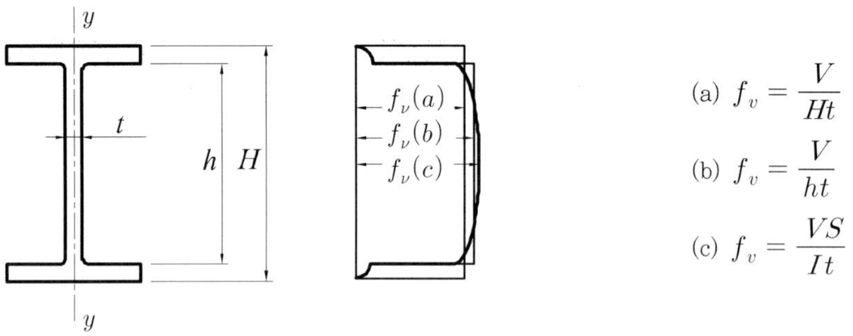

그림 5.8 전단응력의 계산방법 및 분포도

앞에서 기술한 전단응력의 계산식들은 보에 비틀림(torsion)이 일어나지 않을 때의 전단응력의 크기를 구하는 식이다. 그런데 플랜지와 웨브가 비교적 얇은 판으로 이루어진 강재 단면에서의 전단응력이 작용하는 방향은 전단력의 작용방향보다는 판 단면의 중앙 면내방향으로 생각할 수 있다.

그림 5.9는 ㄷ형강보 단면에 작용하는 전단응력을 나타낸 것으로, 단면의 축이 비대칭인 경우, 판 단면에 작용하는 전단응력이 비틀림을 형성한다. 즉 그림(a)는

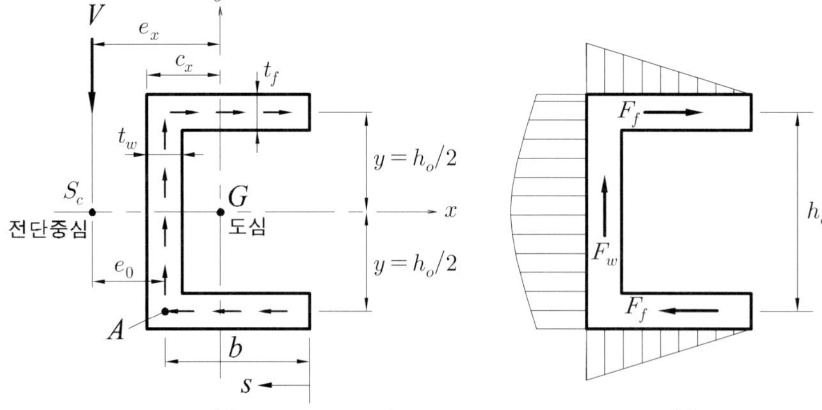

그림 5.9 ㄷ형강의 전단중심

ㄷ형강 단면에 작용하는 전단흐름(vt)을 나타내고 있으며, 이러한 전단흐름은 그림 (b)와 같이 플랜지에 작용하는 전단력(F_f)로 표현될 수 있다. 이 전단력으로 인해 비틀림모멘트가 생기게 되므로 보가 비틀림 없이 휨을 받으려면 전단력(V)와 웨브에 작용하는 전단력(F_w)으로 이루어진 비틀림모멘트가 상기 비틀림모멘트와 평형을 이룰 수 있는 위치에 하중이 작용하여야 한다. 이와 같이 비틀림이 생기지 않도록 하는 하중점을 전단중심(shear center)라 한다.

전단중심의 위치는 A점에 대한 힘의 평형조건 $\sum M_A = 0$에서

$$Ve_0 = F_f h_o \tag{5.13}$$

여기서 식(5.10)으로부터

$$vt = \frac{V}{I}\int_0^s ytds = \frac{V}{I}yts \tag{5.14}$$

$$F_f h_o = \int_0^b (vt)h_o\, ds = \frac{V}{I}\int_0^b yth_o sds \tag{5.15}$$

식(5.15)를 식(5.13)에 대입하고, $y = \frac{h_o}{2}$, $t = t_f$라 하면

$$Ve_o = \frac{V}{I}\int_0^b \left(\frac{h_o}{2}\right) t_f h_o s\ ds = \frac{Vt_f h_o^2}{2I}\int_0^b sds = \frac{Vt_f h_o^2 b^2}{4I}$$

$$e_o = \frac{t_f h_o^2 b^2}{4I} \tag{5.16}$$

그러므로 ㄷ형강 단면의 x축상 전단중심은 웨브의 중심선에서 외측으로 $e_o = \frac{t_f h_o^2 b^2}{4I_x}$ 만큼 떨어진 위치이다.

그림 5.10과 같이 단면의 2축이 대칭축이거나 역대칭축인 단면에서는 전단중심과 도심은 일치하며 단면의 1축만이 대칭축이면 전단중심은 그 대칭축 상에 있다. 또한, 몇 개의 판요소가 1점에 모인 단면에서는 각 판요소에 작용하는 면내 전단응력의 합력 작용선이 그 점을 지나므로 비틀림 모멘트를 발생시키지 못한다. 따라서 그 모인 점이 전단중심이 된다.

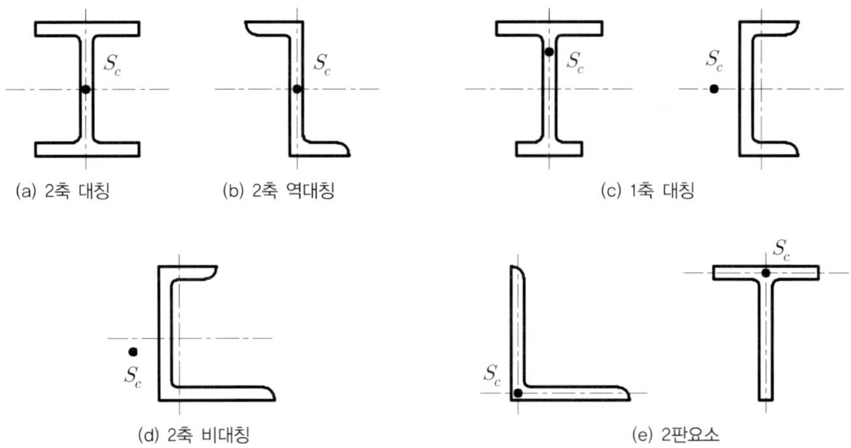

그림 5.10 전단중심(S_c)의 위치

예제 5-01

그림과 같은 ㄷ-300×90×12×16 단면의 전단중심의 위치를 산정하시오.

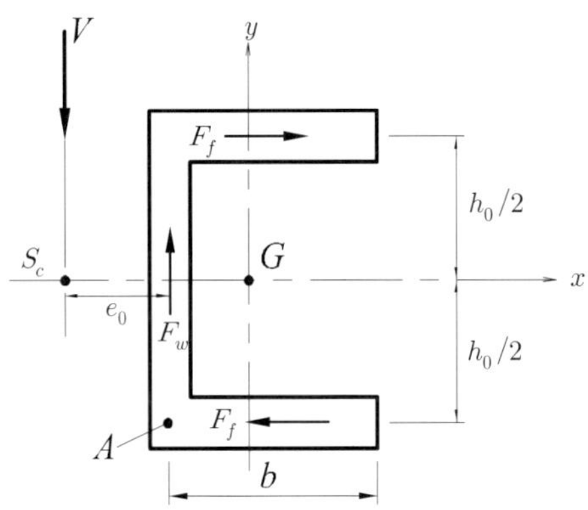

풀이

$Ve_o = F_f h_o$에서 $e_o = \dfrac{F_f h_o}{V}$

A점의 전단응력은 식(5.10)에서 $v = \dfrac{VS_1}{It}$

여기서 $b = 84\text{mm}$, $h_o = 284\text{mm}$, $t_f = 16\text{mm}$, $I_x = 7.87 \times 10^7 \text{mm}^4$

$$v_A = \frac{V\left(b \times t_f \times \dfrac{h_0}{2}\right)}{It_f} = \frac{Vbh_0}{2I} = \frac{(84 \times 284)\,V}{2 \times 7.87 \times 10^6} = 1.516 \times 10^{-4}\,V$$

$F_f =$ 의 체적 $= \frac{1}{2}v_A b t_f = \frac{1}{2} \times (1.516 \times 10^{-4} V) \times 84 \times 16 = 0.1019\,V$

전단중심의 위치

$$e_o = \frac{F_f h_o}{V} = \frac{0.1019\,V \times 284}{V} = 28.9\,\mathrm{mm}$$

또는 식(5.16)에서

$$e_o = \frac{t_f h_o^2 b^2}{4I} = \frac{16 \times 284^2 \times 84^2}{4 \times 7.87 \times 10^7} = 28.9\mathrm{mm}$$ 에서도 구할 수 있다.

5.2.3 보의 비틀림 응력

보의 비틀림응력은 비틀림모멘트(torsional moment or torque)가 보에 작용할 때 생기게 되는데 그림 5.11에서와 같이 하중(P)이 단면의 전단중심을 벗어나 작용하면 편심(e)으로 인해 비틀림모멘트($T = Pe$)가 생기게 된다. 비틀림에는

1. 단순비틀림(pure torsion 또는 St. Venant torsion)
2. 뒤틀림(warping torsion)이 있다.

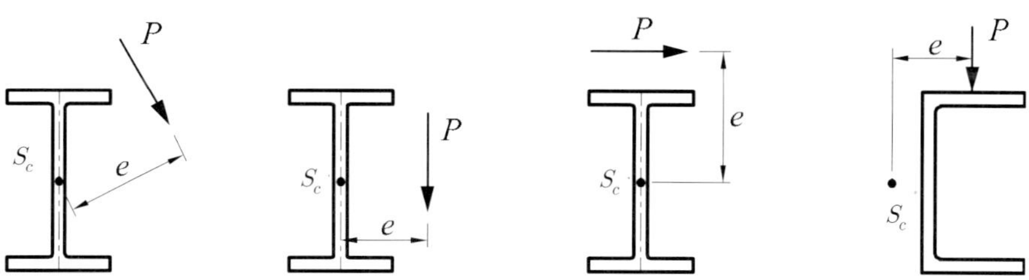

(a) $T = Pe$ (b) $T = Pe$ (c) $T = Pe$ (d) $T = Pe$

그림 5.11 비틀림모멘트

단순비틀림은 그림 5.12(a)와 같이 보는 휘어지지 않고 단순히 비틀어지는 경우이다. 이때 보의 단면은 회전하게 되지만 비틀린 후에도 단면은 원형을 그대로 유지하며 보 단면 내에 생기는 비틀림응력(전단응력)이 비틀림에 저항하게 된다.

그림 5.12와 같이 일정한 단면을 갖는 보 부재에 비틀림모멘트 T_s가 작용하고 있는 경우를 생각해보자. 그림 5.12(c)에서 보의 dz되는 미소부분을 절단하여 생각하면 AB선은 AC선으로 이동하며 단면은 $d\theta$(양 단면의 상대 비틀림각)만큼 회전한다.

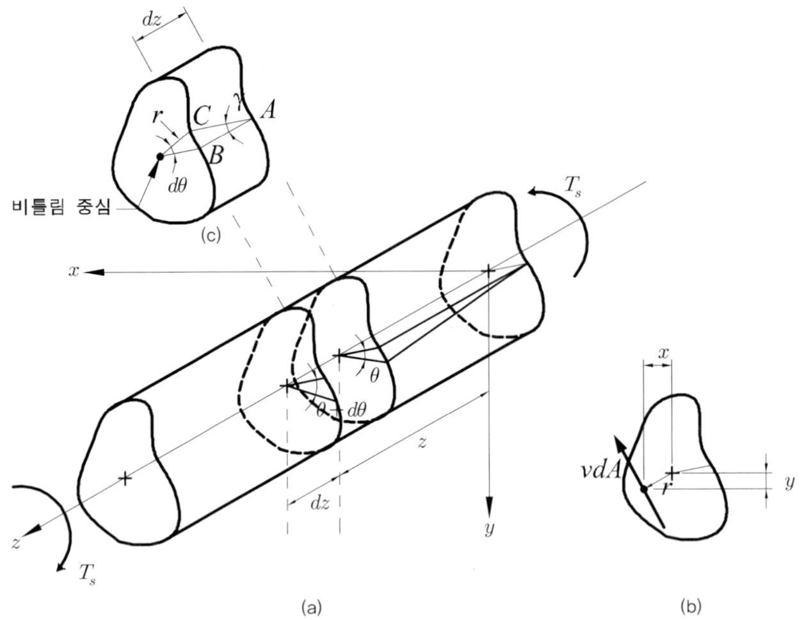

그림 5.12 단순비틀림

단위길이당 비틀림각을 $\dfrac{d\theta}{dz}$라 하고, 보 표면의 전단변형도를 γ라 하면

$$\gamma dz = rd\theta$$

$$\gamma = r\left(\frac{d\theta}{dz}\right) \tag{5.17}$$

Hooke의 법칙에서 전단응력 v는

$$v = G\gamma \tag{5.18}$$

그림 (b)에서 단면내 비틀림 dT_s는 다음과 같이 계산된다.

$$dT_s = r(vdA) = r(G\gamma)dA = r\left[\left(r\frac{d\theta}{dz}\right)G\right]dA = r^2\left(\frac{d\theta}{dz}\right)GdA$$

여기서 vdA는 r만큼 떨어진 위치에서의 전단력이다. 따라서

$$T_s = \int_A r^2 \frac{d\theta}{dz} GdA$$

$\dfrac{d\theta}{dz}$와 G는 어느 단면에서나 상수이며, $J = \int_A r^2 dA$로 놓으면,

$$T_s = \frac{d\theta}{dz} G \int_A r^2 dA = \frac{d\theta}{dz} GJ \tag{5.19}$$

그러므로 전단응력은 식(5.17)과 식(5.18)로부터

$$v = G\gamma = r\left(\frac{d\theta}{dz}\right)G$$

식(5.19)에서 $\dfrac{d\theta}{dz} = \dfrac{T_s}{GJ}$ 이므로

$$v = \frac{T_s r}{J} \tag{5.20}$$

따라서 비틀림 전단응력은 비틀림 중심으로부터의 거리 r에 비례함을 알 수 있다.

여기서, G : 전단탄성계수(N/mm^2)

J : 비틀림상수(torsional constant, mm^4)

각 단면에 대한 비틀림상수 J값과 단순비틀림(St. Venant torsion)에 의한 전단응력 f_{vST} 값은 표 5.1을 참조한다. 원형이나 원통형 단면의 경우, J값은 단면 극2차모멘트와 같다. 예를 들어 직경이 D인 원형단면의 경우, $r = D/2$에서 최대전단응력이 생긴다.

$J = \dfrac{\pi D^4}{32}$ 이므로 $v_{\max} = \dfrac{16\,T_s}{\pi D^3}$ 이 된다.

원형 또는 원통형 단면이 아닌 부재가 비틀림 하중을 받게 되면 뒤틀림을 동반하게 된다. H형강의 경우, 그림 5.13과 같이 단면에 작용하는 뒤틀림모멘트(T_w)는 양쪽 플랜지에 작용하는 힘 V_f의 우력으로 치환할 수 있다.

$$V_f = \frac{T_w}{h_o} \tag{5.21}$$

이 경우 웨브의 비틀림 저항을 무시하면, 뒤틀림에 의한 전단응력은 상하 플랜지에만 생기고 그림 5.13(b)와 같이 플랜지에 작용하는 횡력 V_f에 의한 휨응력(수직응력)이 플랜지에 동시에 작용한다. 따라서 단순비틀림 전단응력에 대해서는 식(5.20)을, 플랜지의 뒤틀림 전단응력에 대해서는 식(5.11)을, 휨응력에 대해서는 식(5.5)를 적용한다.

표 5.1 단순비틀림(St. Venant Torsion)

단면형상			전단응력, f_{vST} (N/mm²)	비틀림상수, J (mm⁴)
폐단면	원형단면	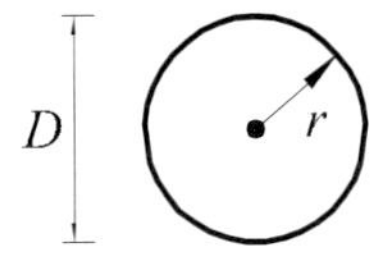	$\frac{T_s r}{J}$	$\frac{\pi D^4}{32}$
	원통형 단면	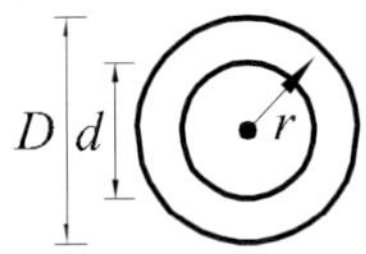	$\frac{T_s r}{J}$	$\frac{\pi}{32}(D^4 - d^4)$
	직사각형 박스단면	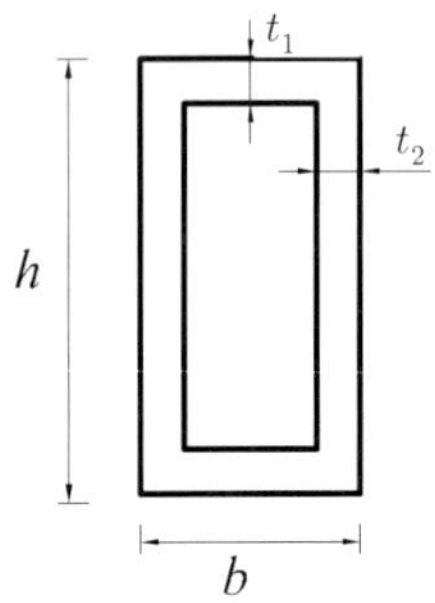	$\frac{T_s}{2bht_1}$ $\frac{T_s}{2bht_2}$	$\frac{2t_1 t_2 b^2 h^2}{bt_2 + ht_1}$
	정사각형 박스단면	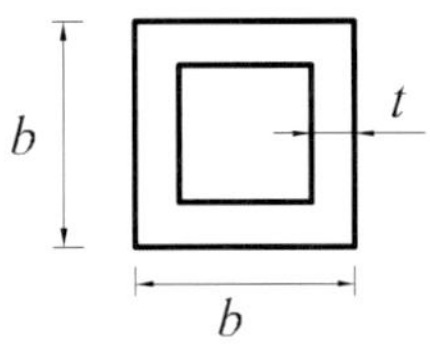	$\frac{T_s}{2b^2 t}$	tb^3
	직사각형 단면	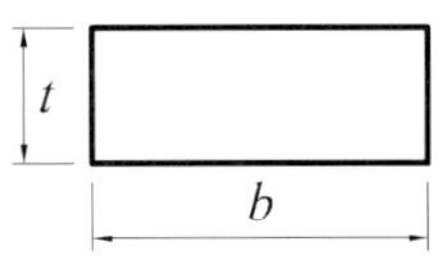	$\frac{T_s t}{J}$	$\frac{bt^3}{3}$ (근사값)
개단면		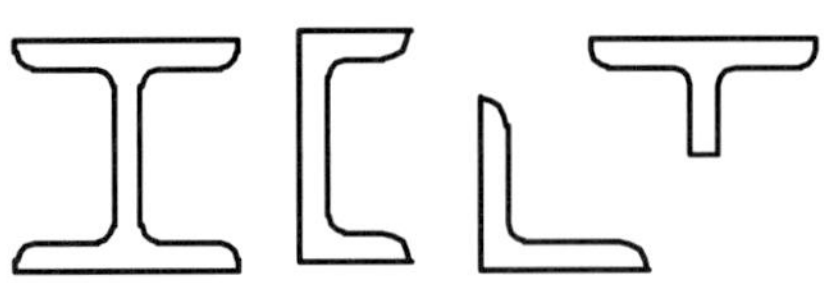	$\frac{T_s t_i}{J}$ 1)	$\frac{\sum bt^3}{3}$ (근사값) ※ 정확한 값은 부록 1. 형강일람표를 참조

1) t_i 는 해당되는 판요소의 두께

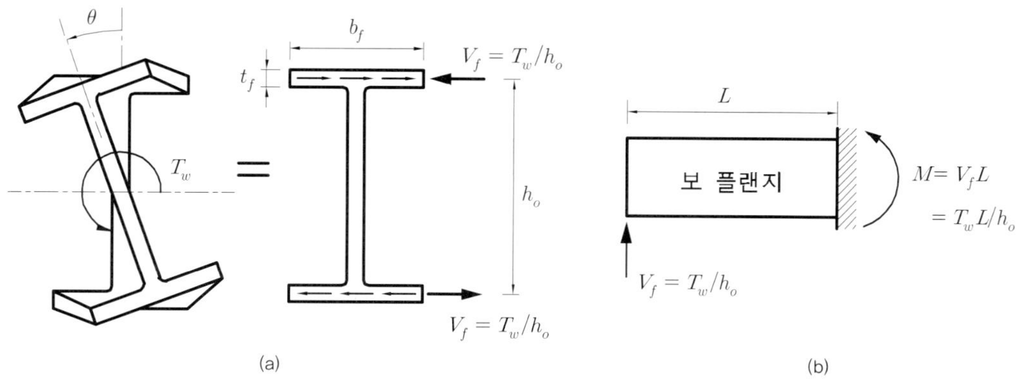

그림 5.13 뒤틀림 근사해법

그림 5.14는 이들 전단응력의 분포를 도시한 것이다.

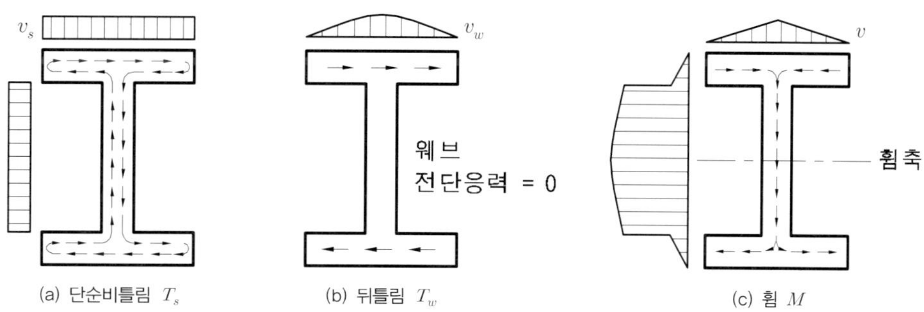

그림 5.14 전단응력의 분포

예제 5-02

H형강 보(H−250×255×14×14)에 비틀림 모멘트가 작용할 때 최대전단응력, 최대수직응력을 구하시오.

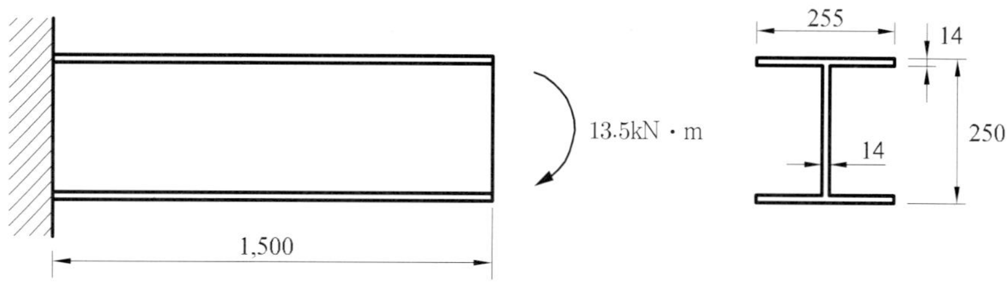

풀이

H형강은 개단면이므로 비틀림응력은 다음과 같다. (1) 단순비틀림(St. Venant torsion)에 의

한 전단응력, (2) 뒤틀림(warping torsion)에 의한 전단응력, (3) 뒤틀림(warping torsion)에 의한 수직응력

(1) 단순비틀림에 의한 전단응력 산정

표(5.1)에서 $f_{vST} = \dfrac{T_s t_i}{J}$

여기서 t_i : 단면요소의 두께(t_f 또는 t_w, 본 예제에서는 동일하게 $t_i = 14\ \mathrm{mm}$)

$$J = \frac{\sum bt^3}{3} = \frac{1}{3}\left[2\times 255\times 14^3 + 222\times 14^3\right] = 669{,}536\ \mathrm{mm}^4$$

또는 부록1. 형강일람표를 참조하면 $J = 7.87\times 10^5\ \mathrm{mm}^4$

따라서 $f_{vST} = \dfrac{T_s t_i}{J} = \dfrac{13.5\times 10^6\times 14}{6.70\times 10^5} = 282\ \mathrm{N/mm^2}$

(2) 뒤틀림(warping torsion)에 의한 전단응력

뒤틀림에 관한 응력을 산정하기 위하여 그림 5.13의 뒤틀림 근사해법을 적용한다.

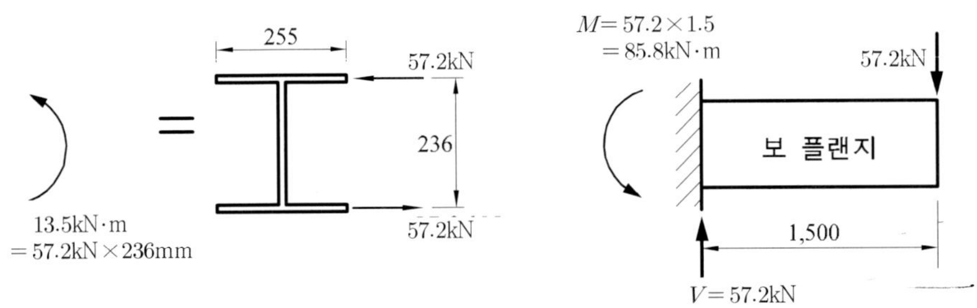

위의 그림에서와 같이 비틀림모멘트 $13.5\times 10^3\ \mathrm{kN\cdot mm}$는 각각의 플랜지에 57.2 kN의 힘으로 작용하는 우력모멘트로 대치할 수 있다. 따라서 각 플랜지는 57.2 kN의 힘에 저항해야 하며, 이 때 전단력 V는 57.2 kN이며, 지점에서의 최대모멘트는

$M_{\max} = 57.2\times 1.5 = 85.8\ \mathrm{kN\cdot m}$이다.

따라서 이 때의 최대전단응력 $f_{vWT} = \dfrac{1.5\,V}{t_f b_f} = \dfrac{1.5\times 57.2\times 10^3}{14\times 255} = 24.0\ \mathrm{N/mm^2}$

(3) 뒤틀림(warping torsion)에 의한 수직응력

최대수직응력 $f_{nT} = \dfrac{M}{S}$

여기서 $S = \dfrac{t_f b_f^2}{6} = \dfrac{14\times 255^2}{6} = 151{,}725\ \mathrm{mm}^3$

따라서 $f_{nT} = \dfrac{M}{S} = \dfrac{85.8\times 10^6}{1.52\times 10^5} = 564\ \mathrm{N/mm^2}$

이 값들을 조합하면 다음과 같은 응력들을 갖는다.

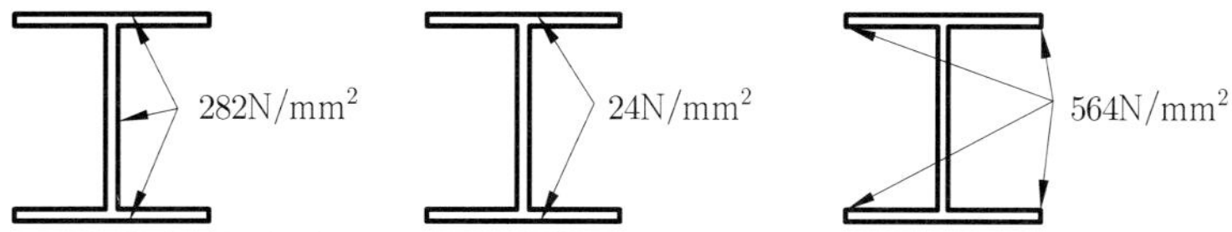

(4) 플랜지에서의 최대전단응력

$f_v = f_{vST} + f_{vWT} = 282 + 24.0 = 306\ \text{N/mm}^2$

플랜지에서의 최대수직응력 $f_n = f_{nT} = 564\ \text{N/mm}^2$

5.2.4 보의 비탄성 거동

그림 5.15(a)는 H형강 보의 휨거동에 대한 모멘트-곡률관계를 나타낸 것이며, 그림 5.15 (b)는 전체적인 휨거동에 대해 A, B, C, D 각 점에서 H형강 보의 휨모멘트가 증가함에 따라 생기는 휨응력의 변화를 보여주고 있다.

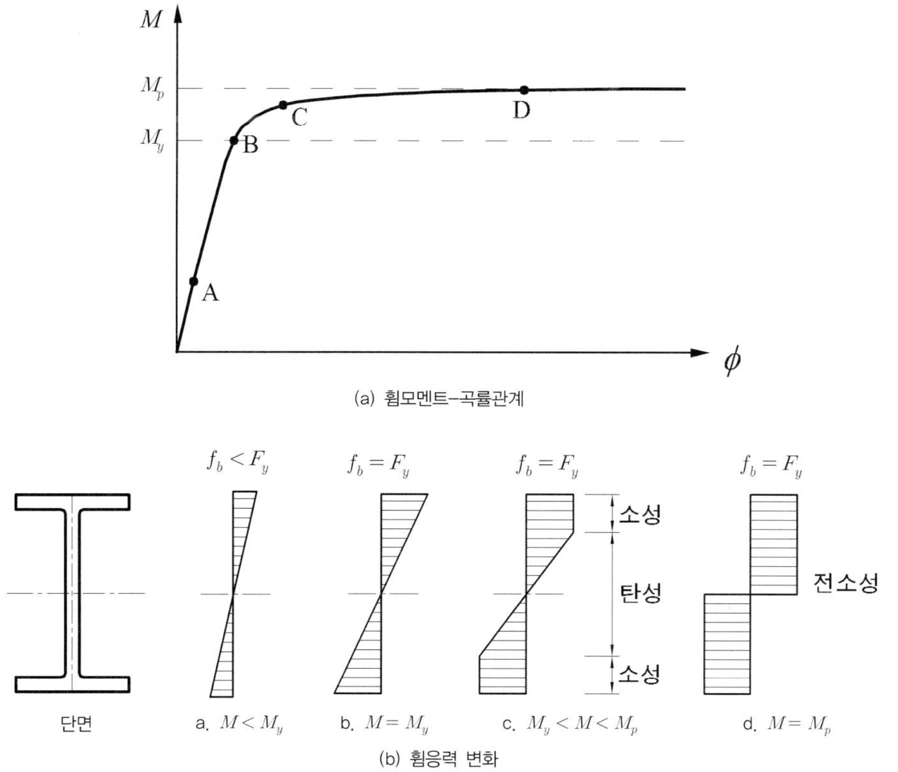

그림 5.15 H형강 보의 휨거동

보 단면의 연단에서 강재의 항복강도에 도달할 때의 휨강도를 항복모멘트(yield moment) M_y라 하면,

$$M_y = F_y S \tag{5.22}$$

여기서, F_y : 강재의 항복강도(N/mm^2)

S : 보 단면의 탄성단면계수(mm^3)

강재보에 항복모멘트를 초과하는 휨모멘트가 작용하면 연단에서의 재축방향 변형도는 항복변형도(ε_y)를 초과하게 된다. 이에 따라 단면의 소성화가 보의 내부로 진행되어 휨내력이 증가하게 된다. 휨모멘트가 더욱 증가하면 보 단면 전체에서 항복강도에 도달하는 소성상태가 된다. 이때의 휨강도를 소성모멘트(plastic moment) M_p라 한다. 이때 보단면은 더 이상의 모멘트 저항능력이 없게 되어 마치 힌지가 된 것처럼 작용하게 되므로 이를 소성힌지(plastic hinge)라 한다.

$$M_p = F_y Z \tag{5.23}$$

여기서, Z : 보 단면의 소성단면계수(mm^3)

탄성단면계수(section modulus)에 대한 소성단면계수(plastic modulus)의 비를 단면의 형상계수(shape factor) ξ라 하는데 곧, 소성모멘트를 항복모멘트로 나눈 값과 같다.

$$\xi = \frac{Z}{S} = \frac{M_p}{M_y} \tag{5.24}$$

H형단면의 경우, 강축에 대한 형상계수는 1.10~1.18 정도로 대략 1.12가 평균값이며 약축에 대해서는 1.6이 평균값이다. 단면의 휨효율이 높을수록 형상계수는 작은 값을 갖는다.

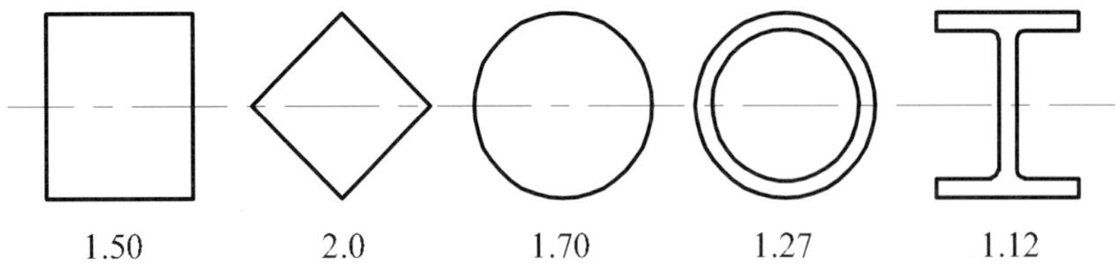

그림 5.16 단면의 형상계수

예제 5-03

단면이 H-400×200×8×13인 휨재의 강축에 대한 항복모멘트와 전소성모멘트를 산정하고 형상계수를 구하시오. 다만 강재는 SS400($F_y = 235\,\mathrm{N/mm^2}$)이다.

풀이

(1) H형강의 탄성단면계수와 소성단면계수 (부록 1. 형강일람표 참조)

$$S_x = 1.19 \times 10^6 \mathrm{mm}^3$$

$$Z_x = 1.33 \times 10^6 \mathrm{mm}^3$$

(2) 강축에 대한 항복모멘트와 전소성모멘트

$$M_y = F_y S_x = 235 \times 1.19 \times 10^6 = 279.65 \times 10^6\,\mathrm{Nmm} = 280\,\mathrm{kN \cdot m}$$

$$M_p = F_y Z_x = 235 \times 1.33 \times 10^6 = 312.55 \times 10^6\,\mathrm{Nmm} = 313\,\mathrm{kN \cdot m}$$

(3) 형상계수

$$\frac{Z_x}{S_x} = \frac{1.33 \times 10^6}{1.19 \times 10^6} = 1.12$$

예제 5-04

H-700×400×8×15 형강보의 소성단면계수 및 형상계수를 구하시오.

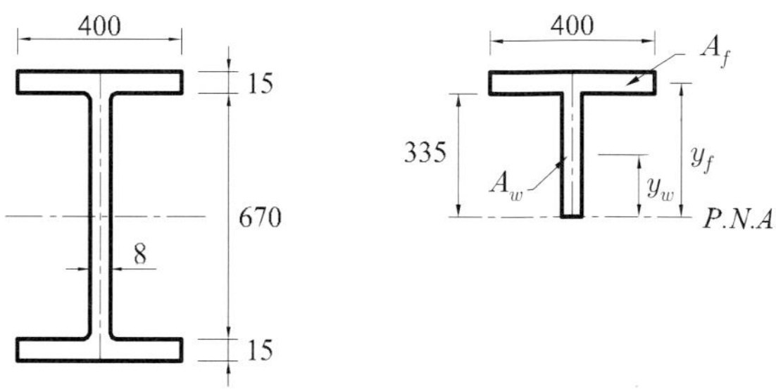

풀이

(1) 소성중립축(plastic neutral axis) : 대칭단면으로 소성중립축은 대칭축 상에 존재한다.

(2) 소성단면계수 산정 : 소성중립축에 대한 각 요소 단면의 1차모멘트의 합으로 산정한다.

$$Z_x = 2(A_f y_f + A_w y_w)$$

$$= 2[(400 \times 15)(335 + 7.5) + (335 \times 8)(335/2)]$$

$$= 5.01 \times 10^6 \mathrm{mm}^3$$

(3) 탄성단면계수 산정

$$I_x = \frac{400 \times 700^3}{12} - \frac{392 \times 670^3}{12} = 1.608 \times 10^9 \text{ mm}^4$$

$$S_x = \frac{I_x}{y} = \frac{1.608 \times 10^9}{350} = 4.595 \times 10^6 \text{ mm}^3$$

(4) 형상계수 산정

$$\frac{Z_x}{S_x} = \frac{5.01 \times 10^6}{4.595 \times 10^6} = 1.09$$

5.2.5 보의 한계상태

보의 탄성 및 비탄성 거동을 근거로 보의 설계에서는 다음과 같은 한계상태로 설명된다.

1. 단면의 소성화(항복)
2. 부재의 횡비틀림좌굴(LTB)
3. 압축을 받는 플랜지의 국부좌굴(FLB)
4. 압축을 받는 웨브의 국부좌굴(WLB)

그림 5.17은 단순보의 변형능력(deformation ability) 또는 회전능력(rotation capacity)에 따른 휨거동을 보여주고 있다.

곡선 ①은 횡방향 지지길이가 충분하여(세장비가 매우 작아) 보가 전소성모멘트를 이루어도 매우 뛰어난 회전능력을 보이는 경우로서 횡비틀림좌굴이 발생하지 않는 경우이다. 모멘트 재분배를 전제로 하는 한계상태설계에서는 이러한 연성거동이 확보되도록 고려되어야 한다. 곡선 ②는 ①의 경우보다 보의 횡방향 지지길이가 큰 경우로서 보가 소성모멘트는 발휘하지만 큰 회전능력을 발휘하지 못하는 경우이다. 플랜지에 비탄성 변형이 생긴 상태에서 횡좌굴이 발생하며 이때의 휨강도는 소성모멘트가 된다. 곡선 ③은 보의 횡방향 지지길이가 다소 큰 경우인데, 비탄성 좌굴이 발생하여 소성모멘트보다는 작고 항복모멘트보다는 큰 휨강도를 보이는 경우이다. 보의 플랜지에 있는 잔류응력의 영향으로 비탄성 거동을 보이면서 횡좌굴을 일으켜 한계상태에 도달한다. 이때의 보의 휨강도는 비탄성 좌굴강도가 된다. 곡선 ④는 보의 횡방향 지지길이가 매우 큰 경우로서 보의 탄성횡좌굴에 의해 한계상태에 도달하는 경우이다. 최대모멘트는 항복모멘트에 도달하지 못하며 보의 휨강도는 탄성좌굴강도가 된다.

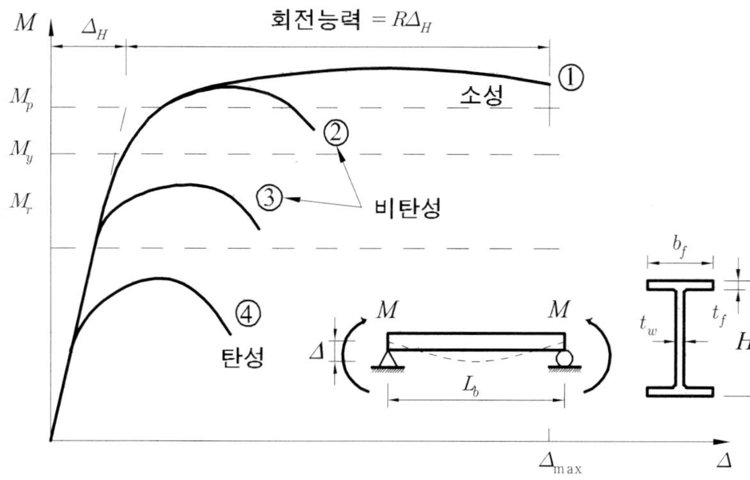

그림 5.17 단순보의 휨거동

(1) 단면의 소성화(항복)

보단면의 한계상태는 횡비틀림 및 국부좌굴 등의 영향을 받지 않고 항복응력(yield stress)이 전단면에 도달, 분포된 상태를 의미한다. 따라서 설계시의 보의 공칭휨강도는 전소성모멘트로 한다(5.2.4 참조).

(2) 횡비틀림 좌굴

횡비틀림 좌굴(lateral-torsional buckling)은 휨부재의 횡방향 안정성(lateral stability)과 밀접한 관련을 갖는 한계상태이다. 그림 5.18(a)와 같이 세장한 보가 강축(strong axis)으로 휨을 받을 경우, 외력이 특정 한계값 이상이 되면 수직방향의 처짐 이외에 면외방향의 약축휨과 더불어 수평방향으로 단면의 비틀림이 발생하여 휨내력이 저하될 수 있다. 반면 그림 5.18(b)와 같이 동일 단면이라 하여도 약축(weak axis)으로 휨을 받게 되면, 이러한 면외좌굴, 비틀림좌굴, 횡좌굴 등이 발생하지 않을 수 있다.

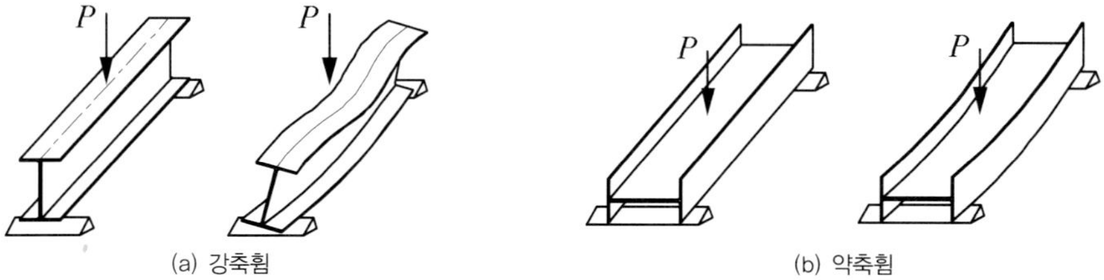

그림 5.18 H형강 보의 횡-비틀림좌굴 현상

이러한 횡비틀림 좌굴은 여러 가지 요인에 의해 영향을 받지만 단면형상, 횡방향 지지거리, 지점조건, 하중의 형태 및 작용위치 등이 이에 속한다. H형강, ㄷ형강, T 형강과 같은 개단면(open shape)은 비틀림에 약한 반면, 각형강관이나 원형강관과 같은 폐단면은 비틀림에 강하다. 횡비틀림 좌굴을 방지하기 위해서는 그림 5.19와 같이 압축플랜지를 보나 슬래브 등으로 적절히 억제시켜야 한다. 이러한 횡방향 지지점 사이의 길이를 보의 지지길이(unbraced length, L_b)라고 한다.

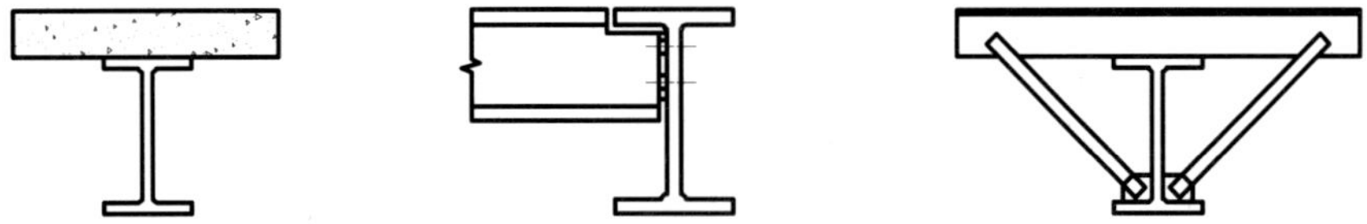

(a) 바닥슬래브 (b) 보 (c) 횡가새

그림 5.19 횡지지 방법

이러한 보의 지지길이 L_b에 대한 한계상태로서 소성모멘트를 받는 보에 대한 소성한계지지길이 L_p와 탄성횡비틀림좌굴이 발생되는 곳에서의 탄성한계지지길이 L_r이 있다.

$$L_p = 1.76\, r_y \sqrt{\frac{E}{F_y}} \tag{5.25}$$

$$L_r = 1.95\, r_{ts} \frac{E}{0.7F_y} \sqrt{\frac{Jc}{S_x h_o}} \sqrt{1 + \sqrt{1 + 6.76\left(\frac{0.7F_y}{E}\frac{S_x h_o}{Jc}\right)^2}} \tag{5.26}$$

여기서, $$(r_{ts})^2 = \frac{\sqrt{I_y C_w}}{S_x} \tag{5.27}$$

그리고 $c = 1.0$: H형강, I형강(2축대칭)일 때

$c = \dfrac{h_o}{2}\sqrt{\dfrac{I_y}{C_w}}$: ㄷ형강일 때

h_o : 상하플랜지 중심간거리(mm)

이러한 보의 지지 길이 L_b 변화에 따른 공칭휨강도 M_n는 그림 5.20과 같은 관계를 나타낸다.

1) $L_b \le L_p$인 경우(I 구간)

보의 압축 플랜지가 횡방향으로 매우 좁은 간격으로 지지되어 보가 소성모멘트를 발휘할 수 있는 경우이다. 따라서 공칭휨강도는 소성모멘트가 된다. 이 구간은 횡비

틀림좌굴이 발생하지 않는 구간으로 이해하면 된다.

2) $L_p < L_b \leq L_r$ 인 경우(Ⅱ구간)

보의 압축 플랜지가 횡방향으로 지지간격이 충분치 않아서 비탄성거동을 보이면서 횡좌굴이 발생하는 경우로서 그림 5.17의 ③곡선인 비탄성 횡좌굴구간에 해당된다. 또한 세장비에 따라 반비례적으로 공칭휨강도가 감소한다. 이때의 공칭휨강도는 소성모멘트와 탄성 횡좌굴모멘트를 세장비에 따라 직선보간하여 산정한다.

3) $L_b > L_r$ 인 경우(Ⅲ구간)

보의 압축플랜지의 횡방향지지 간격이 너무 길어서 단면의 어느 부분도 항복하지 않고 조기에 횡좌굴이 발생하는 경우이다. 이때의 공칭휨강도는 탄성좌굴강도 M_{cr}와 같다.

여기에서 횡좌굴모멘트수정계수(Lateral-torsional buckling modification factor) C_b는 보의 지지길이 내의 모멘트가 일정하지 않은 경우, 보의 횡좌굴강도는 증가하게 되므로 이를 보정하기 위해서 사용하는 변수로 생각하면 된다. 즉 모멘트에 C_b를 곱하여 공칭휨강도인 모멘트를 보정하여 준다. C_b의 적용시 보가 균일한 휨모멘트를 받는 경우가 가장 불리한 경우로서 $C_b = 1.0$이 된다. 또한 캔틸레버보나 내민보와 같이 자유단에 횡방향지지가 없는 경우에도 $C_b = 1.0$이 적용된다. 따라서 모든 경우에 $C_b = 1.0$을 적용해도 안전측임을 이해할 수 있을 것이다. C_b는 일반적으로 다음과 같이 산정된다.

$$C_b = \frac{12.5M_{\max}}{2.5M_{\max} + 3M_A + 4M_B + 3M_C} R_m \leq 3.0 \tag{5.28}$$

여기서, $M_{\max}$: 지지구간에서 최대모멘트의 절대값 (N·mm)

M_A : 지지구간에서 1/4지점의 모멘트 절대값 (N·mm)

M_B : 지지구간에서 중앙점 모멘트의 절대값 (N·mm)

M_C : 지지구간에서 3/4지점의 모멘트 절대값 (N·mm)

R_m : 단면의 대칭성 계수,

2축대칭부재 및 1축대칭 단곡률부재일 때 1.0

1축대칭 복곡률부재일 때 $0.5 + 2\left(\frac{I_{yc}}{I_y}\right)^2$

I_y : 주축(y축)에 대한 단면2차모멘트 (mm^4)

I_{yc} : y축에 대한 압축플랜지의 단면2차모멘트 또는 복곡률의 경우 압축플랜지 중 작은 쪽 플랜지의 단면2차모멘트(mm^4)

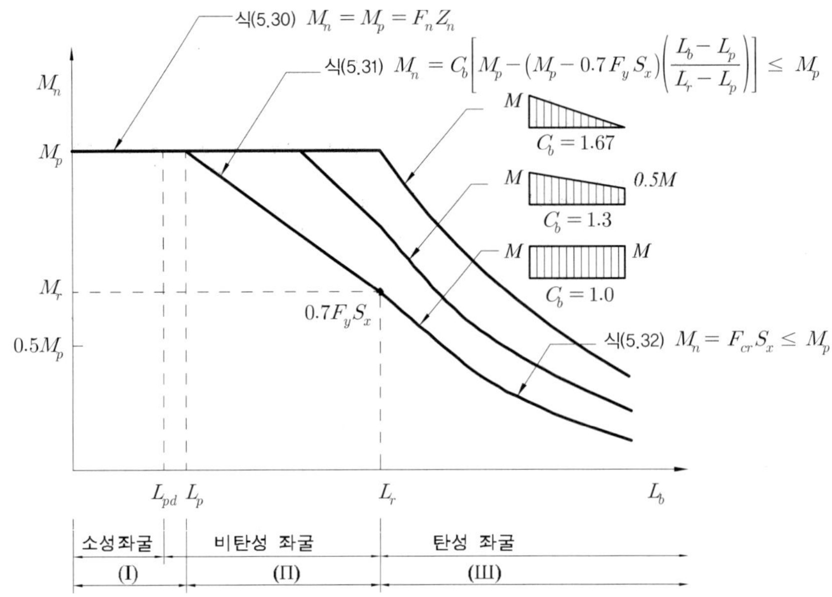

그림 5.20 공칭휨강도와 지지길이와의 관계

예제 5-05

그림과 같이 $w_D = 12\,\mathrm{kN/m}$, $w_L = 20\,\mathrm{kN/m}$의 등분포하중이 작용하는 압연형강보 H−600×200×11×17의 C_b값을 구하시오.

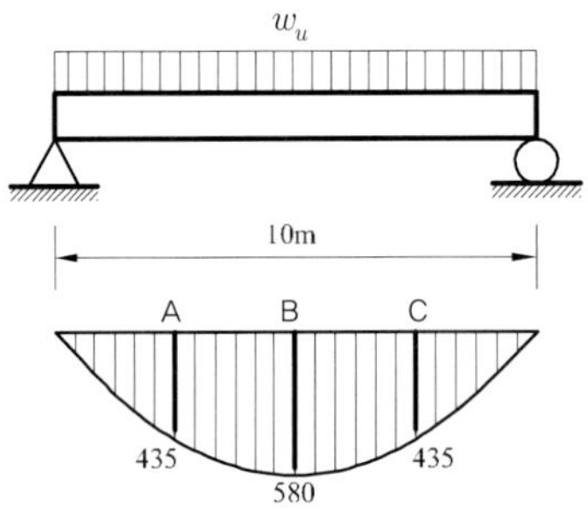

풀이

(1) 소요강도 산정

$$w_u = 1.2w_D + 1.6w_L = 1.2 \times 12 + 1.6 \times 20 = 46.4 \text{ kN} \cdot \text{m}$$

$$M_u = \frac{w_u L^2}{8} = \frac{46.4 \times 10^2}{8} = 580 \text{kN} \cdot \text{m}$$

(2) C_b값 산정

$$C_b = \frac{12.5M_{\max}}{2.5M_{\max} + 3M_A + 4M_B + 3M_C} R_m \le 3.0$$

$$= \frac{12.5 \times 580}{2.5 \times 580 + 3 \times 435 + 4 \times 580 + 3 \times 435} \times 1.0 = 1.14$$

---

(3) 국부좌굴

횡비틀림좌굴이 부재 전체에서 발생하는 좌굴(global buckling)이 있다면, 보의 강도를 조기에 저하시키는 다른 요인으로 국부좌굴, 즉 압축을 받는 플랜지의 국부좌굴(flange local buckling)과 웨브의 국부좌굴(web local buckling)이 있다. 보 단면이 항복모멘트에 도달하기 위해서는 압축플랜지가 항복응력에 도달할 수 있어야 하고 웨브는 상응하는 전단응력을 지지하여야 한다. 플랜지 또는 웨브가 세장하여 압축응력에 의해 국부좌굴이 발생하면 보의 강도는 저하하게 된다. 플랜지와 웨브의 국부좌굴은 판폭두께비가 큰 경우에 발생하기 쉬우므로 이러한 국부좌굴을 방지하기 위해서는 판폭두께비를 제한할 필요가 있다. 보 단면이 소성모멘트에 도달하기 위해서는 플랜지와 웨브의 판폭두께비는 더욱 엄격하게 제한되어야 한다. 이것은 소성모멘트에 도달하는 경우 압축플랜지의 변형도은 항복변형도보다 훨씬 크기 때문이다.

플랜지와 웨브의 국부좌굴강도는 압축응력의 분포와 판폭두께비, 그리고 단부의 지지조건에 관계된다. 보 단면의 판폭두께비는 플랜지의 내민폭 b, 플랜지의 판두께 t_f, 웨브의 춤 h, 그리고 웨브의 판두께 t_w에 의해 결정된다. 여기에서 H형강의 플랜지의 내민 부분의 한쪽은 웨브에 의해 지지되기 때문에 비구속판요소(unstiffened element)라고 하며, 웨브는 양쪽에서 플랜지에 의해 연결되어 있기 때문에 구속판요소(stiffened element)라고 한다. 박스형 단면인 경우 플랜지와 웨브는 모두 구속판요소가 된다. 표 5.2는 각 판요소에 대한 판폭두께비의 제한값을 정리한 것이다.

표 5.2 휨을 받는 판요소에 대한 판폭두께비 제한

구분	사례	판요소에 대한 설명	판폭두께비	판폭두께비 제한값 λ_p(조밀단면)	판폭두께비 제한값 λ_r(비조밀단면)	예
비구속 판요소	1.	압연H형강, I형강 및 ㄷ형강의 플랜지	b/t	$0.38\sqrt{E/F_y}$	$1.0\sqrt{E/F_y}$	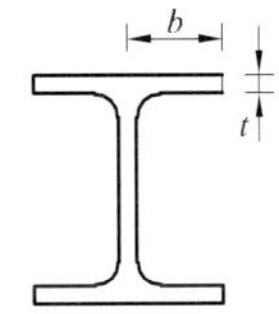
	2.	2축 또는 1축 대칭인 조립H형강 및 I형강의 플랜지	b/t	$0.38\sqrt{E/F_y}$	$0.95\sqrt{k_c E/F_L}$ 1),2)	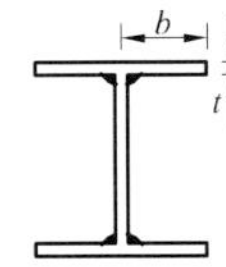
	3.	단일ㄱ형강의 다리	b/t	$0.54\sqrt{E/F_y}$	$0.91\sqrt{E/F_y}$	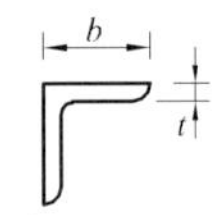
	4.	T형강의 플랜지	b/t	$0.38\sqrt{E/F_y}$	$1.0\sqrt{E/F_y}$	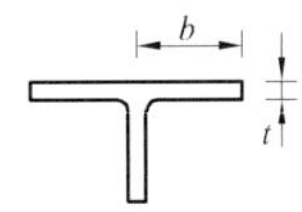
구속 판요소	5.	2축 대칭H형강, I형강 및 ㄷ형강의 웨브	h/t	$3.76\sqrt{E/F_y}$	$5.70\sqrt{E/F_y}$	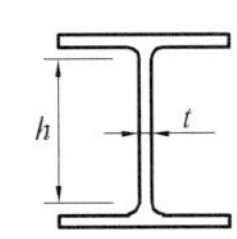
	6.	각형강관의 웨브	h/t	$2.42\sqrt{E/F_y}$	$5.70\sqrt{E/F_y}$	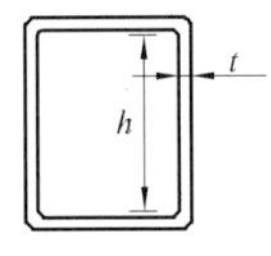
	7.	원형강관	D/t	$0.07E/F_y$	$0.31E/F_y$	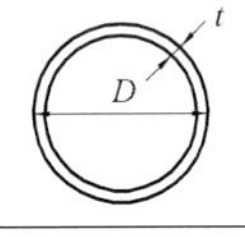

1) $k_c = \dfrac{4}{\sqrt{h/t_w}}$, 다만 $0.35 \le k_c \le 0.76$

2) $F_L = 0.7F_y$: 약축휨을 받는 경우, 웨브가 세장단면인 용접H형강이 강축휨을 받는 경우, 그리고 웨브가 조밀 또는 비조밀단면이고 $S_{xt}/S_{xc} \ge 0.7$ 인 용접H형강이 강축휨을 받는 경우

$F_L = F_y S_{xt}/S_{xc} \ge 0.5F_y$: 웨브가 조밀 또는 비조밀단면이고 $S_{xt}/S_{xc} < 0.7$ 인 용접H형강이 강축휨을 받는 경우

한계상태설계법에서는 보 단면의 형태를 요소의 판폭두께비에 따라 3가지로 구분하고 있다. 즉 조밀단면(compact section), 비조밀단면(non-compact section), 그리고 세장단면(slender section)이다. 이러한 단면요소에 따라 그림 5.21과 같이 공칭휨강도가 다르게 산정된다.

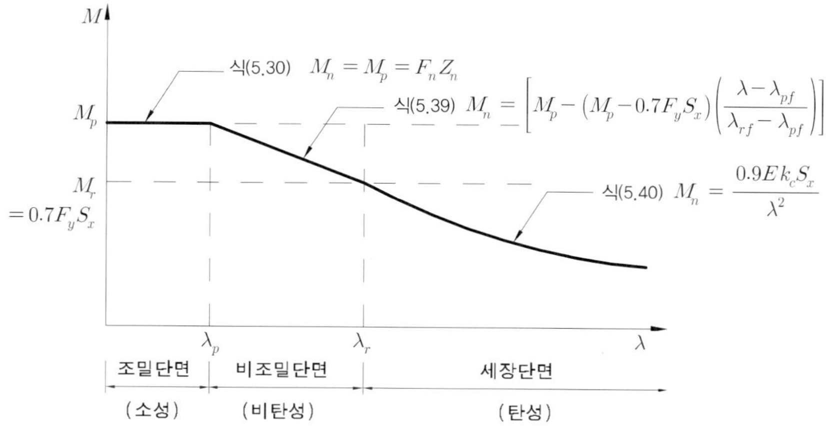

그림 5.21 플랜지의 국부좌굴강도

5.3 보의 설계강도

5.3.1 보의 휨강도

보의 공칭설계휨강도는 5.2.5 보의 한계상태에서 설명한 바와 같이 단면의 항복, 부재의 횡비틀림좌굴, 압축을 받는 플랜지 및 웨브의 국부좌굴 등에 의해서 얻어진 최소값으로 결정한다.

따라서 보 단면을 표 5.3과 같이 분류하여 각각의 한계상태에 대한 휨강도를 산정하도록 지침을 마련하였다(KBC 2009 참고).

보의 설계휨강도는 소요휨강도보다는 커야 안전한 설계가 된다.

$$M_d = \phi_b M_n \geq M_u \tag{5.29}$$

여기서, M_d : 설계휨강도

ϕ_b : 휨에 대한 저항계수(=0.9)

M_n : 공칭휨강도

M_u : 계수하중하의 소요휨강도

(1) 소성휨강도

보 단면의 판폭두께비가 모두 조밀 단면이고($\lambda \le \lambda_p$), 보의 지지길이가 소성한계세장비 이하($L_b \le L_p$)일 때, 보의 공칭휨강도는 전소성모멘트로 한다(표 5.3의 사례 1 참조).

$$M_n = M_p = F_y Z_x \tag{5.30}$$

여기서, F_y : 강재의 항복강도 ($\mathrm{N/mm^2}$)

Z_x : x축에 대한 소성단면계수 ($\mathrm{mm^3}$)

(2) 횡비틀림좌굴강도

보의 압축플랜지의 지지길이에 따라 그림 5.20과 같이 구간별 횡비틀림좌굴강도를 산정한다(표 5.3의 사례 1 참조).

1) $L_b \le L_p$의 경우에는 횡좌굴강도를 고려하지 않아도 된다.

2) $L_p < L_b \le L_r$의 경우

$$M_n = C_b\left[M_p - (M_p - 0.7F_y S_x)\left(\frac{L_b - L_p}{L_r - L_p}\right)\right] \le M_p \tag{5.31}$$

3) $L_b > L_r$의 경우

$$M_n = F_{cr} S_x \le M_p \tag{5.32}$$

여기서, $$F_{cr} = \frac{C_b \pi^2 E}{\left(\dfrac{L_b}{r_{ts}}\right)^2}\sqrt{1 + 0.078\frac{J_C}{S_x h_o}\left(\frac{L_b}{r_{ts}}\right)^2} \tag{5.33}$$

L_b : 보의 지지길이(mm)

E : 강재의 탄성계수($\mathrm{N/mm^2}$)

J : 단면비틀림상수($\mathrm{mm^4}$)

S_x : x축에 대한 탄성단면계수($\mathrm{mm^3}$)

식(5.33)에서 $\sqrt{1 + 0.078\frac{J_C}{S_x h_o}\left(\frac{L_b}{r_{ts}}\right)^2} = 1.0$으로 놓으면(실용상 안전측임) 식(5.33)의 F_{cr}은 다음과 같이 된다.

$$F_{cr} = \frac{C_b \pi^2 E}{\left(\dfrac{L_b}{r_{ts}}\right)^2} \tag{5.34}$$

또한 식(5.26)의 L_r은 다음과 같이 된다.

$$L_r = \pi r_{ts}\sqrt{\frac{E}{0.7F_y}} \tag{5.35}$$

H형강의 $C_w = \dfrac{I_y h_o^2}{4}$ 이므로 식(5.27)의 $(r_{ts})^2$는 다음과 같다.

$$(r_{ts})^2 = \frac{I_y h_o}{2S_x} \tag{5.36}$$

여기서 r_{ts}는 압축플랜지와 웨브의 1/6으로 된 T형 단면의 웨브축에 대한 단면2차반경으로 다음과 같이 계산할 수 있다.

$$r_{ts} = \frac{b_f}{\sqrt{12\left(1+\dfrac{ht_w}{6b_f t_f}\right)}} \tag{5.37}$$

5

(3) 압축플랜지국부좌굴강도

보의 압축 플랜지가 표 5.2에서 규정한 비조밀단면이나 세장단면일 경우 비탄성 국부좌굴을 발생시킨다. 특히 용접형강을 사용할 경우 판폭두께비 선정에 유의해야 한다. 그림 5.21과 같이 구간별 플랜지국부좌굴강도를 산정한다(표 5.3의 사례 2 참조).

1) $\lambda \le \lambda_p$의 경우에는 플랜지국부좌굴강도를 고려하지 않아도 된다.

2) $\lambda_p < \lambda \le \lambda_r$의 경우(비조밀단면에 대해)

판폭두께비가 비조밀단면의 한계판폭두께비 λ_r과 정확하게 일치할 때, 보 연단이 항복모멘트에 도달하며 잔류응력의 영향을 고려하여 다음과 같이 산정한다.

$$M_n = M_r = (F_y - F_r)S_x = 0.7F_y S_x \tag{5.38}$$

플랜지 판폭두께비가 조밀단면의 한계판폭두께비 λ_p와 비조밀단면 한계판폭두께비 λ_r 사이에 존재하면, 공칭휨강도는 M_p와 M_r 사이의 선형보간을 통하여 산정한다.

$$M_n = \left[M_p - (M_p - 0.7F_y S_x)\left(\frac{\lambda - \lambda_{pf}}{\lambda_{rf} - \lambda_{pf}}\right)\right] \tag{5.39}$$

표 5.3 보단면의 분류

사례	보단면에 대한 설명	플랜지	웨브	한계상태	예
1	강축휨을 받는 2축대칭 H형강, I형강 및 ㄷ형강	조밀	조밀	항복 횡비틀림좌굴	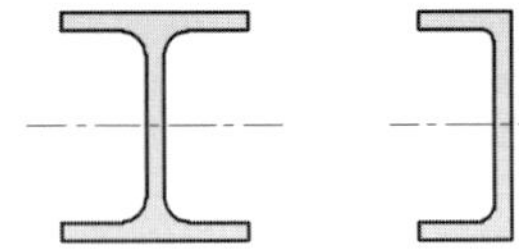
2	강축휨을 받는 2축대칭 H형강 및 I형강	비조밀 세장단면	조밀	횡비틀림좌굴 플랜지국부좌굴	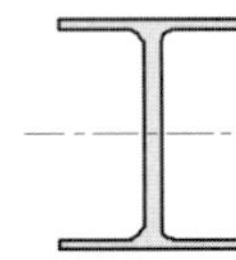
3	강축휨을 받는 2축 및 1축대칭 H형강, I형강	조밀 비조밀 세장단면	조밀 비조밀	항복 횡비틀림좌굴 플랜지국부좌굴 인장플랜지항복	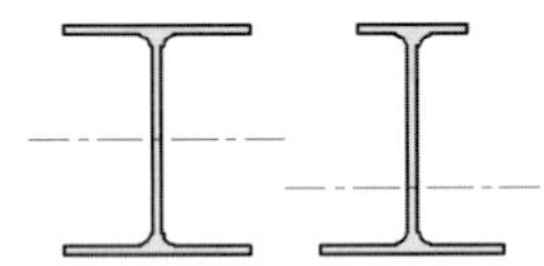
4	강축휨을 받는 2축 및 1축대칭 H형강, I형강	조밀 비조밀 세장단면	세장단면	항복 횡비틀림좌굴 플랜지국부좌굴 인장플랜지항복	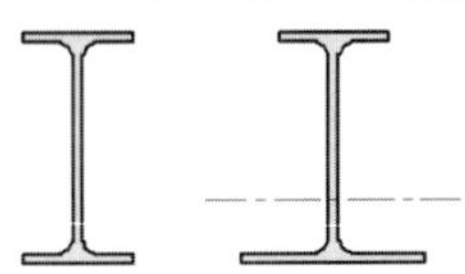
5	약축휨을 받는 H형강, I형강, ㄷ형강	조밀 비조밀 세장단면	–	항복 플랜지국부좌굴	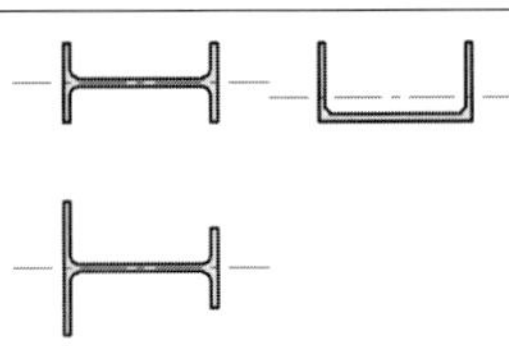
6	각형강관	조밀 비조밀 세장단면	조밀 비조밀	항복 플랜지국부좌굴 웨브국부좌굴	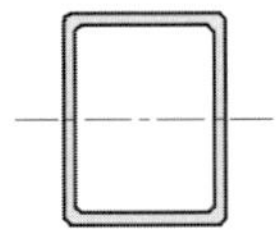
7	원형강관	–	–	항복 국부좌굴	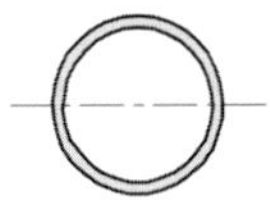
8	T형강, 쌍ㄱ형강	조밀 비조밀 세장단면	–	항복 횡비틀림좌굴 플랜지국부좌굴	
9	단일ㄱ형강	–	–	항복 횡비틀림좌굴 다리국부좌굴	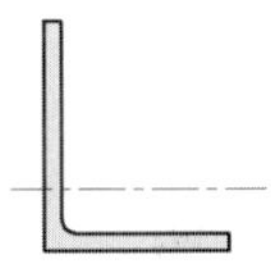
10	원형, 4각형	–	–	항복 횡비틀림좌굴	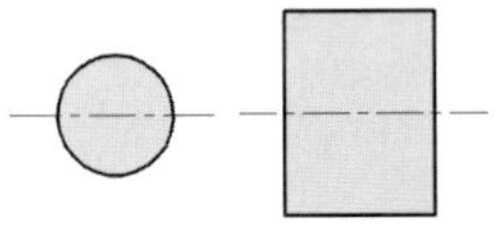

3) $\lambda > \lambda_r$ 의 경우(세장단면에 대해)

$$M_n = \frac{0.9E\,k_c S_x}{\lambda^2} \tag{5.40}$$

여기서 $\lambda = \dfrac{b_f/2}{t_f}$

λ_{pf}, λ_{rf} : 표 5.2에서 조밀 및 비조밀 플랜지단면에 대한 한계판폭두께비(λ_p, λ_r)

$k_c = \dfrac{4}{\sqrt{h/t_w}}$, $0.35 \le k_c \le 0.76$ (표 5.2 참조)

5

예제 5-06

H-596×199×10×15 (SS400)의 형강보가 단순지지되어 있을 때, 이 보의 설계휨강도를 구하시오. 다만 보는 슬래브에 의해 압축플랜지가 전길이에 대하여 횡방향으로 지지되어 있다. (표 5.3 사례 1의 경우)

풀이

SS400의 항복강도 $F_y = 235\,\text{N/mm}^2$

H형강의 단면성능 : $r = 22\,\text{mm}$, $r_y = 40.5\,\text{mm}$, $Z_x = 2.65 \times 10^6\ \text{mm}^3$

(1) 판폭두께비 검토

플랜지 : $\dfrac{b}{t_f} = \dfrac{199/2}{15} = 6.63 < \lambda_p = 0.38\sqrt{E/F_y} = 0.38\sqrt{\dfrac{205{,}000}{235}} = 11.22$ 조밀 단면

웨브 : $\dfrac{h}{t_w} = \dfrac{596 - 2\times(15+22)}{10} = 52.2 < \lambda_p = 3.76\sqrt{\dfrac{E}{F_y}} = 3.76\sqrt{\dfrac{205{,}000}{235}} = 111.05$

조밀 단면

플랜지 및 웨브 모두 조밀 단면이며, 전 길이에 대하여 횡방향지지가 되어 있어 국부좌굴이나 횡비틀림좌굴을 고려하지 않아도 된다. 따라서 공칭강도 $M_n = M_p$가 된다.

(2) 설계휨강도 산정

$M_n = M_p = F_y Z_x = 235 \times 2.65 \times 10^6 = 622.75 \times 10^6\text{N}\cdot\text{mm} = 623\text{kN}\cdot\text{m}$

식(5.29)에서

$M_d = \phi_b M_n = 0.9 \times 623 = 561\text{kN}\cdot\text{m}$

예제 5-07

그림과 같이 H-700×400×8×15 (SS400)인 용접 H형강보가 단순지지되어 있을 때, 설계휨강도를 산정하시오. 다만 보의 양단과 중앙점에서 횡방향으로 지지되어 있다. (표 5.3의 사례 2의 경우)

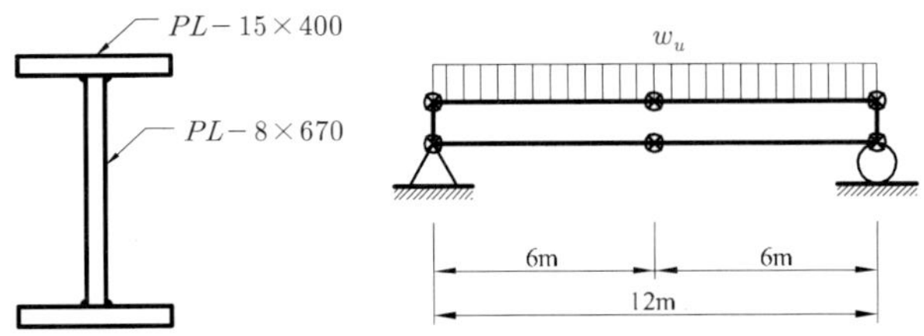

풀이

SS400의 항복강도 $F_y = 235\,\text{N/mm}^2$

(1) 단면성능 :

$S_x = 4.595\times10^6\ \text{mm}^3,\quad Z_x = 5.01\times10^6\,\text{mm}^3$ (예제 5-04 참조)

$$I_y = \frac{15\times400^3}{12}\times2+\frac{670\times8^3}{12} = 1.6\times10^8\,\text{mm}^4$$

$$r_y = \sqrt{\frac{I_y}{A}} = \sqrt{\frac{1.6\times10^8}{1.736\times10^4}} = 96.0\,\text{mm}$$

식(5.37)에서 $r_{ts} = \dfrac{b_f}{\sqrt{12\left(1+\dfrac{ht_w}{6b_ft_f}\right)}} = \dfrac{400}{\sqrt{12\left(1+\dfrac{670\times8}{6\times400\times15}\right)}} = 108\,\text{mm}$

또는 식(5.36)에서도 r_{ts}를 구할 수 있다.

(2) 판폭두께비 검토

플랜지 : $\dfrac{b}{t_f} = \dfrac{200}{15} = 13.33 > \lambda_p = 0.38\sqrt{E/F_y} = 0.38\sqrt{\dfrac{205{,}000}{235}} = 11.22$

$< \lambda_r = 0.95\sqrt{k_cE/F_L} = 0.95\sqrt{\dfrac{0.437\times205{,}000}{164.5}} = 22.17$

위에서 $k_c = \dfrac{4}{\sqrt{h/t_w}} = \dfrac{4}{\sqrt{83.75}} = 0.437,\ \ 0.35 \le k_c \le 0.76$

$F_L = 0.7F_y = 164.5,$

$\lambda_p < \lambda < \lambda_r$ 이므로 비조밀 단면임.

웨브 : $\dfrac{h}{t_w} = \dfrac{670}{8} = 83.75 < \lambda_p = 3.76\sqrt{\dfrac{E}{F_y}} = 3.76\sqrt{\dfrac{205{,}000}{235}} = 111$

$\lambda_p > \lambda$ 이므로 조밀 단면

(3) M_p 및 M_r 산정

$$M_p = F_y Z_x = 235 \times 5.01 \times 10^6 = 1,177 \times 10^6 \text{N} \cdot \text{mm} = 1,177 \text{kN} \cdot \text{m}$$

$$M_r = 0.7 F_y S_x = 0.7 \times 235 \times 4.595 \times 10^6 = 755.9 \times 10^6 \text{N} \cdot \text{mm} = 755.9 \text{kN} \cdot \text{m}$$

(4) 플랜지국부좌굴강도

플랜지가 비조밀 단면이므로 식(5.39)에서

$$M_n = \left[M_p - (M_p - 0.7 F_y S_x) \left(\frac{\lambda - \lambda_{pf}}{\lambda_{rf} - \lambda_{pf}} \right) \right]$$

$$= \left[1,177 - (1,177 - 755.9) \times \left(\frac{13.33 - 11.22}{22.17 - 11.22} \right) \right] = 1,096 \text{kN} \cdot \text{m}$$

(5) 횡비틀림좌굴강도

$L_b = 6.0 \text{ m}$

$$L_p = 1.76\, r_y \sqrt{\frac{E}{F_{yf}}} = 1.76 \times 96.0 \times \sqrt{\frac{205,000}{235}} = 4,990 \text{ mm} = 5.0 \text{ m}$$

$L_b > L_p$이므로 식(5.35)에서 L_r을 산정한다.

$$L_r = \pi r_{ts} \sqrt{\frac{E}{0.7 F_y}} = \pi \times 108 \sqrt{\frac{205,000}{0.7 \times 235}} = 11,971 \text{mm} = 12 \text{m}$$

또는 식(5.26)에서도 L_r을 구할 수 있다.

$L_p < L_b \leq L_r$이므로 식(5.31)에서

$$M_n = C_b \left[M_p - (M_p - 0.7 F_y S_x) \left(\frac{L_b - L_p}{L_r - L_p} \right) \right]$$

$$= 1.3 \left[1,177 - (1,177 - 755.9) \left(\frac{6.0 - 5.0}{12.0 - 5.0} \right) \right] = 1,452 \text{kN} \cdot \text{m}$$

식(5.28)에서 $C_b = \dfrac{12.5 M_{max}}{2.5 M_{max} + 3M_A + 4M_B + 3M_C} R_m \leq 3.0$

$$R_m = 1.0,\ M_A = \frac{7wl^2}{128},\ M_B = \frac{12wl^2}{128},\ M_C = \frac{15wl^2}{128},\ M_{max} = \frac{16wl^2}{128}$$

$$C_b = \frac{12.5 \times 16}{2.5 \times 16 + 3 \times 7 + 4 \times 12 + 3 \times 15} \times 1.0 = 1.3$$

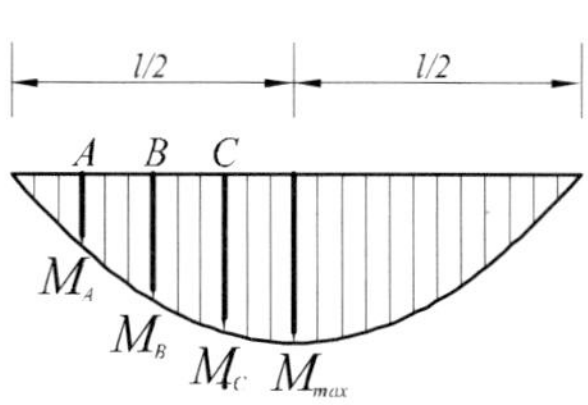

(6) 설계휨강도

공칭휨강도 M_n은 가장 작은 값이므로 $M_n = 1,096 \text{kN} \cdot \text{m}$

$$\phi_b M_n = 0.9 \times 1,096 = 986 \text{kN} \cdot \text{m}$$

5.3.2 보의 전단강도

보 스팬이 긴 경우 처짐에 의해, 보 스팬이 중간 정도인 경우 휨강도에 의해 좌우되는데 반해 짧은 스팬의 보는 전단의 영향을 크게 받는다.

보의 전단강도는 전단력에 의해 웨브가 항복하거나 좌굴하는 한계상태로 구분된다. 웨브의 판폭두께비가 작은 경우에는 전단항복에 의한 한계상태가 되지만 큰 경우에는 웨브는 전단에 의해 비탄성 또는 탄성좌굴을 일으킨다. 따라서 한계상태설계법에서는 그림 5.22와 같이 웨브판폭두께비 h/t_w에 따라 3개의 한계상태영역으로 나누어 웨브의 전단항복, 웨브의 비탄성좌굴, 웨브의 탄성좌굴로 구분하여 공칭전단강도를 규정하고 있다.

공칭전단강도를 계산하여 계수전단력과 비교한 후, 단면이 부족하다고 판단되면 단면을 증가시켜야 한다. 중요한 구조물의 경우라면 수직 보강재(stiffener)를 설치하여 단면의 안전성을 확보하여야 한다.

h/t_w가 큰 조립형강보를 제외하고 일반 압연형강보의 전단강도 설계시 웨브의 좌굴후강도(post buckling strength)는 이용하지 않는다. 이는 인장역작용(tension field action)으로 인해서 좌굴 후에 강도가 증대되지 않는 것으로 생각한다. 보의 전단강도 설계식은 식(5.41)과 같다.

$$\phi_v V_n \geq V_u \tag{5.41}$$

여기서, V_u : 소요전단강도(N)

V_n : 공칭전단강도(N)

ϕ_v : 전단에 대한 저항계수

$h/t_w \leq 2.24\sqrt{\dfrac{E}{F_y}}$ 일 때, $\phi_v = 1.0$

$h/t_w > 2.24\sqrt{\dfrac{E}{F_y}}$ 일 때, $\phi_v = 0.9$

보의 전단응력은 5.2.2에서 설명한 바와 같이 웨브의 전단응력분포가 균일하고, 전단강도 $F_v = \dfrac{F_y}{\sqrt{3}} = 0.58F_y$이므로 이를 정리하여 기준에서의 공칭전단강도는 다음 식(5.42)와 같이 정하였다.

$$V_n = 0.6\,F_y A_w C_v \tag{5.42}$$

여기서, $A_w = Ht_w$: 웨브의 단면적(mm^2)

C_v : 웨브의 전단계수(web shear coefficient) 또는 전단좌굴감소계수 (shear buckling reduction factor)

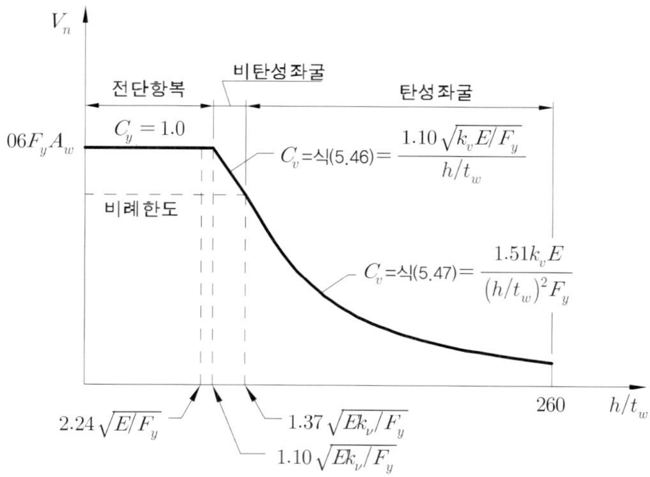

그림 5.22 판폭두께비와 공칭전단강도 관계

(1) 압연 H형강의 경우

$$h/t_w \le 2.24\sqrt{\frac{E}{F_y}} \text{ 일 때 } \quad C_v = 1.0 \tag{5.43}$$

$$V_n = 0.6F_yA_w \tag{5.44}$$

(2) 압연 ㄷ형강, 기타 2축 및 1축 대칭단면의 경우

1) $h/t_w \le 1.10\sqrt{\frac{k_vE}{F_y}}$ 일 때, $C_v = 1.0$ (5.45)

2) $1.10\sqrt{\frac{k_vE}{F_y}} < h/t_w \le 1.37\sqrt{\frac{k_vE}{F_y}}$ 일 때, $C_v = \frac{1.10\sqrt{k_vE/F_y}}{h/t_w}$ (5.46)

3) $h/t_w > 1.37\sqrt{\frac{k_vE}{F_y}}$ 일 때, $C_v = \frac{1.51k_vE}{(h/t_w)^2F_y}$ (5.47)

여기서 k_v는 웨브 플레이트의 판좌굴계수(plate buckling coefficient)로 다음과 같다.

1) **비구속웨브** ($h/t_w < 260$)

$k_v = 1.2$ (T형강의 스템)

$k_v = 5.0$ (기타)

2) 구속웨브

$$k_v = 5 + \frac{5}{(a/h)^2} \tag{5.48}$$

$k_v = 5.0$: $a/h > 3.0$ 또는 $a/h > \left[\frac{260}{(h/t_w)}\right]^2$ 일 때

여기서 a : 수직보강재의 간격

예제 5-08

압연 H형강보 H-500×200×10×16(SS400)의 설계전단강도를 구하시오.

풀이

(1) 웨브의 판폭두께비 검토

$h = H - 2(t_f + r) = 500 - 2(16 + 20) = 428\,\mathrm{mm}$

$\frac{h}{t_w} = \frac{428}{10} = 42.8 < 2.24\sqrt{\frac{E}{F_y}} = 66.1$

$\therefore\ C_v = 1.0$

$\phi_v = 1.0$

(2) 공칭전단강도

$A_w = Ht_w = 500 \times 10 = 5{,}000\,\mathrm{mm}^2$

$V_n = 0.6F_yA_w = 0.6 \times 235 \times 5{,}000 = 705 \times 10^3\,\mathrm{N}$

$= 705\,\mathrm{kN}$

(3) 설계전단강도

$\phi_v V_n = 1.0 \times 705 = 705\,\mathrm{kN}$

5.3.3 국부항복 및 좌굴강도

그림 5.23과 같이 형강보의 지점이나 하중점에 집중하중을 받으면 웨브가 국부적으로 좌굴하며 웨브의 필릿 선단부(先端部, toe of fillet)가 압괴하게 된다.

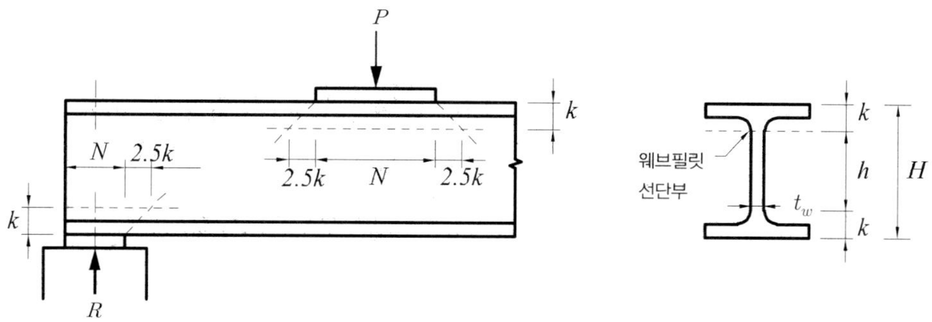

그림 5.23 집중하중을 받는 보의 웨브

이러한 집중하중에 의한 파괴현상은 다음과 같이 분류하여 검토하고, 이에 대한 충분한 설계강도를 확보해야 한다(그림 5.24 참조).

1. 웨브 국부항복(local web yielding)
2. 웨브 국부좌굴(web crippling)
3. 웨브 횡좌굴(sidesway web buckling)

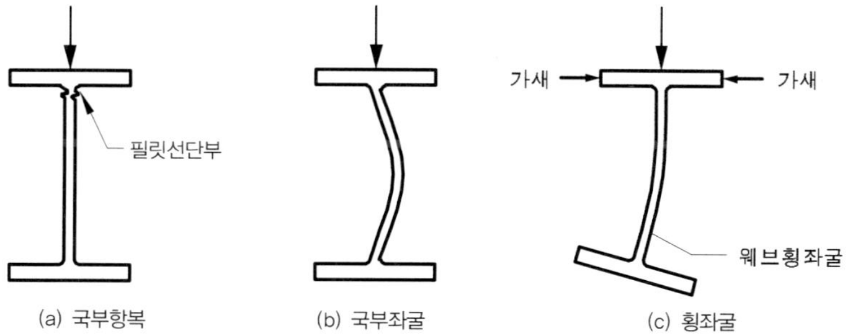

그림 5.24 웨브의 파괴현상

웨브의 설계강도식은 다음 식(5.49)와 같다.

$$\phi_l R_n \geq R_u \tag{5.49}$$

여기서, R_u : 계수하중

R_n : 공칭강도

ϕ_l : 저항계수

(1) 웨브의 국부항복강도

보에 작용하는 집중하중에 의해 웨브가 국부적으로 항복을 일으키는 한계상태이다. 집중하중은 그림 5.23에 보이는 바와 같이 웨브에 분산 전달되는데 1 : 2.5의 기울기로 분산되는 것으로 가정한다. 이러한 집중하중에 의해 취약한 단면은 웨브 필릿 선단부이다. 플랜지의 표면으로부터 k만큼 떨어진 웨브 필릿 선단부에서 공칭 국부항복강도 R_n은 다음과 같이 산정한다.

1) **하중점에 대해** : 집중하중이 재단에서 보 춤(H)보다 더 떨어진 위치에서 작용할 때

$$R_n = (5k + N)\,F_{yw}t_w \tag{5.50}$$

2) **지점에 대해** : 집중하중(재단반력)이 재단에서 보 춤(H) 이하의 위치에서 작용할 때

$$R_n = (2.5k + N)\,F_{yw}t_w \tag{5.51}$$

여기서, R_n : 웨브의 공칭 국부항복강도(N)
k : 플랜지 표면에서 웨브 필릿 선단까지의 거리(mm)
N : 지압길이(하중분포길이, mm), 지점반력의 경우 k 이상일 것
t_w : 웨브의 두께(mm)
F_{yw} : 웨브의 항복강도(N/mm^2)

웨브 국부항복에 대한 저항계수 $\phi_l = 1.0$이다.

(2) 웨브의 국부좌굴강도

웨브의 국부좌굴은 보에 작용하는 집중하중에 의해서 웨브가 면외로 좌굴하는 현상으로 웨브의 국부항복과는 구별되는 현상이다. 공칭국부좌굴강도 R_n은 다음과 같이 산정한다.

1) **하중점에 대해** : 집중하중이 재단에서 $H/2$ 이상 떨어진 위치에서 작용할 때

$$R_n = 0.8{t_w}^2\left[1 + 3\frac{N}{H}\left(\frac{t_w}{t_f}\right)^{1.5}\right]\sqrt{\frac{E\ F_{yw}t_f}{t_w}} \tag{5.52}$$

2) **지점에 대해** : 집중하중이 재단에서 $H/2$ 미만 떨어진 위치에서 작용할 때

$$\frac{N}{H} \le 0.2 \text{ 인 경우} : R_n = 0.4{t_w}^2\left[1 + 3\frac{N}{H}\left(\frac{t_w}{t_f}\right)^{1.5}\right]\sqrt{\frac{E\ F_{yw}t_f}{t_w}} \tag{5.53}$$

$$\frac{N}{H} > 0.2 \text{ 인 경우} : R_n = 0.4{t_w}^2\left[1 + \left(\frac{4N}{H} - 0.2\right)\left(\frac{t_w}{t_f}\right)^{1.5}\right]\sqrt{\frac{E\ F_{yw}t_f}{t_w}} \tag{5.54}$$

여기서, H : 부재(보)의 춤(mm)

t_f : 플랜지의 두께(mm)

웨브 국부좌굴에 대한 저항계수 $\phi_l = 0.75$ 이다.

(3) 웨브의 횡좌굴강도

그림 5.24(c)와 같이 압축 플랜지가 횡방향 가새로 구속된 형강보에 집중하중이 작용하면 웨브가 인장플랜지와 더불어 횡좌굴을 일으키게 된다. 공칭 횡좌굴강도 R_n 은 다음과 같이 산정한다.

1) 압축 플랜지가 구속되어 있는 경우

$$\frac{h/t_w}{l/b_f} \le 2.3 \text{일 때} : R_n = \frac{C_r t_w^3 t_f}{h^2}\left[1 + 0.4\left(\frac{h/t_w}{l/b_f}\right)^3\right] \tag{5.55}$$

$\dfrac{h/t_w}{l/b_f} > 2.3$ 이면 웨브의 횡좌굴 한계상태는 적용되지 않는다.

2) 압축 플랜지가 구속되어 있지 않는 경우

$$\frac{h/t_w}{l/b_f} \le 1.7 \text{일 때} : R_n = \frac{C_r t_w^3 t_f}{h^2}\left[0.4\left(\frac{h/t_w}{l/b_f}\right)^3\right] \tag{5.56}$$

$\dfrac{h/t_w}{l/b_f} > 1.7$ 이면 웨브의 횡좌굴 한계상태는 적용되지 않는다.

웨브의 횡좌굴 한계상태에 대한 저항계수 $\phi_l = 0.85$ 이다.

여기서, b_f : 플랜지의 폭(mm)

C_r : 하중점에서 $M_u < M_y$ 일 때, $6.62 \times 10^6 \text{N/mm}^2$

$M_u \ge M_y$ 일 때, $3.31 \times 10^6 \text{N/mm}^2$

l : 웨브 횡좌굴에 대한 상 · 하 플랜지의 지지길이(그림 5.25 참조)

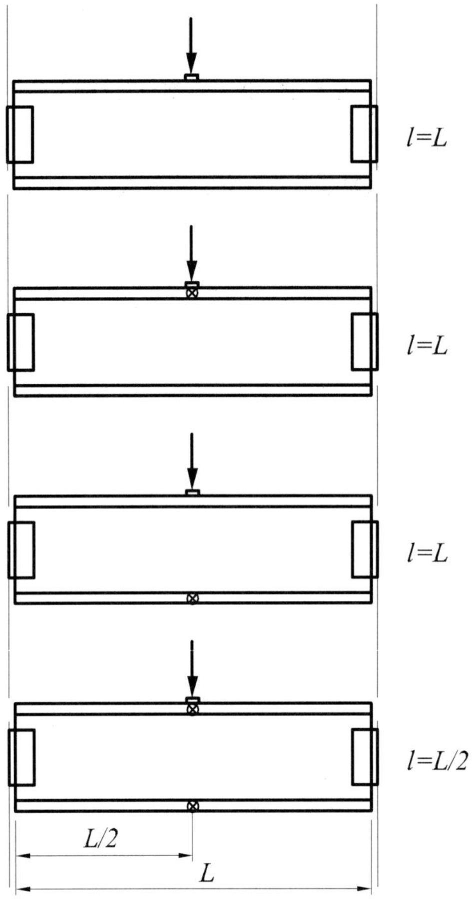

⊗ = 가새 위치

그림 5.25 플랜지의 지지길이

예제 5-09

그림과 같이 집중하중을 받는 형강보 H-496×199×9×14(SS400)에 대해, 지점에서의 국부항복과 국부좌굴에 대처할 최소 지압길이 N을 산정하시오. 다만 보의 양단 및 3등분점에서 플랜지는 횡방향으로 구속되어 있다. 자중은 무시한다.

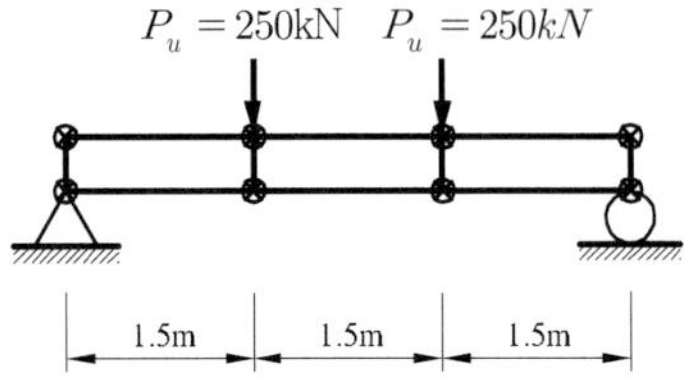

풀이

(1) 웨브의 국부항복에 대하여 :

$\phi_l = 1.0$ 이므로 $R_n = R_u = 250\,\text{kN}$

식(5.51) $R_n = (2.5k + N)\,F_{yw}t_w$ 에서

$$k = 14 + 20 = 34 \quad \text{mm}$$

$$250 \times 10^3 = (2.5 \times 34 + N)(235 \times 9)$$

$$N = 33.2\,\text{mm}$$

(2) 웨브의 국부좌굴에 대하여 :

$\phi_l = 0.75$ 이므로 $R_n = \dfrac{R_u}{\phi_l} = \dfrac{250}{0.75} = 333.3\,\text{kN}$

$\dfrac{N}{H} = \dfrac{33.2}{496} = 0.067 < 0.2$ 이므로

식(5.53) $R_n = 0.4{t_w}^2\left[1 + 3\dfrac{N}{H}\left(\dfrac{t_w}{t_f}\right)^{1.5}\right]\sqrt{\dfrac{E\,F_{yw}t_f}{t_w}}$

$$333.3 \times 10^3 = 0.4(9)^2\left[1 + 3\frac{N}{496}\left(\frac{9}{14}\right)^{1.5}\right]\sqrt{\frac{205{,}000 \times 235 \times 14}{9}}$$

$N = 61\,\text{mm}$

따라서, 최소지압길이 $N = 100\,\text{mm}$ 로 한다.

5.3.4 조립보

5.1에서 이미 설명한 바와 같이 보의 스팬, 휨모멘트 및 전단력 등이 매우 커서 형강보를 사용할 수 없는 경우에는 커버플레이트보(cover-plate beam), 조립 H형강, 플레이트거더(plate girder)와 같은 조립보(built-up beam)가 많이 이용된다.

(1) 커버플레이트보

커버플레이트보는 그림 5.26과 같이 압연형강의 플랜지에 커버플레이트를 더하여 보다 큰 강도를 갖는 보로 활용할 수 있는 적절한 방법이라 하겠다.

이제 A_p : 커버플레이트의 단면적(mm^2)

t_p : 커버플레이트의 두께(mm)

Z_s : 형강의 소성단면계수(mm^3)

Z : 합성보의 소성단면계수(mm^3)라 하면,

소요휨강도

$$M_u = \phi_b F_y Z$$

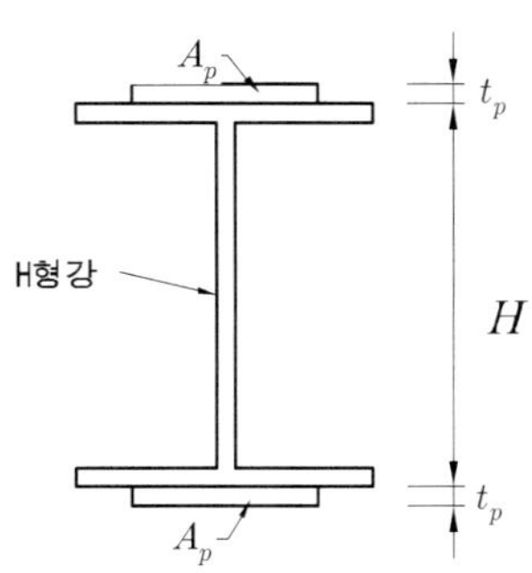

그림 5.26 커버플레이트 보

소요 소성단면계수

$$Z_{req} = Z_s + Z_{pl} = Z_s + 2A_p\left(\frac{H+t_p}{2}\right)$$

$$A_p = \frac{Z - Z_s}{H+t_p} \quad (5.57)$$

예제 5-10

다음 그림과 같이 등분포하중을 받는 단순보(SS400)의 단면을 설계하시오. 보의 춤은 650 mm 이하로 하고 압축플랜지는 전길이에 대해 횡방향으로 지지되었다고 가정한다.

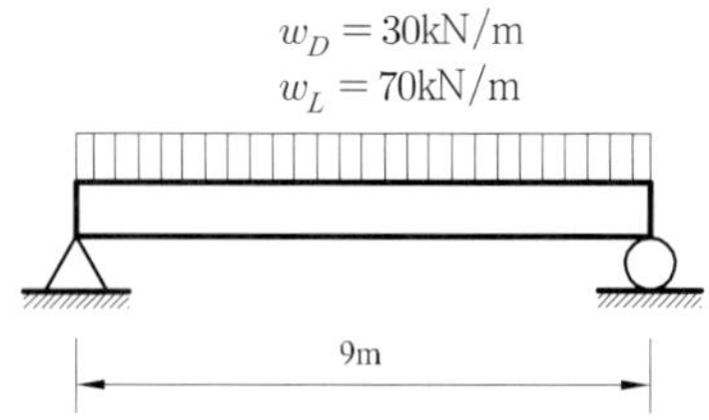

풀이

보 자중을 2kN/m로 가정하면

$$w_u = 1.2(30+2) + 1.6(70) = 150.4\text{kN/m}$$

$$M_u = \frac{(150.4)(9)^2}{8} = 1{,}522.8\text{kN}\cdot\text{m}$$

$$Z_{req} = \frac{M_u}{\phi_b F_y} = \frac{1{,}522.8\times10^6}{0.9\times235} = 7.2\times10^6\ \text{mm}^3$$

Z_{req}를 만족시키면서 H가 650 mm 이하에 해당하는 H형강 단면은 없으므로 커버플레이트 보로 설계한다.

H−594×302×14×23을 선택하면 $Z_x = 5.2\times10^6\ \text{mm}^3$

판폭두께비 검토

플랜지 $\frac{b}{t_f} = \frac{151}{23} = 6.6 < \lambda_p = 0.38\sqrt{\frac{E}{F_y}} = 11.2$ 조밀단면

웨브 $\frac{h}{t_w} = \frac{594-2(23+28)}{14} = 35.1 < \lambda_p = 3.76\sqrt{\frac{E}{F_y}} = 111$ 조밀단면

$t_p = 19$ mm로 하면

식(5.57) $A_p = \frac{Z_{req} - Z_s}{H+t_p} = \frac{(7.2\times10^6)-(5.2\times10^6)}{594+19} = 3{,}262\ \text{mm}^2 < 19\times200 = 3{,}800\ \text{mm}^2$

그러므로 H−594×302×14×23 에 커버플레이트 PL−19×200을 상하 플랜지에 사용한다.

(2) 조립 H형강

그림 5.27과 같이 조립 H형강과 플레이트 거더는 외견상으로 구별하기 어렵지만 웨브의 판폭두께비 h/t_w에 따라 구분된다.

즉, $h/t_w > 5.70\sqrt{\dfrac{E}{F_y}}$ 이면 플레이트 거더,

$h/t_w \le 5.70\sqrt{\dfrac{E}{F_y}}$ 이면 조립 H형강보로 취급한다.

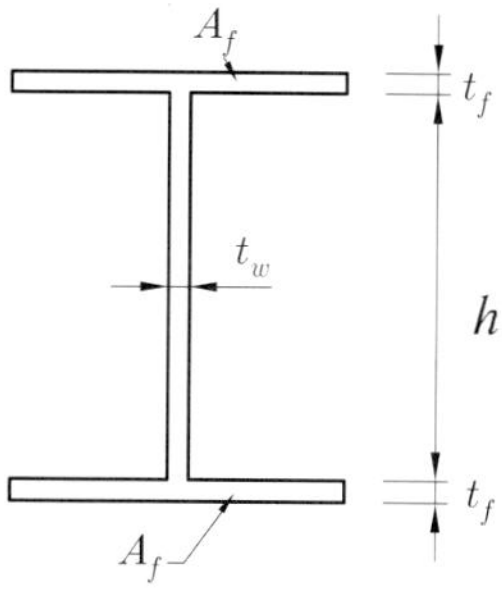

그림 5.27 조립 H형강보

또한 조립 H형강보에는 웨브 보강재(stiffener)를 사용하지 않는 경우이다. 따라서 조립 H형강보의 경우 웨브의 두께는 좌굴에 대비하여 충분한 단면을 선택하게 된다.

5.3.1에서 언급한 바와 같이 보 단면의 판폭두께비가 모두 조밀단면이면 즉 $\dfrac{b_f/2}{t_f} \le 0.38\sqrt{\dfrac{E}{F_y}}$, $h/t_w \le 3.76\sqrt{\dfrac{E}{F_y}}$ 이면, 보는 소성해석이 허용된다.

웨브가 먼저 조밀단면으로 선택되면 플랜지 단면이 결정된다.

소요휨강도

$$M_u = \phi_b F_y Z$$

소요 소성단면계수

$$Z_{req} = Z_w + Z_f = t_w\left(\frac{h}{2}\right)\left(\frac{h}{4}\right)(2) + A_f\left(\frac{h}{2} + \frac{t_f}{2}\right)(2) = \frac{t_w h^2}{4} + A_f(h + t_f)$$

$$\frac{M_u}{\phi_b F_y} = \frac{t_w h^2}{4} + A_f(h + t_f)$$

$$A_f = \frac{M_u}{\phi_b F_y (h + t_f)} - \frac{t_w h^2}{4(h + t_f)} \tag{5.58}$$

예제 5-11

예제 5-10과 같은 조건에서 조립 H형강보로 설계하시오. 다만 강재는 SM490TMC를 사용한다.

풀이

(1) M_u, V_u 및 Z_{req}

예제 5-10에서 $w_u = 150.4\,\text{kN/m}$

$$M_u = 1{,}522.8\,\text{kN}\cdot\text{m}$$

$$V_u = \frac{150.4 \times 9}{2} = 676.8\,\text{kN}$$

$$Z_{req} = \frac{M_u}{\phi_b F_y} = \frac{1{,}522.8 \times 10^6}{0.9 \times 325} = 5.2 \times 10^6\,\text{mm}^3$$

(2) 웨브단면

$h/t_w \le 3.76\sqrt{\dfrac{E}{F_y}} = 3.76\sqrt{\dfrac{205{,}000}{325}} = 94.4$에서

$t_f = 24\,\text{mm}$, $h = 650 - (24 \times 2) = 602\,\text{mm}$로 가정하면

$t_{w,\min} = \dfrac{602}{94.4} = 6.4$ PL-9로 가정한다.

$$\frac{h}{t_w} = \frac{602}{9} = 66.9$$

웨브 보강재를 사용하지 않을 경우

식(5.45) $\dfrac{h}{t_w} \le 1.10\sqrt{\dfrac{k_v E}{F_y}}$ $(C_m = 1.0)$에서 $k_v = 5.0$으로 놓으면

$h/t_w \le 2.46\sqrt{\dfrac{E}{F_y}} = 61.8 < 66.9$ 부적합

따라서 웨브 PL-12($A_w = 7{,}224\,\text{mm}^2$)로 변경하면

$\dfrac{h}{t_w} = \dfrac{602}{12} = 50.2 < 61.8$ 적합 (조밀단면, 보강재 불필요)

또한 $h/t_w \le 2.24\sqrt{\dfrac{E}{F_y}} = 56.3$이므로 $\phi_v = 1.0$

$$V_n = 0.6F_y A_w C_v = 0.6 \times 325 \times 7{,}224 \times 1.0 = 1{,}408{,}680\,\text{N} = 1{,}409\,\text{kN}$$

$V_u = \phi_v V_n = 1.0 \times 1{,}409 = 1{,}409\,\text{kN} > 676.8\,\text{kN}$ 적합

(3) 플랜지 단면

식(5.58) $A_f = \dfrac{M_u}{\phi_b F_y (h + t_f)} - \dfrac{t_w h^2}{4(h + t_f)}$

$$= \frac{1{,}522.8 \times 10^6}{0.9 \times 325(602+24)} - \frac{12 \times 602^2}{4(602+24)} = 6{,}580\ \mathrm{mm}^2$$

$$b_f = \frac{A_f}{t_f} = \frac{6{,}580}{24} = 274\ \mathrm{mm}$$

$b_f = 300\ \mathrm{mm}$ 로 하면

$$\frac{b_f/2}{t_f} = \frac{150}{24} = 6.25 \le 0.38\sqrt{\frac{E}{F_y}} = 9.54 \qquad \text{적합 (조밀단면)}$$

(4) 단면검토

$$A_f = 24 \times 300 = 7{,}200\ \mathrm{mm}^2$$

$$Z = \frac{t_w h^2}{4} + A_f(h+t_f) = \frac{12 \times 602^2}{4} + 7{,}200(602+24)$$

$$= 5.59 \times 10^6 \mathrm{mm}^3 > 5.2 \times 10^6\ \mathrm{mm}^3 \qquad \text{적합}$$

따라서 조립 H형강보 단면은 웨브 PL−12×602, 플랜지 PL−24×300

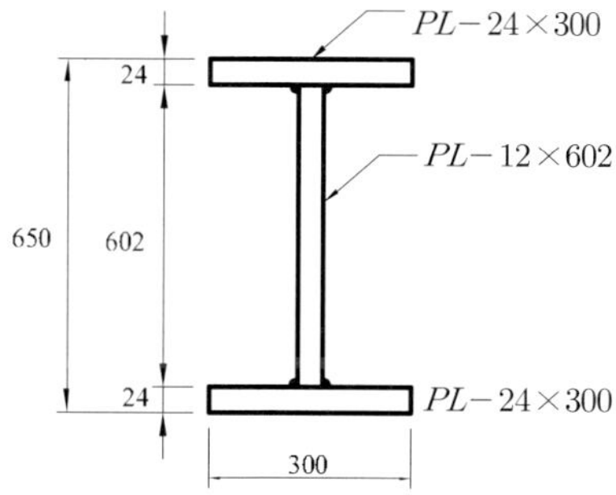

(3) 플레이트 거더

플레이트 거더는 그림 5.28과 같이 강판으로 조립한 H형강으로서 휨모멘트와 전단력이 커서 압연형강으로 내력 및 처짐을 만족시키기 힘들 때 사용한다. 플레이트 거더는 웨브보강재(stiffener)가 존재하거나 2축 또는 1축대칭 H형 단면의 보로서 웨브의 판폭두께비(h/t_w)가 $5.70\sqrt{E/F_{yf}}$ 보다 큰 경우에 적용한다. 따라서 플레이트 거더의 설계에서는 웨브의 두께가 작은 세장 플레이트 거더(slender web plate girder)를 고려하게 된다.

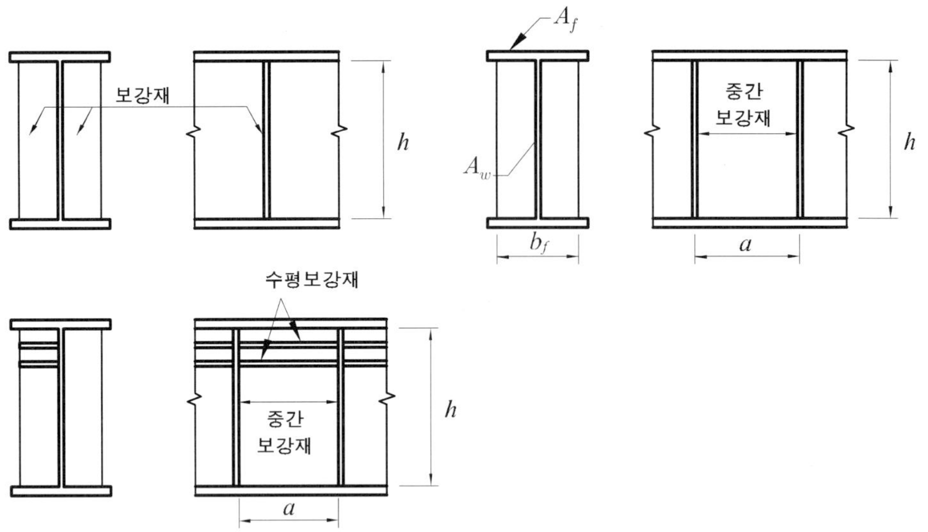

그림 5.28 플레이트 거더와 보강재

플레이트 거더는 교량에 많이 이용되고 있지만, 건물에도 장스팬 또는 큰 집중하중을 받을 경우 플레이트 거더가 사용되는데, 크레인 거더(crane girder)나 트랜스퍼 거더(transfer girder) 등이 좋은 예라 하겠다. 플레이트거더에서 플랜지는 휨에 의한 인장 및 압축력을 부담하고, 웨브는 전단력을 부담하며 전단면에 대해 전단응력은 균등하다고 가정한다. 보강재는 웨브의 좌굴을 방지하기 위하여 설치하는데 집중하중이 걸리는 곳의 웨브 양측에 설치하는 하중점 보강재(bearing stiffener), 웨브의 전단좌굴 내력을 높이기 위해 재축에 직각방향으로 보강한 중간보강재(intermediate stiffener) 및 휨모멘트에 의한 재축방향의 압축력으로 인한 웨브 플랜지의 좌굴을 방지하기 위한 수평 보강재(longitudinal stiffener) 등이 있다.

플레이트 거더의 설계강도는 5.3.1 및 5.3.2에서 기술한 바와 마찬가지로 압축플랜지 항복, 압축플랜지 국부좌굴, 웨브 국부좌굴 및 횡비틀림좌굴을 고려하여야 한다. 또한 인장플랜지 항복도 추가되는 한계상태이지만 항상 인장플랜지보다 압축플랜지에 좌우되기 때문에 이를 무시해도 무방하다.

1) 압축 플랜지 항복

$$M_n = R_{pg} F_y S_{xc} \tag{5.59}$$

$$R_{pg} = 1 - \frac{a_w}{1200 + 300a_w}\left(\frac{h}{t_w} - 5.7\sqrt{\frac{E}{F_y}}\right) \le 1.0 \tag{5.60}$$

여기서, R_{pg} : 휨강도 감소계수(bending strength reduction factor)(그림 5.29 참조)

S_{xc} : 압축 플랜지에 대한 탄성단면계수(mm^3)

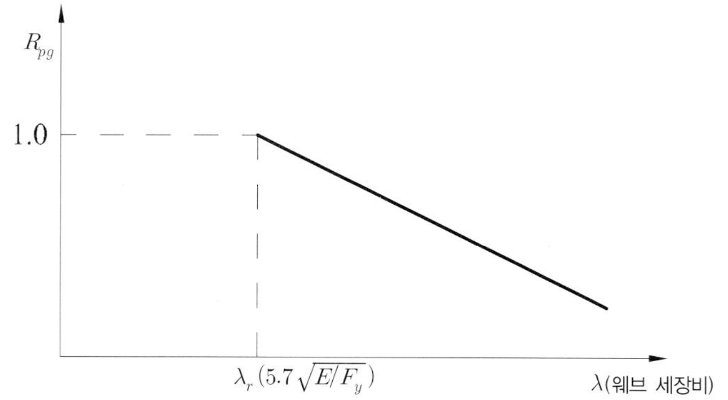

그림 5.29 휨강도 감소계수

5

$$a_w = \frac{A_w}{A_f} < 10.0$$

A_w : 웨브의 단면적(mm^2)

A_f : 플랜지의 단면적(mm^2)

2) 횡비틀림 좌굴

$$M_n = R_{pg} F_{cr} S_{xc} \tag{5.61}$$

① $L_b \le L_p$ 인 경우 횡비틀림좌굴강도를 고려하지 않아도 된다.

② $L_p < L_b \le L_r$ 인 경우

$$F_{cr} = C_b\left[F_y - (0.3F_y)\left(\frac{L_b - L_p}{L_r - L_p}\right)\right] \le F_y \tag{5.62}$$

③ $L_b > L_r$ 인 경우

$$F_{cr} = \frac{C_b \pi^2 E}{\left(\dfrac{L_b}{r_t}\right)^2} \le F_y \tag{5.63}$$

여기서, $L_p = 1.1 r_t \sqrt{\dfrac{E}{F_y}}$ (5.64)

$$L_r = \pi r_t \sqrt{\frac{E}{0.7F_y}} \tag{5.65}$$

r_t : 압축플랜지와 웨브의 1/3로 된 T형 단면의 웨브축에 대한 단면2차반경(mm)으로 다음과 같이 계산할 수 있다.

$$r_t = \frac{b_{fc}}{\sqrt{12\left(1+\frac{h_c t_w}{6b_{fc}t_{fc}}\right)}} \tag{5.66}$$

3) 압축플랜지 국부좌굴

$$M_n = R_{pg} F_{cr} S_{xc} \tag{5.61}$$

① 플랜지가 조밀단면이면 압축플랜지 국부좌굴은 적용하지 않는다.
② 플랜지가 비조밀단면인 경우

$$F_{cr} = \left[F_y - (0.3F_y)\left(\frac{\lambda - \lambda_{pf}}{\lambda_{rf} - \lambda_{pf}}\right)\right] \le F_y \tag{5.67}$$

③ 플랜지가 세장단면인 경우

$$F_{cr} = \frac{0.9E k_c}{\lambda^2} \tag{5.68}$$

여기서 $\lambda = \frac{b_{fc}/2}{t_{fc}}$

$\lambda_{pf}(=\lambda_p)$, $\lambda_{rf}(=\lambda_r)$: 조밀 및 비조밀플랜지 단면에 대한 한계판폭두께비

$k_c = \frac{4}{\sqrt{h/t_w}}$, $0.35 \le k_c \le 0.76$

4) 웨브 국부좌굴

웨브의 국부항복(web local yielding), 웨브 국부좌굴(web crippling), 웨브 횡좌굴(sidesway buckling)은 5.3.3에 준하여 산정한다.

5) 웨브의 전단력

플레이트거더는 웨브의 두께가 매우 얇기 때문에 보의 거동과 설계에서 전단력은 매우 중요한 요소가 된다. 플레이트거더의 전단강도는 웨브의 폭두께비 및 중간보강재의 간격에 좌우되는데, 웨브 좌굴전강도(prebuckling strength)와 좌굴후강도(postbuckling strength)의 합으로 생각할 수 있다. 플레이트 거더의 중간보강재는

인장역작용(tension field action)을 통하여 웨브의 좌굴후강도를 상당히 증가시키는 역할을 한다. 즉 웨브 좌굴 이후 플레이트거더는 마치 프랫(pratt) 트러스처럼 거동한다(중간보강재는 수직압축재, 그리고 중간보강재 사이의 웨브 패널은 대각선 인장재의 역할을 함). 물론 중간보강재가 없거나 그 간격이 매우 넓은 경우는 웨브 좌굴전강도만이 전단내력이 된다.

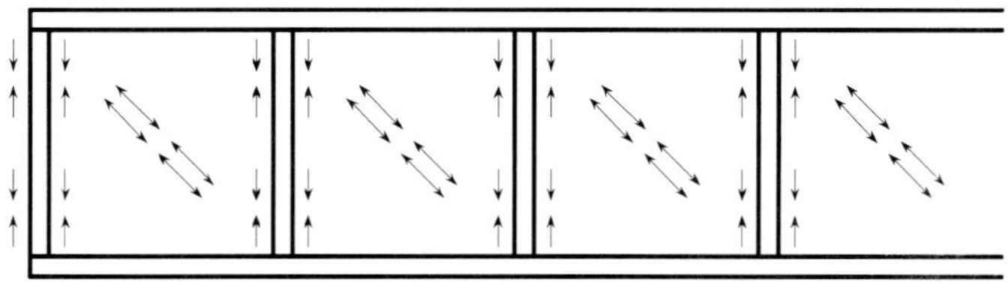

그림 5.30 플레이트 거더 웨브의 인장역작용

플레이트거더 단면에서 다음의 제한값을 충족했을 경우에는 인장역 작용을 고려하지 않는다(그림 5.28 참조).

① $\dfrac{a}{h} > 3.0$ 또는 $\left(\dfrac{260}{h/t_w}\right)^2$ 인 경우

② $\dfrac{A_w}{A_f} > 2.5$ 인 경우

③ $\dfrac{h}{b_f} > 6.0$ 인 경우

인장역 작용을 고려할 때의 공칭전단강도는

$h/t_w \leq 1.10\sqrt{\dfrac{k_v E}{F_y}}$ 인 경우

$$V_n = 0.6\,F_y A_w \tag{5.69}$$

$h/t_w > 1.10\sqrt{\dfrac{k_v E}{F_y}}$ 인 경우

$$V_n = 0.6\,F_y A_w \left[C_v + \frac{1 - C_v}{1.15\sqrt{1 + \left(\dfrac{a}{h}\right)^2}} \right] \tag{5.70}$$

여기서, k_v : 웨브플레이트판 좌굴계수

C_v : 웨브의 전단계수 (5.3.2 참조)

5.3.5 2축 휨

그림 5.31과 같이 하중의 가력면이 단면의 주축과 일치하지 않을 경우에는 휨모멘트를 2주축방향으로 분해한 M_{ux}, M_{uy}에 대해 각각 인장 및 압축연단의 휨응력을 구해 이를 조합하면 된다.

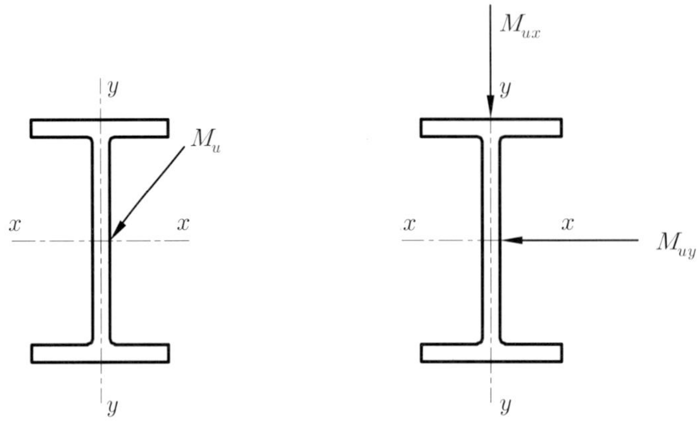

그림 5.31 2축휨을 받는 H형강보

즉, $$\frac{f_{bx}}{F_{bx}}+\frac{f_{by}}{F_{by}}\leq 1.0 \tag{5.71}$$

여기서 $f_{bx}=\dfrac{M_{ux}}{S_x}$: M_{ux}에 대한 휨응력도(N/mm^2)

$f_{by}=\dfrac{M_{uy}}{S_y}$: M_{uy}에 대한 휨응력도(N/mm^2)

$F_{bx}=\dfrac{\phi_b M_{nx}}{S_x}$: 설계모멘트 $\phi_b M_{nx}$에 대한 휨응력도(N/mm^2)

$F_{by}=\dfrac{\phi_b M_{ny}}{S_y}$: 설계모멘트 $\phi_b M_{ny}$에 대한 휨응력도(N/mm^2)

이를 식(5.71)에 대입하면

$$\frac{M_{ux}}{\phi_b M_{nx}}+\frac{M_{uy}}{\phi_b M_{ny}}\leq 1.0 \tag{5.72}$$

이제 $M_{nx}=F_y S_x$, $M_{ny}=F_y S_y$를 식(5.72)에 대입하면,

$$\frac{M_{ux}}{\phi_b F_y S_x}+\frac{M_{uy}}{\phi_b F_y S_y}\leq 1.0$$

따라서 $$S_{x,req} \geq \frac{M_{ux}}{\phi_b F_y} + \frac{M_{uy}}{\phi_b F_y}\left(\frac{S_x}{S_y}\right) \tag{5.73}$$

예제 5-12

다음과 같이 2축휨을 받는 H형강보단면(SS400)을 구하시오.
보는 횡방향 가새로 충분히 지지되고 있다.
고정하중 모멘트 : $M_x = 20\text{kN}\cdot\text{m}$, $M_y = 7\text{kN}\cdot\text{m}$
적재하중 모멘트 : $M_x = 60\text{kN}\cdot\text{m}$, $M_y = 28\text{kN}\cdot\text{m}$

풀이

(1) M_{ux} 및 M_{uy}

$$M_{ux} = 1.2(20) + 1.6(60) = 120\text{kN}\cdot\text{m}$$
$$M_{uy} = 1.2(7) + 1.6(28) = 53.2\text{kN}\cdot\text{m}$$

(2) 소요 S_x 산정

식(5.73)에서

$$S_{x,req} \geq \frac{M_{ux}}{\phi_b F_y} + \frac{M_{uy}}{\phi_b F_y}\left(\frac{S_x}{S_y}\right) = \frac{120\times10^6}{0.9\times235} + \frac{53.2\times10^6}{0.9\times235}\left(\frac{S_x}{S_y}\right)$$
$$\geq 5.67\times10^5 + 2.52\times10^5\left(\frac{S_x}{S_y}\right)$$

이제 $\frac{S_x}{S_y} = 3 \sim 4$ 정도라 하면

$$S_x \approx (5.67\times10^5 + 7.56\times10^5) \sim (5.67\times10^5 + 10.8\times10^5)$$
$$\approx (1.32\times10^6) \sim (1.65\times10^6)\,\text{mm}^3$$

부재일람표에서 H$-390\times300\times10\times16$을 택하면

$S_x = 1.98\times10^6\text{mm}^3$, $S_y = 4.81\times10^5\text{mm}^3$

$$\frac{S_x}{S_y} = \frac{1.98\times10^6}{4.81\times10^5} = 4.12$$

$$\therefore\ S_{x,req} \geq 5.67\times10^5 + 2.52\times10^5(4.12)$$
$$= 1.61\times10^6 < 1.98\times10^6 \quad \text{적합}$$

H$-390\times300\times10\times16$을 사용한다.

5.4 보의 사용성 설계

한계상태설계법에서는 강도한계상태와 사용성한계상태를 만족하여야 한다. 사용성한계상태설계는 건물의 기능, 외관, 유지관리, 내구성 및 사용자의 편리함 등을 일정한 기준 이상으로 확보토록 하는 데 있다.

보의 경우 중요한 사용성한계상태는 처짐과 진동이다. 처짐이 과다한 경우 사용자에게 불안감을 줄 수 있으며 진동이 발생할 수 있다. 또한 사용하중에 의한 과도한 처짐으로 보에 부착된 마감모르터, 천장회반죽, 바닥타일, 지붕 슬레이트 등의 비구조재의 손상을 유발하여 건물의 사용성이 저해된다.

대개 보의 처짐 한계를 규정함은 매우 곤란하며 원칙적으로 실의 용도, 처짐에 대한 마감재의 영향 등 각각의 설계조건에 맞도록 규정해야 하지만 일반적으로 다음과 같이 규정한다.

(1) 최대 적재하중(maximum service live load)에 대해서

일반적인 보 $\delta \leq L/360$
수동크레인 $\delta \leq L/500$
전동크레인 $\delta \leq L/800 \sim L/1,200$
로 규정하고 있다. 여기에서 δ는 표 5.4에 의해 산정되는 처짐이며 L은 스팬이다.

표 5.4 보의 휨모멘트 및 최대처짐

하중형태	반력	최대휨모멘트	최대처짐
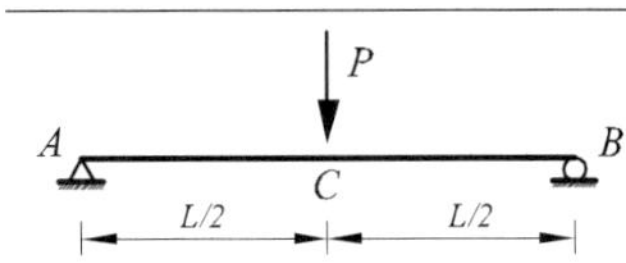	$R_A = R_B = \frac{P}{2}$	$M_c = \frac{PL}{4}$	$\delta_c = \frac{PL^3}{48EI}$
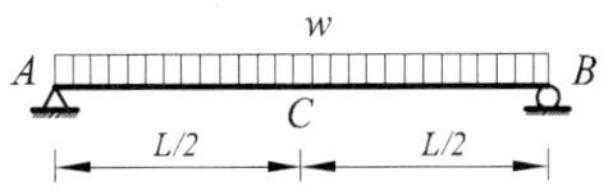	$R_A = R_B = \frac{wL}{2}$	$M_c = \frac{wL^2}{8}$	$\delta_c = \frac{5wL^4}{384EI}$
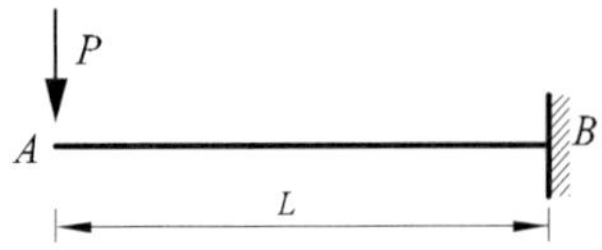	$R_B = P$	$M_B = PL$	$\delta_A = \frac{PL^3}{3EI}$
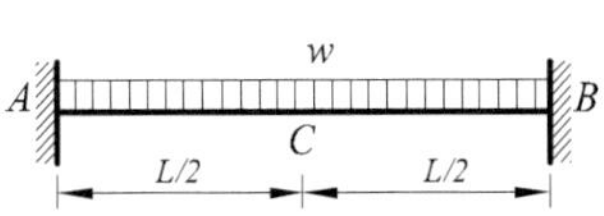	$R_A = R_B = \frac{wL}{2}$	$M_A = M_B = \frac{wL^2}{12}$	$\delta_c = \frac{wL^4}{384EI}$

(2) 전체하중에 대하여

단순지지의 강재보 $\delta \leq L/300$

캔틸레버 보 $\delta \leq L/250$으로 제한하는 것이 통례이다.

5.5 보의 설계

보의 설계에 있어서 휨강도가 결정되면 전단강도 검토 및 각종 국부적인 안정, 사용성에 관하여 검토되어야 한다. 즉 하중에 따른 설계용 모멘트와 전단력을 산정한 후, 다음과 같은 순서로 설계한다.

1) **예비단면가정 :** 구조계획 초기단계에 단면가정을 하는데 이는 설계자의 판단 및 경험에 의해 결정된다.
2) **판폭두께비 검토 :** 가정된 단면의 국부좌굴에 관한 검토를 수행한다.
3) **횡지지 길이 검토 :** 적정 횡보강 간격을 결정하고, 이에 대한 횡좌굴을 검토한다.
4) **강도 검토 :** 가정된 부재가 어느 설계영역에 해당되는지에 따른 한계상태를 확인하고 휨강도를 결정한다. 또한 전단강도를 검토한다. 2.3.1에서 기술한 한계상태 설계법의 일반식으로부터 보의 설계식은 다음과 같이 표시된다.

$$M_d = \phi_b M_n \geq M_u$$

$$V_d = \phi_v V_n \geq V_u$$

보의 공칭휨강도 M_n 및 공칭전단강도 V_n은 보의 횡방향 지지길이와 보단면의 판폭두께비에 따라 결정된다. 보의 공칭휨강도는 표 5.3에 표시한 보단면에 따라 그 한계상태를 검토한다.

5) **사용성 검토 :** 강도설계에서 안정성을 확인받으면 처짐 등과 같은 사용성에 대하여 검토한다.

예제 5-13

그림과 같은 구조평면에서 양단이 핀지지된 작은보를 H형강으로 설계하시오. 바닥하중은 고정하중 $w_D = 3\ \mathrm{kN/m^2}$(자중 포함), 적재하중 $w_L = 2\ \mathrm{kN/m^2}$이 작용하고 있으며, 보는 데크플레이트로 전길이가 지지되고 있고, 조밀단면(SS400)을 사용하도록 한다.

5

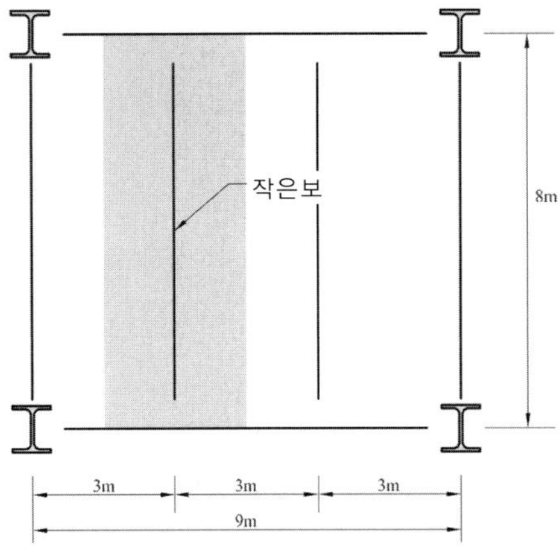

풀이

(1) 소요하중 및 모멘트 산정

$$w_u = (1.2w_D + 1.6w_L) \times 3 = (1.2 \times 3 + 1.6 \times 2) \times 3 = 20.4\,\text{kN/m}$$

$$M_u = \frac{wL^2}{8} = \frac{20.4 \times 8^2}{8} = 163.2\text{kN}\cdot\text{m}$$

(2) 소요 소성단면계수 산정

조밀단면이며, 전길이에 대하여 횡방향으로 지지되어 있으므로 $M_n = M_p = F_y Z_x$가 된다.

$M_u \le \phi_b M_n = \phi_b F_y Z_x$ 이므로

$$Z_{req.} = \frac{M_u}{\phi_b F_y} = \frac{163.2 \times 10^6}{0.9 \times 235} = 7.72 \times 10^5\ \text{mm}^3$$

따라서 H−350×175×7×11 ($Z_x = 8.68 \times 10^5\text{mm}^3$)을 사용함.

예제 5-14

그림과 같이 등분포하중을 받는 단순보를 H형강(SS400)으로 설계하시오. 보는 횡방향가새로 충분히 지지되고 있다.

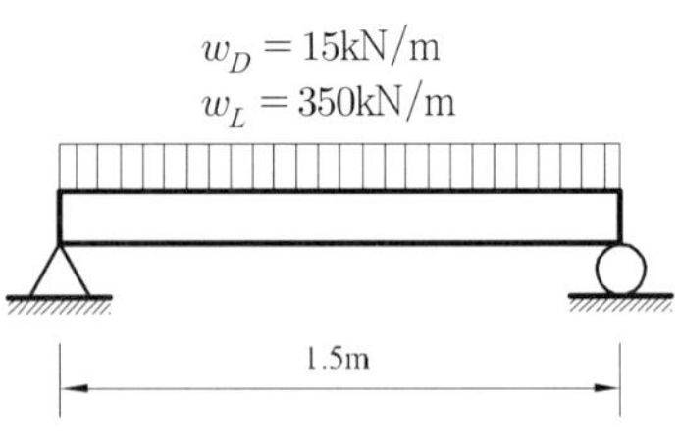

풀이

(1) 계수하중 M_u 및 V_u 산정

$$w_u = 1.2w_D + 1.6w_L = 1.2(15) + 1.6(350) = 578\,\text{kN/m}$$

$$M_u = \frac{w_u L^2}{8} = \frac{578 \times 1.5^2}{8} = 162.6\text{kN}\cdot\text{m}$$

$$V_u = \frac{w_u L}{2} = \frac{578 \times 1.5}{2} = 433.5\,\text{kN}$$

(2) 휨설계 : 조밀단면으로 가정하면

$M_u = \phi_b M_p = \phi_b F_y Z$ 에서

$$Z_{req.} = \frac{M_u}{\phi_b F_y} = \frac{162.6 \times 10^6}{0.9 \times 235} = 7.69 \times 10^5\ \text{mm}^3$$

H$-294 \times 200 \times 8 \times 12$ ($Z_x = 8.59 \times 10^5 \text{mm}^3$)를 선택

(3) 전단력 검토

$V_d = \phi_v V_n = \phi_v (0.6 F_y A_w) = 1.0(0.6 \times 235)(294 \times 8) = 331.6 \times 10^3\,\text{N}$

$= 331.6\,\text{kN} < 433.5\,\text{kN}$ 부적합

V_u에 대한 소요 웨브단면적은

$$A_w = \frac{V_u}{\phi_v (0.6 F_y)} = \frac{433.5 \times 10^3}{1.0(0.6 \times 235)} = 3.07 \times 10^3\ \text{mm}^2$$

보의 춤을 400 mm로 가정했을 때 웨브의 두께는

$$t_w = \frac{3.07 \times 10^3}{400} = 7.7\ \text{mm}$$

이제 H$-400 \times 200 \times 8 \times 13$을 선택하면,

$Z_x = 1.33 \times 10^6\ \text{mm}^3 > 7.69 \times 10^5\ \text{mm}^3$ 적합

$\phi_v V_n = 1.0(0.6 \times 235)(400 \times 8) = 451.2 \times 10^3\,\text{N}$

$= 451.2\,\text{kN} > 433.5\,\text{kN}$ 적합

(4) 웨브의 판폭두께비 검토

$$\frac{h}{t_w} = \frac{400 - 2 \times (13 + 16)}{8} = 42.8 < \lambda_p = 3.76\sqrt{\frac{E}{F_y}} = 3.76\sqrt{\frac{205{,}000}{235}} = 111$$ 적합

∴ H$-400 \times 200 \times 8 \times 13$을 사용한다.

예제 5-15

스팬이 6 m인 단순지지 형강보 H−294×302×12×12에 대해 설계휨강도를 구하시오. 횡방향 가새는 보의 단부 및 중앙점에 설치되어 있으며 강종은 SM490($F_y = 325\text{N/mm}^2$)이다.

풀이

(1) 단면성능 : $r = 18\text{mm}$, $r_y = 71.6\text{mm}$, $S_x = 1.15 \times 10^6\ \text{mm}^3$, $Z_x = 1.28 \times 10^6\ \text{mm}^3$

$h = 294 - 2(12 + 18) = 234\text{mm}$

(2) 판폭두께비 검토

플랜지 : $\frac{b}{t_f} = \frac{151}{12} = 12.6$

$$\lambda_{pf} = 0.38\sqrt{\frac{E}{F_y}} = 0.38\sqrt{\frac{205{,}000}{325}} = 9.54 < 12.6$$

$$\lambda_{rf} = 1.0\sqrt{\frac{E}{F_y}} = 1.0\sqrt{\frac{205{,}000}{325}} = 25.1 > 12.6$$

웨브 : $\frac{h}{t_w} = \frac{234}{12} = 19.5$

$$\lambda_{pw} = 3.76\sqrt{\frac{E}{F_y}} = 3.76\sqrt{\frac{205{,}000}{325}} = 94.4 > 19.5$$

플랜지는 비조밀단면이며, 웨브는 조밀단면임.

(3) 플랜지국부좌굴강도

$\lambda_{pf} < \lambda < \lambda_{rf}$이므로 식(5.39)를 적용한다.

$$M_p = F_y Z_x = 325 \times 1.28 \times 10^6 = 416 \times 10^6 \text{N}\cdot\text{mm} = 416\text{kN}\cdot\text{m}$$

$$M_r = 0.7 F_y S_x = 0.7 \times 325 \times 1.15 \times 10^6 = 261.6 \times 10^6 \text{N}\cdot\text{mm} = 262\text{kN}\cdot\text{m}$$

$$M_n = \left[M_p - (M_p - 0.7 F_y S_x)\left(\frac{\lambda - \lambda_{pf}}{\lambda_{rf} - \lambda_{pf}} \right) \right]$$

$$= \left[416 - (416 - 262)\left(\frac{12.6 - 9.54}{25.1 - 9.54} \right) \right] = 385.7\text{kN}\cdot\text{m}$$

(4) 횡비틀림좌굴강도

$L_b = 3.0\text{m}$

$$L_p = 1.76 r_y \sqrt{\frac{E}{F_{yf}}} = 1.76 \times 71.6 \times \sqrt{\frac{205{,}000}{325}} = 3{,}165\text{mm} = 3.17\text{m}$$

$L_b < L_p$이므로

$M_n = M_P = F_y Z_x = 416\text{kN}\cdot\text{m}$

(5) 설계휨강도

공칭휨강도 M_n은 플랜지국부좌굴강도가 횡비틀림좌굴강도보다 작은 값이므로

$\phi_b M_n = 0.9 \times 385.7 = 347\text{kN}\cdot\text{m}$

예제 5-16

그림과 같이 스팬 4 m 인 단순지지 지붕보에 등분포 하중 $w_D = 10\ \text{kN/m}^2$(자중 포함)과 적재하중 $w_L = 20\ \text{kN/m}^2$이 작용하고 있다. 이 보를 ㄷ형강(SS400)으로 설계하시오.

다만, 보는 횡방향으로 충분히 지지되어 있고, 적재하중에 의한 처짐은 $L/360$ 이하가 되도록 한다.

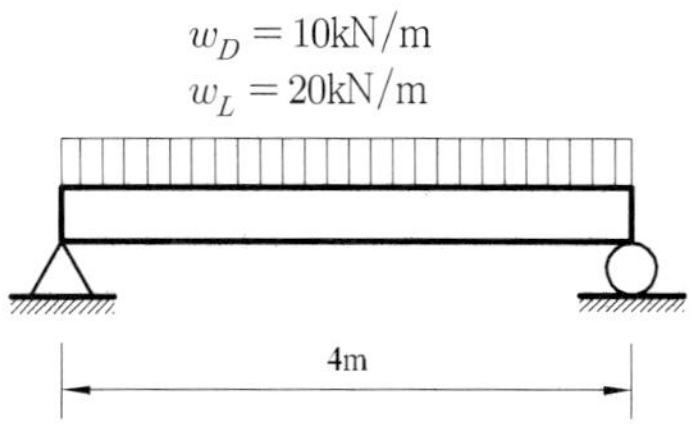

풀이

(1) 계수하중, M_u 및 V_u 산정

$$w_u = 1.2w_D + 1.6w_L = 1.2(10) + 1.6(20) = 44\text{kN/m}$$

$$M_u = \frac{w_u L^2}{8} = \frac{44 \times 4^2}{8} = 88\text{kN}\cdot\text{m}$$

$$V_u = \frac{w_u L}{2} = \frac{44 \times 4}{2} = 88\text{kN}$$

(2) 단면가정

처짐값으로부터 소요 단면2차모멘트를 구하면

$$\delta_{\max} = \frac{L}{360} = \frac{4.0 \times 10^3}{360} = 11.1\text{ mm}$$

$$I_{x,req} = \frac{5w_L L^4}{384E\delta_{\max}} = \frac{5(20)(4 \times 10^3)^4}{384(205{,}000)(11.1)} = 2.93 \times 10^7\text{ mm}^4$$

이제 ㄷ$-250 \times 90 \times 9 \times 13$을 택하면,

$r = 14\text{mm}$, $I_x = 4.18 \times 10^7\text{ mm}^4$, $Z_x = 3.90 \times 10^5\text{ mm}^3$

$h = 250 - 2 \times (13 + 14) = 196\text{mm}$

(3) 판폭두께비 검토

플랜지 : $\frac{b}{t_f} = \frac{90}{13} = 6.92 < \lambda_p = 0.38\sqrt{\frac{E}{F_y}} = 0.38\sqrt{\frac{205{,}000}{235}} = 11.22$

웨브 : $\frac{h}{t_w} = \frac{196}{9} = 21.78 < \lambda_p = 3.76\sqrt{\frac{E}{F_y}} = 3.76\sqrt{\frac{205{,}000}{235}} = 111$

플랜지 및 웨브 모두 조밀단면임.

(4) 설계휨강도 산정

$M_n = M_p = F_y Z_x = 235 \times 3.90 \times 10^5 = 91.6 \times 10^6\text{N}\cdot\text{mm}$

$M_d = \phi_b M_n = 0.9 \times 91.6 = 82.4\text{kN}\cdot\text{m} > M_u = 88\text{kN}\cdot\text{m}$ 부적합

따라서 휨강도에 적합한 단면으로 재설계한다.

$$Z_{req}=\frac{M_u}{\phi_b F_y}=\frac{88\times10^6}{0.9\times235}=4.2\times10^5 \mathrm{mm}^3$$

그러므로 ㄷ-250×90×11×14.5 ($Z_x=4.42\times10^5\mathrm{mm}^3$)를 다시 택한다.

플랜지 및 웨브 모두 조밀단면이므로

$M_d=\phi_b F_y Z_x=0.9\times235\times4.42\times10^5=93\times10^6\mathrm{N\cdot mm}=93\mathrm{kN\cdot m}>88\mathrm{kN\cdot m}$ 적합

(5) 전단강도 검토

$\frac{h}{t_w}=\frac{250-2(14.5+17)}{11}=17.0<260$이므로 $k_v=5$

또한 $\frac{h}{t_w}=17.0<1.10\sqrt{\frac{k_v E}{F_y}}=1.10\sqrt{\frac{5\times205{,}000}{235}}=72.6$

$\therefore\ C_v=1.0$

$V_n=0.6F_y A_w C_v=0.6\times235\times(250\times11)\times1.0=387{,}750\mathrm{N}=388\mathrm{kN}$

$\phi_v V_n=0.9\times388=349\mathrm{kN}>88\mathrm{kN}$ 적합

예제 5-17

다음 그림은 1단 고정 타단 핀인 부정정보의 중앙점에 집중하중이 작용할 때의 휨모멘트도를 도시한 것이다. 보의 양단 및 하중점에 횡방향가새를 설치했을 때 이 보를 H형강으로 설계하시오. 강종은 SS400으로 한다.

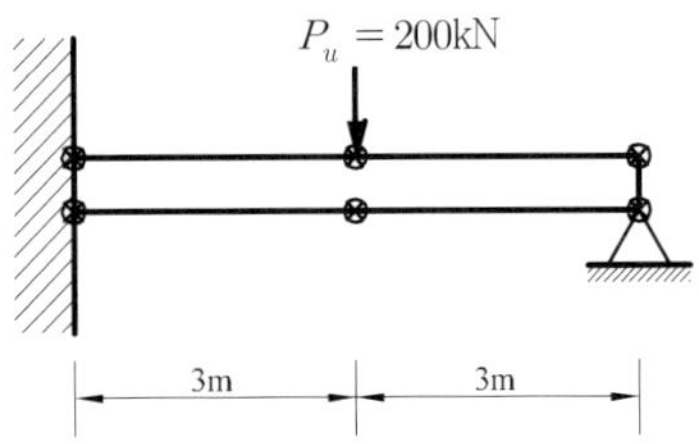

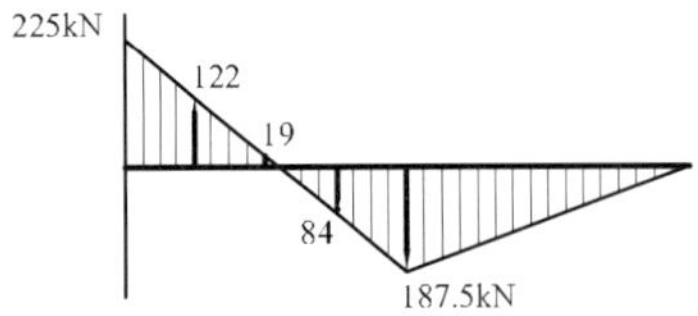

휨모멘트

풀이

(1) 단면가정

$M_u = 225\text{kN}\cdot\text{m}$

$$Z_{req} \geq \frac{M_u}{0.9F_y} = \frac{225\times10^6}{0.9\times235} = 1.06\times10^6\,\text{mm}^3$$

H−396×199×7×11 로 가정하면, 이에 따른 단면성능은

$r = 16\,\text{mm}$, $r_y = 44.8\,\text{mm}$, $S_x = 1.01\times10^6\,\text{mm}^3$, $Z_x = 1.13\times10^6\,\text{mm}^3$

$h = 396 - 2(11+16) = 342\,\text{mm}$

(2) 판폭두께비 검토

$$\text{플랜지 : } \frac{b}{t_f} = \frac{99.5}{11} = 9.05 < \lambda_p = 0.38\sqrt{\frac{E}{F_y}} = 0.38\sqrt{\frac{205{,}000}{235}} = 11.22$$

$$\text{웨브 : } \frac{h}{t_w} = \frac{342}{7} = 48.86 < \lambda_p = 3.76\sqrt{\frac{E}{F_y}} = 3.76\sqrt{\frac{205{,}000}{235}} = 111.05$$

플랜지 및 웨브 모두 조밀단면임.

(3) 횡비틀림좌굴강도

$L_b = 3.0\,\text{m}$

$$L_p = 1.76\,r_y\sqrt{\frac{E}{F_y}} = 1.76\times44.8\times\sqrt{\frac{205{,}000}{235}} = 2.33\times10^3\,\text{mm}$$

$L_b > L_p$이므로 L_r을 산정한다.

$$\text{식(5.37)에서 } r_{ts} = \frac{b_f}{\sqrt{12\left(1+\dfrac{ht_w}{6b_ft_f}\right)}} = \frac{199}{\sqrt{12\left(1+\dfrac{342\times7}{6\times199\times11}\right)}} = 52.8\,\text{mm}$$

$$L_r = \pi r_{ts}\sqrt{\frac{E}{0.7F_y}} = \pi\times52.8\sqrt{\frac{205{,}000}{0.7\times235}} = 5.86\times10^3\,\text{mm}$$

$L_p < L_b \leq L_r$ 이므로 식(5.31)에서

$$M_n = C_b\left[M_p - (M_p - 0.7F_yS_x)\left(\frac{L_b - L_p}{L_r - L_p}\right)\right] \leq M_p \text{ 적용}$$

(4) 모멘트 수정계수 C_b 산정 (휨모멘트도 참조)

$$C_b = \frac{12.5M_{\max}}{2.5M_{\max}+3M_A+4M_B+3M_C}R_m$$

$$= \frac{12.5(225)}{2.5(225)+3(122)+4(19)+3(84)}\times1.0 = 2.24 < 3.0$$

(5) 설계휨강도

$$M_p = F_yZ_x = 235\times1.13\times10^6 = 265.6\times10^6\,\text{N}\cdot\text{mm} = 265.6\text{kN}\cdot\text{m}$$

$$M_r = 0.7F_yS_x = 0.7 \times 235 \times 1.01 \times 10^6 = 166.1 \times 10^6 \text{N}\cdot\text{mm} = 166.1\text{kN}\cdot\text{m}$$

$$M_n = C_b\left[M_p - (M_p - 0.7F_yS_x)\left(\frac{L_b - L_p}{L_r - L_p}\right)\right]$$

$$= 2.24\left[265.6 - (265.6 - 166.1)\left(\frac{3.0 - 2.33}{5.86 - 2.33}\right)\right] = 553\text{kN}\cdot\text{m} > M_p = 265.6\text{kN}\cdot\text{m}$$

$$\therefore \quad \phi_b M_n = 0.9 \times 265.6 = 239\text{kN}\cdot\text{m} > M_u = 225\text{kN}\cdot\text{m}$$

그러므로 H−396×199×7×11로 한다.

예제 5−18

지상 2층 규모의 건물에 대한 휨모멘트도가 다음과 같을 때, 2층 바닥보($_1G_1$)를 H형강으로 설계하시오. 보의 양단 및 3등분점에 횡방향 가새를 설치하며, 강종은 SS400으로 한다.

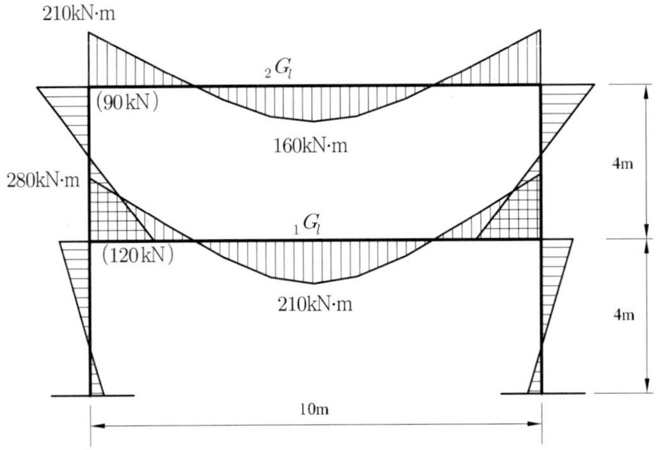

( )내의 수치는 보의 전단력임

풀이

(1) 소요모멘트 및 전단력

$M_u = 280\text{kN}\cdot\text{m}$

$V_u = 120\text{kN}$

(2) 단면가정

$$Z_{req.} \geq \frac{M_u}{0.9F_y} = \frac{280 \times 10^6}{0.9 \times 235} = 1.32 \times 10^6 \text{mm}^3$$

따라서 H−496×199×9×14로 단면을 설정한다.

이에 따른 단면성능은 다음과 같다.

$r = 20\,\text{mm}$, $r_y = 42.8\,\text{mm}$, $S_x = 1.69 \times 10^6\,\text{mm}^3$, $Z_x = 1.91 \times 10^6\,\text{mm}^3$

$h = 496 - 2(14 + 20) = 428\,\text{mm}$

(3) 판폭두께비 검토

플랜지 : $\dfrac{b}{t_f} = \dfrac{99.5}{14} = 7.11 < \lambda_p = 0.38\sqrt{E/F_y} = 0.38\sqrt{\dfrac{205{,}000}{235}} = 11.22$

웨브 : $\dfrac{h}{t_w} = \dfrac{428}{9} = 47.56 < \lambda_p = 3.76\sqrt{\dfrac{E}{F_y}} = 3.76\sqrt{\dfrac{205{,}000}{235}} = 111.05$

플랜지 및 웨브 모두 조밀단면임.

(4) 횡방향 지지길이

$L_b = 3.33\,\text{m}$

식(5.25) $L_p = 1.76\, r_y \sqrt{\dfrac{E}{F_{yf}}} = 1.76 \times 42.8 \times \sqrt{\dfrac{205{,}000}{235}} = 2.22 \times 10^3\,\text{mm}$

식(5.37) $r_{ts} = \dfrac{b_f}{\sqrt{12\left(1 + \dfrac{h t_w}{6 b_f t_f}\right)}} = \dfrac{199}{\sqrt{12\left(1 + \dfrac{428 \times 9}{6 \times 199 \times 14}\right)}} = 51.8\,\text{mm}$

식(5.35) $L_r = \pi r_{ts} \sqrt{\dfrac{E}{0.7F_y}} = \pi \times 51.8 \sqrt{\dfrac{205{,}000}{0.7 \times 235}} = 5.74 \times 10^3\,\text{mm}$

$L_p < L_b \le L_r$ 이므로 한계횡좌굴 Ⅱ구간에 해당

(5) 공칭모멘트 산정

$M_p = F_y Z_x = 235 \times 1.91 \times 10^6 = 448.9 \times 10^6 \text{N} \cdot \text{mm} = 448.9 \text{kN} \cdot \text{m}$

$M_r = 0.7 F_y S_x = 0.7 \times 235 \times 1.69 \times 10^6 = 278 \times 10^6 \text{N} \cdot \text{mm} = 278 \text{kN} \cdot \text{m}$

$$M_n = C_b \left[M_p - (M_p - 0.7F_y S_x)\left(\frac{L_b - L_p}{L_r - L_p}\right)\right] \le M_p$$

$$= 1 \times \left[448.9 - (448.9 - 278)\left(\frac{3.33 - 2.22}{5.74 - 2.22}\right)\right] = 395 \text{kN} \cdot \text{m}$$

$\phi_b M_n = 0.9 \times 395 = 355.5 \text{kN} \cdot \text{m} > M_u = 280 \text{kN} \cdot \text{m}$

따라서 H-496×199×9×14(SS400) 형강보는 적합하다.

(6) 전단강도 검토

$\dfrac{h}{t_w} = 47.6 < 2.24\sqrt{E/F_y} = 2.24\sqrt{\dfrac{205{,}000}{235}} = 66.16$

$V_n = 0.6 F_y A_w = 0.6 \times 235 \times (496 \times 9) = 629\,\text{kN}$

$\phi_v V_n = 0.9 \times 629 = 566\,\text{kN} > V_u = 120\,\text{kN}$

따라서 전단에 대하여 안전하다.

연습문제

Steel Structures

01 SS400의 압연형강보 H-600×200×11×17의 항복모멘트 및 소성모멘트를 산정하시오.

02 스팬 6.0m의 단순지지보에서 H-400×200×8×13(SM490)의 형강보가 집중하중을 받을 때, 횡좌굴의 한계상태에 의한 공칭휨강도를 구하시오. 다만, 보는 양단부와 중앙부에 횡지지되어 있다.

03 용접 형강보 H-700×300×12×14(SM490)에 대해 국부좌굴의 한계상태에서 공칭휨강도를 구하시오.

04 스팬 9m의 양단 단순지지된 보의 부재로 압연형강 H-450×200×9×14(SS400)을 사용할 때 다음 조건에 대하여 $\phi_b M_n$을 구하시오. $C_b = 1.0$으로 가정한다.

(1) 횡구속가새가 없을 때
(2) 횡구속가새가 보 중앙에 있을 때
(3) 횡구속가새가 보 3등분점에 있을 때

05 예제 5-18의 옥상층 바닥보($2G_1$)를 H형강으로 설계하시오. (강종은 SS400)

06 그림과 같이 스팬 6m되는 단순보에 등분포하중으로 고정하중 $w_D = 15\text{kN/m}$(자중 포함), 적재하중 $w_L = 20\text{kN/m}$가 작용하고 있고 보는 마룻바닥에 의해 횡방향으로 지지되었다. 이 보를 H형강(SS400)으로 설계하시오. 다만, 적재하중에 의한 처짐은 $L/360$ 이하가 되도록 한다.

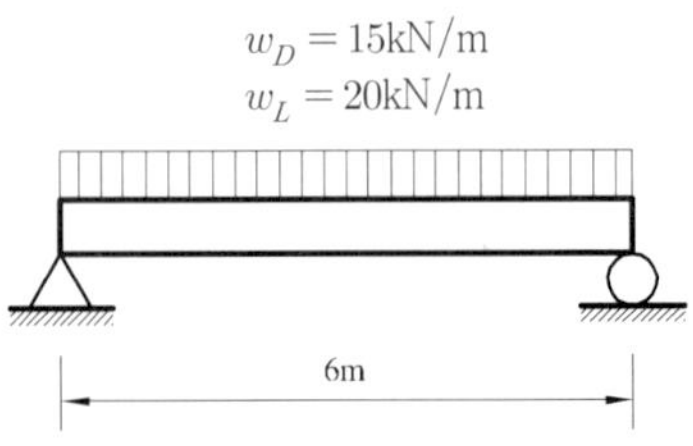

07 그림과 같이 스팬 6m되는 단순보에 등분포 고정하중 $w_D = 15\text{kN/m}$(자중 포함)과 적재하중으로 중앙점에 경사하중 $P_L = 40\text{kN}$이 작용하고 있다. 이 보를 H형강(SS400)으로 설계하시오. 다만, 횡방향가새는 없는 것으로 한다.

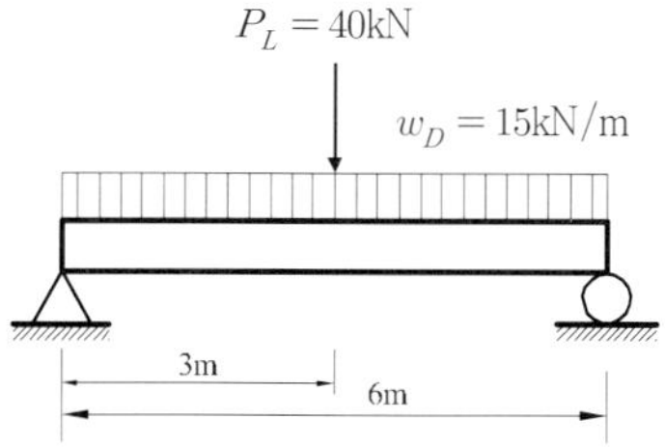

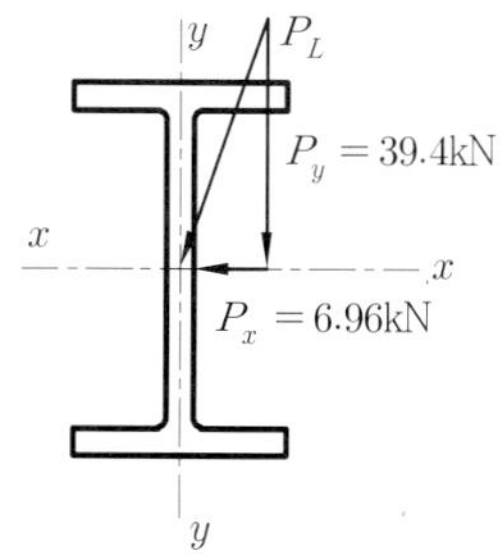

08 압연형강보 H−446×199×8×12(SS400)이 그림과 같은 하중을 받고 있을 때, 주어진 하중에 대한 모멘트도를 고려하여 다음을 구하시오. 보의 양단 및 하중점에 횡방향가새가 설치되어 있다.

(1) $C_b = 1.0$으로 가정한 경우의 구조안정성 검토

(2) 식(5.28) C_b 값에 의한 구조안정성 검토

(3) C_b 값을 고려한 최적단면설계

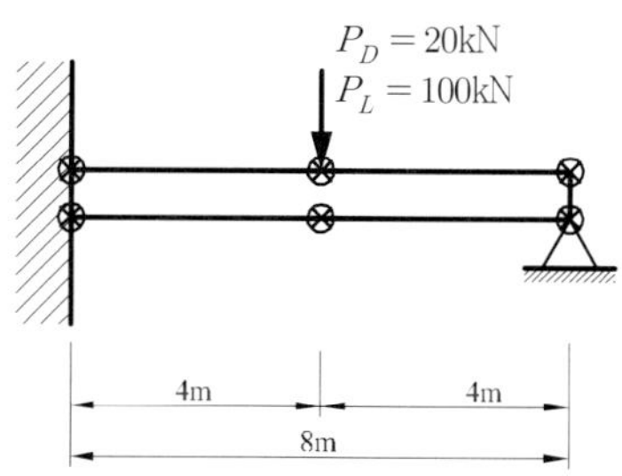

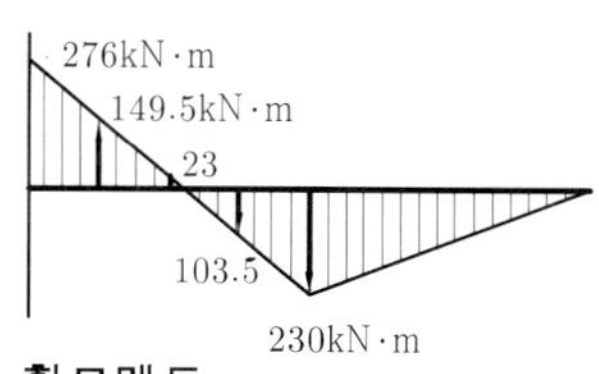

휨 모멘트

09 스팬 12m의 양단 고정보에서 20kN/m 의 등분포하중이 작용하고 있을 때, 압연형강 H−600×200×11×17(SS400)을 사용할 경우, 여러 가지 횡방향 지지조건에 대한 공칭휨강도를 산정하시오.

(1) 2m 간격으로 지지보가 있는 경우

(2) 중앙점에 지지보가 있는 경우

(3) 횡방향 지지보가 없는 경우

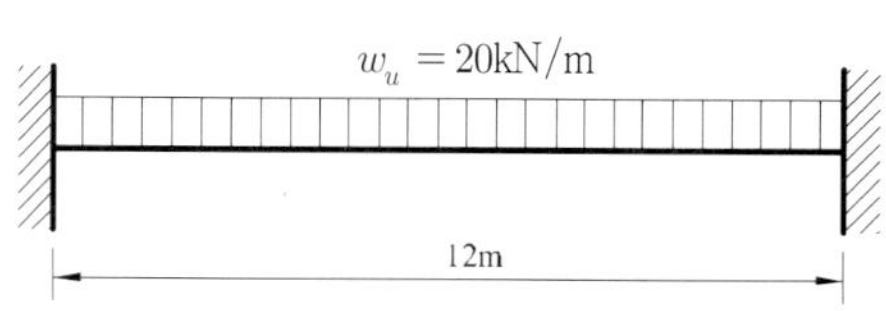

International convention center, Jeju in Korea. 원형강관을 조립기둥으로 사용한 구조 : 공간구성의 아름다움과 강구조의 특성을 잘 나타낸 건물

Chapter 6

기 둥

Chapter 6 기 둥

6.1 기둥 개요

기둥(column)을 흔히 대표적인 압축재라 일컫는다. 압축재에 대해서는 이미 4장에서 취급하였지만 프레임구조에서 기둥을 압축재와 구별하는 것은 그림 6.1과 같이 기둥은 압축력뿐 아니라 건물에 작용하는 횡력(바람 또는 지진)을 포함하여 보에서 전달되는 휨을 부담하기 때문이다. 이를 근거로 보는 대표적인 휨재로, 기둥을 보-기둥(beam-column)으로 나타내는 것이다.

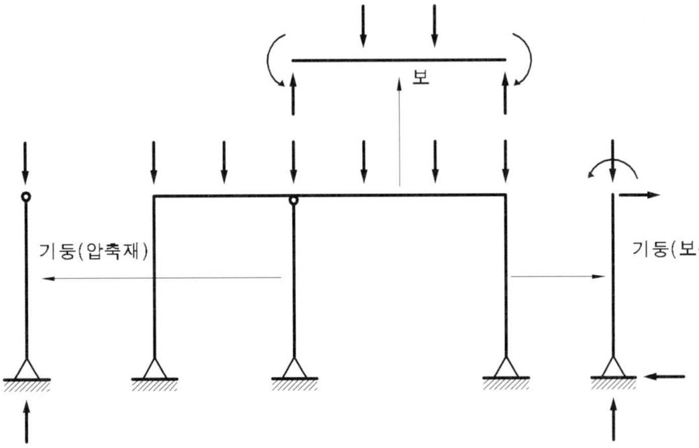

그림 6.1 압축재와 기둥

그림 6.1에 나타낸 기둥이나 보는 면내 프레임(plane frame) 중의 한 부분으로 표시되었지만 실제로 휨은 그림 6.2와 같이 2개의 주축(principal axis)방향으로 작용하기 때문에 이를 2축휨(biaxial bending)이라 한다.

기둥에서 휨과 압축력이 조합될 경우 변형에 의한 2차모멘트의 발생으로 불안정하게 될 가능성이 증가하게 된다. 휨과 압축력이 작용할 때 기둥의 파괴양상은 다음과 같이 요약할 수 있다.

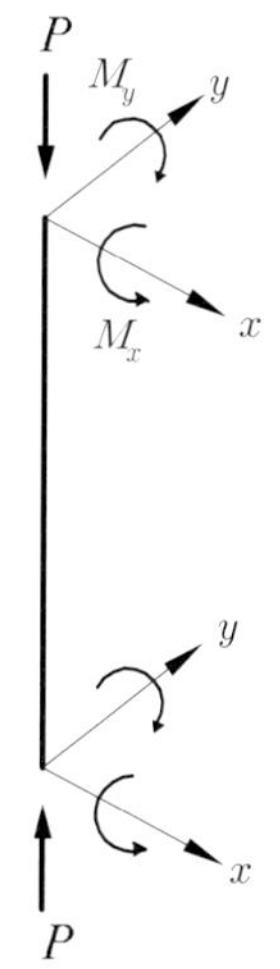

그림 6.2 2축휨을 받는 기둥

1. 압축과 약축휨 : 비틀림 없이 휨면에서 불안정하게 파괴
2. 압축과 강축휨 : 횡비틀림좌굴에 의해 파괴
3. 압축과 2축 휨(비틀림에 강한 단면) : 1개의 주축방향으로 불안정하게 파괴(I형강 및 H형강이 해당됨.)
4. 압축과 2축 휨(비틀림에 약한 단면) : 비틀림과 휨의 조합으로 파괴(개단면 경량 형강이 해당됨.)
5. 압축, 2축 휨 및 비틀림(휨면이 전단중심을 포함하지 않을 때) : 비틀림과 휨의 조합으로 파괴

위와 같은 복잡한 거동과 파괴양상을 간단히 표현하기는 쉽지 않다. 따라서 기둥의 설계방법으로 P-M 상관식(interaction formula)을 적용한다. P-M 상관식은 부재를 선정할 때, 축력이 없는 보로부터 모멘트가 작용하지 않는 기둥에 이르기까지의 모든 요건을 충족한다. 그림 6.3(a)와 같이 편심하중을 받는 기둥은 그림 (b)의 $P-\delta$ 곡선과 같이 거동을 한다. 만약 기둥이 탄성거동을 한다면, 하중 P와 처

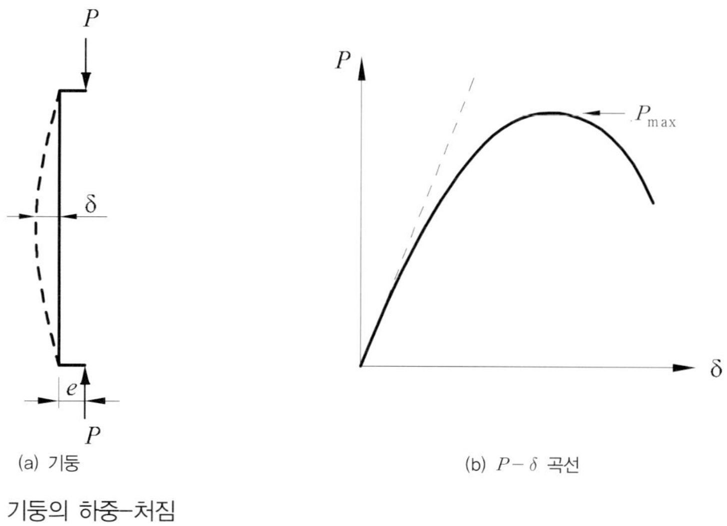

(a) 기둥 (b) $P-\delta$ 곡선

그림 6.3 기둥의 하중–처짐

짐 δ에 의한 추가모멘트 $P\delta$는 무시할 정도로 작으며, 그림 (b)의 점선과 같이 선형의 관계를 나타낸다. 그러나 추가모멘트 $P\delta$가 증가하면 하중–처짐 관계는 그림 (b)의 실선과 같이 비선형이 된다. 실제로 부재단면의 연단이 항복하기 시작하여 다른 부분으로 항복이 이어지게 된다. 결과적으로 내부의 저항력은 외부에서 작용하는 힘을 더 이상 지지하지 못하고 하중–처짐 곡선의 정점에 도달하게 된다. 이 최대하중은 수치해석법에 의해 구해진다. AISC 상관식은 안정적으로 근사화할 수 있는 방법이 된다. 강구조 설계기준에서는 P-M 상관식을 도입하여 기둥설계기준을 작성하였다.

6.2 상관식을 사용한 설계

기둥을 설계하는 가장 간단한 방법은 상관식을 이용하는 것이다. 기둥이 압축력 P_r와 모멘트 M_{rx} 및 M_{ry}를 받는다고 할 때, 다음의 선형상관식을 얻을 수 있다.

$$\frac{P_r}{P_c}+\frac{M_{rx}}{M_{cx}}+\frac{M_{ry}}{M_{cy}}\leq 1.0 \tag{6.1}$$

여기서, P_r : 소요압축강도(N)

P_c : 설계압축강도(N)

M_r : 소요휨강도(N·mm)

M_c : 설계휨강도(N·mm)

아래첨자 r은 소요강도(required strength), c는 설계강도(available strength), x와 y는 작용하는 축을 나타낸다.

위의 상관식을 실험결과 및 수치해석으로 구한 극한강도와 비교할 때 매우 적정한 값을 나타냈으며, 약축에 대한 H형강의 휨에 특히 만족스런 결과를 나타냈다. 그림 6.4는 조밀단면의 단주(short beam-column)의 상관곡선을 나타낸 것으로 단면형태에 따른 상관곡선식은 다음과 같다.

H형강 기둥

y축에 대한 휨 : $$\frac{M_{ry}}{M_{cy}}=1.19\left[1-\left(\frac{P_r}{P_c}\right)^2\right]\leq 1.0 \tag{6.2}$$

x축에 대한 휨 : $$\frac{M_{rx}}{M_{cx}}=1.18\left[1-\left(\frac{P_r}{P_c}\right)\right]\leq 1.0 \tag{6.3}$$

직사각형 단면의 기둥

$$\frac{M_r}{M_c} = 1 - \left(\frac{P_r}{P_c}\right)^2 \tag{6.4}$$

설계기준 하한곡선(lower-bound curve)

$$\frac{P_r}{P_c} \geq 0.2 \text{일 때}, \quad \frac{P_r}{P_c} + \frac{8}{9}\left(\frac{M_r}{M_c}\right) \leq 1.0 \tag{6.5}$$

$$\frac{P_r}{P_c} < 0.2 \text{일 때}, \quad \frac{P_r}{2P_c} + \left(\frac{M_r}{M_c}\right) \leq 1.0 \tag{6.6}$$

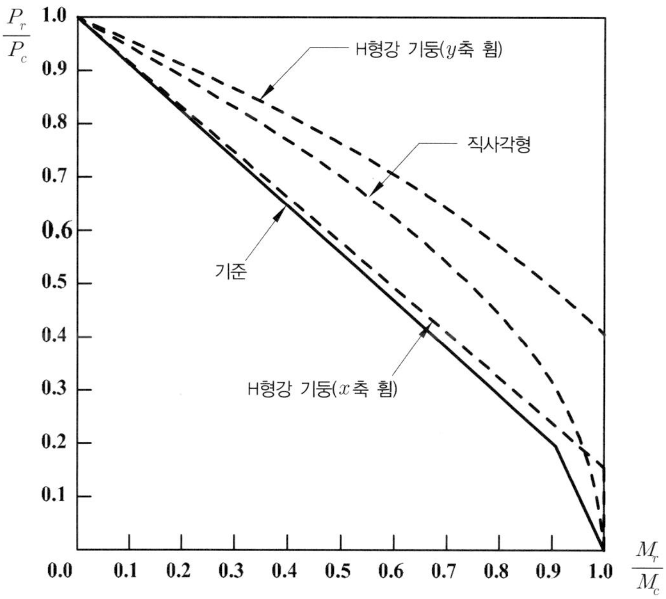

그림 6.4 단면의 형태에 따른 상관곡선

강구조설계기준에서는 단주뿐만 아니라 장주(long beam-column) 등, 기둥의 다양한 좌굴거동을 반영하는 상관식으로 2축 대칭인 단면부재와 I_{yc}/I_y의 값이 0.1 이상, 0.9 이하로서 x축 또는 y축으로만 휨이 발생하도록 구속된 1축 대칭인 단면부재에 대해서는 식(6.7) 및 식(6.8)을 적용한다. 여기서, I_{yc}는 압축력을 받는 플랜지의 y축에 대한 단면2차모멘트를 나타낸다.

식(6.7)및 식(6.8)은 강구조설계기준에 맞추어 식(6.5)및 식(6.6)에서 $P_r = P_u$, $P_c = \phi_c P_n$, $M_r = M_u$, $M_c = \phi_b M_n$으로 표시한 것이다.

$$\frac{P_u}{\phi_c P_n} \geq 0.2 \text{인 경우 } \frac{P_u}{\phi_c P_n} + \frac{8}{9}\left[\frac{M_{ux}}{\phi_b M_{nx}} + \frac{M_{uy}}{\phi_b M_{ny}}\right] \leq 1.0 \tag{6.7}$$

$$\frac{P_u}{\phi_c P_n} < 0.2 \text{인 경우 } \frac{P_u}{2\phi_c P_n} + \left[\frac{M_{ux}}{\phi_b M_{nx}} + \frac{M_{uy}}{\phi_b M_{ny}}\right] \leq 1.0 \tag{6.8}$$

여기서 저항계수는 $\phi_c = 0.9$, $\phi_b = 0.9$이다.

6.3 소요휨강도의 산정

전술한 2차모멘트(second order moment)로 다음 2가지를 생각할 수 있다.

1. (압축력)×(부재의 처짐)으로 인한 기둥 모멘트의 확대
2. (압축력)×(횡변위)로 인한 재단모멘트의 확대

전자의 경우는 부재효과(member effect), 후자는 골조효과(frame effect)로 구분하며, 이들은 각각 부재나 골조의 2차해석(second order analysis)으로 보다 정밀한 값을 얻을 수 있다. 그러나 간략한 근사법에 의한 설계기준에서는 모멘트확대법(moment magnifier method)에 의한 다음 식을 사용한다(그림 6.5 참조).

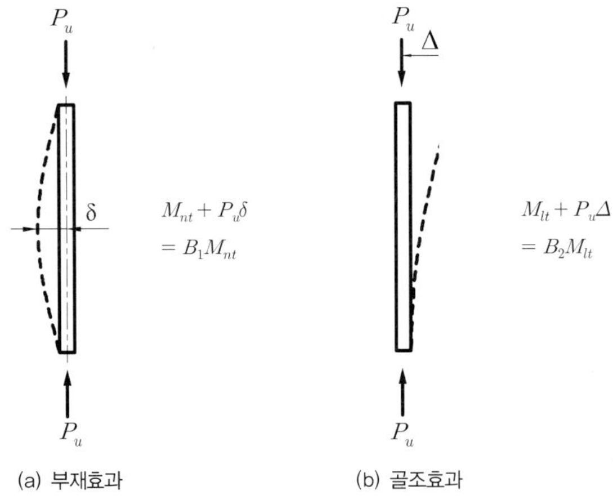

그림 6.5 확대기둥모멘트

$$M_u = B_1 M_{nt} + B_2 M_{lt} \tag{6.9}$$

$$P_u = P_{nt} + B_2 P_{lt} \tag{6.10}$$

여기서, M_u : 소요 2차휨강도(second order moment, N·mm)

M_{nt} : 골조의 횡변위가 없다고 생각할 때의 1차모멘트(first order moment, N·mm)

M_{lt} : 골조의 횡변위에 의한 1차모멘트(N·mm)

P_u : 소요 2차압축강도(second order force, N)

P_{nt} : 골조의 횡변위가 없다고 생각할 때의 축압축강도(N)

P_{lt} : 골조의 횡변위에 의한 축압축강도(N)

B_1 : 부재효과($P_u\delta$ effect)에 따른 확대계수(magnification factor)

B_2 : 골조효과($P_u\Delta$ effect)에 따른 확대계수

아래첨자 nt는 no translation, lt는 lateral translation을 나타냄.

그림 6.6과 같이 기둥 부재에 횡하중 w_x가 작용하여 중앙에 처짐 δ_0가 발생했다고 가정하자. 이로 인한 2차 모멘트의 발생으로 기둥 중앙의 처짐 y_1의 크기는 모멘트면적법에 의해 다음과 같이 계산된다.

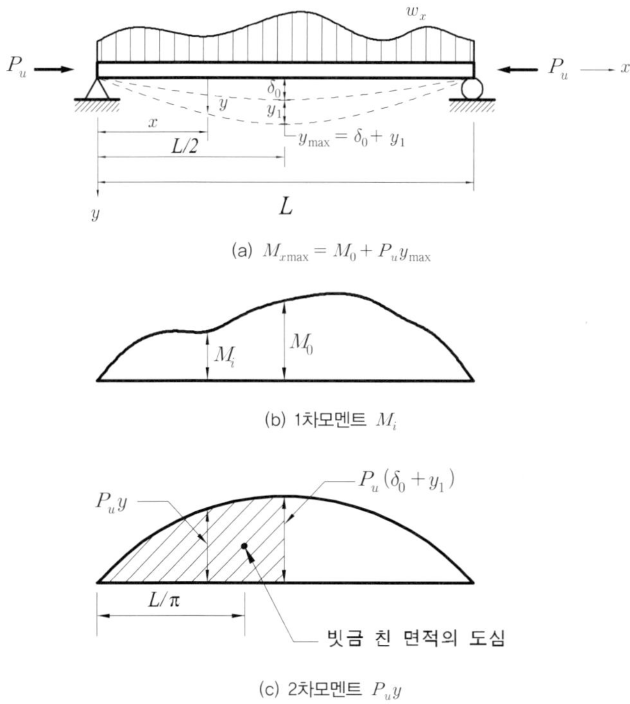

그림 6.6 1차 및 2차 휨모멘트

$$y_1 = \frac{P_u}{EI}(y_1+\delta_0)\left(\frac{L}{2}\right)\left(\frac{2}{\pi}\right)\left(\frac{L}{\pi}\right) = (y_1+\delta_0)\frac{P_u L^2}{\pi^2 EI} \tag{6.11}$$

또는

$$y_1 = (y_1+\delta_0)\frac{P_u}{P_{e1}} \tag{6.12}$$

여기서, $P_{e1} = \pi^2 EI/L^2$: 오일러 좌굴하중

식(6.12)를 y_1에 관해 풀면

$$y_1 = \delta_0\left(\frac{P_u/P_{e1}}{1-P_u/P_{e1}}\right) = \delta_0\left(\frac{\alpha}{1-\alpha}\right) \tag{6.13}$$

여기서 $\alpha = P_u/P_{e1}$

최대처짐 y_{max}는 δ_0와 y_1의 합이므로

$$y_{max} = \delta_0 + y_1 = \delta_0 + \delta_0\left(\frac{\alpha}{1-\alpha}\right) = \frac{\delta_0}{1-\alpha} \tag{6.14}$$

따라서 2차효과(secondary effect)를 고려한 최대 휨모멘트는 다음 식(6.15)와 같다.

$$M_{x\,max} = M_0 + P_u y_{max} \tag{6.15}$$

식(6.14)의 y_{max}에 관한 수식을 식(6.15)에 대입하고 $P_u = \alpha P_{e1} = \alpha\pi^2 EI/L^2$을 사용하면 식(6.15)는 1차모멘트 M_0와 확대계수 B_1의 곱으로 표현된다. 즉

$$M_{x\,max} = B_1 M_0 \tag{6.16}$$

여기서,

$$B_1 = \frac{C_m}{1-P_u/P_{e1}} = \frac{C_m}{1-\alpha} \geq 1.0 \tag{6.17}$$

$$C_m = 1 + \left(\frac{\pi^2 EI\delta_0}{M_0 L^2} - 1\right)\alpha \tag{6.18}$$

또는

$$C_m = 1 + \psi\alpha = 1 + \psi\frac{P_u}{P_{e1}} \tag{6.19}$$

$$P_{e1} = \frac{\pi^2 EI}{(K_1 L)^2} = \frac{\pi^2 EA_g}{(K_1 L/r)^2} \tag{6.20}$$

여기서 K_1은 횡변위가 없다고 생각할 때의 유효좌굴길이계수로 $K_1 = 1.0$을 적용한다.

일반적으로 단곡률의 경우, 확대계수 B_1은 식(6.17)을 적용한다. 기둥의 어느 한 재단모멘트가 최대일 때, 즉 기둥의 재단모멘트 보다 더 큰 모멘트가 기둥 내에 없을 경우에 $B_1 = 1$이 된다. 표 6.1은 C_m 계수(수정계수, modification factor)의 근사값으로 식(6.18)에 의해 산출된 매우 합리적인 결과치로 간주되고 있다.

표 6.1 절점의 이동이 없는 상태에서의 C_m 값

사 례		ψ	C_m
1	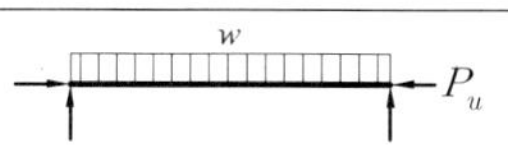	0	1.0
2	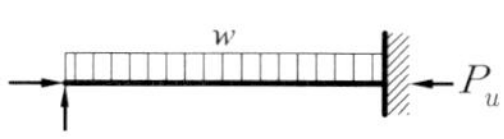	−0.4	$1-0.4\dfrac{P_u}{P_{e1}}$
3	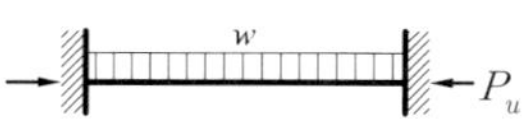	−0.4	$1-0.4\dfrac{P_u}{P_{e1}}$
4	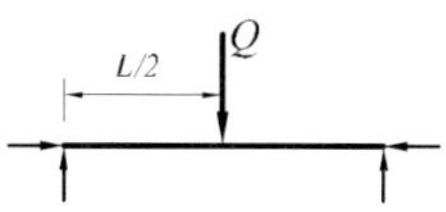	−0.2	$1-0.2\dfrac{P_u}{P_{e1}}$
5	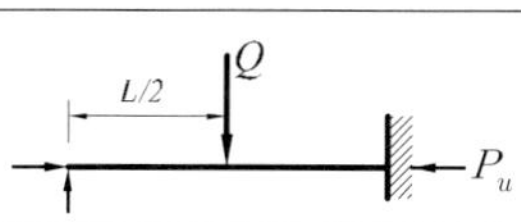	−0.3	$1-0.3\dfrac{P_u}{P_{e1}}$
6	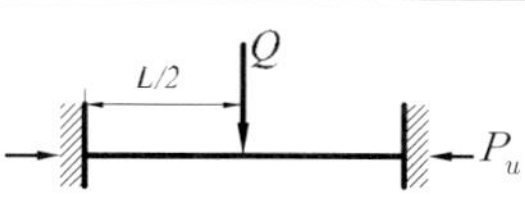	−0.2	$1-0.2\dfrac{P_u}{P_{e1}}$

특히 그림 6.7과 같이 부재 중간에 하중이 없고 재단모멘트만이 작용할 때 수정계수 C_m은 간략하게 식(6.21)을 적용한다.

$$C_m = 0.6 - 0.4\frac{M_1}{M_2} \tag{6.21}$$

여기서, M_1 : 작은 재단모멘트

M_2 : 큰 재단모멘트

그리고 M_1/M_2의 부호는 복곡률일 경우에는 (+), 단곡률일 경우에는 (−)을 각각 취한다. 수평하중을 받는 가새골조의 기둥에 대한 C_m 값은 계산에 의하거나 또는

모든 경우에 대해 안전측으로 $C_m = 1.0$을 적용한다.

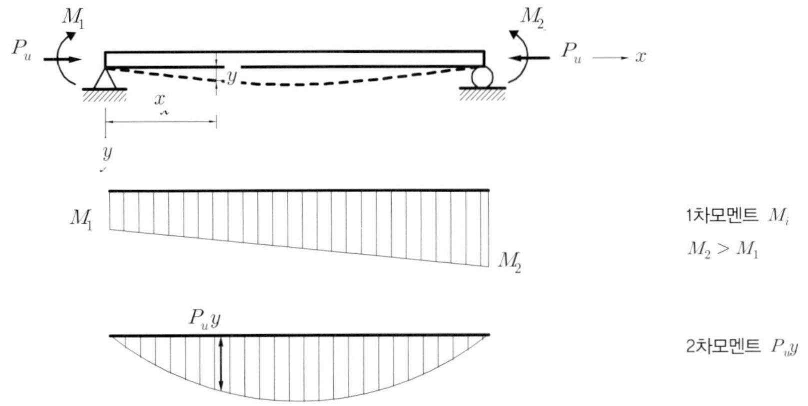

그림 6.7 재단모멘트만이 작용하는 경우

다음으로 확대계수 B_2에 대해 생각해 보자. 그림 6.8은 다층건물에서 어느 1개층 기둥에 작용하는 외력을 나타낸 것이다. 그림에서 1차 모멘트에 대한 평형조건식은 다음과 같다.

$$M_{lt1} + M_{lt2} = H_u L \tag{6.22}$$

1차 해석에서 횡변위 Δ_{1u}는 축하중 $\sum P_u$에 의한 기둥의 편심이다. 따라서 모멘트 $H_u L$는 $\sum P_u \Delta_{1u}$만큼 증가하게 되어 전체 모멘트는 $H_u L + \sum P_u \Delta_{1u}$가 되고 그림 (b)와 같이 횡변위는 Δ_{2u}로 증가하게 된다.

$P-\Delta$ 효과를 포함한 최종 모멘트 평형식은 다음으로 표현된다.

$$H_u L + \sum P_u \Delta_{2u} = B_2(M_{lt1} + M_{lt2}) \tag{6.23}$$

여기서, M_{lt1}과 M_{lt2}는 1차 해석에 의한 기둥의 상·하 재단모멘트이며, 확대계수 B_2는 식(6.22)와 식(6.23)으로부터 식(6.24)가 구해진다.

$$B_2 = \frac{H_u L + \sum P_u \Delta_{2u}}{H_u L} \tag{6.24}$$

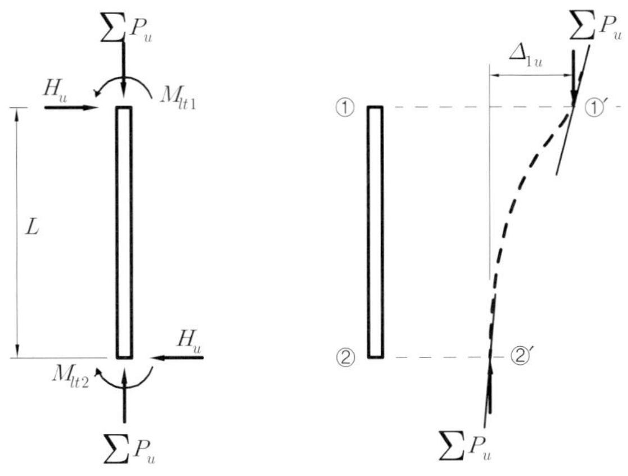

(a) 1차 해석, $M_{lt1} + M_{lt2} = H_u L$

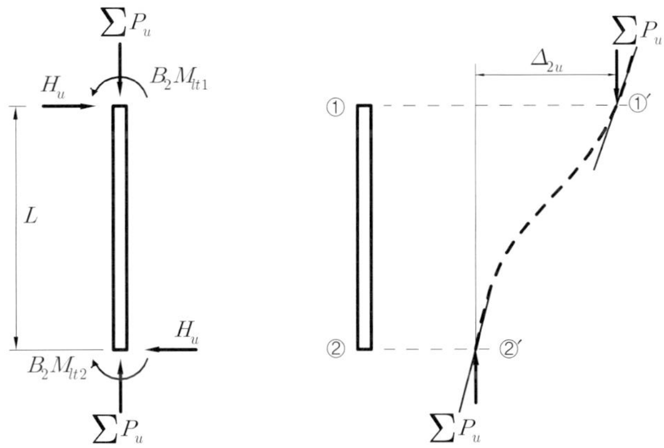

(b) 2차 해석, $B_2(M_{lt1} + M_{lt2}) = H_u L + \sum P_u \Delta_{2u}$

그림 6.8 외력에 의한 기둥의 거동

그림 6.8(a)에서 비례정수(proportionality factor)를 η라 하면, 1차 해석에서

$$\Delta_{1u} = \eta H_u \tag{6.25}$$

그림 6.8(b)에서 전체 모멘트를 L로 나눈 등가확대횡하중은

$$\text{등가횡하중} = H_u + \frac{\sum P_u \Delta_{2u}}{L} \tag{6.26}$$

따라서

$$\Delta_{2u} = \eta\left(H_u + \frac{\sum P_u \Delta_{2u}}{L}\right) \tag{6.27}$$

ηH_u에 Δ_{1u}를 대입하면

$$\Delta_{2u} = \Delta_{1u} + \frac{\Delta_{1u}\sum P_u \Delta_{2u}}{H_u L} \tag{6.28}$$

식(6.28)을 Δ_{2u}에 대해 풀면

$$\Delta_{2u} = \frac{\Delta_{1u}}{1-\sum P_u\left(\dfrac{\Delta_{1u}}{H_u L}\right)} \tag{6.29}$$

식(6.29)를 식(6.24)에 대입하면

$$B_2 = \frac{1}{1-\sum P_u\left(\dfrac{\Delta_{1u}}{H_u L}\right)} \tag{6.30}$$

여기서, H_u는 그 층에 작용하는 총횡하중(전단력)이 된다.

설계기준에서는 확대계수 B_2를 α와 P_{e2}를 사용하여 식(6.30)을 식(6.31)로 정했다.

$$B_2 = \frac{1}{1-\dfrac{\alpha\sum P_{nt}}{\sum P_{e2}}} \geq 1.0 \tag{6.31}$$

여기서, 최대확대계수를 취하기 위하여 $\alpha = 1.0$, $P_{nt} = P_u$로 놓으면

$$B_2 = \frac{1}{1-\dfrac{\sum P_u}{\sum P_{e2}}} \geq 1.0 \tag{6.32}$$

여기서, $\sum P_u$: 어느 1층 기둥에 작용하는 소요축하중의 합(N)

$\sum P_{e2}$: 어느 1층 기둥의 좌굴하중의 합(N)

$$\sum P_{e2} = \sum \frac{\pi^2 EI}{(K_2 L)^2} \tag{6.33}$$

여기서 K_2 : 횡변위가 생길 때(비가새골조)의 유효좌굴길이계수

또한 모든 골조형식에 대해 다음 식(6.34)를 적용할 수 있다.

$$\sum P_{e2} = R_M \frac{\sum HL}{\Delta_H} \tag{6.34}$$

여기서, $R_M = 1.0$: 가새골조

$= 0.85$: 모멘트 골조 및 합성구조

Δ_H : 횡력에 의한 층간변위(1차해석시)

$\sum H$: Δ_H를 산정시 모든 횡력에 의한 층전단력(N)

6.4 기둥의 설계

기둥의 단면설계는 4.6 압축재 설계의 경우와 마찬가지로 반복되는 단면가정의 과정을 거쳐야 한다. 선택된 단면은 여러 과정을 거쳐 최종적으로는 P-M 상관식 식(6.7) 및 식(6.8)에 의해 검토된다. 만약 단면이 상관식을 만족하지 않거나 너무 안전하게 설계되었다면 다른 단면을 선택하고 상관식에 다시 적용하여야 한다.

예제 6-01

그림과 같이 양단이 단순지지인 높이 7.5m 인 기둥에 압축력 $P_u = 150\text{kN}$ 과 등분포하중 $w_u = 1.5\text{kN/m}$ 이 약축으로 작용할 때에 기둥단면을 결정하시오. 다만, 사용강재는 SS400이며, $C_m = 1.0$을 적용한다.

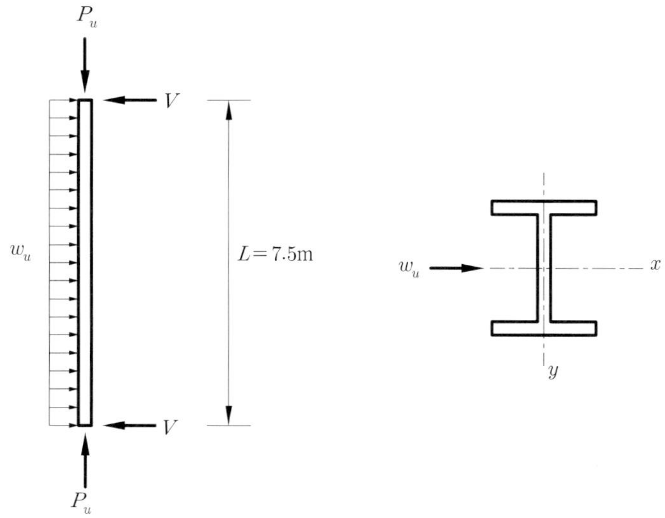

풀이

(1) 소요강도

$P_u = 150\,\text{kN}$

$$M_u = \frac{w_u L^2}{8} = \frac{1.5 \times 7.5^2}{8} = 10.5\text{kN} \cdot \text{m}$$

(2) 단면 가정 : H−250×250×9×14

$A_g = 9.228 \times 10^3\,\text{mm}^2$, $r = 16\text{mm}$, $r_y = 62.9\text{mm}$, $Z_y = 4.44 \times 10^5\,\text{mm}^3$,

$I_y = 3.65 \times 10^7\,\text{mm}^4$, $h = 250 - 2 \times (14 + 16) = 190\,\text{mm}$

(3) 판폭두께비

플랜지 : $\frac{b}{t_f} = \frac{250/2}{14} = 8.93 < \lambda_p = 0.38\sqrt{\frac{E}{F_y}} = 0.38\sqrt{\frac{205{,}000}{235}} = 11.2$ 조밀단면

웨브 : $\frac{h}{t_w} = \frac{190}{9} = 21.1 < \lambda_p = 3.76\sqrt{\frac{E}{F_y}} = 3.76\sqrt{\frac{205{,}000}{235}} = 111.1$ 조밀단면

(4) 압축강도

약축(y축)에 대한 세장비

$$\left(\frac{KL}{r}\right)_y = \frac{1.0 \times 7{,}500}{62.9} = 119.2 < 4.71\sqrt{\frac{E}{F_y}} = 4.71\sqrt{\frac{205{,}000}{235}} = 139.1$$

또는 $F_e = \frac{\pi^2 E}{\left(\frac{KL}{r}\right)_y^2} = \frac{\pi^2 \times 205{,}000}{119.2^2} = 142.3 > 0.44F_y = 0.44 \times 235 = 103.4$

그러므로 $F_{cr} = (0.658^{\frac{F_y}{F_e}})F_y = (0.658^{\frac{235}{142.3}})235 = 117.7\,\text{N/mm}^2$

공칭압축강도

$P_n = F_{cr}A_g = 117.7 \times 9.218 \times 10^3 = 1{,}084{,}959\,\text{N} = 1{,}085\,\text{kN}$

$\phi_c P_n = 0.9 \times 1{,}085 = 976.5\,\text{kN} > P_u = 150\,\text{kN}$ 적합

(5) 휨강도

약축휨을 받는 H형강부재는 횡좌굴이나 웨브좌굴이 발생하지 않는다. 또한 플랜지 및 웨브 모두 조밀단면이므로 플랜지 국부좌굴에 대하여 고려할 필요가 없다. 따라서 공칭휨강도는 전소성모멘트에 의해 결정된다.

1) 공칭휨강도 :

$$M_n = M_p = F_y Z_y = 235 \times 4.44 \times 10^5 = 104.3 \times 10^6\text{N} \cdot \text{mm} = 104.3\text{kN} \cdot \text{m}$$

2) 확대모멘트

오일러좌굴하중 :

$$P_{e1} = \frac{\pi^2 EI_y}{(K_y L)^2} = \frac{\pi^2 \times 205{,}000 \times 3.65 \times 10^7}{(1 \times 7{,}500)^2} = 1{,}312{,}877\text{N} = 1{,}313\,\text{kN}$$

확대계수 $B_1 = \frac{C_m}{1 - P_u/P_{e1}} = \frac{1.0}{1 - 150/1{,}313} = 1.13$

확대모멘트 $M_{uy} = B_1 M_{nt} = 1.13 \times 10.5 = 11.87\text{kN} \cdot \text{m}$

3) 상관식 검토

$$\frac{P_u}{\phi_c P_n} = \frac{150}{0.9 \times 1{,}085} = 0.15 < 0.2$$ 이므로

식(6.8) $$\frac{P_u}{2\phi_c P_n} + \frac{M_{uy}}{\phi_b M_{ny}} = \frac{150}{2(0.9 \times 1{,}085)} + \frac{11.87}{0.9 \times 104.3} = 0.2 < 1.0$$ 적합

예제 6-02

예제 6.01의 기둥에서 등분포하중이 강축방향으로 작용하는 휨에 대해 단면의 적정성을 검토하시오. 다만, $C_b = 1.0$이라 가정한다.

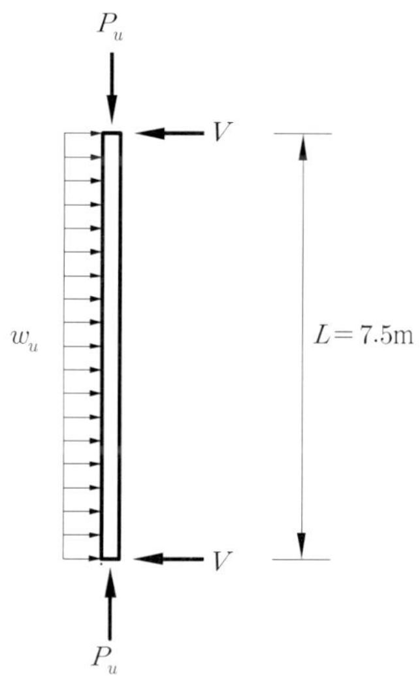

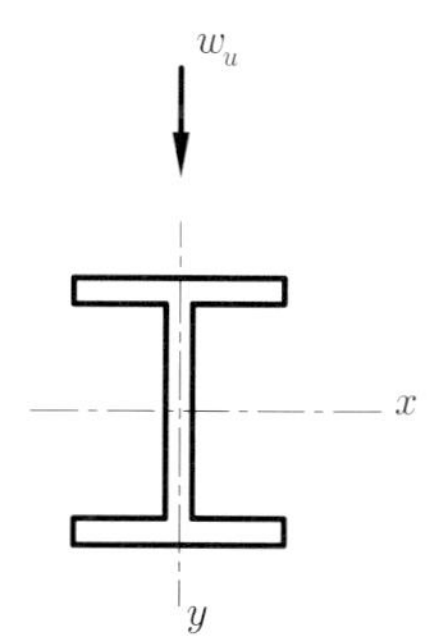

풀이

(1) 소요강도

예제 6-01에서 $P_u = 150\text{kN}$, $M_u = 10.5\text{kN}\cdot\text{m}$

(2) 단면성능 : H-250×250×9×14

$A_g = 9.218 \times 10^3\,\text{mm}^2$, $r = 16\text{mm}$, $r_y = 62.9\text{mm}$, $Z_x = 9.60 \times 10^5\,\text{mm}^3$,

$S_x = 8.67 \times 10^5\text{mm}^3$, $I_x = 1.08 \times 10^8\,\text{mm}^4$, $J = 5.88 \times 10^5\text{mm}^4$

(3) 압축강도

예제 6-01의 결과로부터 공칭압축강도

$P_n = F_{cr} A = 117.7 \times 9.218 \times 10^3 = 1{,}084{,}959\text{N} = 1{,}805\text{kN}$

$\phi_c P_n = 0.9 \times 1{,}085 = 976.5\text{kN} > P_u = 150\text{kN}$ 적합

(4) 휨강도

1) M_p 및 M_r 산정

$$M_p = F_y Z_x = 235 \times 9.60 \times 10^5 = 225.6 \times 10^6 \text{N}\cdot\text{mm} = 225.6\text{kN}\cdot\text{m}$$

$$M_r = 0.7F_y S_x = 0.7 \times 235 \times 8.67 \times 10^5 = 142.6 \times 10^6 \text{N}\cdot\text{mm} = 142.6\text{kN}\cdot\text{m}$$

2) 횡비틀림좌굴강도

$L_b = 7.5\text{ m}$

$$L_p = 1.76\, r_y \sqrt{\frac{E}{F_y}} = 1.76 \times 62.9 \times \sqrt{\frac{205{,}000}{235}} = 3{,}270\text{mm} = 3.27\text{m}$$

$L_b > L_p$이므로 식(5.26)에서 L_r을 산정한다.

$$L_r = 1.95 r_{ts} \frac{E}{0.7F_y} \sqrt{\frac{Jc}{S_x h_o}} \sqrt{1 + \sqrt{1 + 6.76\left(\frac{0.7F_y}{E}\frac{S_x h_o}{Jc}\right)^2}} = 13{,}518\text{mm} = 13.5\text{m}$$

여기서 $r_{ts} = \dfrac{b_f}{\sqrt{12\left(1 + \dfrac{h t_w}{6 b_f t_f}\right)}} = \dfrac{250}{\sqrt{12\left(1 + \dfrac{190 \times 9}{6 \times 250 \times 14}\right)}} = 69.4\text{mm}$

$$\frac{E}{0.7F_y} = \frac{205{,}000}{0.7 \times 235} = 1{,}246$$

$$\frac{Jc}{S_x h_o} = \frac{5.88 \times 10^5 \times 1.0}{8.67 \times 10^5 \times (250 - 14)} = 2.87 \times 10^{-3}$$

$L_p < L_b \leq L_r$이므로

$$M_{nx} = C_b\left[M_p - (M_p - 0.7F_y S_x)\left(\frac{L_b - L_p}{L_r - L_p}\right)\right]$$

$$= 1.0\left[225.8 - (225.8 - 142.6)\left(\frac{7.5 - 3.27}{13.5 - 3.27}\right)\right] = 191\text{kN}\cdot\text{m} < M_p = 225.8\text{kN}\cdot\text{m}$$

3) 확대모멘트

좌굴하중 $P_{e1} = \dfrac{\pi^2 E I_x}{(K_x L)^2} = \dfrac{\pi^2 \times 205{,}000 \times 1.08 \times 10^8}{(1 \times 7{,}500)^2} = 3{,}884{,}676\text{N} = 3{,}885\text{kN}$

확대계수 $B_1 = \dfrac{C_m}{1 - P_u/P_{e1}} = \dfrac{1.0}{1 - 150/3{,}885} = 1.04$

확대모멘트 $M_{ux} = B_1 M_{nt} = 1.04 \times 10.5 = 10.92\text{kN}\cdot\text{m}$

(5) 상관식 검토

$\dfrac{P_u}{\phi_c P_n} = \dfrac{150}{976.5} = 0.15 < 0.2$이므로

식(6.8) $\dfrac{P_u}{2\phi_c P_n} + \dfrac{M_{ux}}{\phi_b M_{nx}} = \dfrac{150}{2 \times 976.5} + \dfrac{10.92}{0.9 \times 190} = 0.14 < 1.0$ 적합

예제 6-03

그림과 같이 길이가 4.5m인 H-248×249×8×13(SS400)의 기둥이 양단부에서 x, y 양방향으로 횡보강되어 있을 때, 이 기둥단면의 크기가 적당한지 검토하시오. 기둥에 작용하는 압축력은 $P_u = 300\,\mathrm{kN}$ 이며, 휨모멘트는 $M_{u1} = -50\,\mathrm{kN \cdot m}$, $M_{u2} = 70\,\mathrm{kN \cdot m}$ 가 강축방향(x축)으로 작용하며, $C_b = 1.0$ 으로 가정한다.

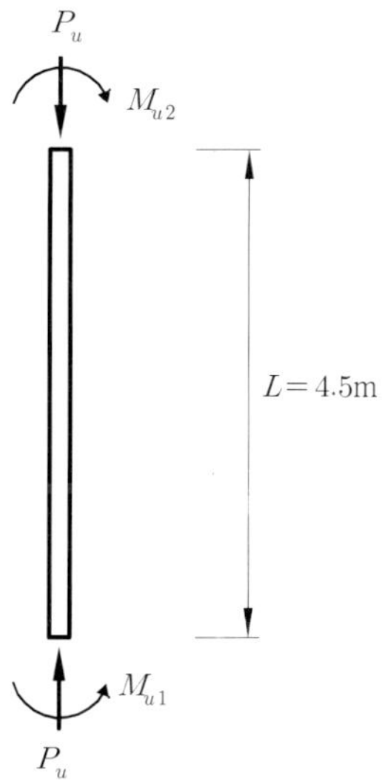

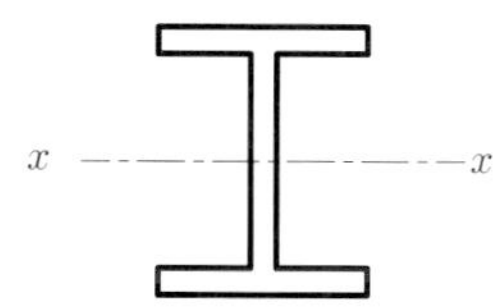

풀이

(1) 단면성능

$r = 16\,\mathrm{mm}$, $A_g = 8.471 \times 10^3\,\mathrm{mm}^2$, $I_x = 9.93 \times 10^7\,\mathrm{mm}^4$, $I_y = 3.35 \times 10^7\,\mathrm{mm}^4$,

$r_x = 108\,\mathrm{mm}$, $r_y = 62.9\,\mathrm{mm}$, $S_x = 8.01 \times 10^5\,\mathrm{mm}^3$, $Z_x = 8.83 \times 10^5\,\mathrm{mm}^3$,

$J = 4.67 \times 10^5\,\mathrm{mm}^4$, $C_w = 4.62 \times 10^{11}\,\mathrm{mm}^6$, $h = 248 - 2(16+13) = 190\,\mathrm{mm}$

(2) 압축강도

세장비 ($K_x = K_y = 1.0$ 으로 가정)

$$\left(\frac{KL}{r}\right)_x = \frac{1 \times 4{,}500}{108} = 41.67 < \left(\frac{KL}{r}\right)_y = \frac{1 \times 4{,}500}{62.9} = 71.54$$

$$\left(\frac{KL}{r}\right)_y = 71.54 < 4.71\sqrt{\frac{E}{F_y}} = 139.1$$

또는

$$F_e = \frac{\pi^2 E}{\left(\frac{KL}{r}\right)_y^2} = \frac{\pi^2 \times 205{,}000}{71.54^2} = 395.3 > 0.44F_y = 0.44 \times 235 = 103.4$$

그러므로

$$F_{cr} = (0.658^{\frac{F_y}{F_e}})F_y = (0.658^{\frac{235}{395.3}}) \times 235 = 183.2$$

공칭압축강도

$$P_n = F_{cr}A_g = 183.2 \times 8.471 \times 10^3 = 1{,}551{,}887\,\mathrm{N} = 1{,}552\,\mathrm{kN}$$

(3) 휨강도

1) 국부좌굴강도

플랜지 : $\dfrac{b}{t_f} = \dfrac{249/2}{13} = 9.58 < \lambda_p = 0.38\sqrt{\dfrac{E}{F_y}} = 0.38\sqrt{\dfrac{205{,}000}{235}} = 11.2$

웨브 : $\dfrac{h}{t_w} = \dfrac{190}{8} = 23.75 < \lambda_p = 3.76\sqrt{\dfrac{E}{F_y}} = 3.76\sqrt{\dfrac{205{,}000}{235}} = 111.05$

플랜지 및 웨브 모두 조밀단면이므로

$$M_n = M_p = F_y Z_x = 235 \times 8.83 \times 10^5 = 207.5 \times 10^6\,\mathrm{N \cdot mm} = 207.5\,\mathrm{kN \cdot m}$$

2) 횡좌굴강도

$L_b = 4.5\,\mathrm{m}$

$$L_p = 1.76 r_y \sqrt{\frac{E}{F_y}} = 1.76 \times 62.9\sqrt{\frac{205{,}000}{235}} = 3{,}270\,\mathrm{mm} = 3.27\,\mathrm{m}$$

$$L_r = 1.95 r_{ts}\frac{E}{0.7F_y}\sqrt{\frac{Jc}{S_x h_0}}\sqrt{1+\sqrt{1+6.76\left(\frac{0.7F_y}{E}\frac{S_x h_0}{Jc}\right)^2}} = 12{,}883\,\mathrm{mm} = 12.9\,\mathrm{m}$$

여기서 $r_{ts} = \sqrt{\dfrac{\sqrt{I_y C_w}}{S_x}} = \sqrt{\dfrac{\sqrt{3.35 \times 10^7 \times 4.62 \times 10^{11}}}{8.01 \times 10^5}} = 70.08$

$c = 1.0,\ \ h_0 = 248 - 13 = 235\,\mathrm{mm}$

그러므로 $L_p < L_b < L_r$ 이므로

$$M_{nx} = C_b\left[M_p - (M_p - 0.7F_y S_x)\left(\frac{L_b - L_p}{L_r - L_p}\right)\right]$$

$$= 1.0\left[207.5 - (207.5 - 131.8)\left(\frac{4.5 - 3.27}{12.9 - 3.27}\right)\right] = 197.8\,\mathrm{kN \cdot m} < M_p = 207.5\,\mathrm{kN \cdot m}$$

위에서 $0.7F_y S_x = 0.7 \times 235 \times 8.01 \times 10^5 = 131.8 \times 10^6\,\mathrm{N \cdot mm} = 131.8\,\mathrm{kN \cdot m}$

3) 확대 모멘트

$$P_{e1} = \frac{\pi^2 E I_x}{(K_x L)^2} = \frac{\pi^2 \times 205{,}000 \times 9.93 \times 10^7}{(1 \times 4{,}500)^2} = 9{,}921{,}551\,\mathrm{N} = 9{,}922\,\mathrm{kN}$$

$$C_m = 0.6 - 0.4\left(\frac{M_{u1}}{M_{u2}}\right) = 0.6 - 0.4\left(-\frac{50}{70}\right) = 0.89$$

확대계수 $B_1 = \dfrac{C_m}{1 - P_u/P_{e1}} = \dfrac{0.89}{1 - 300/9{,}922} = 0.92$

확대모멘트 $M_{ux} = B_1 M_{u2} = 0.92 \times 70 = 64.4\,\mathrm{kN \cdot m}$

(4) 상관식 검토

$$\frac{P_u}{\phi_c P_n}=\frac{300}{0.9\times 1{,}522}=0.22>0.2\text{이므로}$$

$$\frac{P_u}{\phi_c P_n}+\frac{8}{9}\frac{M_{ux}}{\phi_b M_{nx}}=0.22+\frac{8}{9}\times\frac{64.4}{0.9\times 197.4}=0.54<1.0 \quad \text{적합}$$

예제 6-04

2축 휨이 작용하는 길이가 6 m 인 H-300×300×10×15(SS400) 강재기둥이 양 단부에서 x, y 양방향으로 횡보강되어 있을 때, 이 기둥단면의 크기가 적당한지 검토하시오. 계수축하중은 $P_u = 500\,\text{kN}$ 이며, 계수휨모멘트는 $M_{ux1} = -100\text{kN}\cdot\text{m}$, $M_{ux2} = 120\text{kN}\cdot\text{m}$, $M_{uy1} = 30\text{kN}\cdot\text{m}$, $M_{uy2} = 50\text{kN}\cdot\text{m}$ 이다.

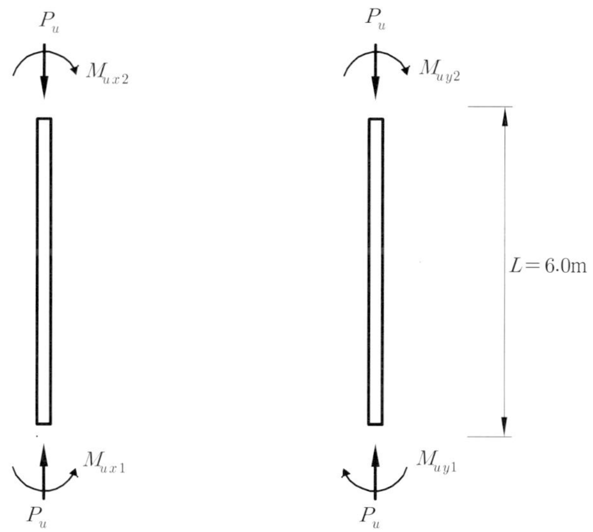

풀이

(1) H-300×300×10×15 강재의 단면성능

$A_g = 1.198\times 10^4\text{mm}^2$, $r_y = 75.1\,\text{mm}$, $S_x = 1.36\times 10^6\,\text{mm}^3$, $Z_x = 1.5\times 10^6\text{mm}^3$,

$Z_y = 6.84\times 10^5\,\text{mm}^3$, $r = 18\,\text{mm}$, $I_x = 2.04\times 10^8\text{mm}^4$, $C_w = 1.37\times 10^{12}\text{mm}^6$,

$J = 8.82\times 10^5\text{mm}^4$, $I_y = 6.75\times 10^7\text{mm}^4$, $h = 300-2(15+18) = 234\,\text{mm}$

(2) 압축강도

세장비 ($K_x = K_y = 1.0$이라 가정)

$$\left(\frac{KL}{r}\right)_y = \frac{1\times 6{,}000}{75.1} = 79.9 < 4.71\sqrt{\frac{E}{F_y}} = 4.71\sqrt{\frac{205{,}000}{235}} = 139.1$$

또는 $F_e = \dfrac{\pi^2 E}{\left(\dfrac{KL}{r}\right)_y^2} = \dfrac{\pi^2\times 205{,}000}{(79.9)^2} = 316.9 > 0.44F_y\times 235 = 103.4$

그러므로 $F_{cr} = (0.658^{\frac{F_y}{F_e}})F_y = (0.658^{\frac{235}{316.9}})\times 235 = 172.4\,\mathrm{N/mm^2}$

공칭압축강도 $P_n = F_{cr}A_g = 172.4\times 1.198\times 10^4 = 2{,}065{,}352\,\mathrm{N} = 2{,}065\,\mathrm{kN}$

(3) 휨강도

1) 국부좌굴강도

플랜지 : $\lambda = \dfrac{b}{t_f} = \dfrac{300/2}{15} = 10 < \lambda_p = 0.38\sqrt{\dfrac{E}{F_y}} = 0.38\sqrt{\dfrac{205{,}000}{235}} = 11.2$

웨브 : $\dfrac{h}{t_w} = \dfrac{234}{10} = 23.4 < \lambda_p = 3.76\sqrt{\dfrac{E}{F_y}} = 3.76\sqrt{\dfrac{205{,}000}{235}} = 111$

플랜지 및 웨브 모두 조밀단면이므로

$M_{nx} = M_{px} = F_yZ_x = 235\times 1.5\times 10^6 = 352.5\times 10^6\mathrm{N\cdot mm} = 352.5\mathrm{kN\cdot m}$

$M_{ny} = M_{py} = F_yZ_y = 235\times 6.84\times 10^5 = 160.7\times 10^6\mathrm{N\cdot mm} = 160.7\mathrm{kN\cdot m}$

2) 횡좌굴강도

강축 휨 :

$L_b = 6\,\mathrm{m}$

$$L_p = 1.76r_y\sqrt{\frac{E}{F_y}} = 1.76\times 75.1\times\sqrt{\frac{205{,}000}{235}} = 3{,}900\mathrm{mm} = 3.9\mathrm{m}$$

$$L_r = 1.95r_{ts}\frac{E}{0.7F_y}\sqrt{\frac{Jc}{S_xh_o}}\sqrt{1+\sqrt{1+6.76\left(\frac{0.7F_y}{E}\times\frac{S_xh_o}{Jc}\right)^2}} = 14{,}967\mathrm{mm} = 15\mathrm{m}$$

여기서, $r_{ts} = \sqrt{\dfrac{\sqrt{I_yC_w}}{S_x}} = \sqrt{\dfrac{\sqrt{6.75\times 10^7\times 1.37\times 10^{12}}}{1.36\times 10^6}} = 84.1$

H형강일 때, $c = 1.0$, $h_o = 300 - 15 = 285\mathrm{mm}$

$L_p < L_b < L_r$ 이므로

$C_b = 1.0$ 으로 가정하면

$$M_{nx} = C_b\left[M_{px} - (M_{px} - 0.7F_yS_x)\left(\frac{L_b - L_p}{L_r - L_p}\right)\right]$$

$$= 1.0\times\left[352.5 - (352.5 - 223.7)\left(\frac{6.0 - 3.9}{15 - 3.9}\right)\right] = 328\mathrm{kN\cdot m} < M_{px}$$

위에서 $0.7F_yS_x = 0.7\times 235\times 1.36\times 10^6 = 223.7\times 10^6\mathrm{N\cdot mm} = 223.7\,\mathrm{kN\cdot m}$

약축 휨 : 약축 휨을 받는 경우, 횡좌굴이 발생하지 않으며 또한 조밀단면이므로

$M_{ny} = M_{py} = F_yZ_y = 160.7\mathrm{kN\cdot m}$

3) 확대모멘트

강축 :

$$P_{e1x} = \frac{\pi^2 EI_x}{(K_x L)^2} = \frac{\pi^2 \times 205{,}000 \times 2.04 \times 10^8}{(1 \times 6{,}000)^2} = 11{,}465 \times 10^3 \text{N} = 11{,}465 \text{kN}$$

$$C_{mx} = 0.6 - 0.4\frac{M_{ux1}}{M_{ux2}} = 0.6 - 0.4\left(\frac{-100}{120}\right) = 0.93$$

확대계수 $B_{1x} = \dfrac{C_{mx}}{1 - P_u/P_{e1x}} = \dfrac{0.93}{1 - 500/11{,}465} = 0.97 < 1.0 \quad \therefore B_{1x} = 1.0$

$$M_{ux} = B_{1x} M_{ux2} = 1.0 \times 120 = 120 \text{kN}\cdot\text{m}$$

약축 :

$$P_{e1y} = \frac{\pi^2 EI_y}{(K_y L)^2} = \frac{\pi^2 \times 205{,}000 \times 6.75 \times 10^7}{(1 \times 6{,}000)^2} = 3{,}793 \times 10^3 \text{N} = 3{,}793 \text{kN}$$

$$C_{my} = 0.6 - 0.4\frac{M_{uy1}}{M_{uy2}} = 0.6 - 0.4\left(\frac{30}{50}\right) = 0.36$$

확대계수 $B_{1y} = \dfrac{C_{my}}{1 - P_u/P_{e1y}} = \dfrac{0.36}{1 - 500/3{,}793} = 0.41 < 1.0 \quad \therefore B_{1y} = 1.0$

확대모멘트

$$M_{uy} = B_{1y} M_{uy2} = 1.0 \times 50 = 50 \text{kN}\cdot\text{m}$$

(4) 상관식 검토

$\dfrac{P_u}{\phi_c P_n} = \dfrac{500}{0.9 \times 2{,}065} = 0.27 > 0.2$이므로

$$\frac{P_u}{\phi_c P_n} + \frac{8}{9}\left(\frac{M_{ux}}{\phi_b M_{nx}} + \frac{M_{uy}}{\phi_b M_{ny}}\right) = 0.27 + \frac{8}{9}\left(\frac{120}{0.9 \times 328} + \frac{50}{0.9 \times 160.7}\right)$$

$$= 0.94 < 1.0 \quad \text{적합}$$

예제 6-05

그림과 같이 길이가 $8\,\text{m}$인 H-175×175×7.5×11(SS400) 강재 기둥 단면의 적정성을 검토하시오. 기둥의 양단부에서 강축방향으로는 강접합, 약축방향으로는 핀접합되어 있으며, 기둥의 중앙부에서 약축방향으로 횡지지되어 있다.

기둥에 작용하는 계수축하중은 $180\,\text{kN}$이며, 횡변위가 없는 경우에 기둥의 상단에는 $M_{nt1} = 15\,\text{kN}\cdot\text{m}$, 하단에는 $M_{nt2} = 20\text{kN}\cdot\text{m}$의 모멘트가 작용한다. 그리고 횡변위가 있는 경우에는 상단에 $M_{lt1} = 12\text{kN}\cdot\text{m}$, 하단에 $M_{lt2} = 15\text{kN}\cdot\text{m}$의 모멘트가 각각 작용한다. 휨모멘트는 강축(x축)방향으로 작용한다. 강축방향의 유효좌굴길이계수는 횡변위가 없을 경우 $K_x = 0.9$를, 횡변위가 있을 경우 $K_x = 1.1$을 사용한다.

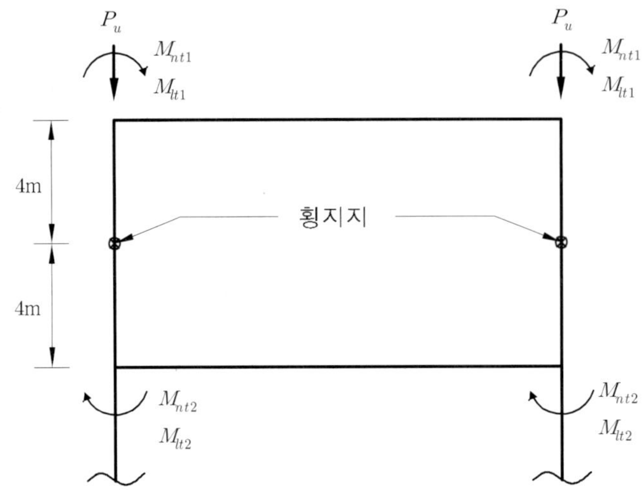

풀이

(1) 단면성능

$A_g = 5.121\times10^3\text{mm}^2$, $r_x = 75\text{mm}$, $r_y = 43.8\text{mm}$, $S_x = 3.3\times10^5\text{mm}^3$, $r = 12\text{mm}$

$Z_x = 3.69\times10^5\text{mm}^3$, $Z_y = 1.71\times10^5\text{mm}^3$, $I_x = 2.88\times10^7\text{mm}^4$, $I_y = 9.84\times10^6\text{mm}^4$,

$C_w = 6.61\times10^{10}\text{mm}^6$, $J = 2.05\times10^5\text{mm}^4$, $h = 175-2(11+12) = 129\text{ mm}$

(2) 압축강도

$$\left(\frac{KL}{r}\right)_x = \frac{0.9\times8{,}000}{75} = 96 > \left(\frac{KL}{r}\right)_y = \frac{1.0\times4{,}000}{43.8} = 91.3$$

그러므로 강축(x축) 방향으로 좌굴강도의 산정이 필요함

$$\left(\frac{KL}{r}\right)_x = 96 < 4.71\sqrt{\frac{E}{F_y}} = 4.71\sqrt{\frac{205{,}000}{235}} = 139.1$$

또는 $$F_e = \frac{\pi^2E}{\left(\frac{KL}{r}\right)_x^2} = \frac{\pi^2\times205{,}000}{96^2} = 219.5 > 0.44F_y = 0.44\times235 = 103.4$$

그러므로 $F_{cr} = (0.658^{\frac{F_y}{F_e}})F_y = (0.658^{\frac{235}{219.5}})\times235 = 150.2\text{N/mm}^2$

공칭압축강도 $P_n = F_{cr}A_g = 150.2\times5.121\times10^3 = 769.2\times10^3\text{N} = 769.2\text{kN}$

(3) 휨강도

1) 국부좌굴강도

플랜지 : $\lambda = \frac{b}{t_f} = \frac{175/2}{11} = 7.95 < \lambda_p = 0.38\sqrt{\frac{E}{F_y}} = 0.38\sqrt{\frac{205{,}000}{235}} = 11.2$

웨브 : $\frac{h}{t_w} = \frac{129}{7.5} = 17.2 < \lambda_p = 3.76\sqrt{\frac{E}{F_y}} = 3.76\sqrt{\frac{205{,}000}{235}} = 111$

플랜지 및 웨브 모두 조밀단면이므로

$M_n = M_p = F_y Z_x = 235 \times 3.69 \times 10^5 = 86.7 \times 10^6 \text{N}\cdot\text{mm} = 86.7\text{kN}\cdot\text{m}$

2) 횡좌굴강도

횡변위가 없는 경우 :

$L_b = 8\text{m}$

$$L_p = 1.76 r_y \sqrt{\frac{E}{F_y}} = 1.76 \times 43.8 \times \sqrt{\frac{205{,}000}{235}} = 2{,}300\text{mm} = 2.3\text{m}$$

$$L_r = 1.95 r_{ts} \frac{E}{0.7F_y} \sqrt{\frac{Jc}{S_x h_o}} \sqrt{1 + \sqrt{1 + 6.76\left(\frac{0.7F_y}{E} \cdot \frac{S_x h_o}{Jc}\right)^2}} = 10{,}815\text{mm} = 10.8\text{m}$$

여기서 $r_{ts} = \sqrt{\frac{\sqrt{I_y C_w}}{S_x}} = \sqrt{\frac{\sqrt{9.84 \times 10^6 \times 6.62 \times 10^{10}}}{3.3 \times 10^5}} = 49.4$

H형강일 때 $c = 1.0$, $h_o = 175 - 11 = 164\text{mm}$

$\therefore L_p < L_b < L_r$ 이므로

$$M_{nx} = C_b\left[M_p - (M_p - 0.7F_y S_x)\left(\frac{L_b - L_p}{L_r - L_p}\right)\right]$$

$$= 1.0\left[86.7 - (86.7 - 54.3)\left(\frac{8 - 2.3}{10.8 - 2.3}\right)\right] = 65\text{kN}\cdot\text{m} < M_p$$

위에서 $0.7F_y S_x = 0.7 \times 235 \times 3.3 \times 10^5 = 54.3 \times 10^6 \text{N}\cdot\text{mm} = 54.3\text{kN}\cdot\text{m}$

3) 확대모멘트

$$P_{e1} = \frac{\pi^2 E I_x}{(K_x L)^2} = \frac{\pi^2 \times 205{,}000 \times 2.88 \times 10^7}{(0.9 \times 8{,}000)^2} = 1{,}124{,}038\text{N} = 1{,}124\text{kN}$$

$$C_{mx} = 0.6 - 0.4\frac{M_{nt1}}{M_{nt2}} = 0.6 - 0.4\left(\frac{15}{20}\right) = 0.3$$

횡변위가 없는 경우 :

확대계수 $B_{1x} = \frac{C_{mx}}{1 - P_u/P_{e1}} = \frac{0.3}{1 - 180/1{,}124} = 0.36 < 1.0 \quad \therefore B_{1x} = 1.0$

확대모멘트 $M_{ux1} = B_{1x} M_{nt2} = 1.0 \times 20 = 20\text{kN}\cdot\text{m}$

횡변위가 있는 경우 :

확대계수 $B_{2x} = \frac{1}{1 - \frac{\Sigma P_u}{\Sigma P_{e2}}} = \frac{1}{1 - \frac{2 \times 180}{2 \times 1{,}124}} = 1.2$

확대모멘트 $M_{ux2} = B_{1x} M_{nt2} + B_{2x} M_{lt2} = 20 + 1.2 \times 15 = 38\text{kN}\cdot\text{m}$

(4) 상관식 검토

$\frac{P_u}{\phi_c P_n} = \frac{180}{0.9 \times 769.2} = 0.26 > 0.2$ 이므로

$\frac{P_u}{\phi_c P_n} + \frac{8}{9}\left(\frac{M_{ux}}{\phi_b M_{nx}}\right) = 0.26 + \frac{8}{9}\left(\frac{38}{0.9 \times 63.3}\right) = 0.85 < 1.0$ 적합

연습문제

Steel Structures

01 그림과 같은 SM490 H−200×200×8×12 기둥의 모멘트 확대계수를 구하시오. 다만, 기둥의 양단은 횡지지되었다.

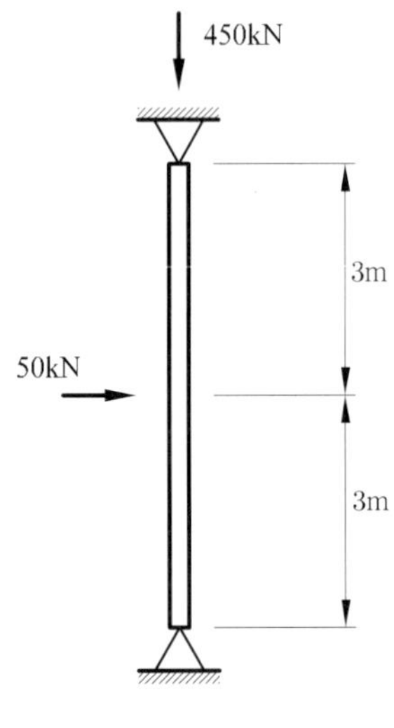

(a)

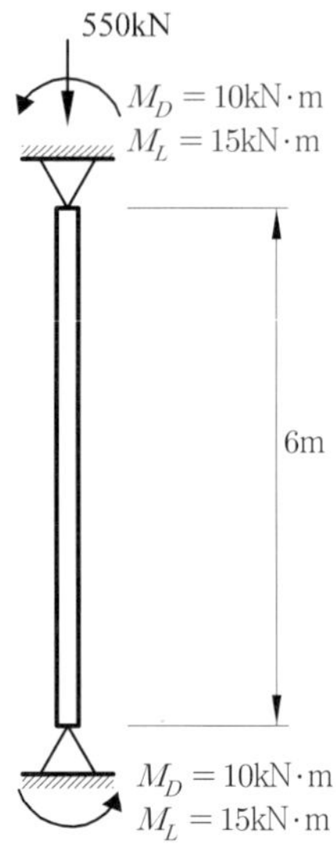

(b)

02 그림과 같은 가새골조의 기둥이 H−250×250×9×14로 설계되어 있다. 200 kN 의 계수축하중이 작용하고 기둥 상부에 150kN·m, 하부에 100kN·m 가 약축(y축)에 대해 작용할 경우에 단면의 적정성을 검토하시오. 기둥은 SS400 강재를 사용하며, 약축방향으로 핀접합되어 있다.

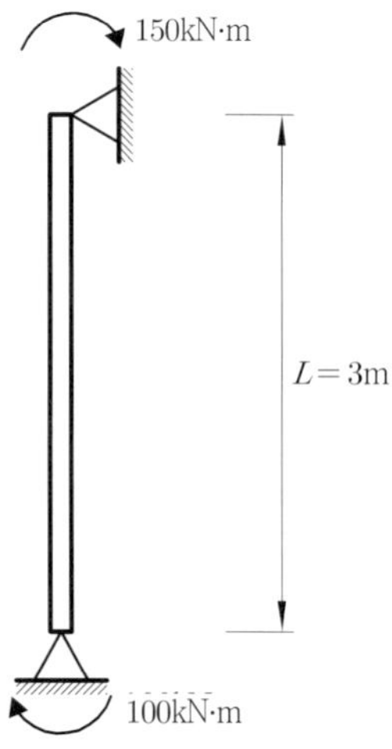

03 그림과 같이 양단이 단순지지되어 있는 SM490 H−400×400×13×21 기둥에 $P_D = 600\,\mathrm{kN}$ $P_L = 1{,}200\mathrm{kN}$ 의 압축력과 그림에서와 같이 강축방향으로 모멘트가 작용할 경우에 단면의 적정성을 검토하시오. 다만, 기둥의 비지지 길이는 $6\mathrm{m}$ 이다.

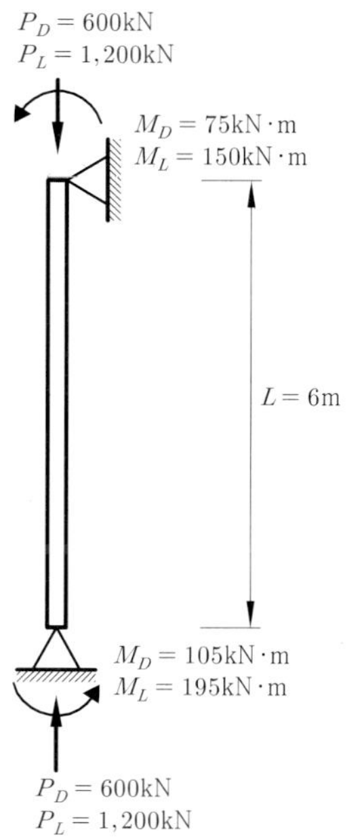

04 그림의 프레임이 비가새골조인 경우에 단면의 적정성을 검토하시오. 작용하는 계수 축하중은 $200\,\mathrm{kN}$ 이며, 횡변위가 없는 경우에 기둥의 상단에는 $M_{nt1} = 20\mathrm{kN \cdot m}$, 하단에는 $M_{nt2} = 15\mathrm{kN \cdot m}$ 의 모멘트가 작용한다. 그리고 횡변위가 있는 경우에는 상단에 $M_{lt1} = 150\mathrm{kN \cdot m}$, 하단에 $M_{lt2} = 120\mathrm{kN \cdot m}$ 의 모멘트가 각각 작용한다. 휨모멘트는 강축방향으로 작용하며, SS400의 H−250×250×9×14를 사용한다. 다만, 강축방향의 유효좌굴길이계수는 횡이동이 없을 경우 $K_x = 0.78$ 를, 횡이동이 있을 경우 $K_x = 1.15$ 로 가정한다.

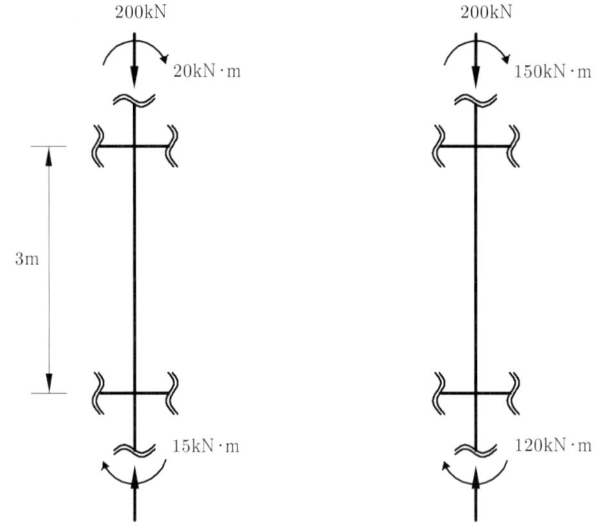

05 양단이 단순지지되어 있는 SM490 H-440×300×11×18 기둥에 $P_D = 250\text{kN}$ $P_L = 450\text{kN}$의 압축력과 그림과 같이 강축(x축)과 약축(y축) 방향으로 각각 모멘트가 작용할 경우에 단면의 적정성을 검토하시오. 다만, 기둥의 지지길이는 7m이다.

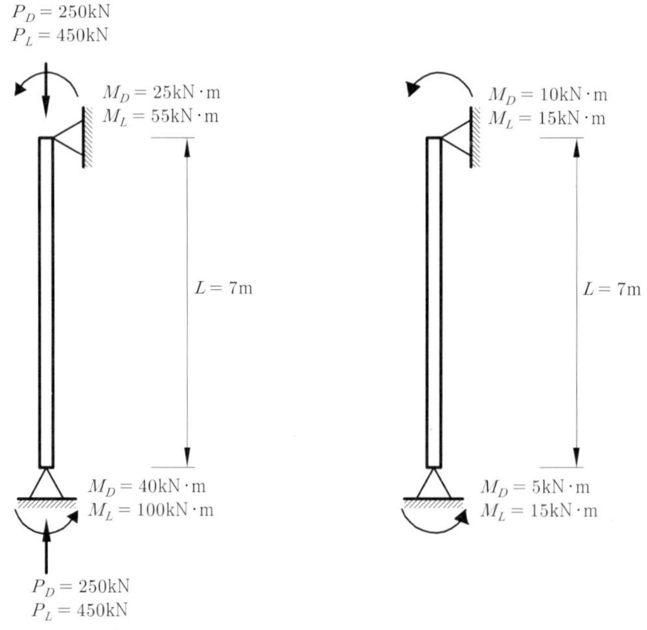

06 그림과 같은 기둥에 작용하는 계수축하중은 $130\,\mathrm{kN}$이며, 횡변위가 없는 경우에 기둥의 상단에는 $M_{nt1} = 14\mathrm{kN \cdot m}$, 하단에는 $M_{nt2} = 24\mathrm{kN \cdot m}$의 모멘트가 작용한다. 그리고 횡변위가 있는 경우에는 상단에 $M_{lt1} = 90\mathrm{kN \cdot m}$, 하단에 $M_{lt2} = 140\mathrm{kN \cdot m}$의 모멘트가 각각 작용한다. 이들 값은 강축에 대한 휨을 나타내며, 강축방향으로 강접합, 약축방향으로 핀접합되어 있다. 기둥의 단면이 SS400인 H-200×200×8×12를 사용할 경우에 단면의 적정성을 검토하시오. 다만, 강축방향의 유효좌굴길이계수는 횡변위가 없을 경우 $K_x = 0.85$를, 횡변위가 있을 경우 $K_x = 1.2$를 사용한다.

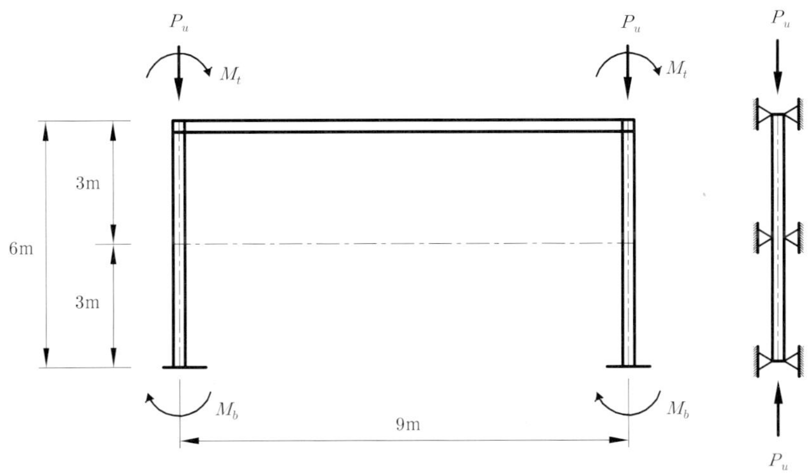

Cornell University in Ithaca, U.S.A. 보-기둥 접합부 : 모멘트저항골조로 기둥과 보를 용접하고 외부의 하부를 기초에 연결시킨 구조로 강구조의 특성 및 구조미를 표현.

Chapter 7

접합부

Chapter 7 접합부

7.1 접합부 개요

강구조와 같이 각 부재들로 조립되는 구조물에는 접합이 필수적이다. 강구조의 접합수단으로는 파스너(fastener, 리벳 또는 볼트)와 용접 2가지로 대별된다.

예전에는 리벳(rivet)이 일반적으로 많이 사용되었지만, 근래에 와서는 고력볼트(high strength bolt)나 용접(weld)이 지배적이며, 리벳은 거의 배제되었다. 볼트에는 일반볼트와 고력볼트로 구분되는데, 일반볼트는 중도리, 가새 등 하중이 작은 단순접합에만 사용하고 프레임접합에는 사용하지 않는다. 고력볼트접합은 리벳접합이나 용접접합에 비해 적은 숙련공으로도 빠른 공정을 수행할 수 있기 때문에 다른 방법에 비해 오히려 경제적이라고 할 수 있다.

프레임구조에서 접합부는 그 특성상 강접합(fully restrained connection), 반강접합(partially restrained connection) 및 단순접합(simple connection)으로 구분되는데 접합부의 안전이 구조물의 안전과 연관되므로 접합은 구조물의 성능을 가늠하는 매우 중요한 설계과정이라 할 수 있다.

7.2 고력볼트접합

강구조에서 처음으로 고력볼트접합의 가능성을 주장한 것은 1934년 C. Batho와 E. H. Bateman이었다. 그 후 1947년에 리벳 및 볼트접합 연구위원회(Research Council on Riveted and Bolted Structural Joints)가 설립되었고, 1951년에 처음으로 설계기준을 제정함으로써 고력볼트접합은 이후 놀라운 속도로 건물과 교량공사에 적용되었다.

7.2.1 볼트의 종류

현재 대부분의 고력볼트는 육각볼트로 되어 있다. 물론 특수한 곳에 사용하는 특수볼트도 있겠지만 KS 기준에는 특수볼트를 포함시키지 않았다. 한편 미국의 RCSC(Research Council on Structural Connections)에서는 특수볼트에 대한 규정을 포함하고 있어서 참고할 만하다.

KS B 1010에서 규정한 고력볼트의 종류로는 1종(F8T), 2종(F10T), 4종(F13T)의 3종류가 있다(표 7.1 참조). 기존의 3종(F11T)은 취성파괴 사례 때문에 사실상 사용이 금지되었고, 최근 4종(F13T)을 국내에서도 실험을 거쳐 KS에 수록하여 사용이 가능하도록 길을 열어 놓았지만 볼트의 인장강도가 높아짐에 따라 역시 이에 따른 취성파괴 문제가 대두되고 있어 실제 사용에 어려움이 있으며, 또한 1종(F8T)은 접합효율이 떨어지므로 2종(F10T)만이 사용되고 있는 실정이다. 이외에 건축용 고력볼트로 TS볼트(tension control bolt)가 최근 많이 사용되고 있는데, 이는 시공관리가 용이하고 공기단축에 기여하기 때문이다(그림 7.1 참조).

한편 와셔(washer)는 스프링와셔와 평와셔 2종류에 대해서 규정하고 있다. 2개 부재의 두께가 다른 경우 경사와셔를 외국에서는 사용할 수 있도록 제품이 나와 있는 실정이다. 경사와셔는 부재의 단면두께가 다르다든지, 경사진 곳에 높이를 조절하기 위해서 사용하는 볼트이다. 그러나 국내의 대부분의 공사에서는 평와셔를 사용하고 있다. 와셔의 주요 역할은 토크렌치법 및 장력도입법을 활용하여 볼트를 체결하는 경우, 회전요소 하부에 경화된 평활한 면을 제공하여 장력이 원활히 전달되도록 하는 역할을 한다.

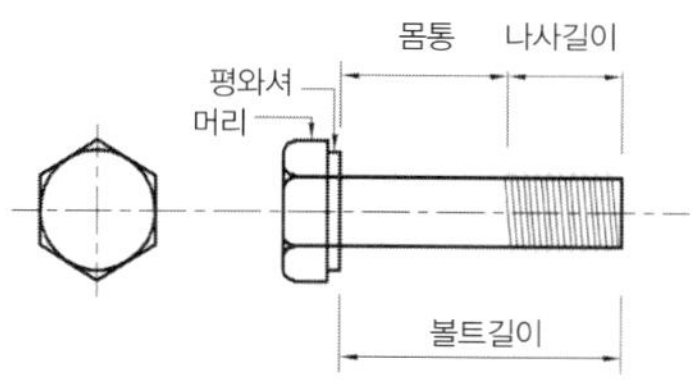

(a) 고력볼트

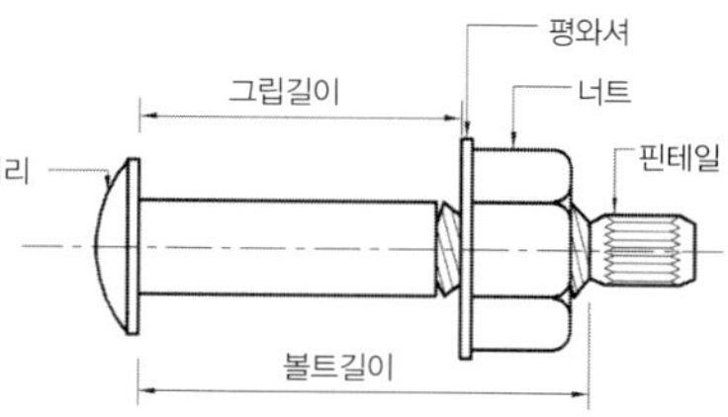

(b) TS볼트

그림 7.1 볼트의 정의

7.2.2 볼트의 규격

(1) 마킹

고력볼트를 구분하고 강도를 파악하기 위해서 독특한 마킹(identification mark)을 하는 것이 필요하다. 국내에는 마킹에 대한 구체적인 기준이 없지만 미국의 경우 ASTM 또는 제작사에 따라 자체 규정을 갖고 있다. 그림 7.2는 볼트의 마킹 사례를 표시한 것이다.

그림 7.2 볼트마킹의 사례

(2) 볼트길이

그립(grip)은 볼트머리에 있는 와셔와 너트면에 있는 와셔 사이의 피접합재길이를 의미하며 볼트의 길이는 머리 부분을 제외한 길이를 말한다. 즉 그립길이에 나사길이를 합한 거리가 된다(그림 7.1 참조).

(3) 볼트의 기계적 성질

볼트제품에서 채취된 시험편의 기계적 성질은 표 7.1과 같다.

표 7.1 볼트시험편의 기계적 성질

볼트의 등급		인 장 시 험			
		항복강도(MPa)	인장강도(MPa)	연신율(%)	수축률(%)
1종	F8T	640 이상	800~1,000	16 이상	45 이상
2종	F10T	900 이상	1,000~1,200	14 이상	40 이상
4종	F13T	1,170 이상	1,300~1,500	12 이상	35 이상

(4) 볼트구멍

볼트의 구멍은 표준(standard)구멍, 큰(oversize)구멍, 짧은홈(short slot)구멍, 긴홈(long slot)구멍으로 나눈다. 이와 같은 구멍의 종류를 설정한 주된 이유는 하중의 종류라든지, 시공오차, 시공성 등을 고려하여 구분한 것이다. 예를 들어 M20 볼트인 경우, 표준구멍이란 볼트직경에 2mm를 더한 것이고 큰구멍은 볼트직경에 4mm를 더한 것이다. 짧은홈구멍은 볼트의 폭(세로높이)을 표준구멍 크기로 하고 길이(가로방향 크기)는 볼트직경에 6mm를 더한 것이다. 긴홈구멍은 볼트의 폭은 역시 표준구멍 크기로 하고 길이를 볼트직경의 2.5배로 크게 한 구멍을 의미하는 것이다(그림 7.3 참조). 고력볼트의 지름별 구멍 크기는 표 7.2에 따른다.

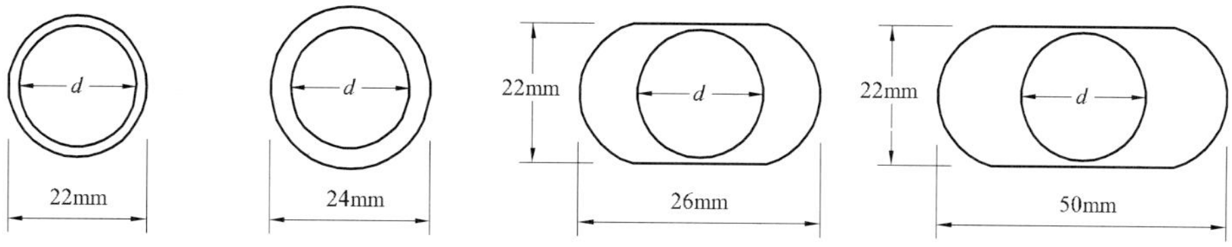

그림 7.3 M20볼트의 구멍치수

표 7.2 볼트의 지름별 구멍치수(mm)

볼트직경	표준구멍 (직경)	큰구멍 (직경)	짧은홈구멍 (폭×길이)	긴홈구멍 (폭×길이)
M16	18	20	18×22	18×40
M20	22	24	22×26	22×50
M22	24	28	24×30	24×55
M24	27	30	27×32	27×60
M27	30	35	30×37	30×67
M30	33	38	33×40	33×75

(5) 볼트간격 및 연단거리

그림 7.4에 표시한 피치(s)와 게이지(g)는 3.2.1에서 이미 설명하였다. 볼트가 설치될 때 충분한 거리를 확보하지 않으면 볼트 사이에서 부재의 지압파괴가 발생할 수 있으므로 기준에서는 볼트간격의 최소거리를 정하고 있다. 표준구멍, 큰구멍 또는 홈구멍의 중심간격은 최소 볼트직경의 $2\frac{2}{3}$배이지만 일반적으로 지름의 3배가 적당하다.

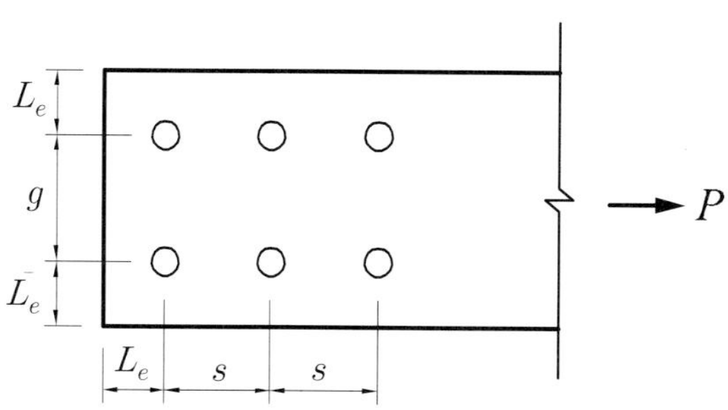

그림 7.4 볼트의 배치

연단거리(edge distance, L_e)는 부재의 연단(edge)에서 볼트구멍 중심까지의 거리를 말하며, 표준구멍인 경우 최소연단거리는 접합재의 연단이 전단연단(sheared edge) 또는 압연연단(rolled edge)에 따라 표 7.3의 값을 따르도록 하고, 큰구멍이나 홈구멍인 경우에는 표준구멍의 최소 연단거리(표 7.3의 값)에 표 7.4에 표시한 증분(increment) C_2값을 더하여 최소연단거리로 정한다. 한편 최대볼트간격 또는 최대연단거리는 판두께의 12배 이하 또는 150mm 이하로 한다.

표 7.3 표준구멍의 최소연단거리(mm)

볼트직경(mm)	연단종류	
	전단연단	압연연단
16	28	22
20	34	26
22	38	28
24	42	30
27	48	34
30	52	38

표 7.4 연단거리 증분 값 C_2(mm)

<table>
<tr><th rowspan="3">볼트직경
d(mm)</th><th rowspan="3">큰구멍</th><th colspan="3">홈 구멍</th></tr>
<tr><th colspan="2">구멍길이방향과 직각인 연단</th><th rowspan="2">구멍길이방향과 나란한 연단</th></tr>
<tr><th>짧은홈</th><th>긴홈</th></tr>
<tr><td>≤22</td><td>2</td><td>3</td><td rowspan="3">0.75d</td><td rowspan="3">0</td></tr>
<tr><td>24</td><td>3</td><td>3</td></tr>
<tr><td>≥27</td><td>3</td><td>5</td></tr>
</table>

7.2.3 볼트의 체결 및 파단

(1) 볼트의 체결

고력볼트 접합은 그림 7.5에서와 같이 볼트에 장력(張力, bolt pretension)을 도입하여 접합재 간의 마찰력으로 하중을 전단하기 때문에 마찰접합(friction type connection)이라 하였으나, 1986년 이후 반복하중이나 피로로 인한 볼트접합에서의 미끄럼(slip)이 볼트 한계상태로 추가되면서 미끄럼한계접합(slip-critical connection)으로 변경하였다. 이와 더불어 지압접합(bearing type connection)도 기준에서 명시하였다.

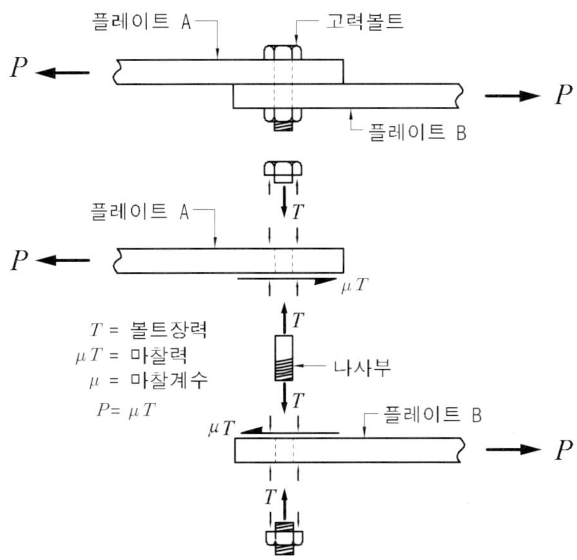

그림 7.5 볼트접합부 하중전달

고력볼트의 체결방법으로는 밀착조임(snug-tight)과 프리텐션조임(full pretension)의 2가지로 대별할 수 있다.

1) 밀착조임

밀착조임은 볼트에 인장력이 작용하는 경우나 접합재간의 미끄럼저항이 요구되지 않는 경우에 적용되며 스펏렌치(spud wrench) 또는 임팩트렌치(impact wrench)를 이용하여 인력으로 최대한 조임으로써 쉽게 체결할 수 있다.

2) 프리텐션조임

프리텐션조임은 미끄럼 한계접합에 적용하며 볼트 최대장력의 70% 이상의 장력을 도입한 체결법으로 다음 4가지를 들 수 있다.

1. 너트회전법(turn-of-nut method) : 밀착조임상태에서 너트(nut)를 뉴매틱렌치(pneumatic wrench) 또는 전동 임팩트렌치를 이용하여 1/3에서 1바퀴 회전시킨다.
2. 토크관리법(calibrated wrench method) : 볼트장력에 맞추어 토크값을 관리할 수 있는 임팩트렌치로 체결한다.
3. 직접인장측정법(direct tension indicator) : 워셔 1쪽 면에 붙어 있는 아치형 돌기(protrusion)들이 체결시 줄어든 간격(gap)의 치수로 볼트장력을 측정할 수 있다.

4. 대안볼트(alternative design bolt) : 볼트장력을 간접적으로 자동측정하는 볼트로 그림 7.1(b)의 TS볼트가 대표적이다. 전용렌치를 이용하여 핀테일(pin tail)이 떨어져나갈 때까지 체결한다.

(2) 볼트접합부의 파괴

볼트접합부의 파괴유형(failure mode)은 그림 7.6과 같다. 그림 (a), (b), (e) 및 (f)는 볼트의 파괴유형이고, 그림(c), (d) 및 (g)는 플레이트의 파괴유형이다. 이들 중 (a)와 (d)의 파괴가 접합부 파괴의 대상이 된다. 볼트직경에 비해 플레이트 두께가 클 때 볼트의 전단파괴가 일어나고, 플레이트 두께가 작을 때는 구멍벽이 압괴되어 지압파괴가 일어나게 된다.

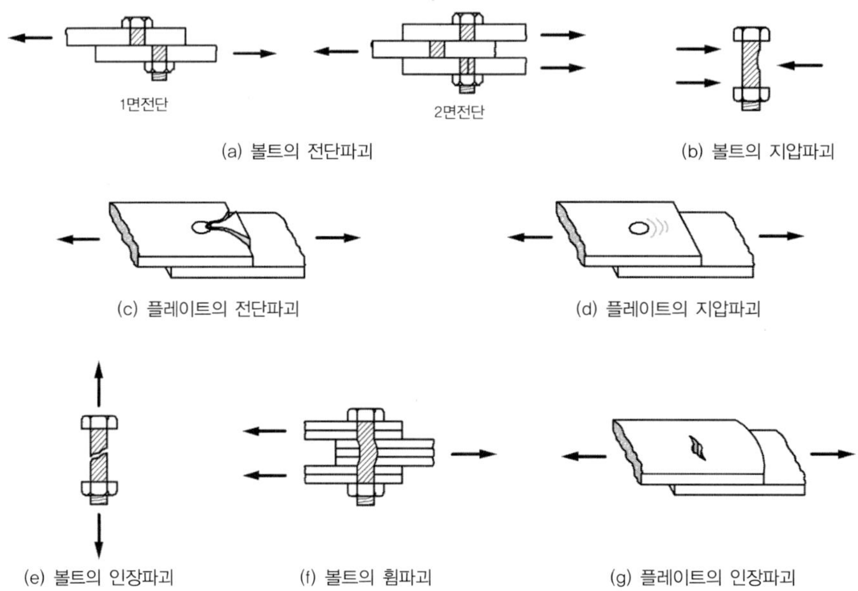

그림 7.6 볼트접합의 파괴유형

7.2.4 고력볼트의 설계강도

(1) 볼트의 공칭강도

1) 인장강도(tensile strength)

그림 7.6(e)와 같이 인장을 받는 볼트의 공칭강도(nominal strength, R_n)은 볼트재료의 인장강도에 근거한다.

$$R_n = F_{ub} A_b \tag{7.1}$$

여기서 F_{ub} : 볼트재료의 인장강도(N/mm^2)

A_b : 볼트의 단면적(몸통부분, mm^2)

그런데 볼트의 순단면적(net tensile area)은 나사부분(threaded portion)으로 볼트단면적 A_b의 0.75~0.79범위이다. 따라서 식(7.1)을 다음과 같이 정리한다.

$$R_n = F_{ub}A_b = F_{ub}(0.75A_b) = F_{nt}A_b \qquad (7.2)$$

여기서 $F_{nt} = 0.75F_{ub}$: 볼트의 공칭인장응력(N/mm^2)(표 7.5 참조)

2) 전단강도(shear strength)

그림 7.6(a)와 같이 전단을 받는 볼트의 공칭강도 R_n은 볼트의 인장강도에 근거한다. 이것은 볼트의 전단강도가 인장강도의 약 62%임이 실험적으로 밝혀졌기 때문이다. 따라서 전단강도 R_n은

$$R_n = A_b(0.62F_{ub}) = A_bF_{nv} \qquad (7.3)$$

여기서 $F_{nv} = 0.62F_{ub}$

그러나 설계기준에서는 접합부길이(1.25m 까지)에 대한 강도 감소 20%를 고려하여 식(7.3)식을 정리하면

$$R_n = (0.8)(0.62F_{ub})A_b = (0.5F_{ub})A_b = F_{nv}A_b \qquad (7.4)$$

여기서 $F_{uv} = 0.5F_{ub}$: 볼트의 공칭전단응력(N/mm^2)(표 7.5 참조)

그런데 전단면(shear plane)내에 볼트의 나사부가 있으면 75%의 단면 감소를 고려해야 하므로

$$R_n = (0.8)(0.62F_{ub})(0.75A_b) = (0.37F_{ub})A_b$$

$$R_n = (0.4F_{ub})A_b = F_{uv}A_b \qquad (7.5)$$

여기시 $F_{nv} = 0.4F_{ub}$: 볼트의 공칭전단응력(나사부가 전단면 내에 있을 때, N/mm^2)(표 7.5 참조)

위의 식(7.4) 및 식(7.5)는 1면전단(single shear)인 경우이며 2면전단(double shear)일 때는 그 값이 2배가 된다.

표 7.5 볼트의 공칭응력(N/mm^2)

볼트 등급		F8T	F10T	F13T
인장강도, F_{ub}		800	1,000	1,300
공칭인장응력, F_{nt}		600	750	975
공칭전단응력, F_{nv}	나사부가 전단면 내에 있을 때	320	400	520
	나사부가 전단면 내에 없을 때	400	500	650

3) 지압강도(bearing strength)

지압을 받는 볼트접합의 한계상태는 그림 7.6(d)와 같이 볼트구멍 주변의 과도한 변형에 기인한다. 볼트재료강도가 접합재의 강도보다 크기 때문에 그림 7.6(b)와 같은 지압파괴는 별로 일어나지 않으며 그림 7.6(c)가 지압파괴에 근접한 경우이다.

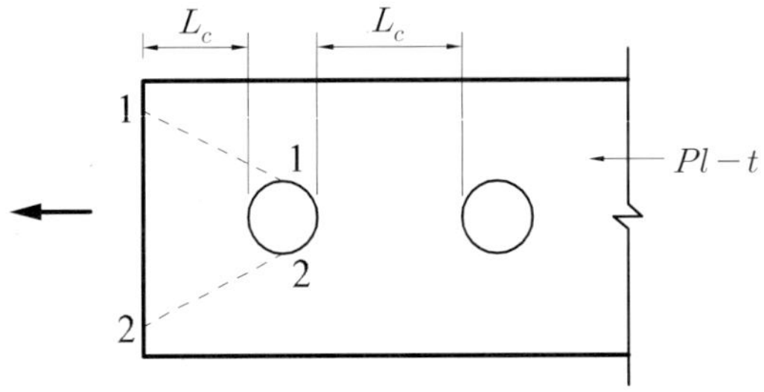

그림 7.7 L_c의 위치

그림 7.7에서 실제 파단은 1-1 및 2-2선에서 일어나지만 각도가 없는 연단거리 L_c로 생각할 때 지압강도는

$$R_n = 0.6F_u(2L_c)t = 1.2F_uL_ct \tag{7.6}$$

여기서 $0.6F_u$: 강재의 최대전단강도(ultimate shear strength, N/mm^2)

t : 접합재의 두께(mm)

L_c : 구멍 끝에서 부재연단까지 또는 다음 구멍까지의 실거리(clear distance, mm)

$$L_c > 2d \text{이면 } R_n = 2.4\,d\,t\,F_u \tag{7.7}$$

여기서 d : 볼트직경(mm)

t : 접합재 두께(mm)

F_u : 접합재의 인장강도(N/mm^2)

그러므로 식(7.6) 및 식(7.7)에서 다음 식이 구해진다.

$$R_n = 1.2L_c t F_u \le 2.4 d t F_u \qquad (7.8)$$

식(7.8)에서 볼트구멍의 변형을 설계에 고려할 필요가 없는 경우 지압강도를 25% 크게 한다. 즉

$$R_n = 1.5L_c t F_u \le 3.0 d t F_u \qquad (7.9)$$

또 긴홈구멍에 직각방향으로 하중이 작용할 때는 지압강도를 33% 감소한다.

$$R_n = 1.0L_c t F_u \le 2.0 d t F_u \qquad (7.10)$$

(2) 볼트의 설계강도

2.3.1에서 기술한 한계상태 설계법의 구조적 안전요건인 $\phi R_n \ge \gamma_i Q_i$로부터 볼트의 설계강도는

$$\phi R_n \ge P_u \qquad (7.11)$$

여기서 ϕ : 0.75, 저항계수(인장, 전단 및 지압에 대해)

R_n : 볼트의 공칭강도(kN)

P_u : 볼트의 계수하중(kN)

1) 설계인장강도(design tension strength)

$$\phi R_n = 0.75 F_{nt} A_b \qquad (7.12)$$

R_n : 볼트의 공칭인장강도; 식(7.2) 참조

2) 설계전단강도(design shear strength)

$$\phi R_n = 0.75 F_{nv} A_b \qquad (7.13)$$

R_n : 볼트의 공칭 전단강도; 식(7.4) 및 식(7.5) 참조

3) 설계지압강도(design bearing strength)

$$\phi R_n = 0.75 R_n \qquad (7.14)$$

R_n : 볼트의 공칭지압강도; 식(7.8), 식(7.9) 및 식(7.10) 참조

(3) 미끄럼한계 설계강도

고력볼트 접합설계에서 미끄럼저항(slip resistance)이 요구되는 접합부는 강도한계상태뿐만 아니라 사용성한계상태에 대해 충분히 고려하여야 한다. 미끄럼저항에 영향을 미치는 요소로는

1. 접합부재 접착면(faying surface)에 따른 미끄럼계수(slip coefficient 또는 coefficient of friction)
2. 볼트장력 도입방법 7.2.3(1) 참조
3. 볼트구멍의 모양과 치수

따라서 미끄럼한계설계는 피로하중이 작용할 때나 볼트구멍이 큰구멍 또는 홈구멍일 때 미끄럼이 구조성능에 손상을 주지 않도록 반드시 적용하여야 한다. 미끄럼한계접합도 앞에서 기술한 지압접합일 때와 마찬가지로 볼트의 인장, 전단 및 지압강도를 검토하여야 한다. 미끄럼한계접합에서 볼트의 공칭강도 R_n은

$$R_n = \mu h_{sc} T_b N_s \tag{7.15}$$

$\phi = 0.75$

여기서 μ : 미끄럼계수

=0.5 : 페인트칠이 없는 샌드블라스트 표면처리

=0.35 : 페인트칠이 없는 청소(clean-mill scale) 표면처리

h_{sc} : 구멍치수 계수(hole size factor)

표준구멍일 때 : 1.0

큰구멍 및 짧은홈구멍일 때 : 0.85

긴홈구멍일 때 : 0.7

N_s : 미끄럼면(slip plane)의 수

T_b : 설계볼트 장력(kN) 표 7.6 참조

표 7.6 고력볼트의 설계볼트장력

볼트의 등급	볼트의 호칭	공칭단면적(mm²)	설계볼트장력[1], T_b (kN)
F8T	M16	201	84
	M20	314	132
	M22	380	160
	M24	452	190
F10T	M16	201	106
	M20	314	165
	M22	380	200
	M24	452	237
F13T	M16	201	137
	M20	314	214
	M22	380	259
	M24	452	308

1) 설계볼트장력은 볼트의 인장강도의 0.7배에 볼트의 유효단면적을 곱한 값
볼트의 유효단면적은 공칭단면적의 0.75배

(4) 인장력과 전단력의 조합

1) 지압형 접합일 때

볼트에 인장력과 전단력이 동시에 작용할 경우, 기준에서는 전단력의 영향이 포함된 공칭인장응력 F_{nt}'를 사용하여 볼트의 공칭인장강도를 구하도록 하였다.

즉 $$R_n = F_{nt}' A_b \tag{7.16}$$

$$F_{nt}' = 1.3F_{nt} - \frac{F_{nt}}{\phi F_{nv}} f_v \le F_{nt}$$

여기서 F_{nt} : 인장력만이 작용할 때의 공칭인장응력(N/mm²)

F_{nv} : 전단력만이 작용할 때의 공칭전단응력(N/mm²)

f_v : 소요전단응력(N/mm²)

A_b : 볼트단면적(mm²)

$\phi = 0.75$

2) 미끄럼한계 접합일 때

인장력을 받아 볼트장력이 감소하게 되므로 감소계수 k_s를 사용하여 식(7.15)의 R_n값을 감소시킨다.

$$R_n = k_s(\mu h_{sc} T_b N_s) \tag{7.17}$$

$$k_s = 1 - \frac{T_u}{N_b T_b} \tag{7.18}$$

여기서 T_u : 계수인장하중

N_b : 인장력을 받는 볼트의 수

T_b : 설계볼트장력(표 7.6 참조)

$\phi = 0.85$: 강도한계상태의 미끄럼에 대해

$= 1.0$: 사용성한계상태의 미끄럼에 대해

7

예제 7-01

그림과 같은 4개의 F10T(M22)볼트 접합부의 전단강도와 지압강도를 구하시오. 다만, 강재는 SS400이며 이음부 플레이트는 안전한 것으로 가정한다.

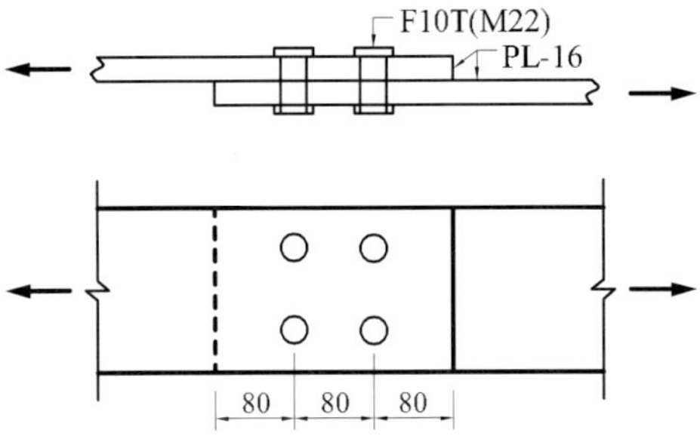

풀이

(1) 전단강도

표 7.5에서

$F_{nv} = 400\text{N/mm}^2$

$A_b = \frac{\pi}{4} \times 22^2 = 380\text{mm}^2$

$R_n = 400 \times 380 = 152 \times 10^3\text{N} = 152\text{kN}$

$\phi R_n = 0.75 \times 152 = 144\text{kN}$

고력볼트가 4개이므로 접합부의 전단강도는

$\sum \phi R_n = 4 \times 144 = 576\text{kN}$

(2) 지압강도

$L_c = 80 - \left(\frac{1}{2}\right)(22+2) = 68 > 2d = 22 \times 2 = 44$

또는 $L_c = 80 - (22+2) = 56 > 2d = 44$

식(7.8) $R_n = 1.2 L_c t F_u$

$= 1.2(56)(16)(400)$

$= 430{,}080\text{N} = 430\text{kN} > 2.4 d t F_u = 2.4(22)(16)(400) = 337{,}920\text{N} = 338\text{kN}$

또는 $R_n = 1.2(68)(16)(400) = 522{,}240\text{N} = 522\text{kN} > 338\text{kN}$

$\phi R_n = 0.75 \times 338 = 254\text{kN}$

고력볼트가 4개이므로 접합부의 지압강도는

$\sum \phi R_n = 4 \times 254 = 1{,}016\text{kN}$

(3) 접합부강도

전단강도, 지압강도 중 작은 쪽이 접합부강도이므로

$\sum \phi R_n = 576\text{kN}$

예제 7-02

그림과 같이 인장력과 전단력을 동시에 받는 미끄럼한계 접합부에 고정하중 200kN 과 적재하중 100kN 이 작용할 때 고력볼트 접합의 적정성을 검토하시오. 다만, 미끄럼계수 $\mu = 0.5$ 이며 표준구멍 크기로 시공한다.

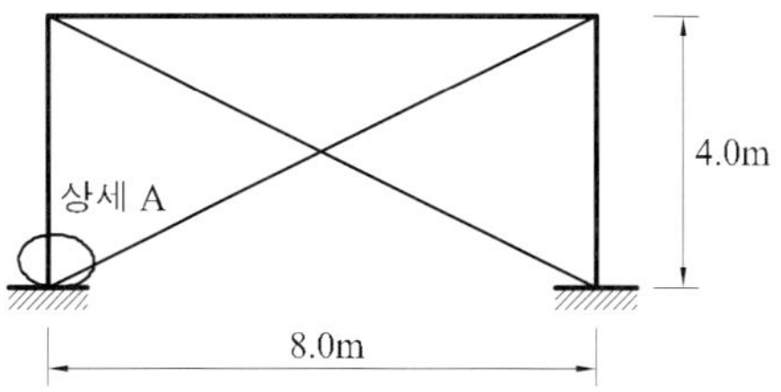

상세 A

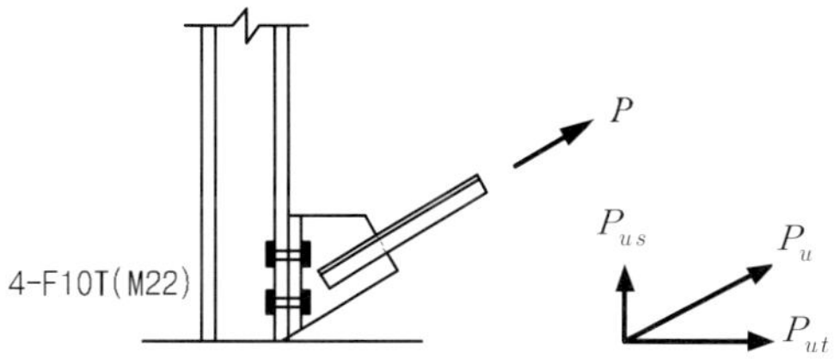

풀이

(1) 계수하중

$$P_u = 1.2P_D + 1.6P_L = (1.2)(200) + (1.6)(100) = 400\text{kN}$$

$$P_{ut} = (400)\left(\frac{2}{\sqrt{5}}\right) = 357.8\text{kN}$$

$$P_{us} = (400)\left(\frac{1}{\sqrt{5}}\right) = 178.9\text{kN}$$

(2) 볼트 1개당 계수하중

인장하중 $T_u = 357.8/4 = 89.5\text{kN}$

전단하중 $V_u = 178.9/4 = 44.7\text{kN}$

(3) 강도한계상태에 대해(지압형 접합부와 동일)

식(7.16) $F_{nt}' = 1.3F_{nt} - \dfrac{F_{nt}}{\phi F_{nv}} f_v \le F_{nt}$

표 7.5 및 표 7.6에서

$F_{nt} = 750\text{N/mm}^2$, $F_{nv} = 500\text{N/mm}^2$, $A_b = 380\text{mm}^2$, $T_b = 200\text{kN}$

$$f_v = \frac{V_u}{A_b} = \frac{44.7 \times 10^3}{380} = 117.6\text{N/mm}^2$$

$$F_{nt}' = 1.3(750) - \frac{750}{0.75 \times 500}(117.6) = 739.8\text{N/mm}^2 < F_{nt} = 750\text{N/mm}^2$$

$\phi R_n = \phi F_{nt}' A_b = 0.75 \times 739.8 \times 380 = 210{,}843\text{N} = 211\text{kN} > T_u = 89.5\text{kN}$ 적합

(4) 사용성한계상태에 대해

$$k_s = 1 - \frac{T_u}{N_b T_b} = 1 - \frac{89.5}{1 \times 200} = 0.55$$

식(7.17) $R_{nv} = k_s(\mu h_{sc} T_b N_s) = 0.55(0.5 \times 1.0 \times 200 \times 1) = 55\text{kN}$

$\phi R_{nv} = 1.0 \times 55 = 55\text{kN} > V_u = 44.7\text{kN}$ 적합

7.3 용접접합

용접은 2개 이상의 강재를 국부적으로 가열하여 이들을 일체화시키는 접합과정을 말한다. 용접은 오랫동안 철재를 붙이는 방법으로 사용되어 왔으나 건축물에는 잘 적용되지 않았다. 그 이유는 용접은 2가지의 주된 단점을 가지고 있기 때문이다. 첫째로 용접은 리벳과 볼트접합에 비해 피로강도가 작다. 둘째는 검사를 하지 않고서는 용접의 고품질을 확보하는 것이 불가능하다. 그러나 근대에 이르러 이러한 문제들이 해결되면서 용접은 건축물의 접합수단으로 많이 사용하게 되었다.

7.3.1 용접법

용접법에는 가열하는 열원(熱源)에 따라 여러 종류가 있지만 강구조에서 일반적으로 많이 쓰이는 용접법은 아크용접이라 할 수 있다. 아크용접에는 다음 4가지 용접법이 있다.

1. 피복아크용접(shielded metal arc welding, SMAW)
2. 서브머지드아크용접(submerged arc welding, SAW)
3. 가스실드아크용접(gas shielded metal arc welding, GMAW)
4. 플럭스코어아크용접(flux cored arc welding, FCAW)

이들 중 피복아크용접과 서브머지드아크용접이 가장 많이 사용된다.

(1) 피복아크용접

피복아크용접은 그림 7.8(a)와 같이 용접모재(母材, base metal)와 용접봉(electrode) 사이에 전압을 가해 아크를 발생시키고 그 아크열로 용접봉을 녹여 용융지(熔融池, molten pool)에 용착(熔着)시켜 모재와 융합시키는 용접방법이다.

이때 용접봉은 심선(心線, core wire)을 플럭스(flux)라고 하는 특수 세라믹재로 피복한 용접봉을 사용한다. 이 피복재는 용접중에 분해하여 가스(gas) 및 슬래그

(slag)를 발생시켜 용융금속을 대기로부터 차폐하며 급랭을 막고, 아크를 안정시키며 용착금속의 탄산, 정련의 역할을 하기도 한다.

피복아크용접은 설비값이 싸고, 손용접이 가능하므로 이제까지 가장 많이 사용되고 오래된 용접법으로 이를 수동용접(manual welding) 또는 스틱용접(stick welding)이라 한다.

(2) 서브머지드아크용접

서브머지드아크용접은 피복한 스틱용접봉 대신에 피복하지 않은 와이어 용접봉을 사용하고, 그림 7.8(b)와 같이 플럭스 분말을 계속 뿌리면서 모재와 심선 사이에 아크를 발생시켜 융합시키는 용접방법이다. 이 용접법의 특징은 심선과 플럭스가 자동으로 공급되는 자동용접법이며 큰 전류의 사용으로 심선과 모재의 용융이 빠르다. 따라서 직선적인 용접이나 원주 등과 같은 규칙적인 형상의 용접에는 매우 능률적이다.

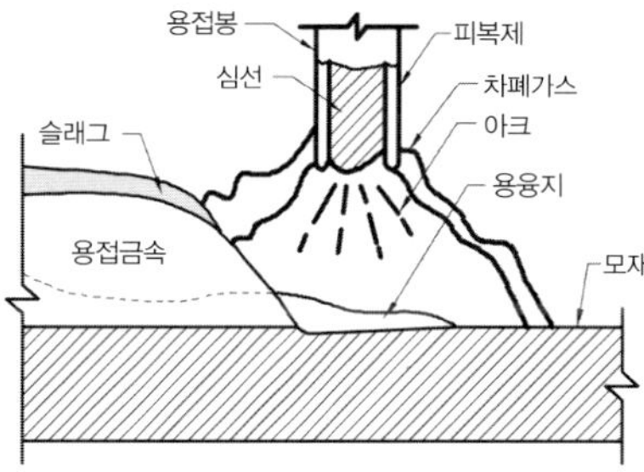

(a) SMAW

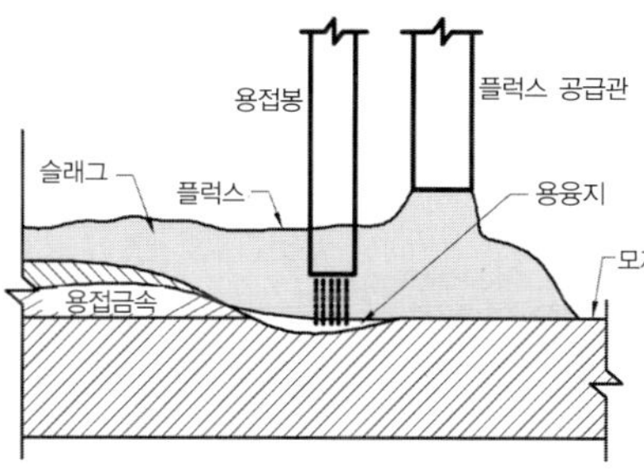

(b) SAW

그림 7.8 아크용접

7.3.2 용접의 형태

용접에는 다음 4가지 형태가 있다.

1. 그루브용접(맞댐용접, groove weld)
2. 필릿용접(모살용접, fillet weld)
3. 홈용접(slot weld)
4. 플러그용접(plug weld)

이들 중 실제 공사에 사용되는 용접의 형태는 대부분이 필릿용접과 그루브용접이라 할 수 있다.

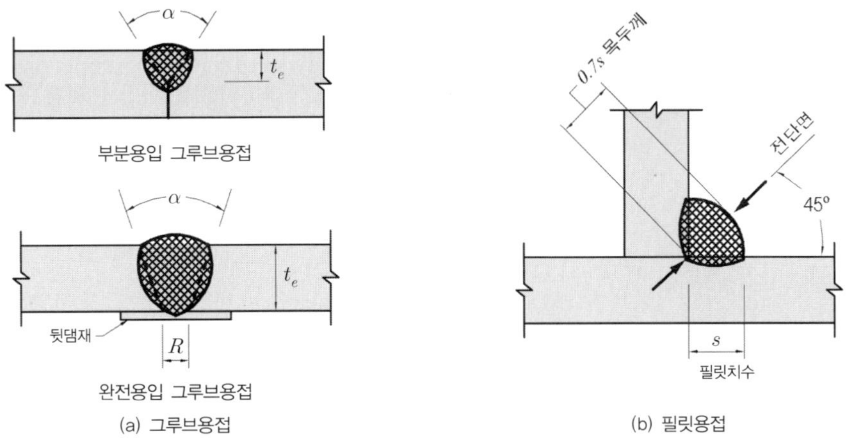

그림 7.9 그루브용접 및 필릿용접

(1) 그루브용접

그루브용접에는 그림 7.9(a)와 같이 완전용입그루브용접(complete joint penetration groove weld, CJP)과 부분용입그루브용접(partial joint penetration groove weld, PJP)이 있다. 어느 경우든 루트간격(root opening, R), 개선(開先)각도(α), 필릿치수(s) 등 기준에서 정한 표준치수로 시공하여야 한다. 그루브용접의 개선형식은 그림 7.10과 같다.

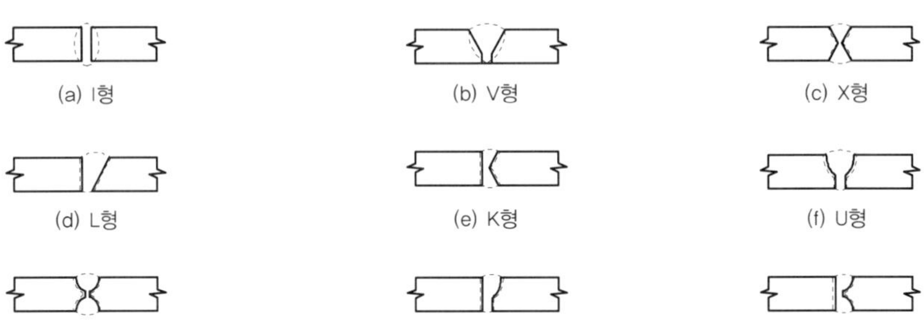

그림 7.10 그루브용접의 개선형식

그루브용접의 유효면적은 용접의 유효길이에 유효목두께(effective throat thickness, t_e)를 곱한 것으로 한다.

1) 유효길이

그루브용접의 유효길이는 접합되는 부분의 폭으로 한다.

2) 유효목두께

완전용입 그루브용접의 유효목두께는 접합판 중 얇은 쪽 판두께로 한다.

부분용입그루브용접의 유효목두께는 $2\sqrt{t}$(mm)를 표준으로 삼아왔으나 기준에서는 개선깊이 이하로 정하였다. 다만 L형 그루브접합인 경우 유효목두께는 개선깊이에서 3mm를 뺀 값으로 한다(표 7.7 참조). 또한 부분용입그루브용접의 최소유효목두께는 표 7.8과 같다.

표 7.7 부분용입그루브용접의 유효목두께(mm)

용접방법	용접자세	그루브 형상	유효목두께
피복아크용접	모든 자세	$45^\circ \le \alpha \le 60^\circ$ L형	개선깊이-3mm
가스실드아크용접 플럭스코어아크용접	수직자세 상향자세		

표 7.8 부분용입그루브용접의 최소유효목두께(mm)

접합부의 얇은쪽 판두께 t	최소유효목두께
$t < 6$	3
$6 \leqq t < 13$	5
$13 \leqq t < 19$	6
$19 \leqq t < 38$	8
$38 \leqq t < 57$	10

(2) 필릿용접

필릿용접은 그림 7.9(b)와 같이 모재와 피접합재의 접촉면에 따라 용접한다. 필릿용접의 유효면적은 유효길이에 유효목두께를 곱한 것으로 한다.

1) 유효길이

필릿용접의 유효길이는 필릿용접의 총길이에서 필릿치수의 2배를 뺀 값으로 한다. 큰구멍이나 홈구멍에 대한 필릿용접의 유효길이는 목두께의 중심을 잇는 용접중심선의 길이로 한다. 강도한계상태에 따라 설계된 경우 최소유효길이는 필릿치수의 4배 이상으로 한다.

2) 유효목두께

필릿용접의 목두께는 용접부의 최단거리를 말하며 대부분의 필릿용접은 45° 전단면(shear plane)에 대해 대칭이므로 유효목두께는 필릿치수 s의 0.7배가 된다(그림 7.9(b) 참조). 필릿용접의 최소치수는 표 7.9에 따른다.

표 7.9 필릿용접의 최소치수(mm)

접합부의 얇은쪽 판두께 t	최소치수
$t < 6$	3
$6 \leq t < 13$	5
$13 \leq t < 19$	6
$19 \leq t$	8

필릿용접의 최대치수는 그림 7.11과 같이

$t < 6$mm 일 때 $s_{max} = t$

$t \geq 6$mm 일 때 $s_{max} = t - 2$mm로 한다.

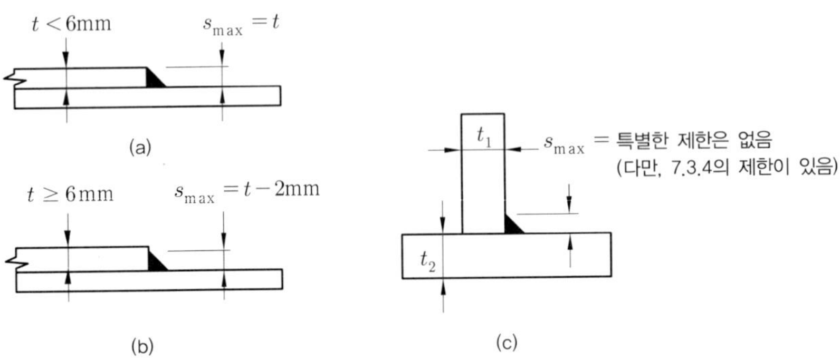

그림 7.11 최대필릿치수

(3) 플러그 및 홈용접

플러그 및 홈용접은 모재에 다른 피접합재를 결합할 경우 부재에 구멍을 만들어 용접하는 방법이다. 플러그 및 홈용접의 유효전단면적은 접합면 내의 구멍단면적으로 한다.

1) 플러그 및 홈용접의 두께 t_e

판두께 $t < 16$mm 일 때 $t_e = t$

$t \geq 16$mm 일 때 $t_e \geq 1.5t$ 또는 16mm

2) 플러그용접의 최소구멍 직경 : 접합재 판두께+8mm

최대구멍 직경 : 최소구멍 직경+3mm 또는 용접두께의 $2\frac{1}{4}$배

3) 홈용접에서 홈의 길이 : 용접두께의 10배 이내로

홈의 최소폭 : 접합재판두께 +8mm

최대폭 : 용접두께의 $2\frac{1}{4}$배

홈용접선의 최소중심간격

길이방향 : 홈길이의 2배

폭방향 : 홈폭의 4배

(4) 용접기호

용접기호는 그림 7.12와 같이 접합부를 지시하는 지시선과 용접 종류를 나타내는 기선으로 이루어진다. 기선은 수평선이고 필요시 꼬리는 붙인다. 지시선은 기선에 대해 60° 또는 120°의 직선이다. 용접기호를 기선 아래에 쓰면 지시선의 화살표는 용접측을 나타낸다. 기호를 기선 위에 쓰면 그 반대쪽을 가리킨다. 설계도서에 표시하는 기본용접기호를 표 7.10에 나타낸다.

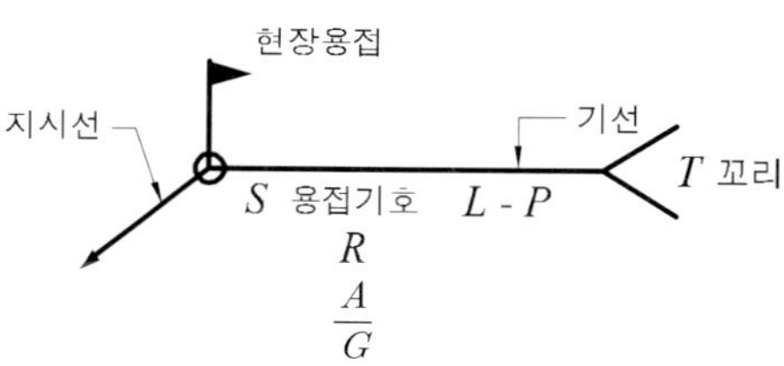

S : 용접치수, R : 루트간격, A : 개선각, T : 꼬리(특기사항기록)
G : 용접부 처리방법, L : 용접길이, P : 용접간격

그림 7.12 용접기호

표 7.10 기본용접기호

필릿	플러그 또는 홈	그루브						
		I형	V형	L형	U형	J형	플레어V형	플레어L형
							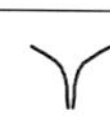	

7.3.3 용접의 결함 및 검사

(1) 용접결함

용접은 매우 세심한 작업이고 용접봉의 종류, 입열량의 차이 등으로 인해서 작은 부주의로도 많은 결함이 발생하기도 한다. 아래의 예는 아크용접시 발생할 수 있는

결함의 종류이다(그림 7.13 참조).

1) **언더컷**(undercut) : 모재가 많이 녹아서 오목하게 된 상태를 말하며 전류가 너무 높고, 아크 길이가 너무 길거나 용접봉의 운봉속도가 너무 빠를 때 발생한다.

2) **오버랩**(overlap) : 용착금속이 모재와 융합하지 않고 포개져 있는 상태를 말하며, 전류가 너무 낮고, 아크 길이가 너무 짧을 때나 운봉속도가 너무 느릴 때 발생한다.

3) **슬래그혼입**(slag inclusion) : 녹은 피복제가 용착금속 표면에 떠 있거나 용착금속 속에 남아 있는 상태를 말하며 용접봉의 운봉조작이 불완전하거나 매 용접시 슬래그를 완전히 제거하지 않을 때 발생한다.

4) **기공**(**氣孔**, porosity) : 용착금속이 응고할 때 속에 남아 있는 가스포켓으로 접합부에 습기가 많고 기름, 녹, 페인트 등이 부착하거나 용접부가 급랭할 때 발생한다.

5) **용입불량**(**熔入不良**, inadequate joint penetration) : 용입깊이가 불량하여 간격이 띠어 있는 상태를 말하며, 용접속도가 부적절하거나 용접전류가 낮을 때 발생한다.

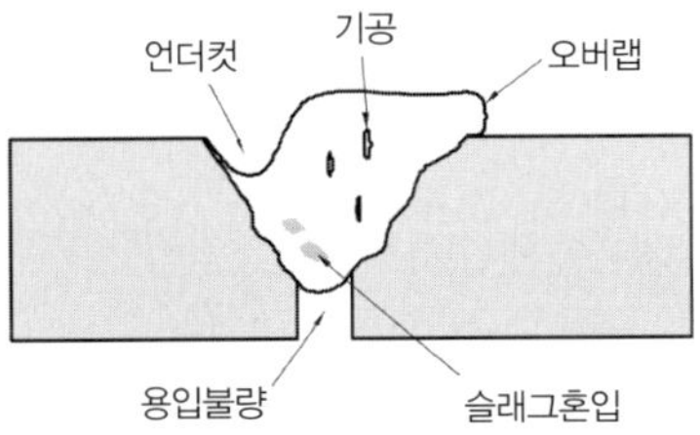

그림 7.13 용접의 결함

(2) 용접부 검사

용접 후의 검사에는 다음과 같은 비파괴검사(nondestructive testing, NDT)방법이 있다.

1) **육안검사**(visual testing, VT) : 표면 결함검사로서 육안으로 관찰하여 용접 상태를 검사한다.

2) **침투탐상시험**(**浸透探傷試驗**, penetrant testing, PT) : 액체의 모세관현상을 이용하여 침투액을 결함 내에 침투시켜서 표면에 노출된 결함을 검출하는 방법이다.

3) **자분탐상시험**(**磁粉探傷試驗**, magnetic particle testing, MT) : 저압의 큰

전류로 결함 부위를 자석화시키고, 이 부분에 자성분말을 산포하여 표면이나 그 근방에 발생한 결함을 육안으로 탐상하는 방법이다.

4) **초음파 탐상시험**(ultrasonic testing, UT) : 주파수 2~5MHz인 초음파를 용접부에 투입하여 브라운관에 나타나는 내부결함상태를 검출하는 방법이다.

5) **방사선 투과시험**(radiographic testing, RT) : x선 또는 γ선을 용접부에 투과, 그 상태를 필름에 감광시켜 내부결함을 검출하는 검사방법이다.

7.3.4 용접부 설계강도

용접부의 설계강도 ϕR_n은 다음과 같이 산정한다.

$$\phi R_n = \phi F_w A_w \geq R_u, \ \phi = 0.90 \tag{7.19}$$

여기서, F_w : 용접부의 공칭강도($\mathrm{N/mm^2}$)

$F_w = F_y$: 인장 및 압축인 경우

$F_w = 0.6F_y$: 전단인 경우

A_w : 용접유효단면적($\mathrm{mm^2}$)

용접부의 설계강도는 모재의 강도와 용접금속(용접봉)의 강도 중 작은 값을 취해야 한다. 그러나 용접금속의 강도가 모재에 비해 훨씬 크기 때문에 기준에서는 모재의 강도를 기본으로 하여 설계하도록 규정한 것이다. 따라서 용접봉은 강종에 따라 최적의 용접재를 선정해야 한다.

접합부에서 2가지 이상의 용접형식(그루브, 필릿, 플러그, 홈)을 병용할 경우, 각 형식의 용접강도를 구분하여 합산하여야 한다. 볼트와 용접을 혼용하게 되는 경우가 있는데 볼트는 용접과 조합해서 하중을 분담시킬 수 없다. 다만, 전단접합에는 용접과 볼트의 병용이 허용된다. 표준구멍과 하중방향에 직각인 짧은홈구멍의 경우 볼트와 하중방향에 평행한 필릿용접이 하중을 각각 분담할 수 있다. 이때 볼트의 설계강도는 지압접합 볼트설계강도의 50%를 넘지 않도록 한다.

예제 7-03

그림과 같은 필릿용접부의 설계강도를 구하고, 고정하중과 적재하중이 각각 P_D=30kN, P_L=40kN이 작용할 때 필릿용접부의 안전성을 검토하시오. 다만, 사용강재는 SS400이고, 항복강도는 $F_y = 235\mathrm{N/mm^2}$이다.

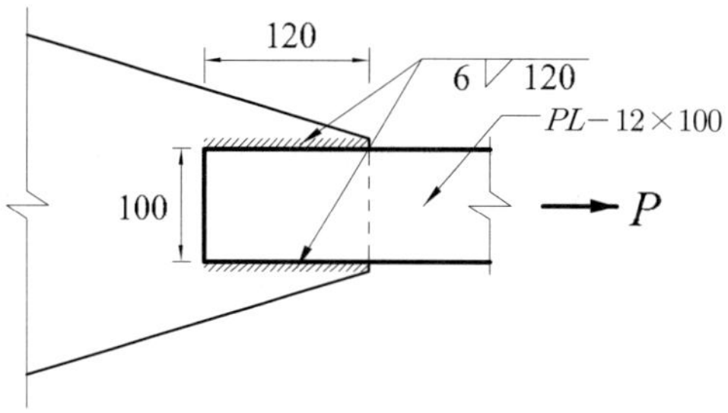

풀이

(1) 필릿 용접부의 설계강도

$\phi = 0.9$

$F_y = 235\,\text{N/mm}^2$

$F_w = 0.6F_y = 0.6 \times 235 = 141\,\text{N/mm}^2$

$t_e = 0.7S = 0.7 \times 6 = 4.2\text{mm}$

$L_e = 2 \times (L - 2 \times S) = 2 \times (120 - 2 \times 6) = 216\text{mm}$

$A_w = t_e \times L_e = 4.2 \times 216 = 907\text{mm}^2$

$\phi F_w A_w = 0.9 \times 141 \times 907 = 115{,}098\,\text{N} = 115\,\text{kN}$

(2) 필릿 용접부의 안전성 검토

$P_U = 1.2P_D + 1.6P_L = 1.2 \times 30 + 1.6 \times 40$

$= 100\,\text{kN} < 115\,\text{kN}$

$P_U = 1.4P_D = 1.4 \times 30$

$= 42\text{kN} < 115\,\text{kN}$ 안전함.

예제 7-04

그림과 같은 브래킷에 고정하중 200kN 과 적재하중 100kN 이 작용할 때 이음면을 필릿치수 10mm 인 양면 필릿용접으로 할 경우 접합부의 안전성을 검토하시오. 다만, 사용강재는 SM490이다.

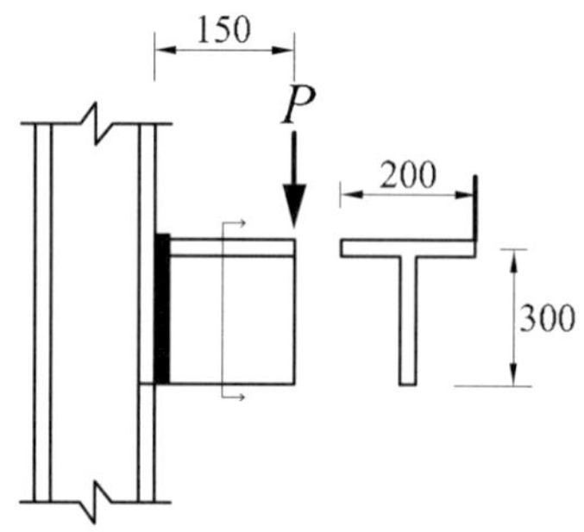

풀이

(1) 계수하중

$P_u = 1.2P_D + 1.6P_L = (1.2)(200) + (1.6)(100) = 400\text{kN}$

(2) 접합부 소요강도

$M_u = P_u \times e = (400)(150) = 60{,}000\text{kN} \cdot \text{mm}$

$V_u = P_u = 400\text{kN}$

(3) 용접면의 단면성능

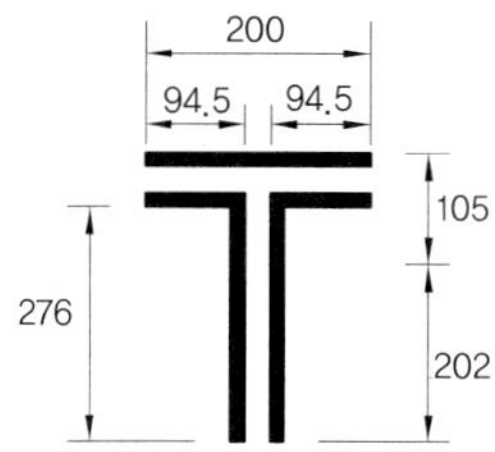

$t_e = 0.7s = (0.7)(10) = 7\text{mm}$

$A_w = (200)(7) + (94.5)(7)(2) + (7)(276)(2) = 1{,}400 + 1{,}323 + 3{,}864 = 6{,}587\text{mm}^2$

$$y_c = \frac{(1{,}400)\left(300 + \frac{7}{2}\right) + (1{,}323)\left(300 - 17 - \frac{7}{2}\right) + (3{,}864)\left(\frac{276}{2}\right)}{1{,}400 + 1{,}323 + 3{,}864} = 202\text{mm}$$

$$I_{wx} = \left[\frac{200 \times 7^3}{12} + 1{,}400\left(105 - \frac{7}{2}\right)^2\right] + 2\left[\frac{94.5 \times 7^3}{12} + 661.5\left(105 - 7 - 17 - \frac{7}{2}\right)^2\right]$$

$$+ 2\left[\frac{7 \times 276^3}{12} + 1{,}932\left(202 - \frac{276}{2}\right)^2\right] = 14{,}428{,}867 + 2(3{,}975{,}836) + 2(20{,}177{,}080)$$

$$= 62{,}736{,}154\ \text{mm}^2$$

$$S_{wx} = \frac{I_{wx}}{y_t} = \frac{62{,}736{,}154}{105} = 597{,}487\ \text{mm}^3$$

(4) 용접부 응력

인장응력 : $\sigma_u = \dfrac{M_u}{S_{wx}} = \dfrac{(60{,}000)(10^3)}{597{,}487} = 100\,\text{N/mm}^2$

전단응력 : $\nu_u = \dfrac{V_u}{A_w} = \dfrac{(400)(10^3)}{6{,}587} = 61\,\text{N/mm}^2$

조합응력 : $\sqrt{\sigma_u^2 + \upsilon_u^2} = \sqrt{100^2 + 61^2} = 117\,\text{N/mm}^2$

(5) 안전성 검토

용접모재의 설계강도 : $\phi F_w = (0.9)(0.6F_y)$

$\phi F_w = (0.9)(0.6)(325) = 175\text{N/mm}^2$

$\sqrt{\sigma_u^2 + \upsilon_u^2} = 117\text{N/mm}^2 < \phi F_w = 175\text{N/mm}^2$ 안전함.

7.4 접합부

7.4.1 접합부의 특성

7.1에서 기술한 바와 같이 모든 접합부 및 이음부는 하중 또는 모멘트를 받을 때 연결부재 사이의 모멘트에 대한 부재 상대 회전각의 특성에 따라 강접합, 반강접합, 단순접합으로 분류한다.

(1) 강접합

강접합은 이론적으로 보 단부에서 회전을 허용하지 않고 100%에 가까운 재단모멘트를 기둥 또는 이음부에 전달하는 접합부이다. 따라서 강접합을 완전모멘트접합(fully restrained moment connection)이라고 한다. 충분한 회전저항력을 확보하기 위해 기둥의 웨브에 보강재(스티프너)가 필요하고 기둥의 패널존의 강성이 보의 모멘트내력보다 크게 설계되어야 한다. 강접합은 횡하중(바람, 지진)에 저항하는 연속프레임구조에서 사용된다(그림 7.14 참조).

(2) 반강접합

반강접합은 부재 단부의 회전저항에 따른 재단모멘트를 발생시킬 수 있는 접합부이다. 따라서 반강접합을 부분모멘트접합(partially restrained moment connection)이라고 한다. 보통 설계에서는 모든 접합부는 단순접합 또는 강접합으로 가정하여 단순하게 수행된다. 그러나 실제 구조물에서는 단순접합과 강접합의 중간인 반강접합의 상태가 대부분이다.

(3) 단순접합

단순접합은 보의 단부가 회전저항에 유연해서 모멘트를 전달하지 않고 전단력만을 전달하는 접합부이다. 따라서 단순접합을 전단접합(shear connection)이라고 한다. 실제 구조물의 단순접합은 플랜지를 연결하지 않고 웨브만 접합한 형태이다. 단순접합은 어느 정도의 모멘트 저항을 갖고 있지만 모멘트 저항의 정도가 부재의 모멘트 내력보다 상대적으로 작을 때 이 저항을 무시하고 전단에만 저항하는 것으로 본다(그림 7.14 참조).

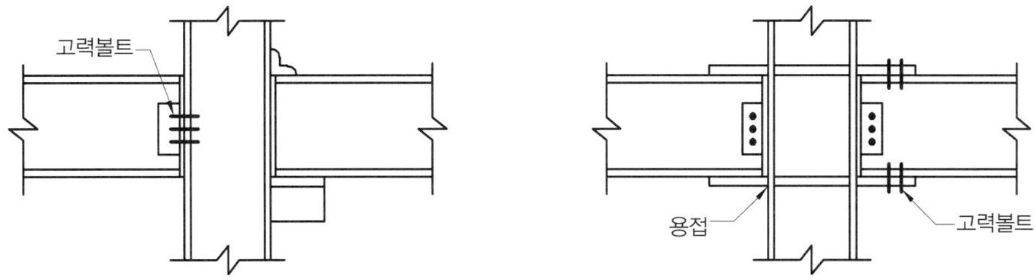

(a) 단순접합 (b) 강접합

그림 7.14 보-기둥접합부

그림 7.15는 3 종류의 보 접합부 거동을 나타낸 것이다. 이는 완전강접합부(rigid 또는 fully restrained connection), 반강접합부(semirigid connection), 단순접합부(simple 또는 pin connection)의 모멘트-회전각 관계를 설명하고 있다. 강접합이라 할지라도 모멘트곡선은 약간의 회전을 허용하는데 이는 실제 구조물에서 완전한 강접합을 구현하기란 어렵기 때문이다.

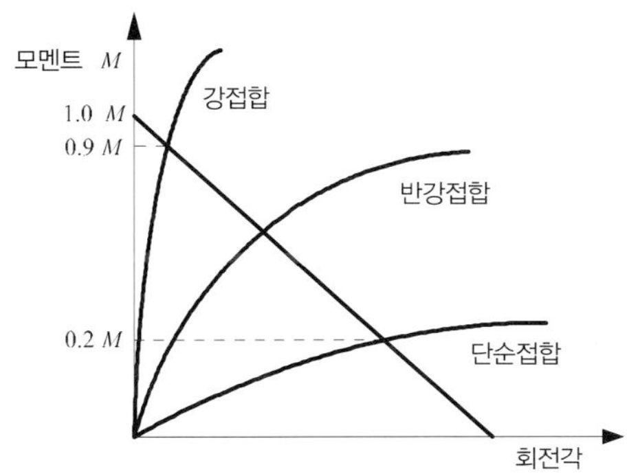

그림 7.15 접합부 거동

모멘트와 회전각 양 축상의 두 점을 상호 연결한 수직선을 보선(beam line) 또는 하중선(load line)이라고 한다. 만약에 보의 재단이 완전 고정이면 이론적으로 회전각은 발생하지 않으므로 0(zero)이 된다. 반면에 점점 재단의 고정도가 낮아진다면 재단모멘트의 크기는 작아질 것이고 반대로 회전각이 증가하게 되므로 이점들을 연결하게 되면 보선을 완성할 수 있는 것이다. 완전한 단순접합된 보라면 모멘트값은 0이 되므로 회전은 최대로 발생하게 되는 것이다. 이 보선의 변화는 다양한 상태의 접합부를 대변한다고 할 수 있다. 모멘트-회전각 곡선과 보선의 교차점은 어느 임의의 접합부의 모멘트(하중) 및 회전각과의 관계를 설명하고 있는 것이다. 일반적으로 강접합은 고정단 모멘트의 90%를 부담할 수 있어야 하고, 단순접합은 20% 정도까지 부담하게 되므로 20~90% 사이가 반강접합의 범위가 된다고 볼 수 있다.

7.4.2 편심접합부

접합부에 작용하는 하중이 볼트나 용접의 중심선상에 정확하게 작용하지 않으면 편심의 형태로 하중이 전달된다. 이때 볼트나 용접의 중심선과 하중 사이의 거리를 편심(eccentricity)이라 한다. 그림 7.16에 편심접합에 대한 설명을 나타내었다.

그림 7.16(a)는 전형적인 접합형태를 보여주고 있는데, 볼트 또는 용접이 보와 기둥을 연결하기 위해 사용되는 대표적인 방법이다. 비록 편심이 작아서 무시할 수 있겠지만 심각한 반복하중이 작용하게 되면 이 또한 구조물의 안전에 영향을 미치므로 검토해야 한다. 기본적으로 이런 접합부에는 2개의 하중의 흐름이 있는데, 하나는 볼트 또는 용접에서 전단만 발생하는 경우이고, 다른 하나는 전단과 인장이 동시에 발생하는 경우이다.

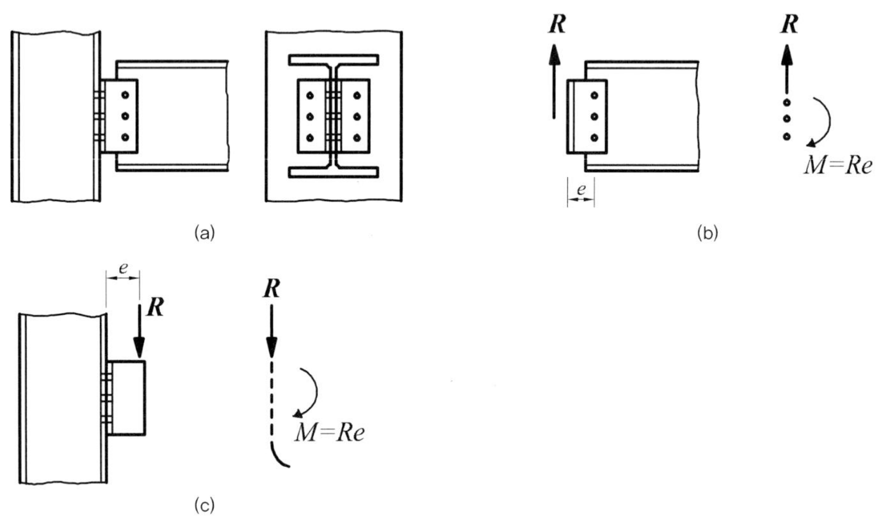

그림 7.16 보-기둥 편심접합

그림 7.16(b)는 기둥으로부터 보를 떼어낸 경우인데, 분명한 것은 반력 R이 보의 웨브에서 용접 또는 볼트의 중심으로부터의 거리 e에 작용하고 있는 것이다. 따라서 이런 형태의 볼트 또는 용접은 전단력과 비틀림응력을 일으키는 모멘트도 작용하고 있다. 그림 7.16(c)는 기둥으로부터 보를 떼어놓은 형태이다. 이 역시 앞에서 설명한 것과 같은 편심이 작용하고 있다. 그러나 이 경우, 하중이 볼트의 면내에 작용하고 있지 않기 때문에 인장과 압축이라는 한 쌍의 축력이 상부볼트와 하부볼트에 작용하게 된다. 따라서 접합부의 상부에서 볼트는 전단과 인장을 동시에 받게 되는 것이다. 한편 용접의 경우에도 똑같이 전단 혹은 전단과 인장의 조합을 받는 2가지 경우가 발생함을 알 수 있다.

(1) 편심볼트접합 : 전단만 작용하는 경우

그림 7.17에 전단이 작용하는 편심접합이 설명되어 있는데, 이 경우 편심전단(eccentric shear)을 받게 된다. 편심전단의 해석방법은 2가지가 있는데 하나는 탄성해석에 의한 방법이고 다른 하나는 극한강도해석(ultimate strength analysis)을 사용하는 방법이다. 여기서는 탄성해석에 대해 설명하고자 한다.

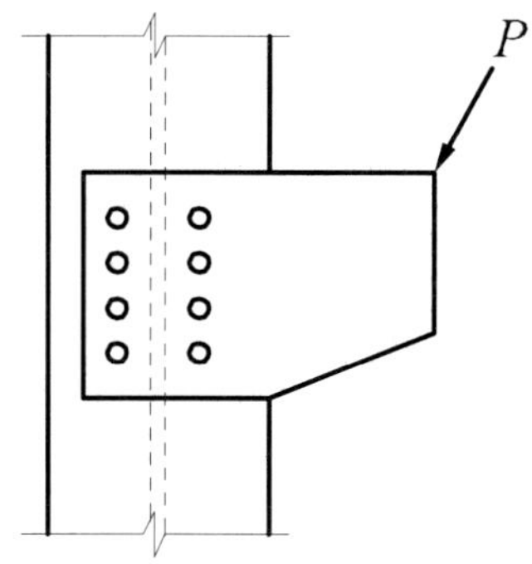

그림 7.17 기둥브래킷접합 : 전단

그림 7.18(a)에서 하중 P는 편심이 있는 상태에서 작용하고 있지만, 그림(b)와 같이 볼트군의 중심에 작용하는 P와 모멘트 $M=Pe$로 나눌 수 있다. 여기서 e는 편심거리이다. 이 때 각각의 볼트는 그림(c)와 같이 편심이 걸리지 않게 되고 P에 의해 등분력 R_e가 작용한다고 생각할 수 있다.

$$R_e = P/n \tag{7.20}$$

여기서, n은 볼트의 수이다. 또한 모멘트로부터 발생하는 볼트의 힘은 볼트단면의 비틀림으로 형성되는 전단응력을 고려해봄으로써 알아낼 수 있다.

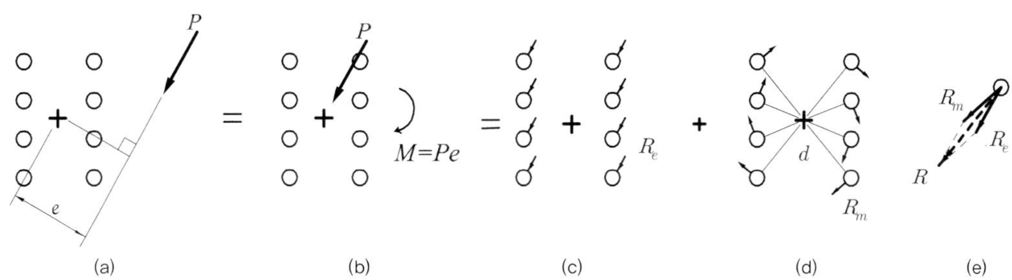

그림 7.18 볼트의 전단력

$$f_v = \frac{Md}{J} \tag{7.21}$$

여기서,

d : 응력을 계산하고자하는 지점에서 볼트군의 중심까지 거리(mm)

J : 중심에 대한 볼트군의 극단면2차모멘트(mm^4)

그리고 응력은 d에 대해 수직으로 작용한다. 그리고 평행축이론을 사용하면 아래와 같다. 그림(d)에서 $J=\sum Ad^2 = A\sum d^2$, 따라서 이 공식을 다시 재정리 해보면,

$$f_v = \frac{Md}{A\sum d^2} \tag{7.22}$$

그리고 모멘트에 의해서 발생한 각 볼트의 전단력은

$$R_m = Af_v = A\frac{Md}{A\sum d^2} = \frac{Md}{\sum d^2} \tag{7.23}$$

그림 7.18(e)는 각 볼트의 전단력인 R_e 및 R_m의 합력을 표시한 것이다.

한편 볼트에 작용하는 전단력을 수평(x) 및 수직(y)방향의 분력으로 나눌 수 있다(그림 7.19 참조).

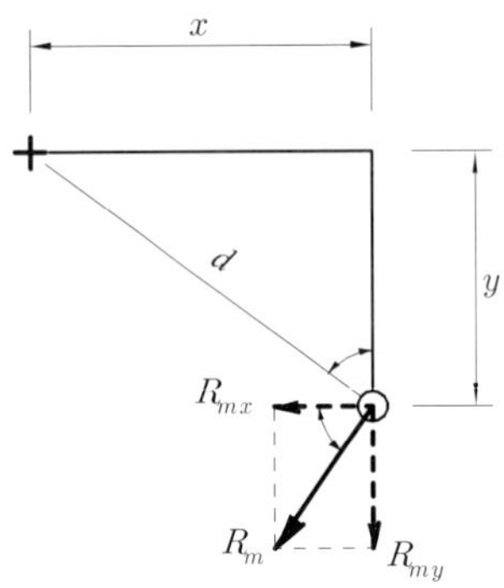

그림 7.19 개개의 볼트에 작용하는 전단력

볼트의 중심에서 의 각 좌표에 대해,

$$\sum d^2 = \sum(x^2 + y^2) \tag{7.24}$$

여기서 좌표시스템의 중심은 총 볼트전단면적의 중심에서이다.

x성분의 R_m은,

$$R_{mx} = \frac{y}{d}R_m = \frac{y}{d}\frac{Md}{\sum d^2} = \frac{y}{d}\frac{Md}{\sum(x^2+y^2)} = \frac{My}{\sum(x^2+y^2)} \tag{7.25}$$

$$R_{my} = \frac{Mx}{\sum(x^2+y^2)} \tag{7.26}$$

따라서 총볼트력은 그림 7.18(e) 및 그림 7.20에서

$$R = \sqrt{\left(\sum R_x^2\right) + \left(\sum R_y^2\right)} \tag{7.27}$$

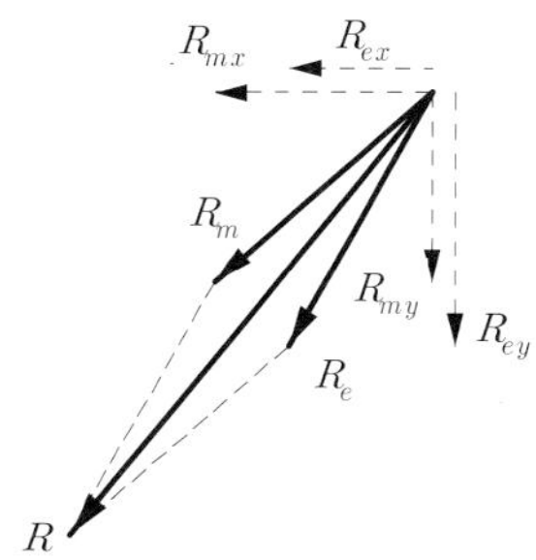

그림 7.20 볼트의 합력

여기서,

$$\sum R_x = R_{ex} + R_{mx} \tag{7.28}$$

$$\sum R_y = R_{ey} + R_{my} \tag{7.29}$$

가 된다. 하중 P가 작용하면 볼트의 힘 R을 구하기 위해서 계수하중을 적용해야 한다.

(2) 편심볼트접합 : 전단과 인장

그림 7.21은 전단과 인장을 받는 접합부로 브래킷을 보여주고 있다. 볼트의 종류와 관계없이 모든 볼트는 전단력에 대해서 힘을 분담하고 있다고 가정해 보자. 그림 7.21의 기둥플랜지와 브래킷플랜지는 그림 7.21(a)의 상황과 같이 하중이 가해지기 전까지는 균등한 압축력을 갖는다고 생각해 볼 수 있다. 하중이 점차 증가함에 따라 모멘트에 의해 상부의 볼트는 압축력이 감소하여 인장력이 발생하게 되고 하부는 압축력이 증가하게 되어 그림 7.21(a)의 우측 상황과 같이 될 것이다.

상부에서 압축이 완전히 종료되면 두 개의 접합재들이 상호 이탈하게 되는 과정을 갖게 되고 작용하는 모멘트 Pe는 볼트의 인장력 및 접촉면에 남아 있는 압축에 의해서 저항하게 된다(그림 7.21(b) 참조). 하중이 극한하중에 도달하게 되면 볼트 역시 최대인장하중을 갖고 저항하게 되는 메커니즘이 형성된다.

편의상 중립축이 대칭이므로 중앙에 위치한다고 볼 때 상부에는 인장력이 발생하고 하부에는 압축력이 발생하는 것이다. 볼트 한 개의 볼트의 저항력을 R_t라고 했을 때 상부 및 하부에 각각 2개의 볼트가 있으므로 저항력은 한 쌍의 짝힘인 $2R_t$가 발생한다.

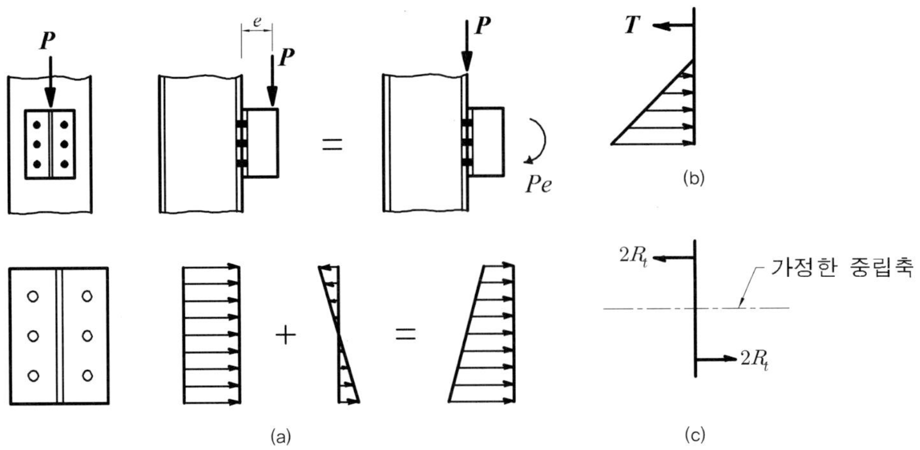

그림 7.21 전단과 인장을 받는 접합부

따라서 인장과 전단의 조합을 받는 접합부에서는 이 짝힘의 저항력에 모멘트를 취한 뒤 모멘트를 구하여 수식을 풀면 해를 얻을 수 있다. 다만 인장과 전단의 조합을 받는 경우는 7.2.4에서 설명한 바와 같이 지압접합과 미끄럼한계접합인 경우의 2가지 상태를 고려하면 된다.

예제 7-05

그림과 같이 편심전단을 받는 접합부에서 최대전단력을 받는 볼트와 그 크기를 구하시오. 다만 볼트 크기는 모두 같다.

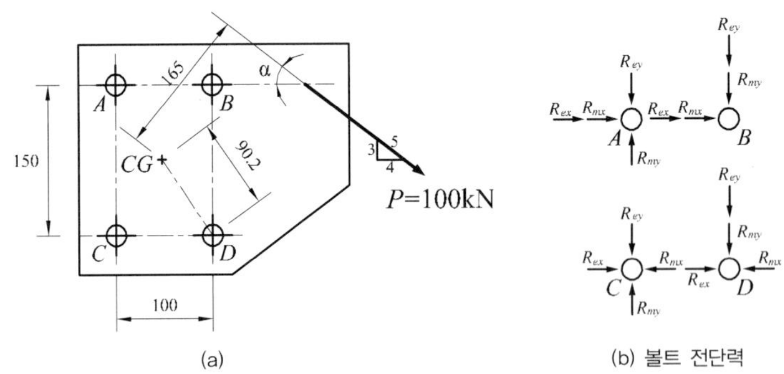

풀이

$e = 165\text{mm}$, $M = P \cdot e = 100 \times 165 = 16.5 \times 10^3 \text{kN} \cdot \text{mm}$

$\sum d^2 = 4(90.2)^2 = 32.5 \times 10^3 \text{mm}^2$

$$R_{mx} = \frac{My}{\sum d^2} = \frac{(16.5 \times 10^3)\,75}{32.5 \times 10^3} = 38.1\text{kN}$$

$$R_{my} = \frac{Mx}{\sum d^2} = \frac{(16.5 \times 10^3)\,50}{32.5 \times 10^3} = 25.4\text{kN}$$

$$R_{ex} = \frac{P\cos\alpha}{N_b} = \frac{100 \times 0.8}{4} = 20.0\text{kN}$$

$$R_{ey} = \frac{P\sin\alpha}{N_b} = \frac{100 \times 0.6}{4} = 15.0\text{kN}$$

그림(b)에서 B볼트가 가장 큰 전단력을 받는 것을 알 수 있다.

$$R = \sqrt{(R_{my} + R_{ey})^2 + (R_{mx} + R_{ex})^2}$$

$$= \sqrt{(25.4 + 15.0)^2 + (38.1 + 20.0)^2} = 70.9\,\text{kN}$$

7.4.3 이음부

(1) 보의 이음

소요길이를 충분히 확보하지 못하거나 필요에 따라서 보를 이어야 할 경우에는 이음판(splice)을 사용하여 용접이나 볼트로 체결한다. 보의 이음은 모멘트가 크게 작용하는 지점에서는 이음을 피하도록 하고 모멘트가 작은 곳에서 실시한다.

1) 보이음부의 내력

보이음부의 내력은 이음부의 소요강도 이상이 되어야 하며, 또한 부재설계강도의 50% 이상으로 설계한다. 부재의 설계강도는 다음과 같다.

$$\phi_b M_n = \phi_b M_p = 0.9\,ZF_y \tag{7.30}$$

$$\phi_v V_n = \phi_v (0.6F_y) A_w \tag{7.31}$$

여기서 M_p : 전소성모멘트

A_w : 웨브의 단면적

$\phi_b = 0.9$: 휨강도저항계수

$\phi_v = 0.9$: 전단저항계수

2) 플랜지이음부의 소요인장강도

플랜지의 이음부는 인장력에 대한 항복 및 파단을 검토하는 일이다. 플랜지 이음부의 설계는 소요모멘트를 응력중심간 거리로 나눈 값을 이용하고 다음 값 중 큰 값으로 한다.

$$T_u \geq \frac{M_u}{H - t_f} \tag{7.32}$$

$$T_u \geq \phi_b F_y A_f / 2 \tag{7.33}$$

여기서, H는 형강의 춤, t_f는 플랜지의 두께이다.

3) 웨브이음부

웨브이음부는 전단력을 부담할 수 있도록 설계한다. 플랜지이음으로 휨모멘트 전체를 부담하지 못하는 경우, 웨브이음판이 부족한 휨모멘트를 부담할 수 있어야 한다. 웨브 이음판의 설계강도는 다음 값 중 큰 값으로 한다.

$$V_{wu} \geq V_u \tag{7.34}$$

$$V_{wu} \geq \phi_v V_n / 2 \tag{7.35}$$

4) 고력볼트접합에 의한 보의 이음

① 플랜지이음판 소요 총단면적(A_{gt})과 순단면적(A_{nt})

$$A_{gt} \geq \frac{T_u}{\phi F_y},\ \phi = 0.9 \tag{7.36}$$

$$A_{nt} \geq \frac{T_u}{\phi F_u},\ \phi = 0.75 \tag{7.37}$$

② 플랜지이음판 볼트의 개수 : 인장력에 대한 고력볼트 개수는 다음과 같다.

$$n \geq \frac{T_u}{\phi R_n} \tag{7.38}$$

ϕR_n : 고력볼트의 설계미끄럼강도

③ 웨브이음판의 소요 총단면적과 순단면적

$$A_{gv} \geq \frac{V_{wu}}{\phi(0.6F_y)},\ \phi = 1.0 \tag{7.39}$$

$$A_{nv} \geq \frac{V_{wu}}{\phi(0.6F_u)},\ \phi = 0.75 \tag{7.40}$$

④ 웨브이음판의 볼트 개수 : 전단력에 대한 볼트 개수는 다음과 같다.

$$N_b \geq \frac{V_{wu}}{\phi R_n} \tag{7.41}$$

(2) 기둥이음

1) 기둥 이음부의 내력

기둥이음부의 내력은 이음부의 소요강도 이상으로 하고 또한 부재설계강도의 50% 이상으로 설계하여야 한다. 부재의 설계강도는 다음과 같다.

$$\phi_b M_n = 0.9 Z F_y \tag{7.42}$$

$$\phi_v V_n = 0.9 A_w (0.6 F_y) \tag{7.43}$$

$$\phi_t P_n = 0.9 A_g F_y \tag{7.44}$$

$$\phi_c P_n = 0.85 A_g F_y \tag{7.45}$$

여기서, A_g : 기둥의 단면적(mm^2)

$\phi_b = 0.9$: 휨저항계수

$\phi_v = 0.9$: 전단저항계수

$\phi_t = 0.9$: 인장저항계수

$\phi_c = 0.9$: 압축저항계수

2) 인장력을 받는 플랜지 이음부

인장력이 발생하는 플랜지의 이음판은 인장재로 설계한다. 플랜지 이음부의 설계에 요구되는 인장강도는 소요인장강도 이상 또한 플랜지 인장강도의 50% 이상으로 설계한다. 따라서 설계인장강도는 다음 값 중 큰 값으로 한다.

$$T_u \geq P_{tu} \frac{A_f}{A_g} + \frac{M_u}{H - t_f} \tag{7.46}$$

$$T_u \geq \frac{\phi_t P_n}{2} \frac{A_f}{A_g} + \frac{\phi_b M_n / 2}{H - t_f} \tag{7.47}$$

3) 플랜지 이음판의 소요단면적

① 인장력이 작용하는 이음판

$$A_{nt} \geq \frac{T_u}{\phi F_u}, \quad \phi = 0.75 \tag{7.48}$$

② 압축력이 작용하는 이음판

$$A_{gc} \geq \frac{P_u}{\phi_c F_y}, \quad \phi_c = 0.85 \tag{7.49}$$

4) 웨브이음판의 소요 순단면적

웨브이음판의 소요 순단면적 A_{nv}는 다음 값 중 큰 값으로 한다.

$$A_{nv} \geq \frac{P_y}{\phi(0.6F_u)}, \quad \phi = 0.75 \tag{7.50}$$

$$A_{nv} \geq \frac{\phi_v V_n/2}{\phi(0.6F_u)}, \quad \phi = 0.75 \tag{7.51}$$

5) 고력볼트접합에 의한 기둥이음

고력볼트를 이용한 기둥의 이음은 다음의 웨브와 플랜지에 대해서 볼트를 각각 설계한다. 웨브와 플랜지의 설계는 다음과 같다.

웨브이음판은 전단에 견딜 수 있도록 설계해야 하고 축방향력과 휨모멘트를 부분적으로 부담하는 것으로 한다. 전단력에 필요한 볼트의 수는 다음과 같다.

$$N_b \geq \frac{V_u}{\phi R_n} \tag{7.52}$$

$$N_b \geq \frac{\phi_v V_n/2}{\phi R_n} \tag{7.53}$$

인장을 받는 플랜지에 소요되는 볼트의 개수는 아래의 식에 따라 계산한다.

$$N_b \geq \frac{T_u}{\phi R_n} \tag{7.54}$$

(3) 연결요소

거셋(gusset) 또는 브래킷으로 사용되는 플레이트나 앵글(angle, ㄱ형강) 연결요소(connecting element)에 대해 다음 규정을 따른다.

1) 인장강도

설계강도 ϕR_n은 다음 2가지 한계상태에 관한 강도값 중 작은 값으로 결정한다.

인장항복에 대해 : $R_n = F_y A_g, \quad \phi = 0.9$ (7.55)

인장파단에 대해 : $R_n = F_u A_e, \quad \phi = 0.75$ (7.56)

여기서 A_e: 유효순단면적으로 볼트이음 플레이트에 대해서는

$$A_e = A_n \leq 0.85 A_g$$

2) 압축강도

압축강도 ϕP_n은 항복 및 좌굴한계상태에 대해 다음 식으로 결정한다.

$$P_n = F_y A_g, \quad \phi = 0.9 \tag{7.57}$$

다만, $KL/r \le 25$일 때 적용하며

$KL/r > 25$일 때는 4장 압축재 설계에 따른다.

3) 전단강도

설계강도 ϕR_n은 다음 2가지 한계상태에 관한 강도값 중 작은 값으로 결정한다.

전단항복에 대해 : $R_n = 0.6 F_y A_g, \quad \phi = 1.0$ (7.58)

전단파단에 대해 : $R_n = 0.6 F_u A_{nv}, \quad \phi = 0.75$ (7.59)

여기서 A_{nv} : 전단 순단면적(mm^2)

4) 블록전단강도

블록전단강도 R_n은 전단파단선에 따른 블록전단파단과 이와 직각인 인장파단선의 합으로 결정한다.

$$R_n = 0.6 F_u A_{nv} + U_{bs} F_u A_{nt} \le 0.6 F_y A_{gv} + U_{bs} F_u A_{nt}, \quad \phi = 0.75 \tag{7.60}$$

여기서 A_{gv} : 총 전단 단면적(mm^2)

A_{nt} : 순 인장 단면적(mm^2)

A_{nv} : 순 전단 단면적(mm^2)

U_{bs} : 감소계수(reduction factor, 그림 7.22 참조)

$U_{bs} = 1.0$: 인장응력이 등분포일 때

$U_{bs} = 0.5$: 인장응력이 등분포가 아닐 때

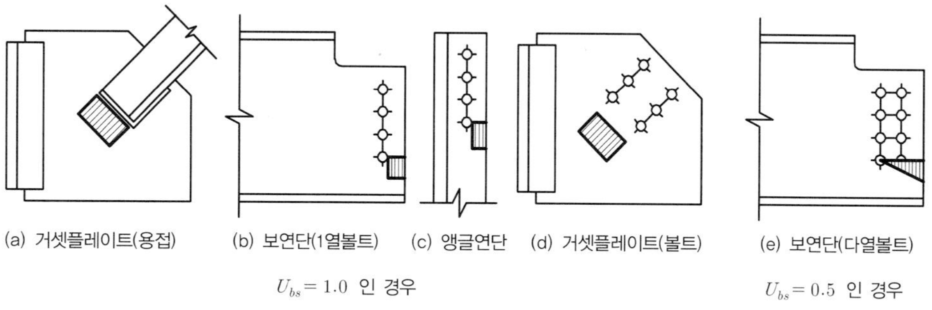

그림 7.22 블록전단 인장응력 분포

7.4.4 기둥주각부

축압축력을 받는 기둥주각부의 베이스플레이트(base plate)는 다음 사항을 고려하여 설계한다.

1. 베이스플레이트의 크기 : 콘크리트의 지압강도(bearing strength)에 의해 결정된다.
2. 플레이트의 두께 : 플레이트의 휨강도에 의해 결정된다.

그림 7.23(a)에서 플레이트의 면적 BN이 형강의 외각면적(profile area) $b_f H$보다 훨씬 크면 등분포하중을 받는 스팬 l(m 또는 n)인 캔틸레버보로 설계할 수 있다. 그러나 기둥하중이 비교적 작으면 베이스플레이트의 크기가 작아지므로(l의 길이가 작아지므로) 캔틸레버 방식으로 설계할 수 없게 되고, 그림(b)와 같이 기둥의 내측 주변(內側周邊, inside perimeter)면적 A_H에 작용하는 등분포하중을 받는 플레이트로 취급하는 항복선방식(yieldline approach)으로 설계한다.

(1) 베이스플레이트 크기

주각부에 설치하는 베이스플레이트의 크기는 다음 식으로부터 산정한다.

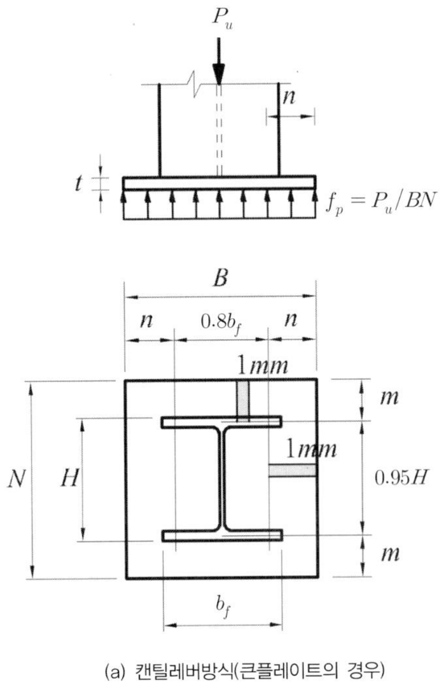

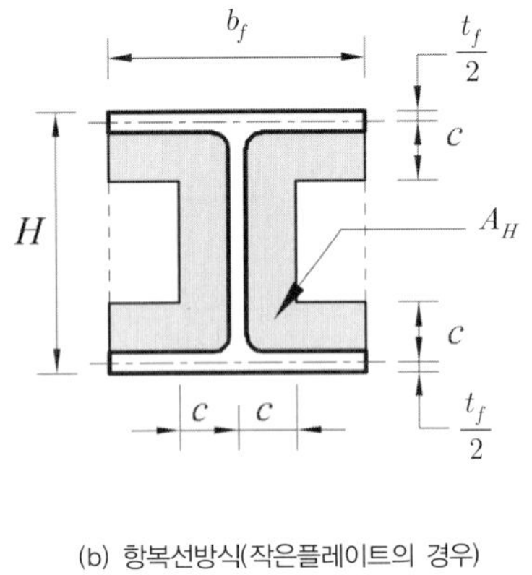

그림 7.23 주각부

$$\phi_c P_p \geq P_u \tag{7.61}$$

여기서 P_u : 계수기둥하중

$\phi_c = 0.6$: 저항계수(콘크리트지압)

P_p : 공칭압축강도

$$P_p = 0.85 f_{ck} A_1 \text{ : 콘크리트 전단면이 지압을 받는 경우} \tag{7.62}$$

$$P_p = 0.85 f_{ck} A_1 \sqrt{A_2/A_1} \leq 0.85 f_{ck}(2A_1)$$

$$\text{: 콘크리트 전단면의 일부가 지압을 받는 경우} \tag{7.63}$$

여기서 A_1 : 강재의 지압면적(베이스플레이트의 면적, BN, mm^2)

A_2 : 콘크리트 주각부 전단면적(mm^2)

(2) 베이스플레이트의 두께

베이스플레이트의 두께는 베이스플레이트에 작용하는 휨(bending)을 고려하여 결정하게 된다. 휨은 기둥플랜지의 단부근처 플레이트 두께의 중간부분에서 축에 대해서 발생한다고 가정한다. 2개의 축은 웨브와 평행하다고 보고 $0.8b_f$ 떨어진 거리에서의 축이고, 또다른 2개의 축은 플랜지와 평행하고 약 $0.95H$ 떨어진 거리에 있다. 그림 7.23(a)는 이를 설명하고 있는 그림이다. $M_u = \phi_b F_y Z$로부터 t를 구하면

$$t \geq \sqrt{\frac{2P_u l^2}{0.90BNF_y}} = l\sqrt{\frac{2P_u}{0.90BNF_y}} \tag{7.64}$$

l은 캔틸레버의 스팬으로 m과 n 중 큰 값을 사용한다. 이 방법을 캔틸레버법이라 한다. 작은 하중이 작용하는 주각부는 Murray-Stockwell 법(Murray, 1983)을 사용하여 설계할 수 있다. 이 방법에서는 기둥단면 내에 가해지는 기둥하중의 일부면적에, 즉 $b_f H$상의 하중이 균등하게 분포한다고 가정한다. 이 방법을 사용하면 다음과 같은 식을 유도해 낼 수 있다(그림 7.23(b) 참조).

$$t \geq c\sqrt{\frac{2P_0}{0.90A_H F_y}} \tag{7.65}$$

$$P_0 = \frac{P_u}{BN}(b_f H) \text{ : } b_f H \text{ 면적 내의 하중} \tag{7.66}$$

여기서,

$$A_H = \frac{P_0}{0.6 f_{ck} \sqrt{A_2 / b_f H}} \leq \frac{P_0}{0.6(1.7 f_{ck})} \tag{7.67}$$

A_H : H형강 내측 주변 면적(그림 7.23(b) 참조)

$$c = \frac{P_0}{A_H}$$

한편, 더 큰 하중이 작용하는 주각부의 설계는 Thornton(1990)의 방법을 사용한다. 그러나 경량의 하중과 중량의 하중에 대한 정확한 구분은 현재로서는 자세히 정의된 바 없다.

그림 7.24는 웨브와 플랜지 부분이 고정된 것으로 가정한 플레이트의 일부분이다. 요구되는 플레이트의 두께는 식(7.68)과 같다.

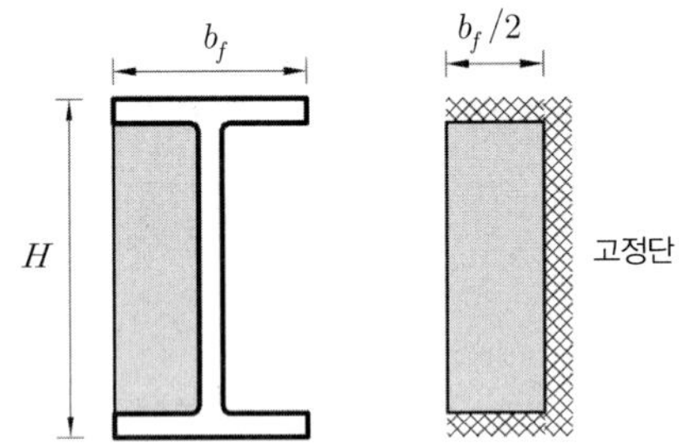

그림 7.24 주각부의 지지조건

$$t \geq n' \sqrt{\frac{2P_u}{0.90BNF_y}} \tag{7.68}$$

여기서, $n' = \frac{1}{4}\sqrt{Hb_f}$ (7.69)

한편, 이 3가지 방법을 정리하여 식(7.70)을 사용한다. 다만 이 식은 식(7.64)에서 l을 고려할 때 λ를 추가로 검토한 보완식이다.

$$t \geq l \sqrt{\frac{2P_u}{0.90BNF_y}} \text{ 또는 } 1.5l\sqrt{\frac{f_p}{F_y}} \tag{7.70}$$

여기서, l은 m, n, $\lambda n'$ 중 큰 값

$$m = \frac{N - 0.95H}{2} \tag{7.71}$$

$$n = \frac{B - 0.8b_f}{2} \tag{7.72}$$

$$\lambda = \frac{2\sqrt{X}}{1 + \sqrt{1 - X}} \leq 1.0 \text{ (안전측으로 } \lambda = 1.0 \text{ 사용)} \tag{7.73}$$

$$X = \left[\frac{4Hb_f}{(H + b_f)^2}\right] \frac{P_u}{\phi_c P_p} \leq 1.0 \tag{7.74}$$

예제 7-06

$P_D = 1,800\text{kN}$, $P_L = 1,200\text{kN}$의 압축력과 $P_W = 400\text{kN}$인 풍하중을 받고 있는 H형강 기둥 H-416×405×18×28(SM490)의 베이스 플레이트를 설계하시오. 지압을 받는 콘크리트 주각부(Pedestal)의 크기는 베이스 플레이트 크기보다 양방향으로 150mm씩 크게 한다. 사용강재는 SS400, 콘크리트 $f_{ck} = 21\text{MPa}$이다.

풀이

(1) 계수하중

$P_u = 1.2P_D + 1.6P_L = 1.2(1,800) + 1.6(1,200) = 4,080\text{kN}$

$P_u = 1.2P_D + 1.3P_W + 1.0P_L = 1.2(1,800) + 1.3(400) + 1.0(1,200) = 3,880\text{kN}$

$\therefore\ P_u = 4,080\text{kN}$ 사용

(2) 베이스플레이트 크기

소요단면적 $A_1 = \dfrac{P_u}{\phi 0.85 f_{ck}} = \dfrac{4,080}{0.6(0.85)21} = 381 \times 10^3\text{mm}^2$

m, n크기에 비례하여 B, N을 정한다.

$0.85b_f = 0.8(405) = 324\text{mm}$

$0.95H = 0.95(416) = 395.2\text{mm}$

$B = 600\text{mm}$, $N = 650\text{mm}$로 가정하면 $A_1 = 600 \times 650 = 390 \times 10^3\text{mm}^2$

콘크리트 주각은 $750\text{mm} \times 800\text{mm}$, $A_2 = 750 \times 800 = 600 \times 10^3\text{mm}^2$

식(7.63) $\sqrt{\dfrac{A_2}{A_1}} = \sqrt{\dfrac{600 \times 10^3}{390 \times 10^3}} = 1.24 < 2.0$

소요단면적 $A_1 = \dfrac{\text{예비소요단면적}}{1.24} = \dfrac{381 \times 10^3}{1.24} = 307.3 \times 10^3\text{mm}^2$

따라서 $B = 520\text{mm}$, $N = 600\text{mm}$ 플레이트를 사용하면 $A_1 = 312 \times 10^3\text{mm}^2$

콘크리트 주각은 $670\text{mm} \times 750\text{mm}$, $A_2 = 502.5 \times 10^3\text{mm}^2$

(3) 플레이트의 두께

식(7.70) $t = 1.5(n, m, \lambda n' \text{ 중 큰 값})\sqrt{\dfrac{f_p}{F_y}}$

$n = 0.5(B - 0.8b_f) = 0.5(520 - 324) = 98\text{mm}$

$m = 0.5(N - 0.95H) = 0.5(600 - 395.2) = 102.4\text{mm}$

$\phi_c P_P = 0.6(0.85 f_{ck}) A_1 \sqrt{\dfrac{A_2}{A_1}} = 0.6(0.85 \times 21)312 \times 10^3 \sqrt{\dfrac{502.5 \times 10^3}{312 \times 10^3}}$

$= 10.71(312 \times 10^3)1.27 = 4,243.7 \times 10^3\text{N} = 4,243.7\text{kN}$

$$X=\left[\frac{4Hb_f}{(H+b_f)^2}\right]\frac{P_u}{\phi_c P_P}=\left[\frac{4(416)405}{(416+405)^2}\right]\frac{4,080}{4,243.7}=0.96<1.0$$

$X>0.64\ \ \lambda=1$

$$n'=\frac{1}{4}\sqrt{Hb_f}=\frac{1}{4}\sqrt{416\times405}=102.6\text{mm}$$

$n,\ m,\ \lambda n'$ 중 제일 큰 값은 $l=\lambda n'=102.6\text{mm}$

$$t=1.5(\lambda n')\sqrt{\frac{P_u}{BNF_y}}=1.5(102.6)\sqrt{\frac{4,080\times10^3}{(312\times10^3)235}}$$

$=8.6\text{mm}$

PL−9×520×600 사용한다.

7.5 접합부의 설계

접합부의 설계는 웨브의 전단한계상태, 플레이트의 지압강도, 플랜지의 블록전단 한계상태, 플랜지의 지압강도, 커버플레이트의 블록전단 한계상태 등을 검토한다. 아래 예제를 통해서 웨브 플레이트 플랜지 접합 및 블록전단의 검토를 통해 살펴보고자 한다.

예제 7-07

그림과 같은 보-기둥 접합부(모멘트 접합)를 설계하시오. 기둥은 H-350×350×12×19를 사용하고 기둥에 접합되는 보는 H-500×200×10×16을 사용한다. 보는 기둥의 플랜지에 10 mm 간격을 띄운 것으로 간주한다.

작용하중은 $M_D=60\ \text{kN}\cdot\text{m}$, $M_L=180\,\text{kN}\cdot\text{m}$, $V_D=40\,\text{kN}$, $V_L=120\,\text{kN}$ 이다. 모든 플레이트는 기둥에는 용접 접합되어 있고 보에서는 고력볼트(F10T) 접합으로 체결되어 있다. 플레이트의 강종은 SN400이며, 보와 기둥은 SM490을 사용한다.

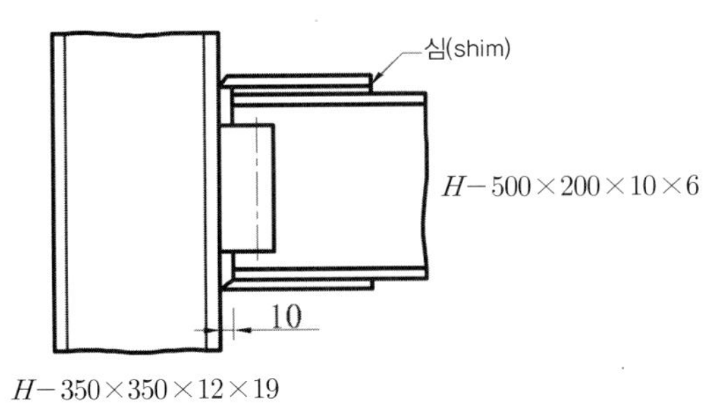

풀이

(1) 소요강도 산정

$M_u = 1.2M_D + 1.6M_L = 1.2(60) + 1.6(180) = 360\text{kN}\cdot\text{m}$

$V_u = 1.2V_D + 1.6V_L = 1.2(40) + 1.6(120) = 240\text{kN}$

(2) 웨브 접합

1) 웨브 플레이트

웨브 플레이트는 기둥과는 용접접합을 보에는 고력볼트로 접합한다.

고력볼트 F10T(M20)을 사용하고 편심은 무시한다.

볼트 한 개당 공칭전단강도 : $R_n = F_{nv}A_b = (400)(314) = 125.6\text{kN}$

설계강도 : $\phi R_n = \phi F_{nv}A_b = 0.75(125.6) = 94.2\text{kN}$

볼트개수 산정 : $N_b = \dfrac{240}{94.2} = 2.55$ 따라서 볼트개수는 3개로 한다.

최소 볼트중심간 거리 : $2.5d = 2.5(20) = 50\text{mm}$

볼트중심에서 연단까지 최소거리 : 34mm (표 7.3 참조)

고력볼트 구멍직경 : $d + 2 = 20 + 2 = 22\text{mm}$

플레이트의 최소폭은 연단거리에 의하여 결정할 수 있다. 하중에 저항하는 것은 수직방향이며, 수평방향의 연단거리는 단지 최소연단거리로서 구할 수 있다. 플레이트는 기둥의 플랜지와 보의 간격을 10mm로 하고, 연단거리는 40mm로 한다. 플레이트는 다음 그림과 같이 가정한다.

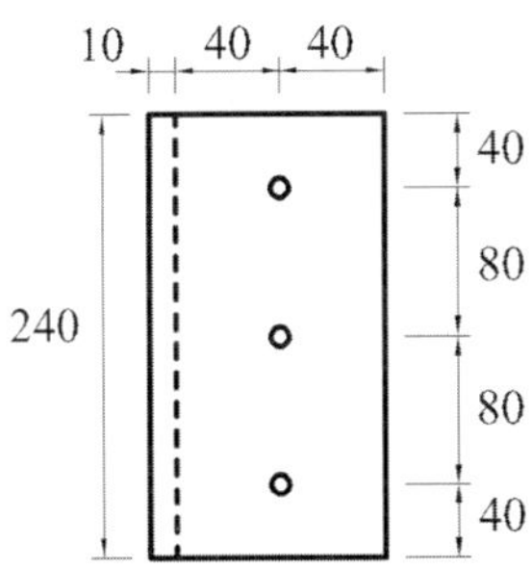

2) 볼트의 지압강도

상단볼트의 공칭지압강도 :

$L_c = 40 - 22/2 = 29\text{mm} < 2d = 2\times 20 = 40\text{mm}$ (식(7.7) 참조)

$R_n = 1.2L_c tF_u = 1.2(29)(9)(400) = 125{,}280\text{N} = 125\text{kN}$

$\phi R_n = 0.75(125) = 94\ \text{kN/bolt}$

2번째 볼트의 공칭지압강도 :

$L_c = 80 - 22 = 58\text{mm} > 2d = 2\times 20 = 40\text{mm}$

$R_n = 2.4(20)(9)(400) - 172{,}800\text{N} - 173\text{kN}$

$\phi R_n = 0.75(173) = 130$ kN/bolt

3개 볼트에 대한 접합부 설계강도 :

$\sum \phi R_n = 94 + 2(130) = 354\text{kN} > V_u = 240\text{kN}$ 적합

또한 보 웨브의 두께가 10mm > 9mm이고, 보의 F_y는 플레이트의 F_y보다 크기 때문에 보 웨브의 지압강도는 충분하다.

3) 플레이트의 한계상태 검토

플레이트의 소요 총단면의 항복과 순단면의 파단, 블록전단파단 등 모두를 고려하여야 한다.

① 전단항복에 대하여 : 식(7.58) 참조

$A_{gv} = 9 \times 240 = 2{,}160\text{mm}^2$

$\phi V_n = 1.0(0.6F_y A_{gv}) = (1.0)(0.6)(235)(2{,}160) = 304{,}560\text{N} = 305\text{kN} > 120\text{kN}$ 적합

② 전단파단에 대하여 : 식(7.59) 참조

$A_{nv} = (240 - 3 \times 22)(9) = 1{,}566\text{mm}^2$

$\phi V_n = 0.75(0.6F_u A_{nv}) = (0.75)(0.6)(400)(1{,}566) = 281{,}880\text{N} = 282\text{ kN} > 120\text{kN}$ 적합

③ 블록전단에 대하여 :

$A_{gv} = 9 \times (80 + 80 + 40) = 1{,}800\text{mm}^2$

$A_{nv} = 9 \times (80 + 80 + 40 - 2.5 \times 22) = 1{,}305\text{mm}^2$

$A_{nt} = 9 \times (40 - 22/2) = 261\text{mm}^2$

식(7.60)에서

$R_n = 0.6F_u A_{nv} + U_{bs} F_u A_{nt} = 0.6(400)(1{,}305) + 1.0(400)(261) = 417{,}600\text{ N} = 418\text{kN}$

$R_n = 0.6F_y A_{gv} + U_{bs} F_u A_{nt} = 0.6(235)(1{,}800) + 1.0(400)(261) = 358{,}200\text{N} = 358\text{kN}$

$R_n = 358$ kN 적용

$\phi R_n = 0.75(358) = 269\text{kN} > 240$ kN 적합

4) 플레이트의 용접

$\phi R_n = \phi F_w A_w = 0.9(0.6F_y) t_e L_e$에서

$s = 6\text{mm}$이면 $t_e = 0.7 \times 6 = 4.2\text{mm}$, $L_e = 2(240 - 2 \times 6) = 456\text{mm}$

$\phi R_n = 0.9(0.6 \times 235)(4.2 \times 456) = 243{,}039\text{N} = 243\text{kN} > 240\text{kN}$ 적합

(3) 플랜지 접합

1) 플랜지 플레이트

상하플랜지에 작용하는 단면력은

$$P_u = \frac{M_u}{H} = \frac{360}{0.5} = 720\text{kN}$$

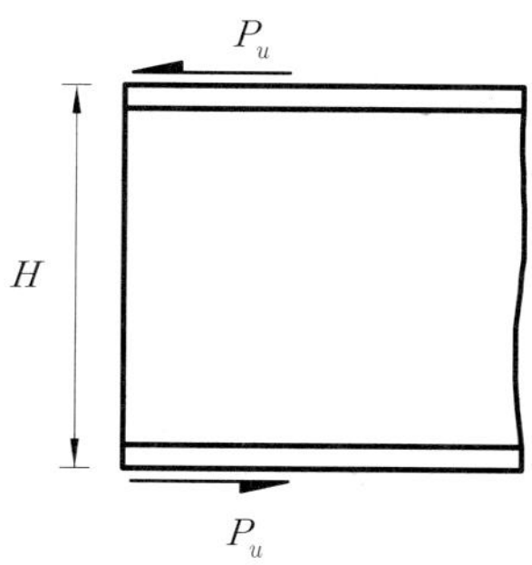

플랜지의 플레이트 상단부는 인장력, 그리고 하단부는 압축력으로 검토하여 설계하여야 한다. 항복한계상태에 근거하여 최소 단면적을 구하면

$\phi R_n = P_u = 0.9F_yA_g$

$$A_g = \frac{P_u}{0.9F_y} = \frac{720,000}{0.9(235)} = 3,404\ \text{mm}^2$$

플레이트의 폭 200mm로 가정한다(보의 플랜지 폭과 동일).

$A_g = 200t = 3,404\ \text{mm}^2$, $t = 17.02\ \text{mm}$

플레이트를 18mm × 200mm로 한다.

고력볼트 F10T(M20)을 사용하면

고력볼트의 개수산정 : $N_b = \dfrac{720}{94.2} = 7.64$ 고력볼트 8개로 한다.

최소 볼트중심간 거리 : $2.5d = 2.5(20) = 50\text{mm}$

볼트중심에서 연단까지 최소거리 : 34mm

고력볼트 구멍직경 : $d + 2 = 20 + 2 = 22\text{mm}$

플레이트는 다음 그림과 같이 가정한다.

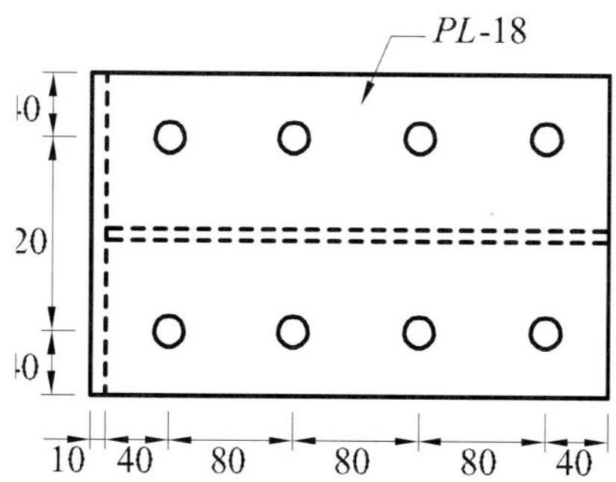

2) 볼트의 지압강도

① 플랜지 플레이트에 대하여

연단 볼트 공칭지압강도

$L_c = 40 - 22/2 = 29\text{mm} < 2 \times 20 = 40\text{mm}$

$R_n = 1.2L_ctF_u = 1.2(29)(18)(400) = 250,560\ \text{N} = 251\ \text{kN}$

$\phi R_n = 0.75(251) = 188$ kN/bolt

기타 볼트의 공칭지압강도

$L_c = 80 - 22 = 58\text{mm} > 2d = 2 \times 20 = 40\text{mm}$

$R_n = 2.4(20)(18)(400) = 345{,}600\text{N} = 346\text{kN}$

$\phi R_n = 0.75(346) = 260$ kN/bolt

8개 볼트에 대한 접합부 설계강도

$\sum \phi R_n = 2(188) + 6(260) = 1{,}936\,\text{kN} > P_u = 720\text{kN}$ 적합

② 보 플랜지에 대하여

연단 볼트 공칭지압강도

$R_n = 1.2L_c tF_u = 1.2(29)(16)(490) = 272{,}832\,\text{N} = 273\,\text{kN}$

$\phi R_n = 0.75(273) = 205$ kN/bolt

기타 볼트의 공칭지압강도

$R_n = 2.4(20)(16)(490) = 376{,}320\text{N} = 376\text{kN}$

$\phi R_n = 0.75(376) = 282$ kN/bolt

8개 볼트에 대한 접합부 설계강도

$\sum \phi R_n = 2(205) + 6(282) = 2{,}102\,\text{kN} > P_u = 720\text{kN}$ 적합

3) 플레이트의 한계상태 검토

① 인장항복에 대하여

$A_{gv} = 18 \times 200 = 3{,}600\text{mm}^2$

$\phi R_n = (0.9)(235)(3{,}600) = 761{,}400\text{N} = 761\text{kN} > 720\text{kN}$ 적합

② 인장파단에 대하여

$A_n = (200 - 2 \times 22)(18) = 2{,}808\text{mm}^2$

$\phi R_n = (0.75)(400)(2{,}808) = 842{,}400\,\text{N} = 842\text{ kN} > 720\text{kN}$ 적합

③ 블록전단에 대하여 :

아래 그림에서 볼트에 배열에 따른 2가지의 블록전단파단 모드를 확인해야 한다.

2 경우에 대한 전단면적은

$A_{gv} = 18 \times (80 + 80 + 80 + 40) \times 2 = 10{,}080\,\text{mm}^2$

$A_{nv} = 18 \times (80 + 80 + 80 + 40 - 3.5 \times 22) \times 2 = 7{,}308\ \text{mm}^2$

볼트사이에 내축방향의 인장면적은 폭 120mm로 계산한다. 2개의 외곽 블록으로 고려하면 폭은 $2 \times 40 = 80\text{mm}$이다. 이것은 가장 작은 블록전단강도의 결과일 것이다.

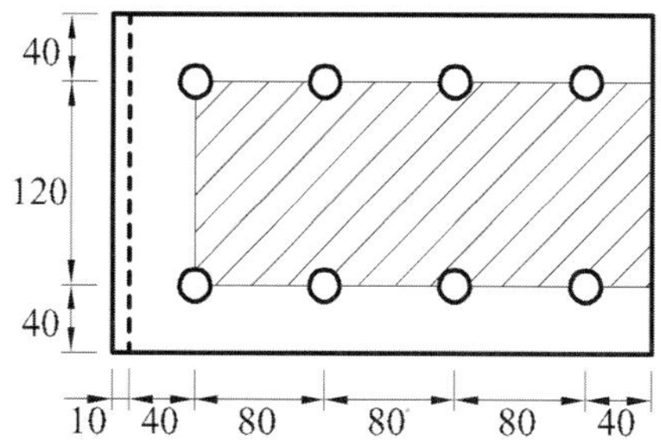

(a)

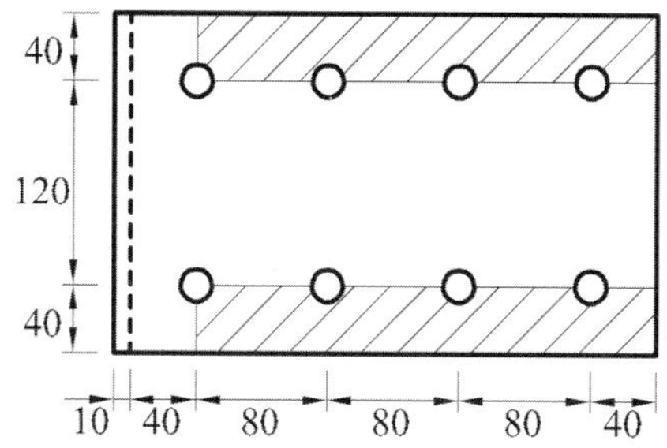

(b)

$A_{nt} = 18 \times (40 - 22/2) \times 2 = 1{,}044\ \text{mm}^2$

$R_n = 0.6F_u A_{nv} + U_{bs} F_u A_{nt}$
$\quad = 0.6(400)(7{,}308) + 1.0(400)(1{,}044) = 2{,}171{,}520\ \text{N} = 2{,}172\text{kN}$

$R_n = 0.6F_y A_{gv} + U_{bs} F_u A_{nt}$
$\quad = 0.6(235)(10{,}080) + 1.0(400)(1{,}044) = 1{,}838{,}880\ \text{N} = 1{,}839\text{kN}$

$\phi R_n = 0.75(1{,}839) = 1{,}379\ \text{kN} > 720\ \text{kN}$ 적합

4) 보 플랜지의 블록전단 검토(볼트간격과 연간거리는 플레이트와 같다.)

$A_{gv} = 10{,}080 \times \left(\dfrac{16}{18}\right) = 8{,}960\,\text{mm}^2$

$A_{nv} = 7{,}308 \times \left(\dfrac{16}{18}\right) = 6{,}496\ \text{mm}^2$

$A_{nt} = 1{,}044 \times \left(\dfrac{16}{18}\right) = 928\ \text{mm}^2$

$R_n = 0.6F_u A_{nv} + U_{bs} F_u A_{nt} = 0.6(490)(6{,}496) + 1.0(490)(928) = 2{,}364{,}544\,\text{N} = 2{,}365\text{kN}$

$R_n = 0.6F_y A_{gv} + U_{bs} F_u A_{nt} = 0.6(315)(8{,}960) + 1.0(490)(928) = 2{,}148{,}160\,\text{N} = 2{,}148\text{kN}$

$\phi R_n = 0.75(2{,}148) = 1{,}611\ \text{kN} > 1{,}379\ \text{kN}$ 적합

5) 보 플랜지 하단부 압축 검토

플레이트는 고력볼트 사이의 고정된 압축 부재로 작용한다고 간주함

$L = 80\text{mm}$, $K = 0.65$(표 4.3 참조 : 양단고정)

$r = \sqrt{\dfrac{I}{A}} = \sqrt{\dfrac{200 \times 18^3/12}{200 \times 18}} = 5.20$

$\dfrac{KL}{r} = \dfrac{(0.65)(80)}{5.20} = 10.0$

압축요소가 $KL/r < 25$이므로

$P_n = F_y A_g, \phi = 0.9$

$\phi P_n = 0.9F_y A_g = 0.9(235)(18 \times 200) = 761{,}400\,\text{N} = 761\text{kN} > 720\text{kN}$ 적합

6) 플랜지 플레이트의 용접

플랜지 플레이트의 용접은 CJP 그루브용접을 사용하므로 더 이상 계산하지 않아도 된다.

연습문제

Steel Structures

01 그림과 같은 브래킷접합부에서 최대전단력을 받는 볼트와 그 크기를 구하시오. 다만, 볼트의 크기는 모두 같다.

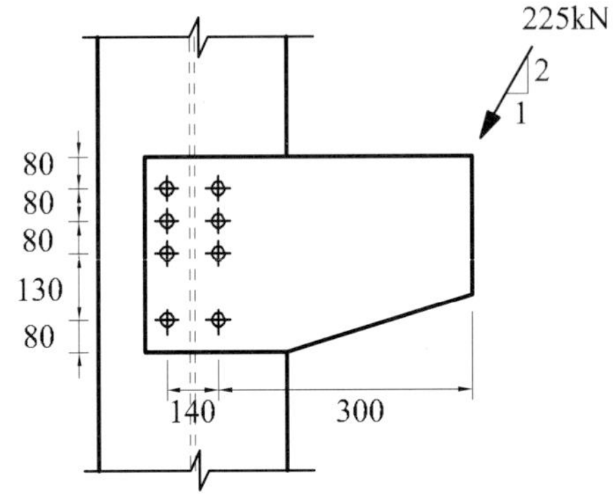

02 브래킷은 40kN의 고정하중과 120kN의 적재하중으로 구성된 편심하중을 견뎌야한다. 접합부는 4개의 볼트가 2개의 수직열로 배치되어 있고 맨 윗 열에는 1개의 볼트만 있다. 만약 F10T(M22) 볼트가 지압형으로 사용된다면 적합한지 검토하시오. 볼트의 나사부가 전단면 내에 있다고 가정한다. 브래킷은 SS400을 H형강은 SM490을 사용한다.

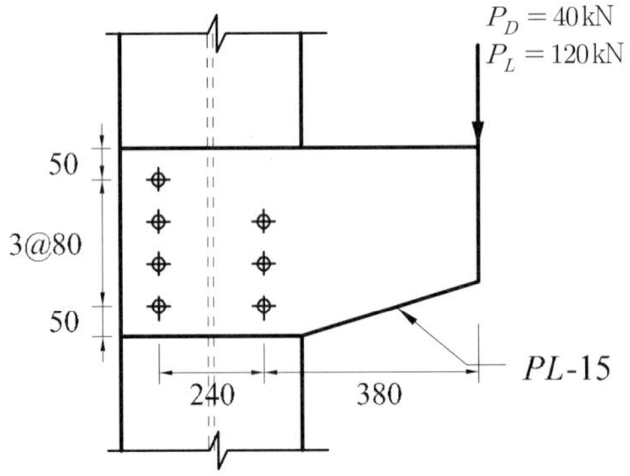

$H-350\times350\times12\times19$

03 그림과 같은 보와 기둥의 접합부에서 8개의 F10T(M22) 볼트로 기둥플랜지에 T형강 플랜지를 접합하였다. 만약 70mm 편심에 100kN 고정하중과 200kN 적재하중이 접합부에 작용할 때 이 접합부(T자플랜지와 기둥의 접합부)가 적합한지 검토하시오. 볼트의 나사부가 전단면내에 있다고 가정한다. 모든 구조물은 SM490이다.

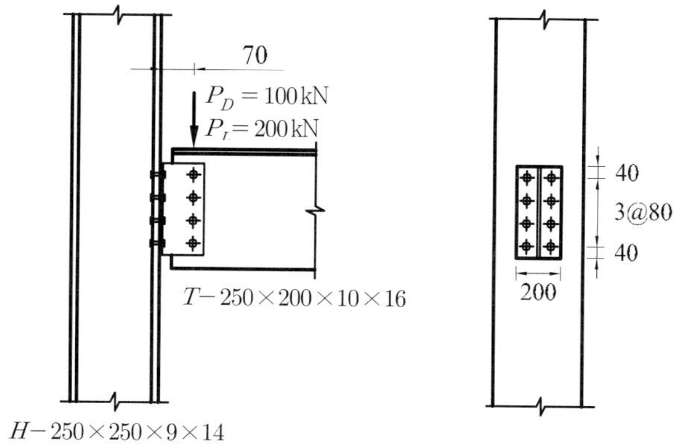

04 그림과 같이 H-400×200×8×13을 사용한 보-기둥 접합부에서 필릿용접의 안정성을 검토하시오. 소요강도 $M_u = 140$kN·m, $V_u = 120$kN 이고, 강재는 SS400이다.

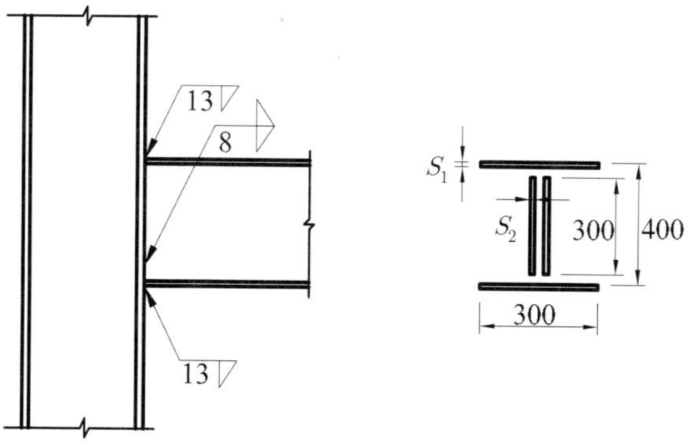

05 다음의 소요강도가 필요한 접합부의 필릿용접의 안전성을 검토하시오.

$M_u = 150\text{kN}\cdot\text{m}$, $V_u = 100\text{kN}$, 강재는 SHN490을 사용한다. 용접은 그루브용접을 사용한다. (보 : H-400×200×8×13, 기둥 : H-400×400×18×28). 다만, 전단을 받는 웨브의 길이는 300으로 가정한다.

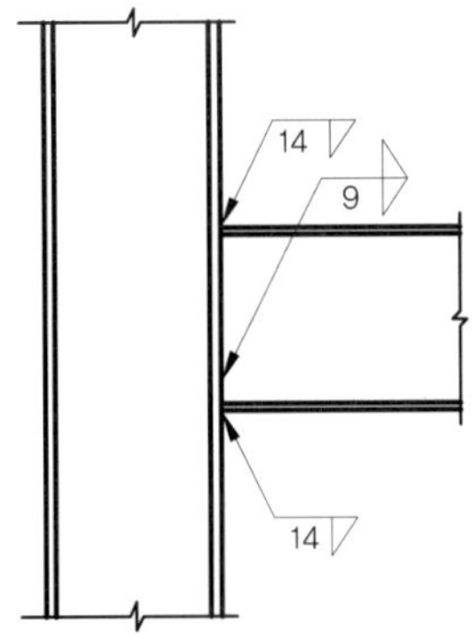

06 그림과 같이 인장력과 전단력을 동시에 받는 접합부에 고정하중 200kN과 적재하중 100kN이 작용하고 고력볼트로 지압접합하였다. 이 때 접합부의 설계인장강도를 산정하시오.

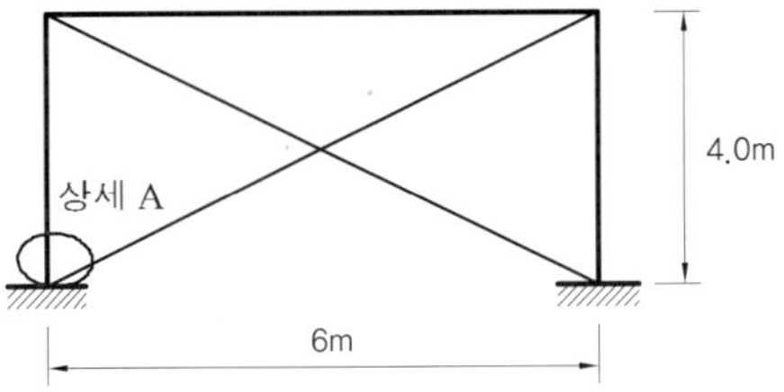

상세 A

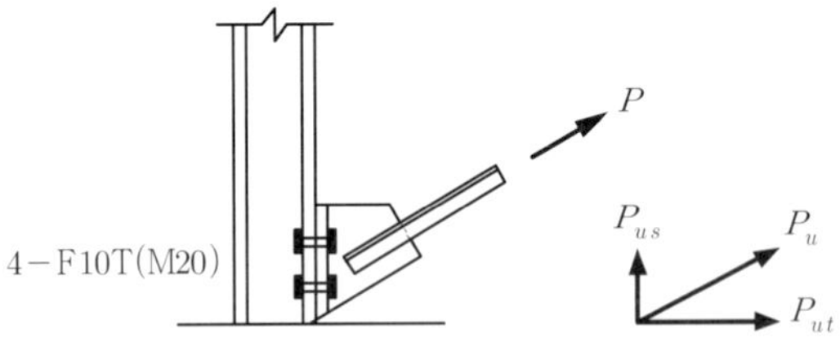

Complex Federation Center in Moscow, Russia. 강변 위에 선 요트의 돛대를 표출한 구조디자인으로 환경과 인간의 관계를 통한 친환경적 생성으로 조형미를 살린 합성구조물

Chapter 8

합성재

Chapter 8 합성재

8.1 합성재 개요

강재와 콘크리트를 조합해서 일체화시킨 구조체를 합성재(composite member)라 한다. 합성재는 강재나 콘크리트의 각 재료가 지닌 특성을 조합하여 매우 효율적이고 경제적인 합성구조를 얻게 되므로 현대 건축물에 널리 사용되고 있다. 합성재로는 그림 8.1에서와 같이 합성보, 합성슬래브, 합성기둥 등이 있다.

합성재는 다음 2가지의 큰 장점을 가지고 있다.

1) **강재량의 감소** : 강도증가로 인한 단면감소로 이어지며, 강재량 감소(20~30% 정도)는 부재의 경량화, 특히 보 춤의 감소로 고층건물에서의 층고를 줄일 수 있다.

2) **강성의 증가** : 단면2차모멘트의 증가로 좌굴이나 처짐 등 구조물의 변위에 대한 안정성을 높일 수 있다.

한편 합성재의 단점을 든다면,

1) 전단연결재의 사용으로 인한 공사비의 추가 부담

2) 연속구조(continuous construction)에서 부모멘트 부분에 발생할 수 있는 콘크리트 균열

3) 콘크리트의 크리프와 건조수축에 의한 장기처짐 등을 들 수 있다.

합성보는 강재보와 콘크리트 바닥슬래브, 그리고 이들 부재의 접촉면에 전단연결재(shear connector)로 구성되며, 그림 8.1(a)와 같이 노출형과 매입형으로 구분된다. 바닥슬래브는 커버플레이트로 작용하며 강재보의 단면을 감소시킬 수 있다.

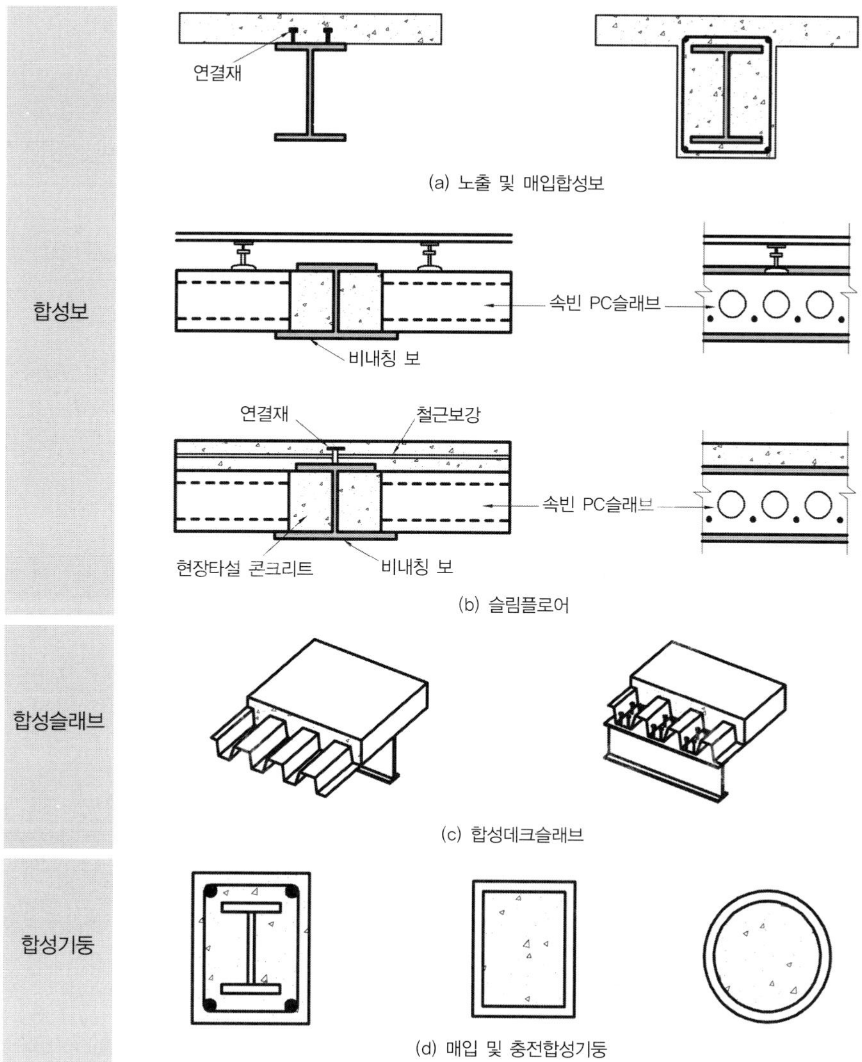

그림 8.1 합성재의 종류 및 형상

합성슬래브는 강재보와 콘크리트 바닥슬래브의 합성구조로 층고를 줄이거나 경제적인 설계를 위한 바닥시스템으로 활용된다. 그림 8.1(b)의 슬림플로어 시스템(slim-floor system)은 일반적인 합성슬래브와는 달리 H형강이나 각형강관의 하부 플랜지에 PC바닥판을 삽입하여 층고를 상대적으로 줄일 수 있는 방법이다. 슬래브 두께의 감소와 합성보의 강성을 증가시켜 보 춤을 줄일 수 있으며, 이로 인해 건물 전체의 높이를 감소시킬 수 있다.

그림 8.1(c)의 합성데크슬래브(composite deck slab)는 데크플레이트와 콘크리트를 합성한 슬래브 시스템으로서 데크플레이트는 콘크리트 타설 시에 거푸집 역할을

하고 경화 후에는 콘크리트와 일체가 되어 인장철근의 역할을 하게 된다. 따라서 이 구조는 다른 바닥판 시스템보다 경량이며 데크플레이트 자체가 시공하중을 지지하므로 콘크리트 타설 이후 후속공사를 즉시 수행할 수 있는 장점이 있다.

합성기둥은 강재와 콘크리트가 압축력과 휨을 동시에 저항하게 된다. 그림 8.1(d)와 같이 합성기둥은 콘크리트에 매입된 강재 단면이나 콘크리트로 충전한 구조단면으로 구분한다. 합성재에 사용되는 콘크리트의 압축강도는 21MPa $\leq f_{ck} \leq$ 70MPa로 제한하고 있으며 특히 합성기둥의 경우 사용강재 및 철근의 최소항복응력은 520MPa 이하가 되도록 한다.

8.2 합성보

강구조 건물에서 강재 보는 콘크리트 바닥슬래브를 지지하기도 하고 때로는 내화 때문에 콘크리트 내에 매입되기도 한다. 이때 슬래브와 보 사이에 연결재(connector)가 없더라도 작은 하중 하에서는 그림 8.2와 같이 부착이나 마찰에 의한 합성보로서 거동을 한다. 그러나 매입보의 경우를 제외하고는 마찰이나 부착은 일반적으로 신뢰할만한 합성거동을 나타내지 못한다.

따라서 슬래브와 보가 일체로 거동하도록 전단연결재를 사용하여야 한다. 이들 연결재들은 강재보 상부의 플랜지에 용접하여 콘크리트 슬래브 내에 묻혀 일체로 된다. 그림 8.3과 같이 여러 종류의 연결재가 있으나 가장 보편적으로 사용되는 전단연결재는 스터드볼트(stud bolt)이다.

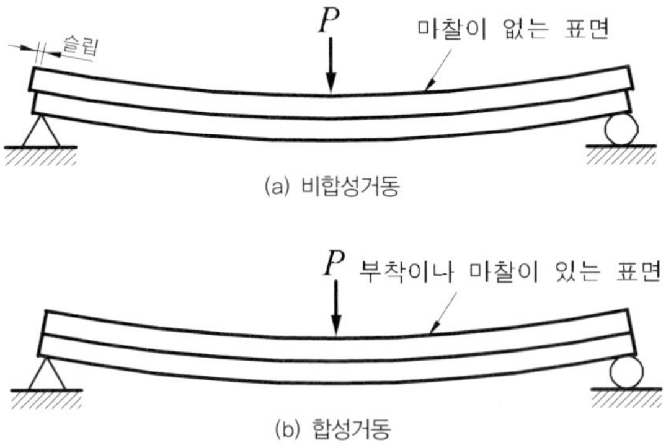

그림 8.2 합성재와 비합성재의 거동

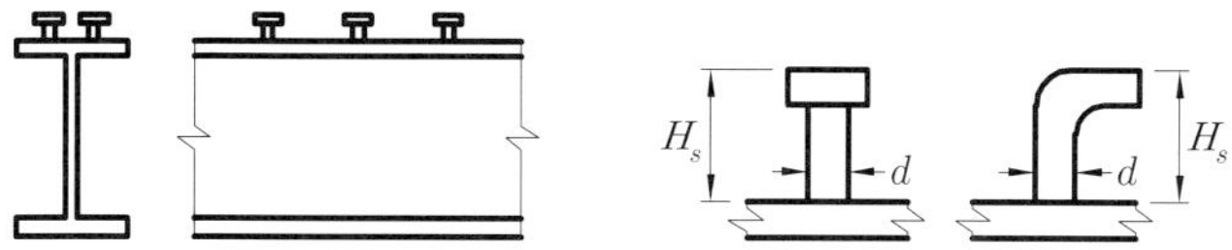

(a) 스터드 연결재

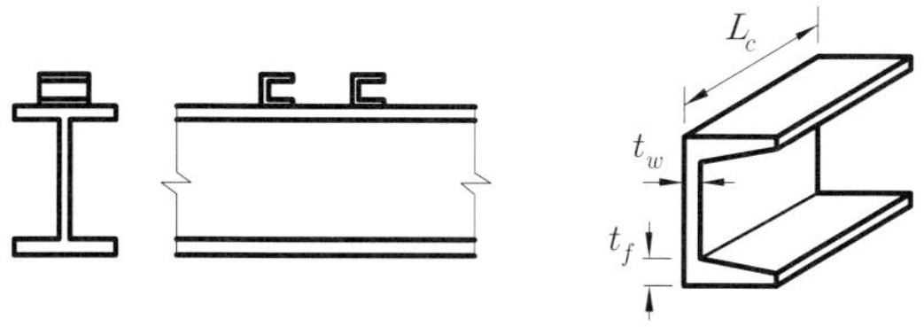

(b) ㄷ형강 연결재

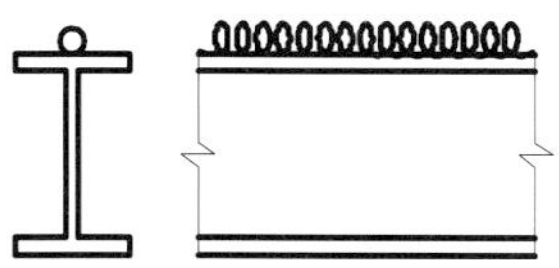

(c) 나선형 연결재

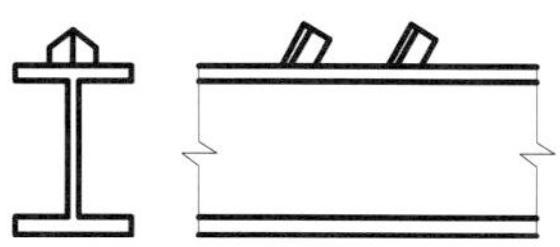

(d) ㄱ형강 연결재

그림 8.3 전단연결재의 종류

8.2.1 유효폭

슬래브 내에 실제 응력분포는 전단지연(shear lag)에 의해 일정하게 분포하지 않는다. 그림 8.4에서 보는 바와 같이 강재보가 있는 위치에서 가장 큰 응력을, 보와 보 사이에서 가장 작은 응력을 나타낸다. 복잡한 응력분포를 단순화하기 위하여 유효폭(effective width, b_e) 위에 등가등분포 응력이 작용한다고 가정한다. 보 중심을 기준으로 좌우 각 방향에 대한 콘크리트 슬래브의 유효폭은 다음 중에서 작은 값으로 한다.

1. 내측보에 대해

$$b_e \le \frac{L}{4} \tag{8.1}$$

$$b_e \le b \text{ (보의 간격이 일정할 때)} \tag{8.2}$$

2. 외측보에 대해

$$b_e \le \frac{L}{8} + b' \tag{8.3}$$

$$b_e \le \frac{b}{2} + b' \tag{8.4}$$

여기서, b : 보의 간격

L : 보의 스팬

b' : 보 중심선에서 슬래브 끝단까지의 거리

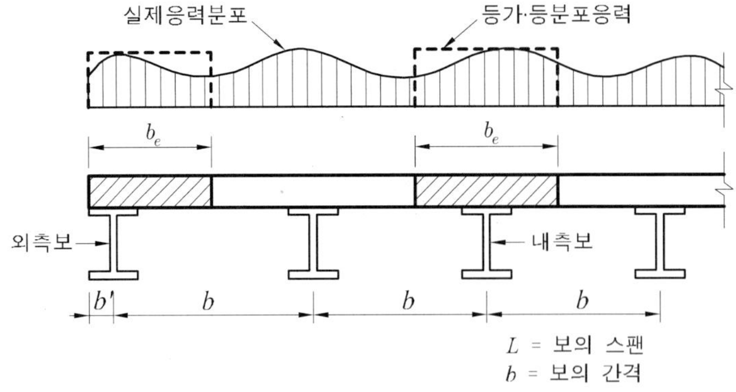

그림 8.4 유효폭의 산정

8.2.2 합성보의 설계휨강도

합성보의 휨강도를 결정할 때에는 콘크리트의 인장강도를 무시한다. 소성해석법(plastic stress distribution method)에 의하면 강재가 인장이나 압축에서 항복강도 F_y에 이르고 콘크리트가 압축에서 $0.85f_{ck}$의 압축응력에 달할 때를 가정하여 부재의 강도가 계산된다. 휨강도를 결정하기 위해 정모멘트 구간에서는 강재보의 웨브가 조밀단면인 조건, 즉 $h/t_w \le 3.76\sqrt{E/F_y}$를 만족해야 하며, 이 조건에 부적합한 경우에는 탄성해석법에 따라야 한다. 콘크리트의 최대 압축변형도는 0.003으로 가정하며, 단면 내의 응력은 응력과 변형도 관계로부터 계산된다. 콘크리트의 응력은 크기가 같은 장방형 응력블록으로 가정하여 저항모멘트를 계산한다.

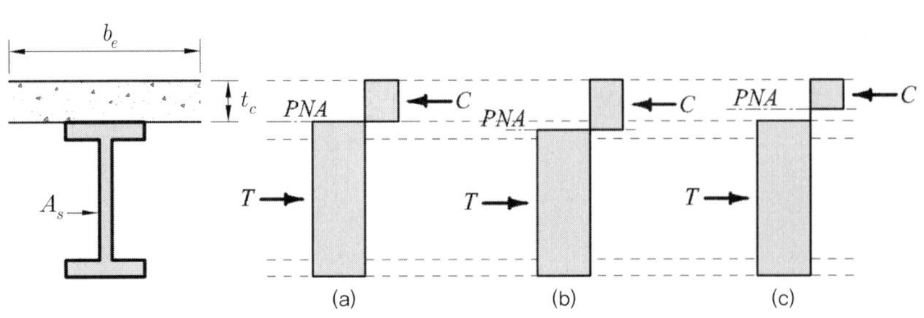

그림 8.5 소성응력 분포

그림 8.5는 합성보 단면에 생기는 3가지 경우의 소성응력분포를 나타낸 것이다. 어느 경우든지 힘의 평형조건에서 총압축력(C)=총인장력(T)이어야 한다. 그림 (a)는 소성중립축(plastic neutral axis, PNA)이 강재 보 상단에 위치하는 경우로 콘크리트의 압축력이 강재의 인장력과 똑같은 경우이다. 그림 (b)는 PNA가 강재보 내에 있는 경우로, 콘크리트의 압축력만으로는 충분치 않아 $C=T$를 충족하기 위해 강재의 일부분이 압축력을 담당하는 경우이다. 그림 (c)는 강재의 인장력에 맞추어 콘크리트 압축력을 총압축력보다 작게 적용하는 경우이다. 이 때 PNA는 슬래브 내에 위치하게 되는데, 이 경우 PNA 하단 콘크리트의 인장강도를 무시한다.

위의 모든 경우, 콘크리트에서 강재로 전달되는 수평전단력에 대해 전단연결재를 필요로 한다. 그림 (a)와 (b)는 콘크리트의 전단강도에 대해서, 그림 (c)는 강재의 강도에 대해 전단연결재를 설치한다. 이와 같이 전단연결재가 콘크리트나 강재 중 큰 수평전단력을 부담할 때 이를 완전합성보(fully composite beam)라 하고 이 보다 적은 양의 전단연결재로 설계 가능한 합성보를 불완전합성보(partially composite beam)라 한다.

(1) 정모멘트에 대한 설계휨강도

정모멘트 구간의 설계휨강도 $\phi_b M_n$은 슬래브의 구속효과에 의해 횡좌굴을 고려할 필요는 없다. 여기서 $\phi_b = 0.90$이다. 그림 8.6과 같이 소성이론에 근거한 합성보의 휨강도를 유도할 때에 다음 3가지 경우의 완전한 소성응력 분포를 고려할 수 있다.

1. 소성중립축이 슬래브 내에 있는 경우(그림 8.6(c) 참조)
2. 소성중립축이 강재보의 플랜지 내에 있는 경우(그림 8.6(d) 참조)
3. 소성중립축이 강재보의 웨브에 있는 경우(그림 8.6(e) 참조)

1) 소성중립축이 슬래브 내에 위치할 경우

강재가 인장측에서 전부 항복하고 콘크리트 슬래브의 인장력은 무시한다. 콘크리트의 압축력 $C=0.85f_{ck}b_e a$가 슬래브의 상단으로부터 $a/2$에 위치하며, 강재의 인장력 $T=F_y A_s$가 강재보의 도심에 작용한다. $C=T$, 즉

$$0.85f_{ck}b_e a = F_y A_s \tag{8.5}$$

식(8.5)에서 춤 a는 다음과 같이 계산된다.

$$a = \frac{T}{0.85f_{ck}b_e} = \frac{F_y A_s}{0.85f_{ck}b_e} \tag{8.6}$$

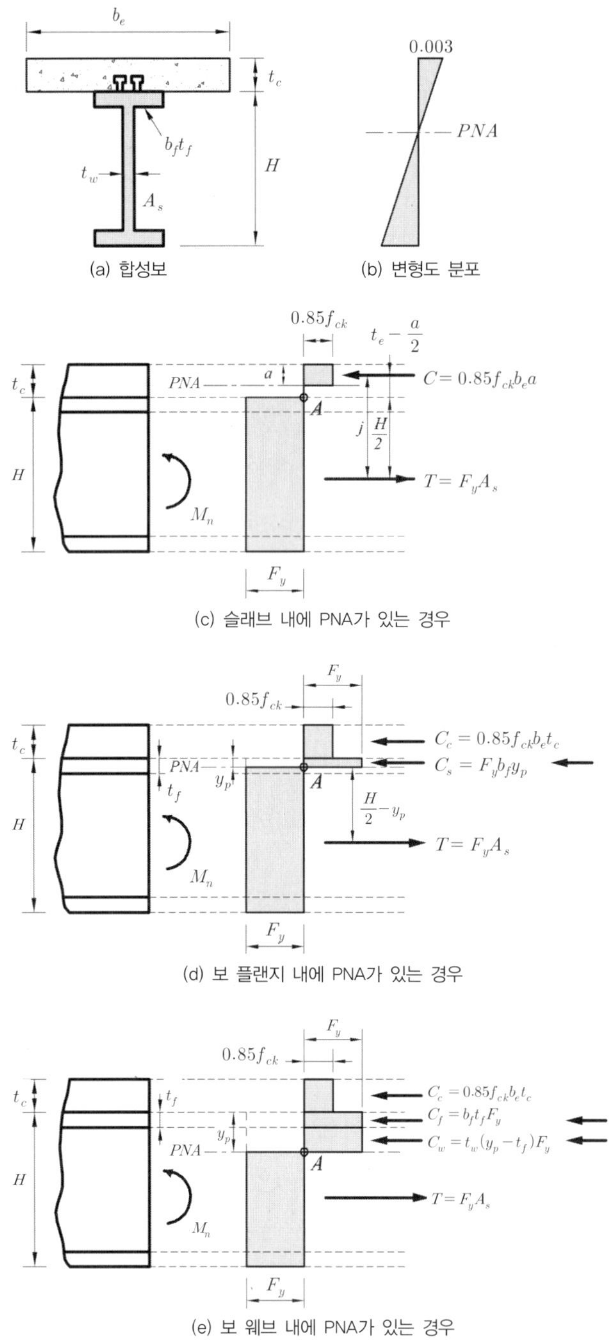

그림 8.6 소성응력 분포(정모멘트)

공칭휨강도는 그림 (c)에서 강재보의 상단 A점에 대한 모멘트로부터

$$M_n = T\left(\frac{H}{2}\right) + C\left(t_c - \frac{a}{2}\right) = \frac{F_y A_s H}{2} + 0.85 f_{ck} b_e a \left(t_c - \frac{a}{2}\right) \tag{8.7}$$

한편 $M_n = Cj$ 또는 Tj에서 $C > T$이면 PNA는 슬래브 내에 있게 되며,

$$M_n = Tj = A_s F_y \left(\frac{H}{2} + t_c - \frac{a}{2}\right) \tag{8.8}$$

여기서, j는 응력중심거리이다.

2) 소성중립축이 보 플랜지에 위치할 경우

그림 (d)에 나타낸 바와 같이 압축력은 (콘크리트의 압축력 $C_c = 0.85 f_{ck} b_e t_c$)+(플랜지의 압축력 $C_s = F_y b_f y_p$)가 된다. 그런데 강재의 인장력 $T = F_y A_s$는 강재 전단면에 대한 인장력이므로 플랜지의 압축력은 $2C_s = 2F_y b_f y_p$로 계산하여야 한다. 따라서 플랜지의 전체압축력은 $C_f = F_y b_f t_f$라 할 때

$C_c > T - 2C_f$이면 PNA는 플랜지 내에 있게 되고

$C_c < T - 2C_f$이면 PNA는 웨브 내에 있게 된다.

이제 $C_c + 2C_s = T$

$$0.85 f_{ck} b_e t_c + 2F_y b_f y_p = F_y A_s \tag{8.9}$$

식(8.9)에서

$$y_p = \frac{T - C_c}{2F_y b_f} = \frac{F_y A_s - 0.85 f_{ck} b_e t_c}{2F_y b_f} \tag{8.10}$$

여기서 y_p는 플랜지 상단에서 중립축까지의 거리이다.

소성중립축이 플랜지 내에 있다. A점에서 모멘트를 계산하면

$$M_n = C_c\left(y_p + \frac{t_c}{2}\right) + 2C_s \frac{y_p}{2} + T\left(\frac{H}{2} - y_p\right)$$

$$= 0.85 f_{ck} b_e t_c \left(y_p + \frac{t_c}{2}\right) + F_y b_f (y_p)^2 + F_y A_s \left(\frac{H}{2} - y_p\right) \tag{8.11}$$

3) 소성중립축이 웨브 내에 위치할 경우

그림 (e)에서 힘의 평형조건으로부터

$$C_c + 2C_f + 2C_w = T$$

$$0.85 f_{ck} b_e t_c + 2F_y b_f t_f + 2F_y t_w (y_p - t_f) = F_y A_s \tag{8.12}$$

식(8.12)에서

$$y_p = \frac{(T-C_c)/2F_y - b_f t_f}{t_w} + t_f = \frac{F_y A_s - 2F_y b_f t_f - 0.85 f_{ck} b_e t_c}{2F_y t_w} + t_f$$

$$= t_f + \frac{A_s}{2t_w} - \frac{b_f t_f}{t_w} - \frac{0.85 f_{ck} b_e t_c}{2F_y t_w} \tag{8.13}$$

A점에 대한 모멘트로부터

$$M_n = C_c\left(y_p + \frac{t_c}{2}\right) + 2C_f\left(y_p - \frac{t_f}{2}\right) + 2C_w\left(\frac{y_p - t_f}{2}\right) + T\left(\frac{H}{2} - y_p\right)$$

$$= 0.85 f_{ck} b_e t_c\left(y_p + \frac{t_c}{2}\right) + 2F_y b_f t_f\left(y_p - \frac{t_f}{2}\right) + F_y t_w (y_p - t_f)^2 + F_y A_s\left(\frac{H}{2} - y_p\right) \tag{8.14}$$

예제 8-01

그림과 같은 단면을 갖는 합성보의 공칭휨강도를 구하시오. 다만, 사용강재는 SS400이며 $F_y = 235\text{MPa}$, $f_{ck} = 24\ \text{MPa}$이다.

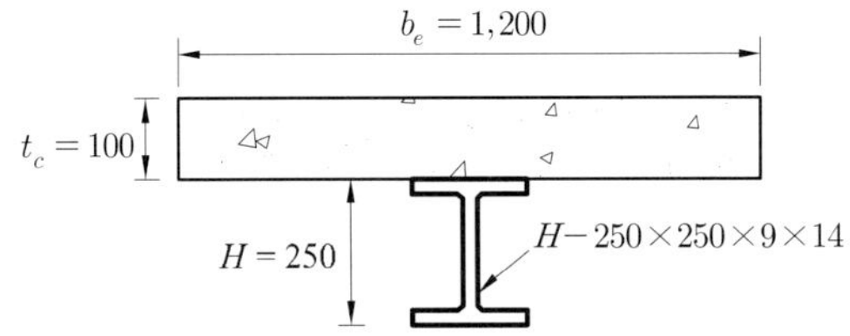

풀이

(1) H−250×250×9×14의 단면성능

$A_s = 9.218 \times 10^3 \text{mm}^2$, $r = 16\text{mm}$, $h = 250 - 2 \times (14 + 16) = 190\ \text{mm}$

(2) 판폭두께비 검토

$\frac{h}{t_w} = \frac{190}{9} = 21.1 < \lambda_p = 3.76\sqrt{\frac{E}{F_y}} = 3.76\sqrt{\frac{205{,}000}{235}} = 111.1$ 조밀단면

(3) 소성중립축 위치

식(8.6)에서 $a = \frac{F_y A_s}{0.85 f_{ck} b_e} = \frac{235 \times 9.218 \times 10^3}{0.85 \times 24 \times 1{,}200} = 88.5\ \text{mm} < t_c$

그러므로 소성중립축은 슬래브 내에 위치함을 알 수 있다.

(4) 공칭휨강도

식(8.8)에서 $M_n = A_s F_y\left(\frac{H}{2}+t_c-\frac{a}{2}\right)$

$=235\times(9.218\times10^3)\left(\frac{250}{2}+100-\frac{88.5}{2}\right)=391.5\times10^6\text{N}\cdot\text{mm}$

$=391.5\text{kN}\cdot\text{m}$

---

(2) 부모멘트에 대한 설계휨강도

부모멘트에 대한 설계휨강도 $\phi_b M_n$은 강재단면만을 사용하며 항복한계상태(소성모멘트)에 대한 합성단면의 소성응력분포로부터 구한다. 또한 다음의 제한사항들에 충족되어야 한다. 여기서 $\phi_b = 0.9$를 사용한다.

1. 강재보는 조밀단면으로, 횡방향으로 적절히 지지되어야 한다.
2. 부모멘트 구간에서 콘크리트 슬래브와 강재보 사이에 전단연결재가 설치되어야 한다.
3. 유효폭 내에서 강재보에 평행한 슬래브 철근은 적절히 정착되어야 한다.

공칭휨강도 M_n은 소성중립축의 위치에 따라 다음 2가지 경우로 구분되며 2축 대칭인 H형강의 경우에만 적용한다.

1) 소성중립축이 보 플랜지 내에 위치할 경우

그림 8.7(b)에 나타낸 바와 같이 힘의 평형조건으로부터

$$T_r + 2T_s = C_s$$

$$F_{yr}A_r + 2F_y b_f y_p = F_y A_s \tag{8.15}$$

식(8.15)에서

$$y_p = \frac{C_s - T_r}{2F_y b_f} = \frac{F_y A_s - F_{yr}A_r}{2F_y b_f} \tag{8.16}$$

여기서 y_p= 플랜지 상단에서 중립축까지의 거리이다.

소성중립축이 플랜지 내에 있으면 A점에 대한 모멘트로부터

$$M_n = T_r\left(\frac{t_c}{2}+y_p\right)+2T_s\left(\frac{y_p}{2}\right)+C_s\left(\frac{H}{2}-y_p\right)$$

$$= F_{yr}A_r\left(\frac{t_c}{2}+y_p\right)+F_y b_f y_p^2+F_y A_s\left(\frac{H}{2}-y_p\right) \tag{8.17}$$

여기서 A_r= 철근의 단면적(mm^2)

F_{yr} = 철근의 항복강도(N/mm^2)

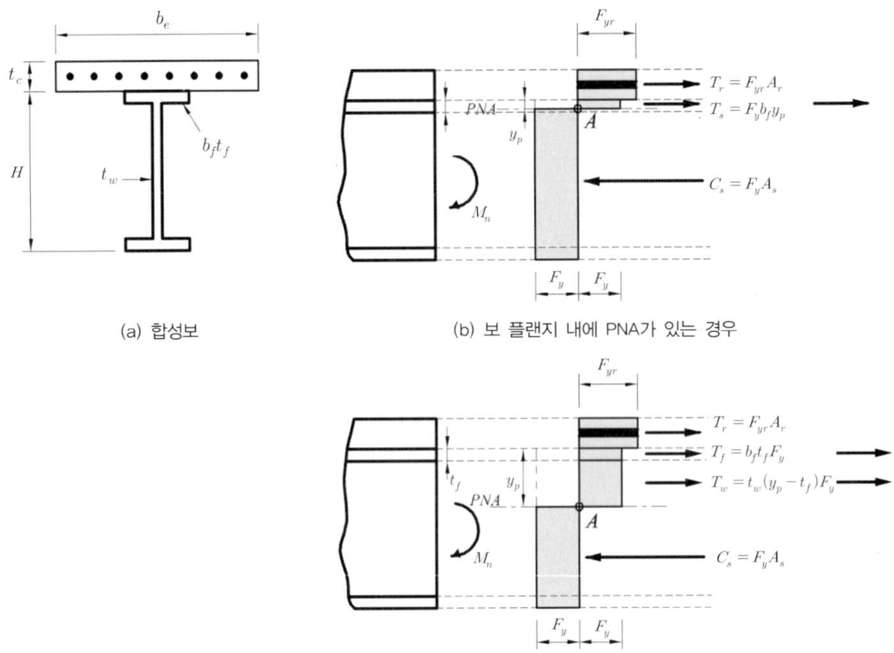

(a) 합성보

(b) 보 플랜지 내에 PNA가 있는 경우

(c) 웨브 내에 PNA가 있는 경우

그림 8.7 소성휨응력 분포(부모멘트)

2) 소성중립축이 웨브 내에 위치할 경우

그림 8.7(c)에서 힘의 평형조건으로부터

$$T_r + 2T_f + 2T_w = C_s$$

$$F_{yr}A_r + 2F_y b_f t_f + 2F_y t_w (y_p - t_f) = F_y A_s \tag{8.18}$$

식(8.18)에서

$$y_p = t_f + \frac{C_s - T_r - 2T_f}{2F_y t_w} = t_f + \frac{A_s}{2t_w} - \frac{b_f t_f}{t_w} - \frac{F_{yr}A_r}{2F_y t_w} \tag{8.19}$$

A점에 대한 모멘트로부터

$$M_n = T_r\left(y_p + \frac{t_c}{2}\right) + 2T_f\left(y_p - \frac{t_f}{2}\right) + 2T_w\left(\frac{y_p - t_f}{2}\right) + C_s\left(\frac{H}{2} - y_p\right)$$

$$= F_y A_r\left(y_p + \frac{t_c}{2}\right) + 2F_y b_f t_f\left(y_p - \frac{t_f}{2}\right) + F_y t_w (y_p - t_f)^2 + F_y A_s\left(\frac{H}{2} - y_p\right) \tag{8.20}$$

예제 8-02

그림과 같은 단면을 갖는 합성보의 부모멘트에 대한 설계휨강도를 구하시오. 사용강재는 SS400의 H-250×125×6×9이며, 인장측에 배근된 철근 10－D13은 $F_{yr}=300\,\text{MPa}$가 사용되었다.

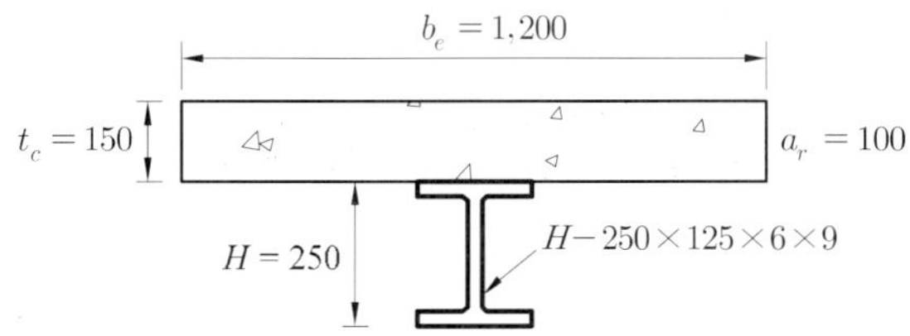

풀이

(1) 강재의 단면성능

$A_s=3.766\times10^3\text{mm}^2$, $A_b=127\text{mm}^2$(D13), $r=12\text{mm}$

$h=250-2\times(9+12)=208\text{ mm}$,

$$h/t_w=208/9=23.1<3.76\sqrt{\frac{E}{F_y}}=3.76\sqrt{\frac{205,000}{235}}=111.1 \qquad \text{적합}$$

(2) 소성중립축 위치

유효폭 슬래브 내에 있는 철근의 인장강도

$T_r=A_rF_{yr}=10\times127\times300=381\times10^3\text{N}=381\text{kN}$

강재보의 압축력

$C_s=A_sF_y=(3.766\times10^3)\times235=885\times10^3\text{ N}=885\text{kN}$

$C_s>T_r$이므로 PNA는 강재 단면 내에 있다.

식(8.15)에서 $2T_s=C_s-T_r=885-381=504\text{kN}$

$T_s=252\text{kN}$

이제 PNA가 플랜지내에 있다고 하면 식(8.16)에서

$$y_p=\frac{C_s-T_r}{2F_yb_f}=\frac{(885-381)10^3}{2\times235\times125}=8.6\text{mm}<t_f=9\text{mm} \qquad \text{적합}$$

(3) 설계휨강도

식(8.17)에서 $\frac{t_c}{2}=a_r$을 적용하면

$$M_n=T_r(a_r+y_p)+2T_s\left(\frac{y_p}{2}\right)+C_s\left(\frac{H}{2}-y_p\right)$$

$$=381\times10^3\times(10+8.6)+2\times252\times10^3\left(\frac{8.6}{2}\right)+885\times10^3\left(\frac{250}{2}-8.6\right)$$

$= 112.3 \times 10^6 \text{N} \cdot \text{mm} = 112.3 \text{kN} \cdot \text{m}$

$\phi_b M_n = 0.9 \times 112.3 = 101.1 \text{kN} \cdot \text{m}$

---

(3) 탄성해석법

웨브의 판폭두께비 $h/t_w > 3.76\sqrt{E/F_y}$ 인 비조밀단면의 경우에 탄성해석을 적용한다. 설계휨강도 $\phi_b M_n$는 동바리(shoring)의 영향을 고려하여 항복한계상태(항복모멘트)에 대해 탄성응력을 중첩하여 구한다. 여기서 $\phi_b = 0.9$이다.

동바리를 사용하지 않는 보(unshored beam)에 가해진 장기하중에 의해 강재단면에 작용하는 응력과 콘크리트 경화 후 보에 가해진 하중에 의해 합성단면에 작용하는 응력과 합산하여야 한다. 동바리를 사용하는 경우는 모든 하중을 합성단면이 저항하는 것으로 가정한다.

탄성해석은 변형도적합법(strain compatibility method)인 강재와 콘크리트의 응력-변형도 관계를 선형으로 가정한다. 합성단면은 탄성계수비(n)를 사용하여 콘크리트 단면을 강재 단면으로 환산한 환산단면적(elastic transformed cross-section area)으로 사용한다. 따라서 슬래브의 유효폭 b_e는 $\frac{b_e}{n}$가 된다.

$$n = E/E_c \tag{8.21}$$

여기서, E : 강재의 탄성계수

E_c : 콘크리트의 탄성계수

탄성계수비 n값을 실용상 표 8.1을 적용한다.

표 8.1 탄성계수비, n

f_{ck}(MPa)	n
21	9.0
24	8.5
28	8.0
31	7.5
35	7.0

그림 8.8은 환산된 합성단면에 대해, 중립축으로부터의 거리 y에 따른 응력과 변형도 분포를 나타낸 것이다. 그림 (a)는 중립축이 웨브 내에 위치하는 경우이며, 그림(b)는 중립축이 콘크리트 슬래브 내에 위치하는 경우이다.

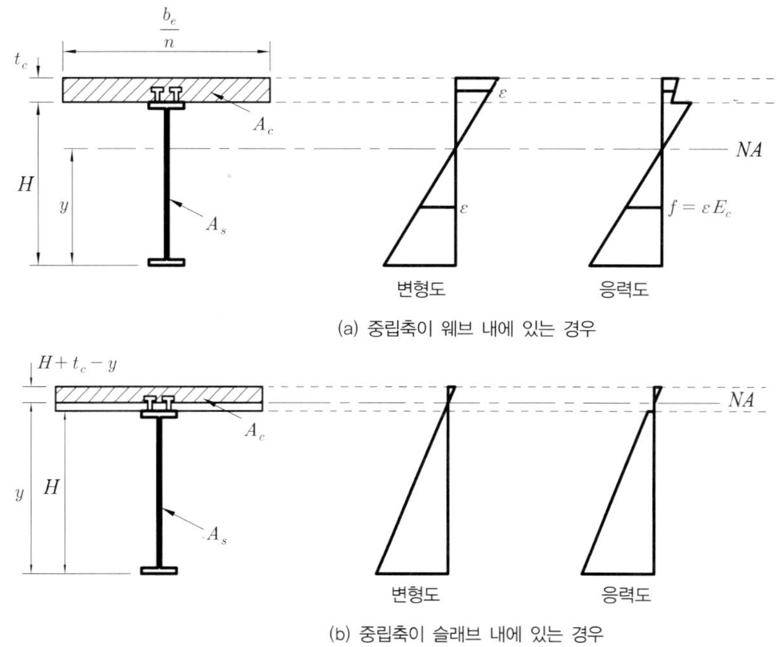

그림 8.8 합성보의 탄성변형도 및 응력분포

1) 중립축이 웨브 내에 위치할 경우

그림 8.8(a)에서 $A_c = \frac{t_c b_e}{n}$= 슬래브의 환산단면적, A_s= 강재단면적, I_s= 강재의 단면2차모멘트라 하면 밑변에 대한 단면1차모멘트로부터

$$y(A_s + A_c) = A_s\left(\frac{H}{2}\right) + A_c\left(H + \frac{t_c}{2}\right)$$

$$y\left(A_s + \frac{t_c b_e}{n}\right) = \frac{A_s H}{2} + \frac{t_c b_e}{n}\left(H + \frac{t_c}{2}\right) \tag{8.22}$$

식(8.22)에서

$$y = \frac{A_s\left(\frac{H}{2}\right) + \frac{t_c b_e}{n}\left(H + \frac{t_c}{2}\right)}{A_s + A_c} = \frac{0.5 A_s H + \frac{t_c b_e}{n}(H + 0.5 t_c)}{A_s + \frac{t_c b_e}{n}} \tag{8.23}$$

$A_s d \geq t_c^2 b_e / n$이면 중립축은 강재보 내에 있게 된다.

중립축에 대한 환산단면2차모멘트 I_{tr}는 좌표축의 평행이동(parallel axis theorem)

$I_x = I_0 + e^2 A$로부터

$$I_{tr} = I_s + A_s\left(y - \frac{H}{2}\right)^2 + I_c + A_c\left(H + \frac{t_c}{2} - y\right)^2$$

$$= I_s + A_s\left(y - \frac{H}{2}\right)^2 + \frac{b_e t_c^3}{12n} + \frac{b_e t_c}{n}\left(H + \frac{t_c}{2} - y\right)^2 \tag{8.24}$$

2) 중립축이 슬래브 내에 위치할 경우

그림 8.8(b)에서 $A_c = \dfrac{b_e}{n}(H + t_c - y)$

1)의 경우와 마찬가지로 밑변에 대한 단면1차모멘트로부터

$$y(A_s + A_c) = A_s\left(\frac{H}{2}\right) + A_c\left(H + t_c - \frac{H + t_c - y}{2}\right)$$

$$y\left[A_s + \frac{b_e}{n}(H + t_c - y)\right] = \frac{A_s H}{2} + \frac{b_e}{n}(H + t_c - y)\left(H + t_c - \frac{H + t_c - y}{2}\right) \tag{8.25}$$

식(8.25)에서

$$y = \frac{A_s n}{b_e} + H + t_c - \frac{A_s n}{b_e}\sqrt{1 + \frac{b_e(H + 2t_c)}{A_s n}} \tag{8.26}$$

중립축에 대한 환산단면2차모멘트 I_{tr}는

$$I_{tr} = I_s + A_s\left(y - \frac{H}{2}\right)^2 + \frac{b_e(H + t_c - y)^3}{3n} \tag{8.27}$$

이상의 2가지 경우에 대하여

최대휨(인장)응력도 (강재 플랜지 하단)

$$f_{su} = \frac{M_u y}{I_{tr}} \le \phi_b F_y \tag{8.28}$$

최대휨(압축)응력도 (콘크리트 슬래브 상단)

$$f_{cu} = \frac{M_u(H + t_c - y)}{nI_{tr}} \le \phi_b \times 0.85 f_{ck} \tag{8.29}$$

예제 8-03

다음 그림과 같은 합성보가 계수휨모멘트 $M_u = 3{,}300\,\mathrm{kN \cdot m}$를 받고 있을 때 그 단면의 적정성을 탄성해석법으로 검토하시오. $f_{ck} = 21$MPa, $n = 9$, $F_y = 325$MPa(SM490)

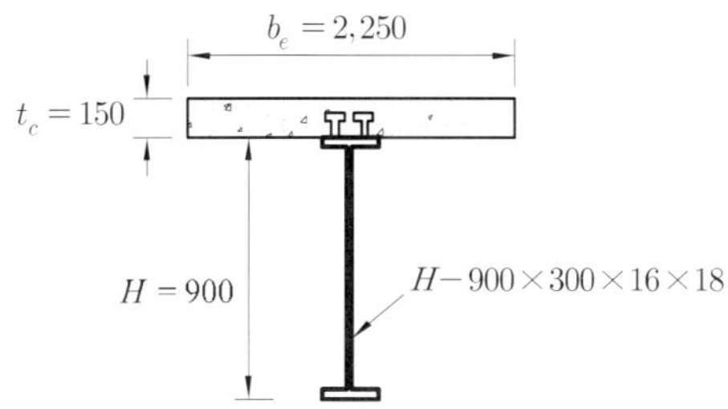

풀이

(1) 단면성능

$A_s = 3.058 \times 10^4 \text{mm}^2$, $I_x = 4.04 \times 10^9 \text{mm}^4$

(2) 중립축

$A_s H \geq t_c^2 b_e / n$이면 중립축은 강재보 웨브 내에 있게 된다.

$A_s H = 3.058 \times 10^4 \times 900 = 27.5 \times 10^6 \text{mm}^3$

$$\frac{t_c^2 b_e}{n} = \frac{150^2 \times 2,250}{9} = 5.625 \times 10^6 \text{mm}^3 < A_s H = 27.5 \times 10^6 \text{mm}^3$$

그러므로 식(8.23)에서

$$y = \frac{0.5 A_s H + \dfrac{t_c b_e}{n}(H + 0.5 t_c)}{A_s + \dfrac{t_c b_e}{n}}$$

$$= \frac{(0.5 \times 3.058 \times 10^4 \times 900) + (2,250 \times 150)/9 \times (900 + 0.5 \times 150)}{3.058 \times 10^4 + 2,250 \times 150/9}$$

$= 739 \text{mm}$

(3) 휨응력

식(8.24)에서

$$I_{tr} = I_s + A_s\left(y - \frac{H}{2}\right)^2 + \frac{b_c t_c^3}{12n} + \frac{b_c t_c}{n}\left(H + \frac{t_c}{2} - y\right)^2$$

$$= 4.04 \times 10^9 + 3.058 \times 10^4\left(739 - \frac{900}{2}\right)^2 + \frac{150^3 \times 2,250}{12 \times 9} + \frac{150 \times 2,250}{9}\left(900 + \frac{150}{2} - 739\right)^2$$

$= 8.75 \times 10^9 \text{mm}^4$

최대 휨응력은 식(8.28) 및 식(8.29)에서

$$f_{su} = \frac{M_u y}{I_{tr}} = \frac{3,300 \times 10^6 \times 739}{8.75 \times 10^9} = 279 \text{N/mm}^2 < \phi_b F_y = 0.9 \times 325 = 293 \text{N/mm}^2$$

$$f_{cu} = \frac{M_u(H + t_c - y)}{n I_{tr}} = \frac{3,300 \times 10^6(900 + 150 - 737)}{9 \times 8.75 \times 10^9} = 13.0 \text{N/mm}^2$$

$< \phi_b \times 0.85 f_{ck} = 0.9 \times 0.85 \times 21 = 16.1\,\mathrm{N/mm^2}$

그러므로 적합함.

8.2.3 전단연결재

재하 중에 콘크리트 슬래브와 강재보 사이에 발생하는 수평전단력은 반드시 저지되어야 한다. 완전합성보는 콘크리트와 강재의 접합면에서 미끄럼(slip)이 발생하지 않는다. 강재와 콘크리트 사이에는 부착이 조금 발생하지만 소요전단강도를 감당하기에는 충분하지 못하다. 따라서 매입합성보를 제외하고는 전단연결재가 필요하다. 전단연결재는 그림 8.3에서와 같이 여러 모양이 있지만 주로 스터드 연결재가 사용된다.

완전합성보가 되려면 스터드는 접합면에서 미끄럼이 발생하지 않도록 강성이 매우 커야 한다. 따라서 그림 8.9(a)의 등분포하중을 받는 보의 전단력도를 참조할 때 전단력의 크기가 작은 중앙부 보다는 전단력이 큰 단부 가까이에 스터드 연결재가 이론상 더 많이 소요되지만, 그림 (b)와 같이 콘크리트 슬래브와 강재보 사이의 접촉면에서 전단력을 전달하도록 스터드 연결재를 균등하게 배열하도록 한다. 다시 말하면 스터드 연결재는 중앙부로부터 단부까지 슬래브 내에 작용하는 압축력을 강재보로 전달하기 위함이다.

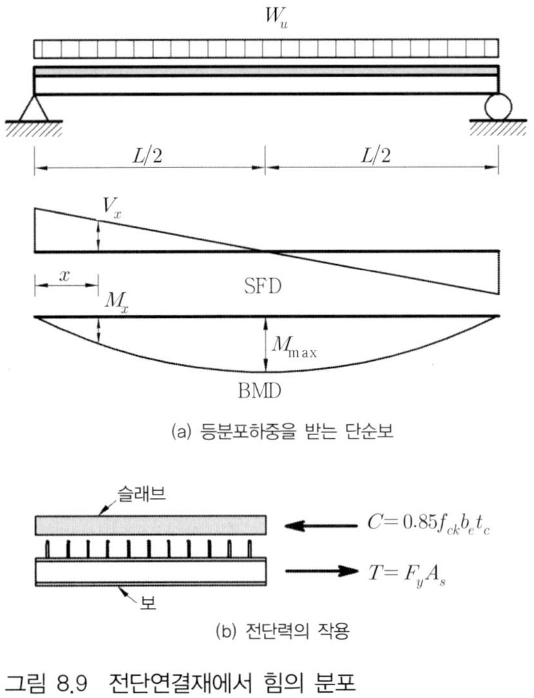

그림 8.9 전단연결재에서 힘의 분포

(1) 정모멘트가 작용하는 부분

총수평전단력 V'는 콘크리트의 압괴, 강재단면의 인장항복, 그리고 전단연결재의 강도 등의 한계상태로부터 가장 작은 값으로 한다.

강재단면의 인장항복 : $V' = T = F_y A_s$ (8.30)

콘크리트 압괴 : $V' = C = 0.85 f_{ck} b_e t_c$ (8.31)

전단연결재의 강도 : $V' = \sum Q_n$ (8.32)

여기서, A_s : 강재보의 단면적(mm^2)

b_e : 콘크리트 슬래브의 유효폭(mm)

t_c : 콘크리트 슬래브의 두께(mm)

$\sum Q_n$: 정모멘트가 최대가 되는 위치와 모멘트가 0이 되는 위치 사이의 전단연결재의 공칭강도의 합(N)

다만, 보를 불완전합성보로 설계할 경우, 위의 수평전단력을 50%까지 저감할 수 있다.

(2) 부모멘트가 작용하는 부분

총수평전단력 V'는 다음 중에서 작은 값으로 한다.

슬래브 철근의 인장항복 : $V' = F_{yr} A_r$ (8.33)

전단연결재의 강도 : $V' = \sum Q_n$ (8.32)

여기서, F_{yr} : 철근의 설계기준 항복강도($\mathrm{N/mm}^2$)

A_r : 슬래브의 유효 폭 내에 있는 철근의 단면적(mm^2)

(3) 전단연결재의 산정

전단연결재의 소요개수 n은 다음 식으로 산정한다.

$$n = \frac{V'}{Q_n} \tag{8.34}$$

여기서, Q_n은 콘크리트 슬래브에 매입된 전단연결재 1개의 공칭강도로 다음과 같이 산정된다.

1) 스터드 연결재인 경우

$$Q_n = 0.5A_{sc}\sqrt{f_{ck}E_c} \leq R_g R_p A_{sc} F_u \tag{8.35}$$

표 8.2는 식(8.35)로 구한 스터드 연결재의 공칭강도를 나타낸 것이다.

여기서, A_{sc} : 스터드 연결재의 단면적(mm^2)

F_u : 스터드 연결재의 인장강도(N/mm^2)

E_c : 콘크리트의 탄성계수(N/mm^2)

R_g, R_q : 스터드 연결재와 데크플레이트의 결합구조에 따른 감소계수(표 8.3)

표 8.2 스터드 연결재의 공칭강도 Q_n (kN)

스터드 연결재	콘크리트 강도 f_{ck}(MPa)		
	21	24	28
ϕ13	44	47	51
ϕ16	67	72	78
ϕ19	95	102	110
ϕ22	128	137	148

2) ㄷ형강 전단연결재인 경우

$$Q_n = 0.3(t_f + 0.5t_w)L_c\sqrt{f_{ck}E_c} \tag{8.36}$$

여기서, t_f : ㄷ형강 전단연결재의 플랜지 두께(mm)

t_w : ㄷ형강 전단연결재의 웨브두께(mm)

L_c : ㄷ형강 전단연결재의 길이(mm)

ㄷ형강 전단연결재는 편심의 영향을 고려하여 Q_n의 힘을 받을 수 있도록 보 플랜지에 용접되어야 한다.

(4) 전단연결재의 구조세칙(그림 8.10 참조)

데크플레이트의 리브(rib, 골)에 설치되는 스터드 연결재를 제외하고, 스터드 연결재 측면의 피복두께는 25mm 이상이 되어야 한다.

1) 스터드의 직경은 용접되는 플랜지 두께의 2.5배를 초과해서는 안 된다.

2) 스터드의 간격은 합성보의 길이방향으로는 스터드 직경의 6배 이상이 되어야 하며, 직각방향으로는 스터드 직경의 4배 이상이 되어야 한다. 플랜지 폭이 작을 경우에는 스터드 연결재를 지그재그로 설치하되 스터드 열(staggered row of

stud)의 간격이 직경의 3배 이상이 되도록 한다. 리브 방향이 강재보에 직각인 데크플레이트의 리브 내에 설치되는 경우, 스터드 간격은 모든 방향으로 스터드 직경의 4배 이상이 되어야 한다.

3) 스터드 연결재의 최대간격은 슬래브 총 두께의 8배 또는 900mm를 초과할 수 없다.

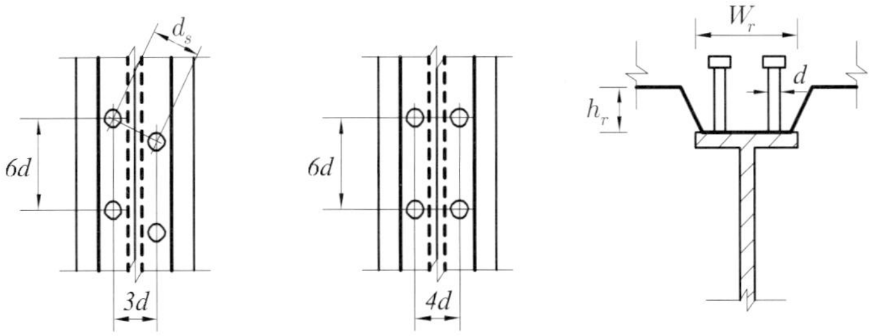

그림 8.10 스터드 연결재의 배치

표 8.3 R_g 및 R_p의 값

조 건	R_g	R_p
데크플레이트가 없는 경우[1]	1.0	1.0
데크플레이트의 리브방향이 강재보와 평행한 경우		
$\frac{w_r}{h_r} \geq 1.5$	1.0	0.75
$\frac{w_r}{h_r} < 1.5$	0.85[2]	0.75
데크플레이트의 리브방향이 강재보에 직각인 경우 데크플레이트의 리브당 스터드의 개수		
1	1.0	0.6[3]
2	0.85	0.6[3]
3개 이상	0.7	0.6[3]

h_r : 공칭리브의 높이(mm)

w_r : 콘크리트 리브 또는 헌치의 평균폭(mm)

1) 데크플레이트가 없는 경우란 스터드 연결재가 강재에 직접 용접되고, 데크플레이트에 의해 덮이는 강재 상부 플랜지 부분이 전체의 50%를 초과하지 않는 경우를 말한다.

2) 스터드 연결재가 1개인 경우

3) $e_{mid-ht} \geq 50\text{mm}$ 인 경우 0.75를 사용할 수 있다. 여기서, e_{mid-ht}는 스터드 연결재 몸체의 바깥 면으로부터 데크플레이트 웨브(데크 리브의 중간높이)까지의 거리로, 스터드의 내력방향, 즉 단순보에서 최대모멘트 방향으로의 거리를 말한다.

예제 8-04

그림과 같이 등분포하중을 받는 단순지지보가 완전합성보에 필요한 $\phi13$ 스터드 연결재의 수를 결정하시오. 다만, $F_y = 235$ MPa(SS400), $f_{ck} = 21$ MPa, $n = 9$이다.

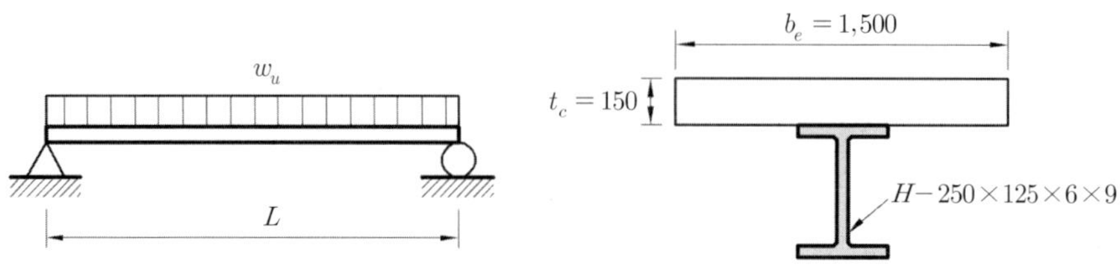

풀이

(1) 단면성능

$A_s = 3.766\times10^3\,\text{mm}^2$

스터드 연결재의 단면적 : $A_{sc} = \dfrac{\pi d_s^2}{4} = \dfrac{\pi\times13^2}{4} = 133\,\text{mm}^2$

콘크리트의 탄성계수 : $E_c = E/n = 205{,}000/9 = 22{,}778\,\text{N/mm}^2$

(2) 스터드 연결재의 공칭강도

$Q_n = 0.5A_{sc}\sqrt{f_{ck}E_c} = 0.5\times133\times\sqrt{21\times22{,}778} = 45{,}993\text{N} = 46\text{kN}$

$< R_gR_pA_{sc}F_u = 1\times1\times133\times400 = 53{,}200\,\text{N} = 53\text{kN}$

표 8.2에서도 $Q_n = 44\text{kN}$을 택할 수 있다.

(3) 스터드연결재의 산정

수평전단력 :

$V' = F_yA_s = 235\times3.766\times10^3 = 885{,}010\,\text{N} = 885\,\text{kN}$

$V' = 0.85f_{ck}b_et_c = 0.85\times21\times1{,}500\times150 = 4{,}016{,}250\,\text{N} = 4{,}016\,\text{kN}$

그러므로 $V' = 885\,\text{kN}$

스터드 연결재의 개수 :

$n = \dfrac{V'}{Q_n} = \dfrac{885}{44} = 20.11$

보 스팬의 1/2 길이에 대해 1-$\phi13$ 스터드 연결재를 21개 설치한다.

8.2.4 처짐

합성보의 처짐은 시공중 동바리(shore)의 설치 여부에 따라 다르게 산정된다. 콘크리트 슬래브가 경화하는 동안 강재보에 동바리를 설치하면 합성단면은 고정하중과 적재하중을 모두 부담하지만 동바리를 설치하지 않으면 강재보만이 고정하중을 부담하게 된다. 따라서 동바리를 설치하지 않을 경우, 합성보의 처짐은 고정하중에 의한 강재보만의 처짐에 적재하중에 의한 합성단면의 처짐을 합산해야 한다. 이 때 고정하중에 의한 처짐은 강재보의 단면2차모멘트 I_s를, 적재하중에 의한 처짐은 합성단면의 환산단면2차모멘트 I_{tr}를 사용하여 탄성이론에 의해 산정한다.

합성단면이 장기적으로 하중을 받으면 콘크리트 슬래브에서 크리프나 건조수축의 영향을 받게 된다. 따라서 설계기준에서는 단면2차모멘트 산정에서 슬래브 부분의 응력블록(stress block, a)을 콘크리트 두께로 적용하고 있으며, 이를 단면2차모멘트 하한값(the lower bound moment of inertia, I_{lb})이라 한다. 또한 5.4에서 이미 설명한 바와 같이 적재하중에 대한 보의 처짐을 $L/360$로 제한하였지만 크리프나 건조수축을 감안할 때 $L/400$이 적당한 것으로 평가되고 있다.

8.2.5 매입합성보

슬래브와 일체로 콘크리트에 매입된 강재보는 횡비틀림이나 국부좌굴의 영향을 받지 않는다. 또한 강재단면이 초기항복에 이를 때까지 콘크리트와의 부착파괴는 일어나지 않으며 부착파괴가 매입합성보의 설계휨강도에 제한을 주지 않는다. 매입합성보의 설계휨강도 $\phi_b M_n$은 다음 3가지 방법 중 하나로 구할 수 있다.

1) 항복한계상태(항복모멘트)에 대한 합성단면의 탄성응력분포로부터 구한다. 즉 합성단면의 인장플랜지가 항복하기 시작할 때를 근거한다. 이때 $\phi_b = 0.9$이다.

2) 항복한계상태(소성모멘트)에 대한 강재단면의 소성응력분포로부터 구한다. 즉 강재단면만의 소성휨강도에 근거한다. 이때 $\phi_b = 0.9$이다.

3) 스터드 연결재를 사용한 합성단면의 소성응력분포로부터 구한다. 즉 합성단면의 소성휨강도에 근거한다. 이때 $\phi_b = 0.85$이다.

8.2.6 합성데크보

데크슬래브와 강재보로 이루어진 합성데크보는 마룻바닥공사에서 가장 경제적인 방법 중 하나가 되었다. 합성데크보의 설계휨강도는 합성보의 휨강도 산정과 동일한 방법에 의해 구한다. 데크 리브(deck rib)가 강재보와 직각인 경우 데크 내의 콘크리트는 합성단면의 성능 산정이나 슬래브 단면계산시 이를 무시한다. 데크 리브가 강재보와 평행인 경우에는 데크 내의 콘크리트는 합성단면의 성능 산정이나 슬래브 단면계산에 포함시킨다. 데크의 춤이 38mm 이상일 때 리브의 평균 폭 w_r은 스터드가 1열배치일 때 50mm 이상이어야 하며, 추가되는 스터드마다 스터드 직경의 4배를 더해야 한다.

합성데크보의 구조세칙은 다음과 같다.

1) 데크의 춤은 75 mm 이하로 하고 리브의 평균폭 w_r은 50 mm 이상으로 한다.

2) 합성데크보에 사용하는 스터드 연결재는 직경이 19 mm 이하로 하고 스터드 연결재는 데크플레이트를 관통하여 강재보에 직접 용접해야한다. 스터드 연결재는 설치 후 데크 상단 위로 38 mm 이상 돌출되어야 하며 스터드 연결재의 상단 위로 13 mm 이상 콘크리트로 피복해야 한다.

3) 데크 상단 위의 콘크리트 두께는 50 mm 이상으로 한다.

4) 데크는 지지부재에 450 mm 이하의 간격으로 부착시켜야 한다.

8.3 합성기둥

합성기둥은 형강을 콘크리트 속에 매입하거나 강관 내에 콘크리트를 충전하여 압축력에 저항하는 압축부재로 단면에 따라 여러 형태로 분류한다. 최초에는 내화 및 방청을 목적으로 콘크리트로 피복하였으나 내력을 증가시키는데 이용되었다. 따라서 합성기둥은 소정의 설계하중에 대해 필요한 강재의 양을 줄이고 철근콘크리트 기둥과 비교하여 단면의 크기를 줄일 수 있으며, 결과적으로 바닥판의 공간을 보다 넓게 활용할 수 있게 되었으므로 합성기둥은 현재 고층 사무소건물 등에 널리 적용되고 있다.

그림 8.1(d)의 매입기둥은 H형강과 콘크리트에 대해 2축 대칭 단면을 갖는다. 강축과 약축에 대해 편심으로 하중이 작용하더라도 해석은 1축에 대해 실시하고 상관식에 의해 2축 휨으로 확대된다. 매입기둥이 단주일 때는 축하중과 휨에 저항하는 단면의 재하능력이 재료의 강도와 관련 단면강도(section strength)에 의해 지배되지만 장주일 때에는 재료의 강도와 강성뿐 아니라 부재의 기하학적 특성에 의해 불안정성이 평가되는 부재의 강도(member strength)에 의해 지배된다. 또한 사용하중 하에서 시간에 따른 크리프와 건조수축으로 인해 합성기둥의 변형은 증가하게 된다.

8.3.1 매입합성기둥

(1) 구조제한

매입합성기둥(encased composite column)의 설계에서는 다음의 구조제한을 따라야 한다.

1) 강재 단면적은 합성기둥 총단면적의 1% 이상으로 한다.

$$\rho_s = \frac{A_s}{A_g} \tag{8.37}$$

2) 매입 콘크리트는 길이방향의 주철근과 더불어 띠철근 또는 나선철근으로 보강한다. 주철근의 최소철근비 ρ_{sr} 는 0.4%로 하며 띠철근의 단면적은 띠철근 간격 1mm당 0.23mm^2 이상으로 한다.

$$\rho_{sr} = \frac{A_{sr}}{A_g} \tag{8.38}$$

여기서, A_{sr} : 주철근의 단면적(mm^2)

A_g : 합성기둥의 총단면적(mm^2)

3) 매입합성기둥에는 최소 4개의 주철근을 사용한다. 띠철근의 간격은 주철근 직경의 16배, 띠철근 직경의 48배, 또는 합성단면 최소치수의 0.5배 중 가장 작은 값 이하로 한다. 철근의 피복두께는 40mm 이상이어야 한다.

(2) 하중전달

매입합성기둥에 가해진 축하중은 강재와 콘크리트 사이에서 다음과 같은 요건에 따라 하중을 전달하여야 한다.

1) 외력이 강재단면에 직접 가해지는 경우

전단연결재를 사용하여 다음과 같은 소요전단력 V' 을 전달해야 한다.

$$V' = V(1 - A_s F_y / P_o) \tag{8.39}$$

$$P_o = A_s F_y + A_{sr} F_{yr} + 0.85 A_c f_{ck} \tag{8.40}$$

여기서, V : 기둥에 작용하는 전단력(N)

V' : 전단연결재에 의해 전달되는 전단력(N)

A_s : 강재 단면적(mm^2)

A_{sr} : 주철근 단면적(mm^2)

P_o : 기둥 길이에 관계없이 단면강도만을 고려한 공칭압축강도(N)

2) 외력이 직접 매입콘크리트에 가해지는 경우

전단연결재를 사용하여 다음의 소요 전단력 V'을 전달해야 한다.

$$V' = V(A_s F_y / P_o) \tag{8.41}$$

3) 외력이 매입합성기둥의 콘크리트에 직접 지압으로 가해지는 경우

콘크리트의 설계지압강도 $\phi_B P_p$는 다음과 같아야 한다.

$$P_p = 1.7 f_{ck} A_B, \quad \phi_B = 0.65 \tag{8.42}$$

여기서, A_B: 콘크리트의 재하면적(mm^2)

(3) 스터드 연결재의 강도

콘크리트에 매입된 스터드 연결재 1개의 공칭강도는 다음과 같다.

$$Q_n = 0.5 A_{sc} \sqrt{f_{ck} E_c} \le A_{sc} F_u \tag{8.43}$$

여기서, A_{sc} : 스터드 연결재의 단면적(mm^2)

F_u : 스터드 연결재의 인장강도(N/mm^2)

전단연결재는 하중전달부위의 위 아래로 기둥의 길이를 따라 최소한 매입기둥 춤의 2.5배에 해당하는 거리에 걸쳐 설치한다. 전단연결재의 최대간격은 400mm로 한다. 축하중을 전달하는 전단연결재는 강재 단면축에 대해 대칭으로 최소한 2면에 설치한다.

(4) 압축강도

축하중을 받는 매입합성기둥의 설계압축강도 $\phi_c P_n$는 기둥 세장비에 따른 휨좌굴 한계상태로부터 다음과 같이 구한다. 여기서 $\phi_c = 0.75$이다.

1) $P_e \ge 0.44 P_o$인 경우

$$P_n = P_o \left(0.658^{\frac{P_o}{P_e}}\right) \tag{8.44}$$

2) $P_e < 0.44 P_o$인 경우

$$P_n = 0.877 P_e \tag{8.45}$$

$$P_o = A_s F_y + A_{sr} F_{yr} + 0.85 A_c f_{ck} \quad (8.40)$$

$$P_e = \pi^2 (EI_{eff})/(KL)^2 \quad (8.46)$$

여기서, A_s : 강재단면적(mm^2)

A_c : 콘크리트 단면적(mm^2)

A_{sr} : 주철근 단면적(mm^2)

E_c : 콘크리트의 탄성계수(N/mm^2)

E : 강재의 탄성계수(N/mm^2)

f_{ck} : 콘크리트의 설계기준압축강도 (N/mm^2)

F_y : 강재의 항복강도(N/mm^2)

F_{yr} : 철근의 항복강도(N/mm^2)

I_c : 콘크리트 단면의 단면2차모멘트(mm^4)

I_s : 강재 단면의 단면2차모멘트(mm^4)

I_{sr} : 철근단면의 단면2차모멘트(mm^4)

K : 기둥의 유효좌굴길이계수

L : 기둥의 횡방향 지지길이(mm)

P_e : 탄성좌굴 하중

EI_{eff} : 합성단면의 유효강성($N \cdot mm^2$)

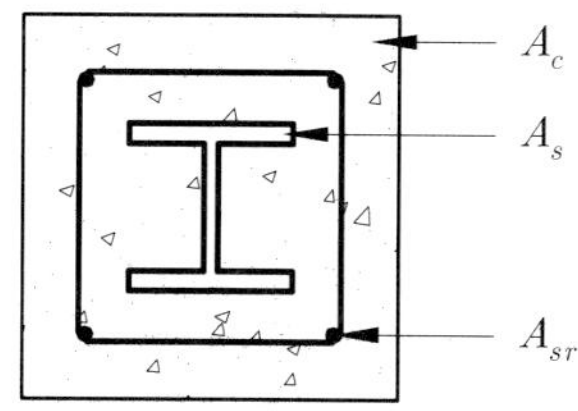

그림 8.11 매입합성기둥

$$EI_{eff} = EI_s + 0.5 EI_{sr} + C_1 E_c I_c \quad (8.47)$$

$$C_1 = 0.1 + 2\left(\frac{A_s}{A_c + A_s}\right) \leq 0.3 \quad (8.48)$$

(5) 전단강도

매입합성기둥의 설계전단강도 ϕV_n은 강재단면만의 전단강도(띠철근이 사용된 경우에는 띠철근의 전단강도를 더한 값) 또는 철근콘크리트만의 전단강도로 구한다.

$$V_n = 0.6 F_y A_w + A_{sr} F_{yr} \frac{d}{s}, \quad \phi_t = 0.90 \quad (8.49)$$

$$V_n = 2\sqrt{f_{ck}}\, bd + A_{sr} F_{yr} \frac{d}{s}, \quad \phi_t = 0.75 \quad (8.50)$$

여기서, $A_{sr} F_{yr} (d/s)$: 띠철근의 공칭전단강도(N)

A_{sr} : 띠철근의 단면적(mm^2)
d : 콘크리트 단면의 유효춤(mm)
s : 띠철근의 간격(mm)

8.3.2 충전합성기둥

(1) 구조제한

충전합성기둥(filled composite column)의 설계에서는 다음의 구조제한을 따라야 한다.

1) 강관의 단면적은 합성기둥 총단면적의 1% 이상으로 한다.
2) 충전합성기둥에 사용되는 각형강관의 판폭두께비 b/t는 $2.26\sqrt{E/F_y}$ 이하로 한다.
3) 충전합성기둥에 사용되는 원형강관의 지름두께비 D/t는 $0.15E/F_y$ 이하로 한다.

(2) 하중전달

1) 충전합성기둥에 가해진 축하중은 강재와 콘크리트 사이에서 전달되어야 한다. 외력이 강재단면 또는 충전콘크리트에 직접 가해지는 경우, 강재단면으로부터 콘크리트로의 힘의 전달은 부착력, 전단연결재 또는 지압력에 의해 이루어진다. 이 중에서 공칭강도의 값이 가장 큰 힘의 전달기구(transfer mechanism)를 사용한다. 이러한 힘의 전달기구들은 중첩하여 사용하지 않는다. 외력이 콘크리트 단면에 지압으로 가해지는 경우, 콘크리트의 설계지압강도 $\phi_B P_p$는 매입합성기둥과 마찬가지로 식(8.42)를 사용한다.
2) 소요전단력을 전단연결재에 의해 전달하는 경우 연결재는 하중전달 부위의 위아래로 기둥의 길이를 따라 설치한다. 각형강관은 기둥폭의 최소 2.5배, 원형강관은 기둥직경의 최소 2.5배에 해당하는 거리에 걸쳐 설치한다. 전단연결재의 최대간격은 400mm 이하로 한다.

(3) 압축강도

축하중을 받는 충전합성기둥의 설계압축강도 $\phi_c P_n$는 휨좌굴한계상태로부터 식(8.44) 및 식(8.45)으로 구하되, 다음 수정식을 사용한다. $\phi_c = 0.75$이다.

$$P_o = A_s F_y + A_{sr} F_{yr} + C_2 f_{ck} A_c \quad (8.51)$$

여기서 $C_2 = 0.85$: 각형강관

$= 0.95$: 원형강관

$$EI_{eff} = EI_s + EI_{sr} + C_3 E_c I_c \quad (8.52)$$

$$C_3 = 0.6 + 2\left(\frac{A_s}{A_c + A_s}\right) \leq 0.9 \quad (8.53)$$

(4) 인장강도

충전합성기둥의 설계인장강도 $\phi_t P_n$는 항복한계상태로부터 다음과 같이 구한다.

$$P_n = A_s F_y + A_{sr} F_{yr}, \quad \phi_t = 0.90 \quad (8.54)$$

(5) 전단강도

충전합성기둥의 설계전단강도는 강재단면만의 전단강도 또는 철근콘크리트만의 전단강도로 구한다.

예제 8-05

그림과 같이 길이가 4m 인 H-250×250×9×14의 형강이 140×140mm 의 기둥 단면에 매입된 합성기둥의 설계압축강도를 구하시오. 다만, $F_y = 235$ MPa, $F_{yr} = 300$MPa, $f_{ck} = 21$MPa이며 기둥의 유효좌굴길이계수 $K = 1.0$, $n = 9$이다.

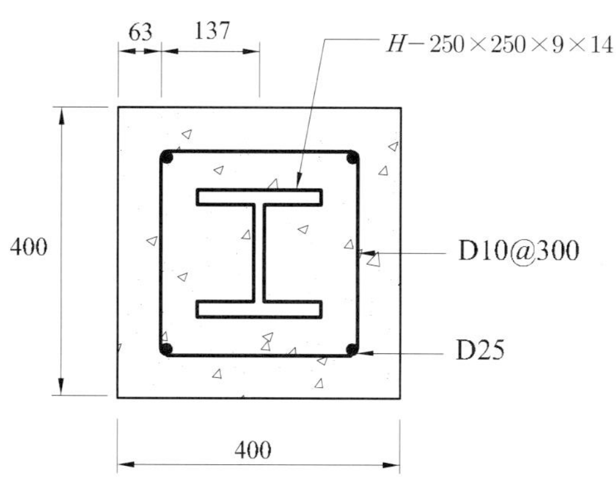

풀이

(1) 단면성능

$A_s = 9.218 \times 10^3 \text{mm}^2$, $A_{sr} = 4 \times 507 = 2{,}028 \text{mm}^2$, $A_g = 400 \times 400 = 160{,}000 \text{mm}^2$

$A_c = A_g - A_s - A_{sr} = (160 - 9.218 - 2.03) \times 10^3 = 148.75 \times 10^3 \text{mm}^2$

$I_y = 36.5 \times 10^6 \text{mm}^4 = I_s$, $I_{sr} = (4 \times 507)(137)^2 = 38.1 \times 10^6 \text{mm}^4$

$$I_c = \frac{400 \times 400^3}{12} - 36.5 \times 10^6 - 38.1 \times 10^6 = 2{,}059 \times 10^6 \text{mm}^4$$

$E_c = E/n = 205{,}000/9 = 22{,}778 \text{N/mm}^2$

(2) 최소 강재비 및 철근비 검토

$$\rho_s = \frac{A_s}{A_g} = \frac{9.218 \times 10^3}{160 \times 10^3} = 0.058 > 0.01 \qquad \text{적합}$$

$$\rho_{sr} = \frac{A_{sr}}{A_g} = \frac{2.028 \times 10^3}{160 \times 10^3} = 0.013 > 0.004 \qquad \text{적합}$$

(3) P_o 및 P_e

$$\begin{aligned} P_o &= A_s F_y + A_{sr} F_{yr} + 0.85 f_{ck} A_c \\ &= (9.218 \times 10^3 \times 235) + (2.03 \times 10^3 \times 300) + (0.85 \times 21 \times 148.75 \times 10^3) \\ &= 5{,}430{,}417 \text{N} = 5{,}430 \text{kN} \end{aligned}$$

$0.44 P_o = 0.44 \times 5{,}430 = 2{,}389 \text{ kN}$

식(8.48) $C_1 = 0.1 + 2\left(\dfrac{A_s}{A_c + A_s}\right) = 0.1 + 2\left(\dfrac{9.218 \times 10^3}{148.75 \times 10^3 + 9.218 \times 10^3}\right) = 0.209 < 0.3$

식(8.47) $EI_{eff} = EI_s + 0.5 EI_{sr} + C_1 E_c I_c$

$$\begin{aligned} &= 205{,}000 \times 36.5 \times 10^6 + 0.5 \times 205{,}000 \times 38.1 \times 10^6 + 0.058 \times 22{,}778 \times 2{,}058.4 \times 10^6 \\ &= 14{,}107 \times 10^9 \text{N}\cdot\text{mm}^2 = 14{,}107 \text{kN}\cdot\text{m}^2 \end{aligned}$$

식(8.46) $P_e = \dfrac{\pi^2 (EI_{eff})}{(KL)^2} = \dfrac{\pi^2 (14{,}107)}{(1 \times 4)^2} = 8{,}702 \text{kN}$

(4) 설계압축강도

$P_e > 0.44 P_o$이므로

식(8.44) $P_n = P_o \left(0.658^{\frac{P_o}{P_e}}\right) = 5{,}430 \left(0.658^{\frac{5{,}430}{8{,}702}}\right) = 4{,}182 \text{kN}$

$\phi_c P_n = 0.75 \times 4{,}182 = 3{,}137 \text{kN}$

8.4 합성재의 설계

합성재의 설계는 합성보와 합성기둥설계로 대별된다. 설계의 기본방침은 5.5보의 설계, 6.4기둥의 설계와 유사하지만, 다만 강재와 콘크리트가 함께 작용하므로 강성 및 강도상 보정이 불가피하다. 합성보에서는 전단연결재의 양에 따라 완전 합성보, 불완전합성보로 구분되고, 동바리의 사용 여부에 따라 압축강도 계산방법도 다르게 된다. 합성기둥에서는 매입기둥과 충전기둥을 구분하여 설계하였으나 다음과 같이 하나로 통합하여 산정할 수 있다.

$$P_o = A_s F_y + A_{sr} F_{yr} + C_2 A_c f_{ck} \tag{8.55}$$

$$EI_{eff} = EI_s + C_4 EI_{sr} + C_5 E_c I_c \tag{8.56}$$

여기서 $C_2 = 0.85$ 매입단면 및 충전각형강관에 대해

$= 0.95$ 충전원형강관에 대해

$C_4 = 0.5$ 매입단면에 대해

$= 1.0$ 충전단면에 대해

$C_5 = 0.1 + 2\left(\dfrac{A_s}{A_c + A_s}\right) \le 0.3$ 매입단면에 대해

$= 0.6 + 2\left(\dfrac{A_s}{A_c + A_s}\right) \le 0.9$ 충전단면에 대해

8

예제 8-06

그림과 같은 단면을 가진 합성보의 설계휨강도를 구하시오. 다만, 사용강재는 SS400이며, $F_y = 235\text{MPa}$, $f_{ck} = 21\text{MPa}$이다.

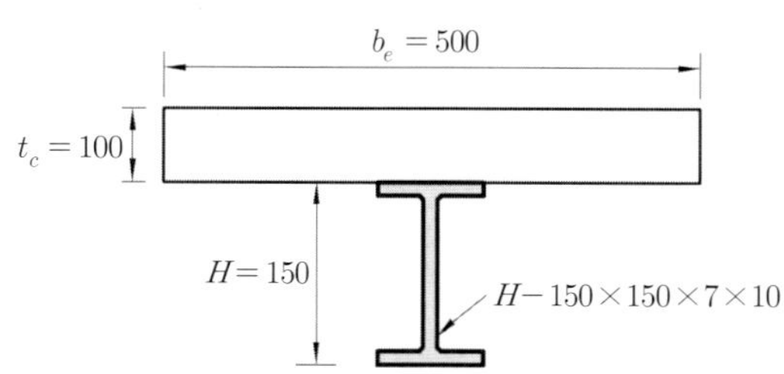

풀이

(1) 강재의 단면성능

$A_s = 4.014 \times 10^3 \text{mm}^2$, $r = 11\text{mm}$, $h = 150 - 2(10 + 11) = 108\text{mm}$

$$h/t_w = 108/7 = 15.4 < 3.76\sqrt{\frac{E}{F_y}} = 3.76\sqrt{\frac{205{,}000}{235}} = 111.1 \qquad \text{적합}$$

(2) 소성중립축 위치 (그림 8.6(d) 참조)

$T = A_s F_y = 4.014 \times 10^3 \times 235 = 943{,}290\text{N} = 943\text{kN}$

$C_c = 0.85 f_{ck} b_e t_c = 0.85 \times 21 \times 500 \times 100 = 892{,}500\text{N} = 893\text{kN}$

플랜지 전체압축응력

$C_f = b_f t_f F_y = 150 \times 10 \times 235 = 352{,}500\text{N} = 353\text{kN}$

$T - 2C_f = 943 - 2 \times 353 = 237\text{kN}$

$C_c(=893) > T - 2C_f(=237)$ 이므로 중립축은 상부 플랜지 내에 위치한다.

식(8.10) $y_p = \dfrac{F_y A_s - 0.85 f_{ck} b_e t_c}{2 F_y b_f}$

$= \dfrac{(235 \times 4.014 \times 10^3) - (0.85 \times 21 \times 500 \times 100)}{2 \times 235 \times 150}$

$= 0.72\text{mm}$

(3) 공칭휨강도

식(8.11) $M_n = C_c\left(y_p + \dfrac{t_c}{2}\right) + F_y b_f (y_p)^2 + T\left(\dfrac{H}{2} - y_p\right)$

$= 893 \times 10^3\,(0.72 + 50) + 235 \times 150(0.72)^2 + 943 \times 10^3(75 - 0.72)$

$= 115 \times 10^6\text{Nmm} = 115\text{kN}\cdot\text{m}$

$\phi_b M_n = 0.9 \times 115 = 104\,\text{kN}\cdot\text{m}$

예제 8-07

그림과 같은 단면을 갖는 불완전 합성보의 설계휨강도를 구하시오. 다만 사용강재는 SS400이며 $F_y = 235\text{MPa}$, $f_{ck} = 21\text{MPa}$이다. 또한 $\phi 13$ 전단 연결재가 400mm 간격으로 5개 설치되었다.

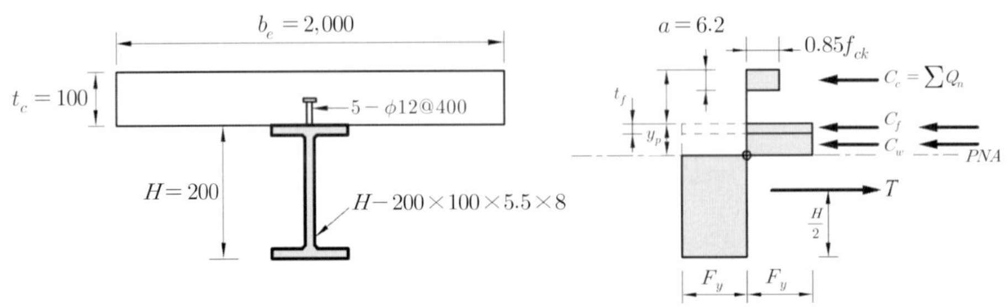

풀이

(1) 강재의 단면성능

$A_s = 2.716 \times 10^3 \text{mm}^2$

(2) 수평전단력

콘크리트 압축력 $C = 0.85 f_{ck} b_e t_c = 0.85 \times 21 \times 2{,}000 \times 100 = 3{,}570 \times 10^3 \text{N} = 3{,}750 \text{kN}$

스터드 연결재의 공칭강도 (표 8.2에서 $\phi 13$ 스터드 연결재 $Q_n = 44\text{kN}$)

$\sum Q_n = n Q_n = 5 \times 44 = 220\text{kN}$

강재의 인장력

$T = A_s F_y = 2{,}716 \times 10^3 \times 235 = 638{,}260\text{N} = 638\text{kN}$

$\sum Q_n$이 가장 작은값으로 콘크리트 압축력이 스터드 연결재에 지배되는 불완전합성보임을 알 수 있다. 따라서

$$a = \frac{\sum Q_n}{0.85 f_{ck} b_e} = \frac{220 \times 10^3}{0.85 \times 21 \times 2{,}000} = 6.2\text{mm}$$

(3) 소성중립축

플랜지의 압축력 $C_f = b_f t_f F_y = 100 \times 8 \times 235 = 188 \times 10^3 \text{N} = 188\text{kN}$

$T - C_f = 638 - 188 = 450\text{kN} > \sum Q_n$

소성중립축은 웨브 내에 있음

평형방정식(소성응력 분포도 참조)

$\sum Q_n + 2C_f + 2C_w = T$

$2C_w = T - 2C_f - \sum Q_n = 638 - 2 \times 188 - 220 = 42\text{kN}$

$C_w = 21\text{kN}$

$C_w = t_w F_y (y_p - t_f)$에서

$$y_p = t_f + \frac{C_w}{t_w F_y} = 8 + \frac{21 \times 10^3}{5.5 \times 235} = 24.2\text{mm}$$

(4) 설계휨강도

$$M_n = \sum Q_n \left(y_p + t_c - \frac{a}{2} \right) + 2C_f \left(y_p - \frac{t_f}{2} \right) + 2C_w \left(\frac{y_p - t_f}{2} \right) + T \left(\frac{H}{2} \right)$$

$$= 220 \times \left(24.2 + 100 - \frac{6.2}{2} \right) + 2 \times 188 \times \left(24.2 - \frac{8}{2} \right)$$

$$+ 2 \times 21 \times \left(\frac{24.2 - 8}{2} \right) + 638 \times \left(\frac{200}{2} \right)$$

$= 98{,}377\text{kN} \cdot \text{mm} = 98\text{kN} \cdot \text{m}$

$\phi_b M_n = 0.90 \times 98 = 88\text{kN} \cdot \text{m}$

예제 8-08

그림과 같은 바닥판 구조에서 내측 합성보의 설계휨강도를 구하시오. 다만, 강재보와 콘크리트 슬래브는 70% 부분합성한 불완전합성보로서, SM490($F_y = 325\text{MPa}$)강재, $f_{ck} = 24\text{MPa}$, 탄성계수비 $n = 8.5$이다. 등분포 고정하중과 적재하중은 각각 2kN/m와 3kN/m가 각각 작용하며, 슬래브 두께 100mm이다. 또한 고정하중 및 적재하중에 의한 처짐을 산정하시오.

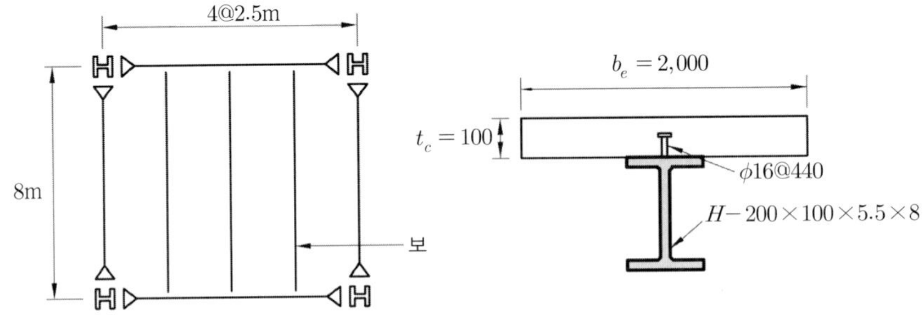

풀이

(1) 단면성능

$A_s = 2.716\times10^3\text{mm}^2$, $r = 11\text{mm}$, $h = 200 - 2(11+8) = 162\text{mm}$, $I_x = 1.84\times10^7\text{mm}^4$

(2) 계수하중

$w_u = 1.2w_D + 1.6w_L = 1.2\times2 + 1.6\times3 = 7.2\text{kN/m}$

계수모멘트

$$M_u = \frac{1}{8}w_uL^2 = \frac{1}{8}\times7.2\times8^2 = 57.6\text{kN}\cdot\text{m}$$

(3) 유효폭

$b_e = \dfrac{L}{4} = \dfrac{8,000}{4} = 2,000\text{mm}$ 또는, $b_e = 2,500\text{mm}$

$\therefore\ b_e = 2,000\text{mm}$

(4) 소성중립축

$T = A_sF_y = 2.716\times10^3\times325 = 882,700\text{N} = 883\text{kN}$

$C = 0.85f_{ck}b_et_c = 0.85\times24\times2,000\times100 = 4,080,000\text{N} = 4,080\text{kN}$

$T < C$이므로 중립축은 슬래브 내에 있음.

식(8.6)에서 $a = \dfrac{F_yA_s}{0.85f_{ck}b_e} = \dfrac{883}{40.8} = 21.6\text{mm}$

(5) 설계휨강도

웨브의 판폭두께비

$$h/t_w = 162/5.5 = 29.5 < 3.76\sqrt{E/F_y} = 3.76\sqrt{\frac{205{,}000}{325}} = 94.4 \quad \text{적합}$$

식(8.8) $M_n = A_s F_y\left(\frac{H}{2} + t_c - \frac{a}{2}\right)$

$$= 2.716\times10^3\times325\left(\frac{200}{2}+100-\frac{21.6}{2}\right) = 167\times10^6\text{N}\cdot\text{mm} = 167\text{kN}\cdot\text{m}$$

$$\phi_b M_n = 0.9\times167 = 150.3\text{kN}\cdot\text{m} > M_u \qquad \text{적합}$$

(6) 전단연결재

총 수평전단력

$V' = T = F_y A_s = 883\,\text{kN}$

$V' = C = 0.85 f_{ck} b_e t_c = 4{,}080\text{kN}$

전단연결재 단면적 (ϕ16 스터드 연결재 사용)

스터드 연결재의 공칭강도 Q_n은 식(8.35)로부터 또는 표 8.2에서

$Q_n = 72\text{kN}$

스터드 연결재의 개수 (70% 불완전합성보)

$$n = \frac{0.7\,V'}{Q_n} = \frac{0.7\times883}{72} = 8.6$$

스팬의 1/2 길이(4m)에 대해 ϕ16 스터드 연결재 9개를 440mm 간격으로 1열 배열한다.

(7) 처짐 검토

1) 고정하중에 의한 처짐

동바리를 설치하지 않을 경우, 고정하중은 강재보만이 부담하므로

$$\Delta_{DL} = \frac{5w_D L^4}{384EI_S} = \frac{5\times2\times(8\times10^3)^4}{384\times205{,}000\times1.84\times10^7} = 28.3\text{mm}$$

보를 치올림하거나 중앙부를 향해 슬래브 두께를 조정(늘림)함으로써 공사중 보의 처짐을 보정할 수 있다.

2) 적재하중에 의한 처짐

식(8.26)에서 중립축거리 y (그림 8.8(b) 참조)

$$y = \frac{A_s n}{b_e} + H + t_c - \frac{A_s n}{b_e}\sqrt{1+\frac{b_e(H+2t_c)}{A_s n}}$$

$$= \frac{2.716\times10^3\times8.5}{2{,}000} + 200 + 100 - \frac{2.716\times10^3\times8.5}{2{,}000}\sqrt{1+\frac{2{,}000(200+2\times100)}{2.716\times10^3\times8.5}}$$

$$= 243\text{mm}$$

식(8.27)에서

$$I_{tr} = I_s + A_s\left(y-\frac{H}{2}\right)^2 + \frac{b_e(H+t_c-y)^3}{3n}$$

$$= 1.84 \times 10^7 + (2.716 \times 10^3)\left(243 - \frac{200}{2}\right)^2 + \frac{2{,}000(200+100-243)^3}{3 \times 8.5}$$

$$= 8.85 \times 10^7 \mathrm{mm}^4$$

$$\Delta_L = \frac{5w_L L^4}{384EI_{tr}} = \frac{5 \times 3 \times (8 \times 10^3)^4}{384 \times 205{,}000 \times 8.85 \times 10^7} = 8.8\mathrm{mm} < \frac{L}{400} = \frac{8{,}000}{400} = 20.0\mathrm{mm}$$ 적합

예제 8-09

다음과 같은 단면을 가진 합성데크보의 설계휨강도를 구하시오. 데크플레이트는 강재보에 직각방향으로 설치되었으며 사용강재는 SM490($F_y = 325\mathrm{MPa}$), $f_{ck} = 28\mathrm{MPa}$이다.

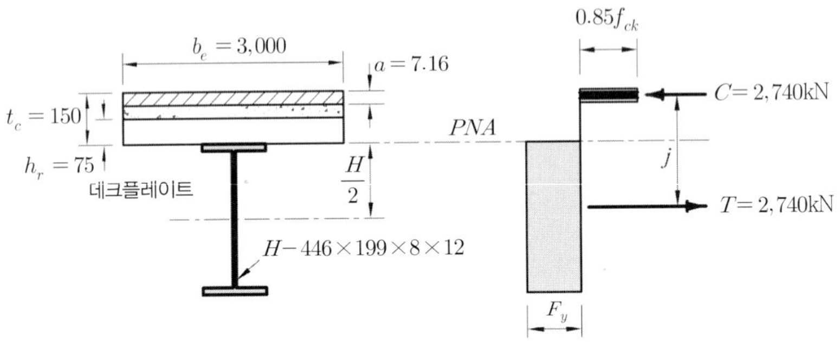

풀이

(1) 단면성능

$A_s = 8.43 \times 10^3 \mathrm{mm}^2$

(2) 압축력(수평전단력)

데크 리브가 강재보다 직각인 경우, 데크 내의 콘크리트는 무시됨으로

$V' = C = 0.85 f_{ck} b_e t_c = 0.85 \times 28 \times 3{,}000 \times 75 = 5{,}355 \times 10^3\mathrm{N} = 5{,}355\mathrm{kN}$

$V' = T = F_y A_s = 325 \times 8.43 \times 10^3 = 2{,}740 \times 10^3\mathrm{N} = 2{,}740\mathrm{kN}$

따라서 $C_c = 2{,}740\mathrm{kN}$

(3) 설계휨강도

$$a = \frac{C_c}{0.85 b_e t_c} = \frac{2{,}740 \times 10^3}{0.85 \times 3{,}000 \times 150} = 7.16\mathrm{mm}$$

$$M_n = Tj = T\left(\frac{H}{2} + t_c - \frac{a}{2}\right) = 2{,}740 \times 10^3\left(\frac{446}{2} + 150 - \frac{7.16}{2}\right)$$

$$= 1{,}012 \times 10^6 \mathrm{N \cdot mm} = 1{,}012 \mathrm{kN \cdot m}$$

$$\phi_b M_n = 0.9 \times 1{,}012 = 911 \mathrm{kN \cdot m}$$

예제 8-10

□- $100 \times 100 \times 4.5$인 각형강관과 합성된 충전합성기둥의 설계압축강도를 구하시오. 다만, $F_y = 235$ MPa, $f_{ck} = 24$MPa, 기둥은 단순지지로 길이가 4m 이다.

풀이

(1) □- $100 \times 100 \times 4.5$ 각형강관의 단면성능

$A_s = 1.667 \times 10^3 \text{mm}^2$, $I_s = 2.49 \times 10^6 \text{mm}^4$

콘크리트의 면적 : $A_c = (100 - 2 \times 4.5)^2 = 8,281 \text{mm}^2$

콘크리트의 탄성계수 : $E_c = 24,118 \text{N/mm}^2$

(2) 강재비 검토

$$\rho_s = \frac{A_s}{A_g} = \frac{1,667}{100 \times 100} = 0.167 > 0.01 \qquad \text{적합}$$

(3) 폭두께비

$$\frac{b}{t} = \frac{100 - 4.5 \times 2}{4.5} = 20.2 < 2.26\sqrt{\frac{E}{F_y}} = 2.26\sqrt{\frac{205,000}{235}} = 66.7 \qquad \text{적합}$$

(4) 탄성좌굴강도

$$P_o = A_s F_y + A_{sr} F_{yr} + 0.85 f_{ck} A_c$$
$$= (1,667 \times 235 + 0.85 \times 24 \times 8,281) = 560,677 \text{N} = 561 \text{kN}$$

식(8.48) $C_1 = 0.1 + 2\left(\frac{A_s}{A_c + A_s}\right) = 0.1 + 2 \times \frac{1,667}{8,281 + 1,667} = 0.44 > 0.3$, $\therefore C_1 = 0.3$

식(8.47) $EI_{eff} = EI_s + 0.5EI_{sr} + C_1 E_c I_c$

$$= 205,000 \times 2.49 \times 10^6 + 0.3 \times 24,118 \times \left(\frac{100 \times 100^3}{12} - 2.49 \times 10^6\right)$$
$$= 5.53 \times 10^{11} \text{N} \cdot \text{mm}^2$$

$$P_e = \frac{\pi^2 (EI_{eff})}{(KL)^2} = \frac{\pi^2 \times 5.53 \times 10^{11}}{(1 \times 4,000)^2} = 341,118 \text{N} = 341 \text{kN}$$
$$> 0.44 P_o = 0.44 \times 561 = 247 \text{ kN}$$

(5) 설계압축강도

식(8.44) $P_n = P_o\left(0.658^{\frac{P_o}{P_e}}\right) = 561\left(0.658^{\frac{561}{341}}\right) = 282 \text{kN}$

$\phi_c P_n = 0.75 \times 282 = 212 \text{kN}$

연습문제

Steel Structures

01 그림과 같은 합성보의 설계휨강도를 구하시오. 다만, 사용강재는 SS400이며 $f_{ck} = 24\text{MPa}$, $n = 8.5$이다.

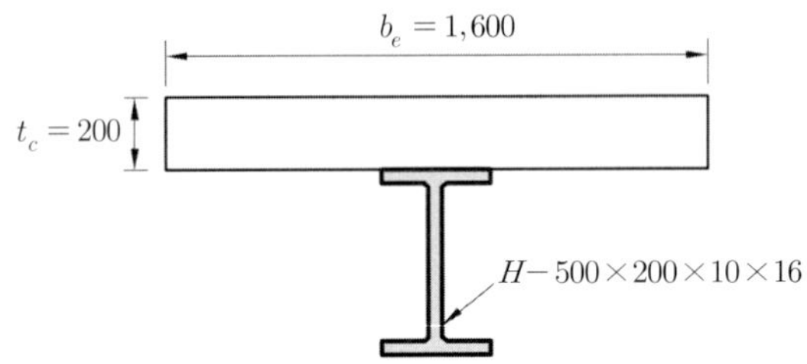

02 그림과 같은 합성보의 설계휨강도를 구하시오. 다만, 사용강재는 SS400이며 $f_{ck} = 21\text{MPa}$, $n = 9.0$이다.

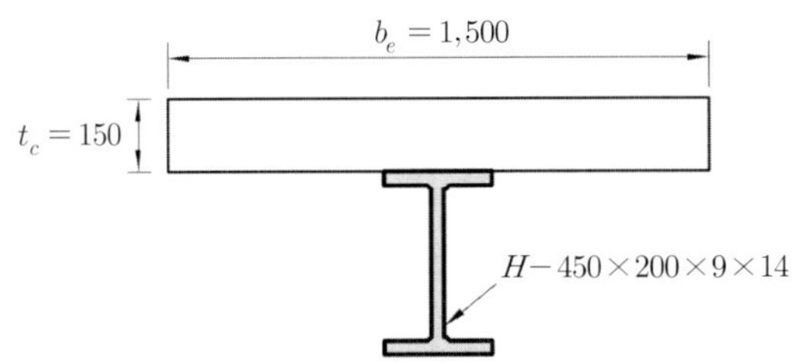

03 그림과 같은 등분포 하중을 받는 단순지지보가 60% 부분합성한 불완전 합성보에 필요한 $\phi 16$ 스터드 연결재의 수를 결정하시오. 다만 $F_y = 235\text{MPa}$, $f_{ck} = 24\text{MPa}$이다.

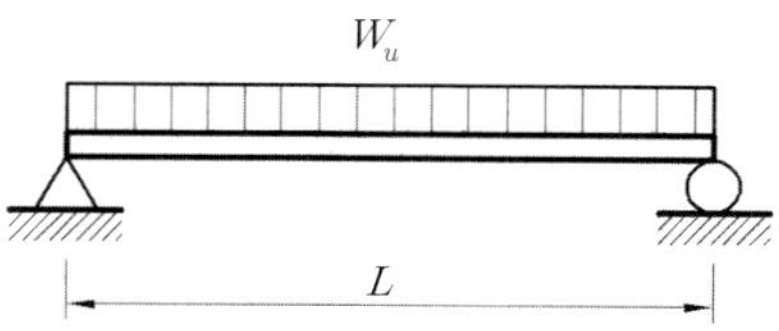

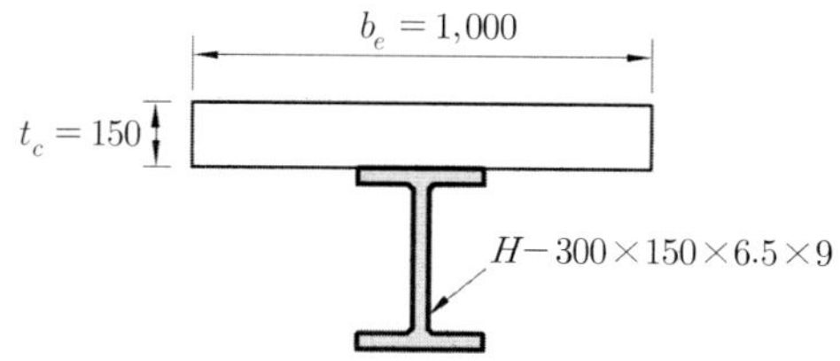

04 예제 8-08의 바닥판 구조에서 외측합성보의 설계휨강도를 구하시오. 다만 강재보와 콘크리트 슬래브는 60% 부분합성한 불완전합성보로 SS400 강재와 $f_{ck} = 21\text{MPa}$, 탄성계수비 $n = 9$이며, 등분포의 고정하중과 적재하중은 각각 3kN/m와 5kN/m가 작용하며, 슬래브 두께는 150mm이다. 콘크리트의 양생 후에 0.5kN/m의 고정하중이 추가로 작용할 경우에 고정하중과 적재하중의 합에 의한 처짐을 산정하시오.

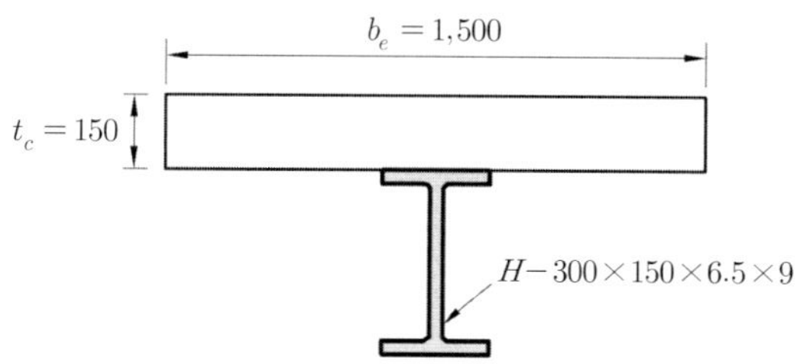

05 그림과 같은 합성보의 설계휨강도를 구하시오. $\text{H}-250 \times 125 \times 6 \times 9$인 강재 보와 두께 120mm인 콘크리트와의 합성보로 $f_{ck} = 21\text{MPa}$이며, $\phi 13$ 스터드 연결재가 300mm 간격으로 6개 설치되었다.

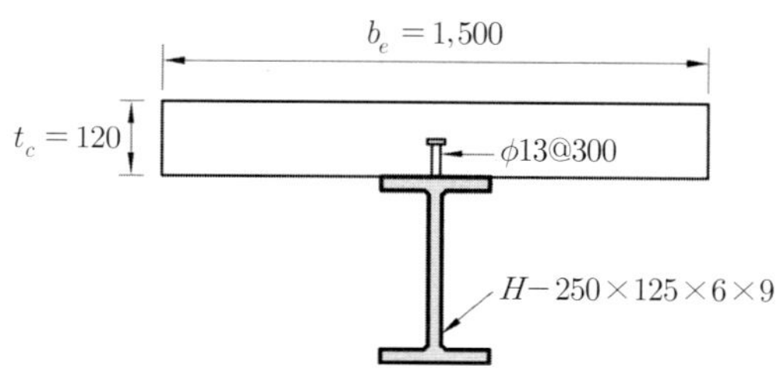

06 그림과 같은 매입합성기둥의 설계압축강도를 구하시오.

기둥의 단면 : 700×700mm, $H-400 \times 400 \times 20 \times 30$(SM490)

내부철근 : 12-D32($f_{yr} = 400$MPa)

$f_{ck} = 24$MPa

띠철근 : D10@200

유효좌굴길이 : KL=4.5m

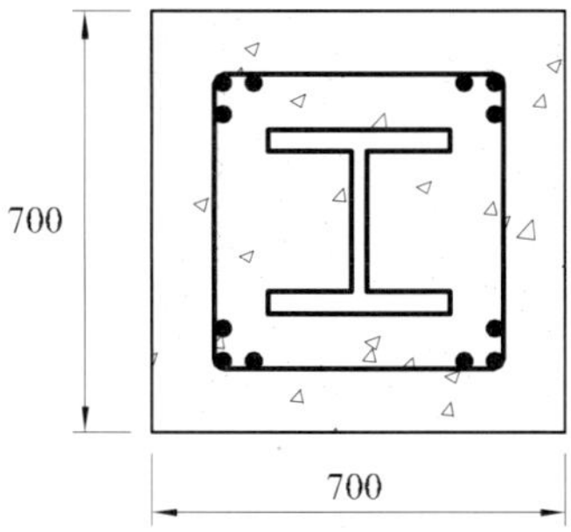

07 그림과 같은 충전합성기둥의 설계압축강도를 구하시오.

원형강관 : $D \times t = 216.3 \times 6$ (SM490, $F_y = 325$MPa)

$A_s = 3.05 \times 10^3 \text{mm}^2$, $I_s = 2.19 \times 10^7 \text{mm}^4$

콘크리트 : $f_{ck} = 28$MPa

유효좌굴길이 : $KL = 3.0$m

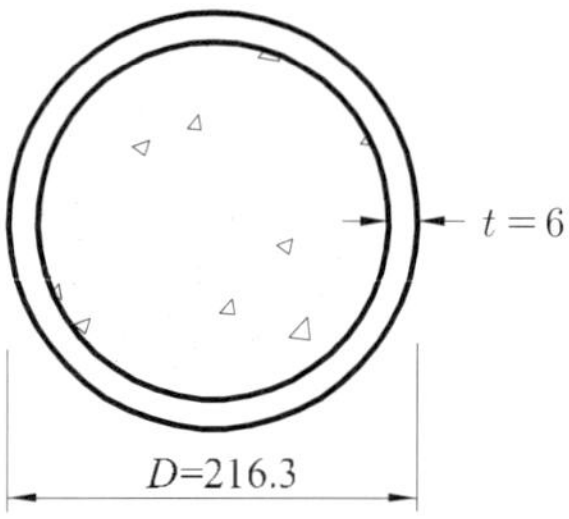

08 주어진 조건과 그림의 단면을 참고하여 다음을 결정하시오.

스팬길이 : 9mm

스팬간격 : 3.2mm

리브춤 : 65mm

토핑 콘크리트 두께 : 45mm

$f_{ck} = 24$MPa

SM490 H-396×199×7×11

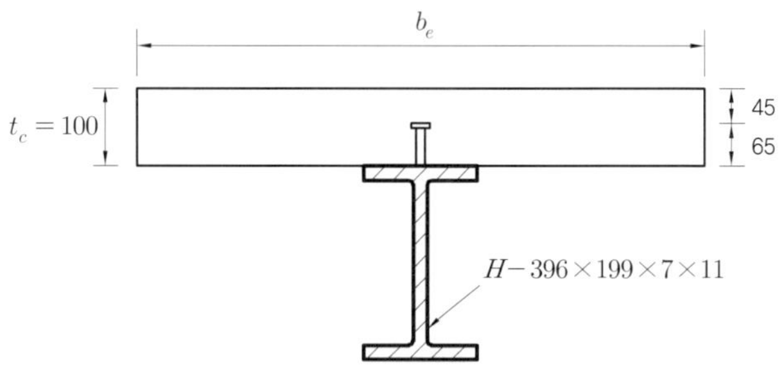

(1) 유효폭

(2) 소성중립축

(3) 데크플레이트의 리브방향이 강재보에 직각인 경우의 스터드연결재의 간격과 소요개수

(4) 설계휨강도

(5) 유효단면2차모멘트

"두바이의 탑"이라 불리는 Burj Khalifa, UAE(좌측) / 런던올림픽 주경기장의 수직 투시도(2012년, 중앙) / Freedom Tower, New York in USA. 자유의 여신상이 횃불을 들고 선 조형미 있는 건축물(우측)

Chapter 9

건물의 디자인

Chapter 9 건물의 디자인

9.1 디자인 개요

건축디자인과 구조의 만남에서 이루어져가는 과정에서 건축물은 구조에 관한 지식과 기술에 의해 안전성이 확보되어야 하며, 건축물의 규모나 용도에 따라서는 힘의 원리가 직·간접적으로 표현된 구조형태에 의해서 건축디자인이 결정되거나 독특하고 아름다운 조형미가 상승되는 경우가 많으므로 구조 분야에 관심과 이해를 가져야 함은 당연하다고 할 수 있다.

건물 디자인에서 건축물에 작용하는 힘의 흐름을 정확히 평가하는 것은 구조디자인에서 매우 중요한 일이다. 건축물은 다양한 형태로 가해지는 외력(하중)에 충분히 저항할 수 있을 만큼 강해야 한다. 이와 같은 외력의 크기와 방향은 재료, 건물의 형태, 건물의 용도, 지역 등에 따라 다양하다. 가장 명확한 하중은 중력이라 할 수 있으며, 이는 건물자중, 적설하중, 입주자 등으로부터 발생된다. 횡력은 바람과 지진뿐만 아니라 토압, 수압 등에 의해서도 건축물에 가해진다. 따라서 건물의 디자인을 위해서는 힘의 흐름에 대한 정확한 이해가 필요하다. 또한 그 특성에 따라 힘의 흐름이 원활하도록 안전한 구조물을 디자인하기 위해서는 다양한 구조시스템을 습득할 필요가 있다.

건축물은 구조시스템의 유형에 의해 구조형태와 구조디자인에 밀접하게 관계되며, 건축디자인에도 영향을 미친다. 따라서 구조시스템이 결정되면 설계와 시공에 미치는 영향이 지대하기 때문에 설계 및 시공 시 고려해야 할 사항들에 관하여 확인할 필요가 있다.

최근에 발생하고 있는 강풍과 지진이야말로 가장 가공할 만한 파괴력을 가진 외력으로 건물의 수평변위를 일으키는 동적하중이다. 유선형 물방울모양(streamlined teardrop shape)의 건물형상이 바람에 대해 최소한으로 저항한다는 것을 볼 수 있듯이, 건물의 외형은 구조시스템의 선정과정에서 건물 디자인에 큰 영향을 미친다.

그러므로 건물에 작용하는 다양한 하중에 따라서 힘의 흐름을 정확히 평가하고, 구조시스템의 유형을 고려한 건물의 디자인을 이해하기 위해서는 내진, 초고층건물 및 대공간건물 디자인에 대한 기본적인 사항을 인지 및 이해할 필요가 있다.

9.2 내진건물 디자인

9.2.1 디자인 배경

지진(earthquake)이란 지구 내부의 변화로 일어나는 판운동이나 화산활동 등으로 일어나는 돌발적인 지각의 요동현상으로 지구표면의 움직임으로 지각에서 에너지가 방출될 때 발생되는 현상이다. 따라서 이러한 지진이 발생하면, 그림 9.1과 같이 건물을 지지하고 있는 지반의 운동으로 인하여 건물의 변형을 유발한다. 지진으로 인한 구조물의 변형으로는 조인트의 붕괴, 벽과 기초의 균열발생, 데크의 변형, 피어의 균열 및 붕괴, 파이프 라인 등 상하수도라인의 붕괴, 사질토 또는 매립토 지반의 액상화에 따른 구조물의 부상, 부동침하, 지반의 이동 현상 등이 있다.

우리나라의 경우 과거에는 지진의 영향이 적은 지역으로 취급하였으나 최근에는 우리나라에서도 무시할 수 없는 지진이 발생되고 있으며, 일본, 중국 등 주변국가의 지진에 의한 막대한 재산 및 인명 손실이 발생되어 지진 위험도에 대한 인식이 증대되었다. 이에 대하여 1988년 건축물 구조설계기준에 내진설계관련 조항이 최소로 제정된 이후 내진설계기준을 강화되어 건축물에서 3층 이상, 연면적 1천㎡ 이상 건축물로 내진설계 대상 건물이 확대되었다. 또한 최근 고시된 건축구조설계기준에서는 "강구조의 내진설계"를 추가하여 강구조 시스템별로 상세하게 규정하였다. 특히 건물의 비탄성응답을 통한 에너지소산능력을 전제로 지진반응수정계수가 3을 초과

(a) 도로

(b) 건물

(c) 부재

그림 9.1 지진에 의한 피해 사례

하는 경우 내진설계 시 내진규정을 준수해야 한다.

건물의 내진설계란 지진에 대한 인명의 안전확보와 건물의 피해가 최소화하기 위한 것이다. 이를 위해 기준에서는 건물의 중요도, 구조시스템, 지반, 정형비정형 등에 따라 그 한계를 설정하고 지진의 빈도는 낮지만 가상 최대지진에 대해서는 붕괴하지는 않고 국부적인 피해는 다소 감수하는 내진 설계를 실시하여 인명과 재산의 안전 확보가 가능하도록 구조물의 내진성을 확보하는 것이 내진건물 설계기준이다.

9.2.2 내진건물의 유형

(1) 내진건물의 구조

지진에 의한 건물의 거동은 기본적으로 진동에 관한 문제이다. 지진발생 시 건물을 지지하고 있는 지반이 움직이면 건물은 중량에 비례하여 발생하는 관성력으로 저항하게 되며 건물이 흔들리게 되어 변위가 발생한다. 이 때 구조물을 구성하고 있는 기둥, 보, 전단벽, 가새 등이 이에 영향을 받게 된다. 이러한 지진력을 고려한 설계기법으로는 그림 9.2와 같이 3가지 방법이 있다.

1. 내진(耐震)구조(seismic resistant)
2. 면진(免震)구조(seismic isolation)
3. 제진(制震)구조(seismic control)

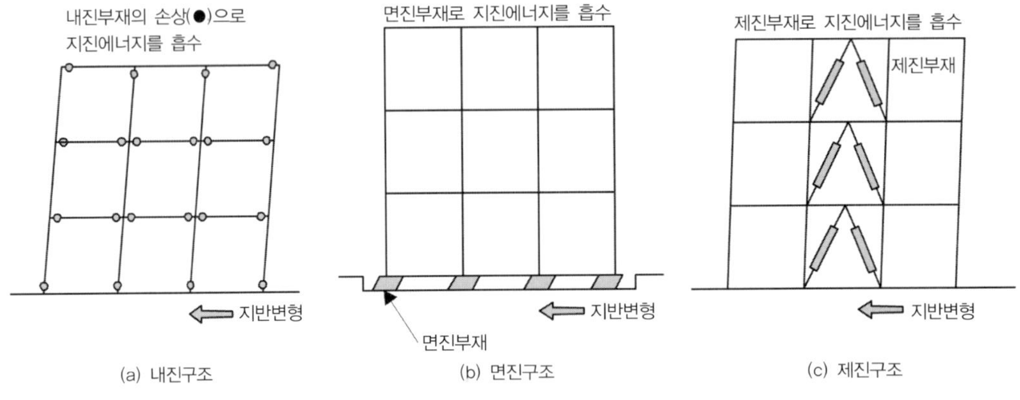

그림 9.2 지진력에 대한 구조설계 방법

1) 내진(耐震)구조

건물을 지진력에 저항할 수 있도록 부재를 튼튼하게 설계한다는 개념이다. 그러나 큰 지진이 발생하더라도 구조물이 전혀 피해를 입지 않도록 설계하는 현실적으로 불가능하며, 비경제적이다. 이에 표 9.1과 같이 안전성 및 경제성이 동시에 고려된다.

표 9.1 내진구조 설계 철학

설계 대상 지진			성능 수준	설계 철학
약지진	자주 일어날 수 있는 작은 지진	재현주기 50년, 100년	즉시 거주	아무런 피해가 없도록 설계
중지진	가끔 일어나는 중간 정도의 지진	재현주기 200년	기능 수행	비구조재의 피해발생은 허용하지만 구조적인 피해는 방지
대지진	아주 드물게 일어나는 큰 지진	재현주기 500년, 1000년, 2400년	인명 안전	구조적인 피해가 발생하더라도 건물의 붕괴는 방지

지진을 견디기 위해서 구조물은 일정한 수준의 강도를 지녀야 하는데, 매우 큰 지진에 대한 강도를 확보하기 위해서는 경제적 부담이 커지게 되므로 구조물의 유연성(柔軟性)을 증가시키는 방법을 사용한다. 즉 구조물이 큰 연성을 가지도록 하여 비선형거동을 통한 에너지 소산능력을 확보하는 것이다.

2) 면진(免震)구조

건물과 기초 사이에 진동을 감소시킬 수 있는 분리장치를 삽입하여 지반과 건물을 분리시켜 지반진동이 상부 건물에 직접 전달되는 것을 차단하는 구조형태이다. 건물을 지반에서 분리하여 건물의 진동주기를 지진의 주기와 일치시키지 않음으로써 건물의 지진피해를 최소화하고, 지진에너지의 전달경로를 차단하는 역할을 한다.

면진건물은 지진발생 시 건물의 가속도와 변형량을 대폭적으로 감소시킴으로써 건물 자체 및 건물 내부의 설비기기와 파이프라인 등의 피해를 최소화하여 건물의 기능을 최대한 확보한다. 따라서 이러한 면진건물로는 행정기관과 병원 등의 공공기관 및 문화재, 역사적 건물 등에 적용하는 것이 효과적이다.

3) 제진(制震)구조

지진에 의한 입력에너지를 각종 제진 장치를 이용하여 효율적으로 소산함으로써 건물의 피해를 최소화하는 방법으로 지진시의 내력만이 아니라 진동에 따른 변형을 적절히 평가하고 확보하여 지진응답을 제어(공진현상 발생을 저지)하는 구조이다. 횡변위를 제어하기 위하여 다음과 같은 장치들이 사용된다.

1. TMD(tuned mass damper) : 진동감쇠 장치를 이용하여 횡방향 변위동 제어
2. HMD(hybrid mass damper) : 질량체를 이용하여 능동, 수동제어 동시 사용
3. AMD(active mass damper) : 질량체를 이용한 능동제어 방식
4. TLD(turned liquid damper) : 단단한 집수통에 일정한 액체(물)를 채운 후 액체의 움직임으로 진동 흡수
5. ABS(active bracing system) : 건(tendon)을 이용한 자동제어 방식

6. oil damper, viscous-shear damper

그림 9.3(a)의 타이페이 101 타워는 동조질량감쇠기(TMD)를 사용한 대표적인 건축물로 바람에 의해 진동하는 508m짜리 빌딩을 보호하기 위해 그림 9.3(b)의 지름 5.5m, 무게 650t의 거대한 진자를 빌딩 상층부(92~88층 사이)에 8개의 쇠줄로 매달아 빌딩의 진동을 진자가 흡수토록 하는 장치이다. 이는 바람 등에 따른 건물 진동의 30~40%를 억제해 준다.

(a) 타이완 101빌딩

(b) 동조질량감쇠기(88F)

그림 9.3 TMD 적용 사례

(a) 인천국제공항 관제탑

(b) HMD

그림 9.4 HMD 적용 사례

그림 9.4의 인천국제공항 관제탑의 경우, 건물의 높이(100.9m)는 그리 높지 않지만 세장비가 크고 상층부에 무게가 집중되어 있어 풍하중에 의한 진동이 상대적으로 발생하기 쉽다. 풍동실험결과, 구조적 안정성에는 문제가 없으나 관제사가 진동

을 감지하는 정도가 크게 나타나 진동제어장치를 제안하였다. 관제탑의 상층부에 2개의 HMD를 설치한 결과, 진동이 약75% 감소되었다. 국내 최초의 제진장치 적용 사례다.

(2) 지진저항시스템

구조설계기준에 지진력저항시스템은 50여 종류가 있으며 강구조 시스템은 11개, 합성구조를 포함하면 35종류가 있는데, 반응수정계수 3.0 이하를 적용하는 시스템은 내진설계 조건을 적용하지 않고 일반적인 강구조설계를 적용하여도 된다. 건물의 유연성이 큰 건물은 반응수정계수가 크게 적용되고 지진하중이 작게 산정되기 때문에 설계시 반영해야 할 조건이 설정되어 있다. 강구조 지진력저항시스템을 요약하면 아래와 같다.

1) **특수모멘트골조**(special moment frames, SMF)

특수모멘트골조는 설계용지진동이 유발한 외력을 받을 때 상당한 비탄성변형을 수용할 수 있는 골조이다. 강재는 SN, SHN강 또는 TMC강을 사용하여야 하고, 모멘트저항골조에서 반응수정계수 8, 시스템초과강도 3, 변위증폭계수 5.5이며 보-기둥 접합부는 층간변위각 0.04rad 이상 유지하며, 성능입증이 필요하다.

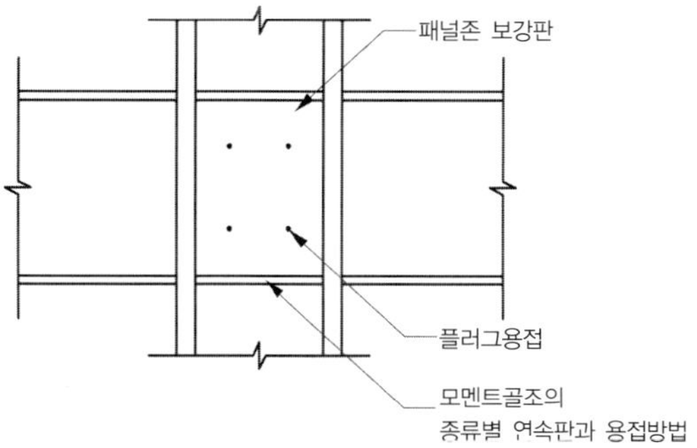

그림 9.5 플러그용접에 의한 패널존보강판의 접합

기둥 외주면에서 접합부의 계측휨강도는 0.04rad의 층간변위에서 적어도 보M_p의 80% 이상이 유지해야 하고 패널존을 검토, 접합부 성능인증 실험절차를 통과한 접합부를 적용, 연속판과 일관성이 유지되도록 한다. 보의 횡지지간격 상하플랜지는 모두 $L_b = 0.086 r_y E / F_y$ 이하 간격, 사용단면은 내진조밀단면을 적용해야 한다.

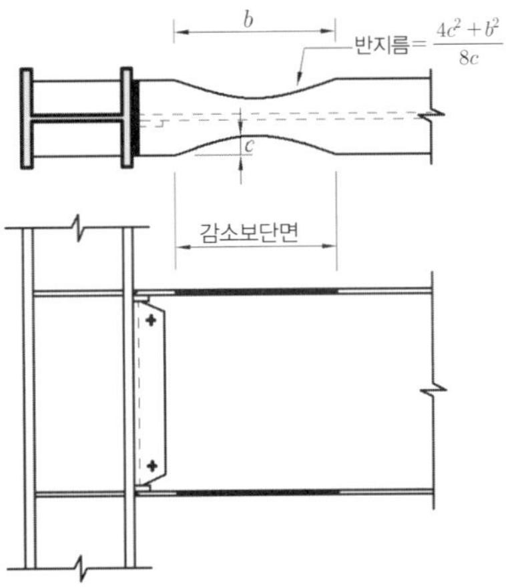

그림 9.6 보단면감소를 적용한 모멘트접합

2) **중간모멘트골조**(intermediate moment frames, IMF)

중간모멘트골조는 설계용 지진동에 의한 외력을 받을 때 제한된 크기의 비탄성변형을 수용할 수 있는 골조이다. 강재는 SN, SHN강 또는 TMC강을 사용하여야 하고, 모멘트저항골조에서 반응수정계수 4.5, 시스템초과강도 3, 변위증폭계수 4이며 층간 변위각 0.02rad 이하, 기둥외주면의 접합부의 휨강도는 0.02rad의 층간변위각에서 적어도 보의 공칭소성모멘트의 80% 이상이 되어야 한다. 접합부는 중간모멘트골조용 인증접합부를 사용, 접합부 성능인증실험절차를 통과한 접합부의 연속판과 일관성이 유지되도록 한다. 보의 상하플랜지 모두 횡지지되어야 한다. 횡지지간격은 $L_b = 0.17r_yE/F_y$를 넘지 않도록 한다. 사용단면은 조밀단면, 내진조밀단면을 사용할 수 있다.

3) **보통모멘트골조**(ordinary moment frames, OMF)

보통모멘트골조는 설계지진력이 구조물에 작용할 때 부재와 접합부가 최소한의 비탄성변형을 수용할 수 있는 골조이다. 모멘트저항골조에서는 반응수정계수 3.5, 시스템초과강도 3, 변위증폭계수 3이며 접합부의 공칭휨강도 M_n은 연결되는 보 또는 기둥의 M_p의 50% 중 작은 값 이상, 보-기둥 접합부는 용접이나 고력볼트를 사용하여야 하며, 완전강접 또는 부분강접으로 설계할 수 있다.

4) **편심가새골조**(eccentrically braced frames, EBF)

편심가새골조는 설계지진력이 작용할 때 링크가 상당한 비탄성변형능력을 발휘할 수 있어야 한다. 가새, 기둥 및 링크 외부의 보 부분은 링크가 완전항복하고 변형경화하여 유발할 수 있는 최대하중에서 탄성범위 내에 있도록 설계하여야 한다. 5층 이상 건축물에서 편심가새골조의 상부층은 보통중심가새골조 또는 특수중심가새골조로 설계할 수 있다. 이 경우에도 시스템계수를 결정할 때에는 편심가새골조로 적용할 수 있다.

강재는 SN, SHN강 또는 TMC강을 사용하여야 하고 건물골조 링크타단 모멘트저항접합에서 반응수정계수 8, 시스템초과강도 2, 변위증폭계수 4, 링크타단 비모멘트저항접합에서 반응수정계수 7, 시스템초과강도 2, 변위증폭계수 4, 특수모멘트골조를 가진 이중골조에서는 반응수정계수 8, 시스템초과강도 2.5, 변위증폭계수 4이다. 편심가새골조의 비탄성거동은 주로 링크에서 발생하므로 링크는 안정적인 비탄성거동을 발현할 수 있는 상세를 갖추어야 한다. 링크의 웨브는 단일판이어야 하고 2중판으로 보강하거나 웨브 관통부를 둘 수 없으며 링크 단부에는 링크 상하플랜지에 횡지지재를 설치하여야 하고 소요 회전각 이내이어야 한다.

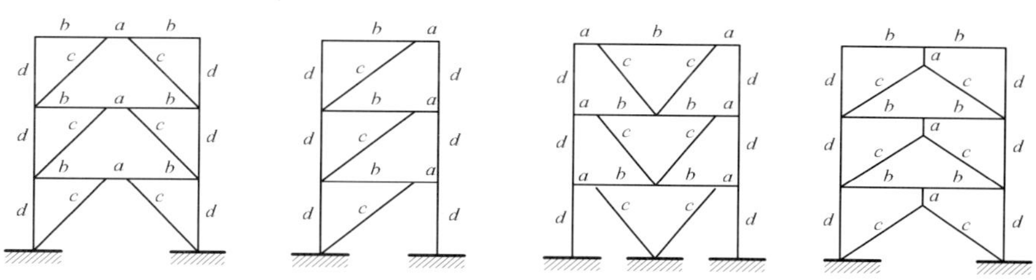

(a) 편심가새골조의 예

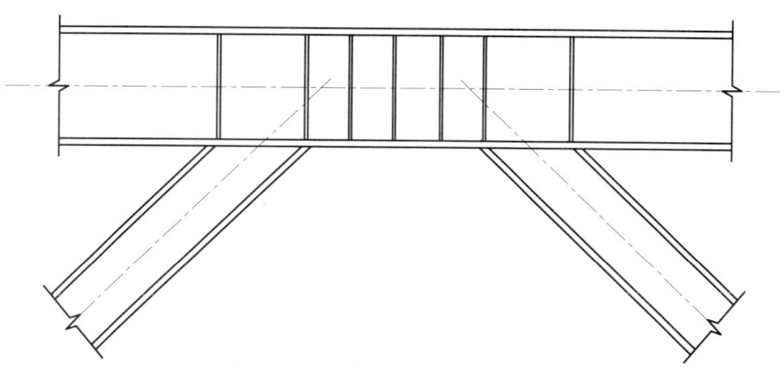

(b) H형강가새를 갖는 편심가새골조

그림 9.7 편심가새골조의 형상

9.2.3 구조디자인

지진은 지각운동에 의해 일어나는 현상이기 때문에 지진하중을 정확히 산정하는 것은 매우 어려운 일이다. 그림 9.8에 나타난 바와 같이 지진이 최초로 시작된 지중의 점을 진원(震源)이라 하고, 이 지중깊이를 진원깊이라고 부르며, 진원에서 지

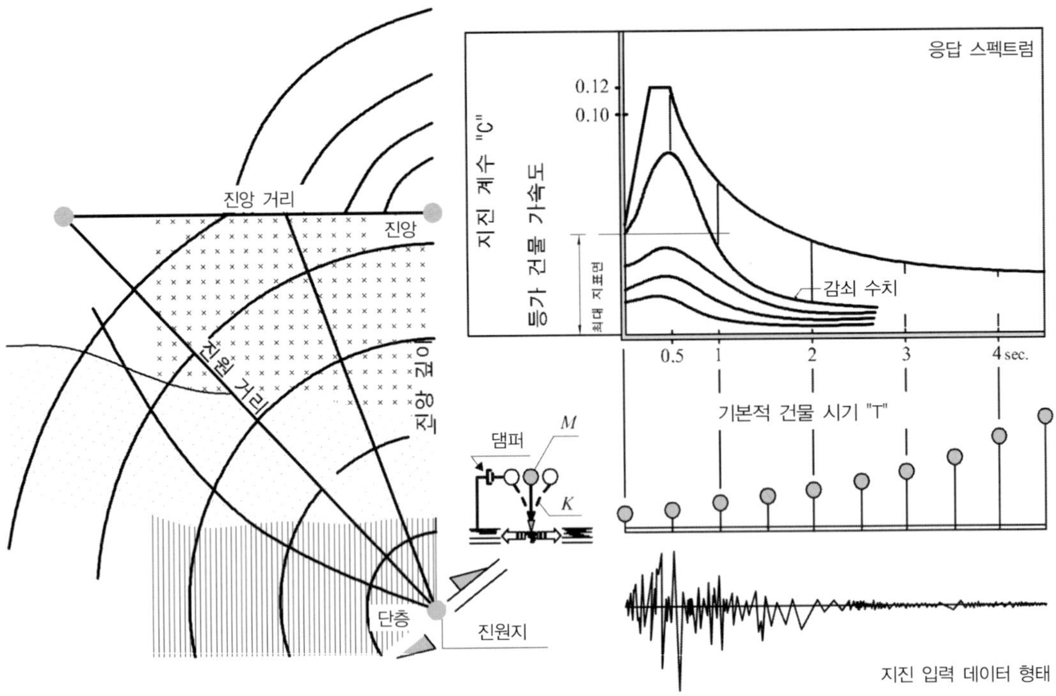

그림 9.8 지진운동의 개요

표에 대하여 수직으로 만나는 점을 진앙이라 부른다. 또, 진원, 진앙과 어떤 관측점 사이의 거리를 각각 진원거리, 진앙거리라고 부른다. 진원에서 발생한 지진파는 사방으로 전달되어 다양한 전달경로로 지표에 도착하게 된다.

지진파는 전달경로, 지반의 종류, 형상 등에 의해 복잡하게 변화하여 각각의 관측점의 특징을 갖는 지진하중이 된다. 중요 지진파로는 실체파(body waves)로 크게 P파(primary wave)와 S파(secondary wave)를 들 수 있는데 P파는 최초에 도착하는 파이며, 종파(縱波)라고도 부른다. P파는 압축파이며 전달방향에 평행하게 진동하여 전달된다. S파는 P파 이후에 도착하는 파이며, 물리적으로는 전단파(shear wave), 비틀림파이다. S파는 전달방향에 수직으로 진동하여 전달되기 때문에 횡파라고도 부른다. 이 외 표면파(surface waves)로 러브파(love wave)와 레일리파(Rayleigh wave)가 있는데 이들은 진폭이 커서 실제 건물에 피해를 입히는 파동이기도 하다.

내진설계에 있어서 지진하중을 결정하는 인자는 여러 가지가 있지만 지반등급(S_a, S_b, S_c, S_d, S_e), 건물의 중요도(특, 1, 2, 3), 설계스펙트럼 가속도(단주기, 1초주기), 지진력저항시스템의 계수(반응수정계수, 시스템초과강도계수, 변위증폭계수), 건물시스템별 주기(철골모멘트골조, 철골가새골조 등)에 영향을 받고 있으며,

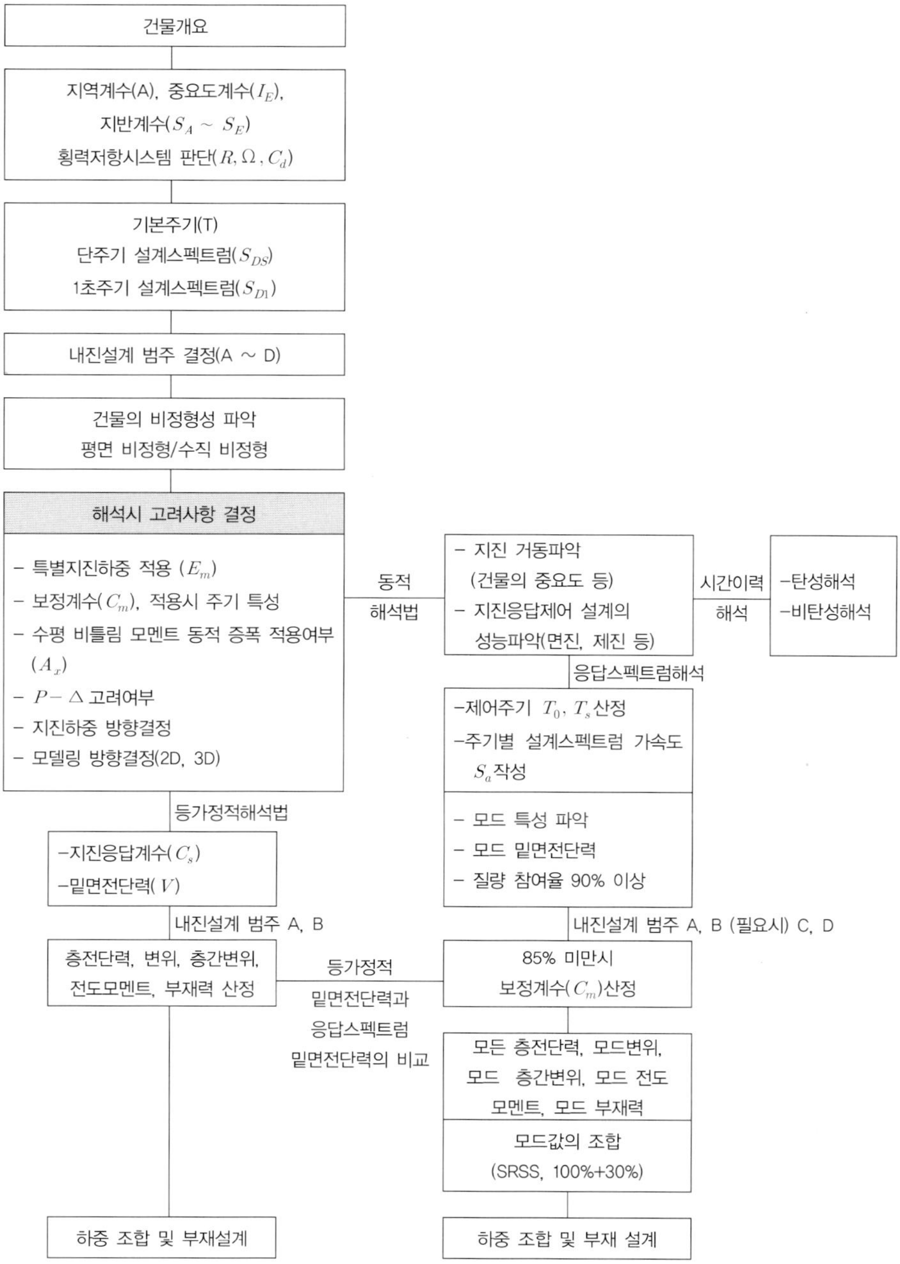

그림 9.9 지진하중 산정 순서도

설계 시 추가적으로 검토되는 사항으로 비틀림모멘트(우발비틀림 포함), 전도모멘트, 변위제한(층간 허용변위, $P-\Delta$ 효과), 특별지진하중(평면 또는 수직 비정형 구조, 불연속 벽체와 골조 지지 부재), 지진하중의 방향(1방향 100%+직교방향 30%의 절대값 중 최대, 두 직교 방향에 대한 SRSS 조합방법)이 있다.

그림 9.9는 이러한 지진하중을 산정하기 위한 순서도를 나타내고 있다.

지진하중의 경우 다음 2가지 방법을 고려하여 산정된다. 첫 번째로 등가정적해석법으로 지진하중을 1차 모드로 환산 단순화하여 계산하는 방법으로 정형화된 구조물이나 저층 구조물에 적용한다.

두 번째로 동적해석법(응답스펙트럼해석법, 선형시간이력해석법, 비선형시간이력해석법)이다. 이는 지진하중을 지진이 발생되었을 경우와 유사하게 시뮬레이션 하는 방법으로 질량의 90% 이상 참여할 수 있도록 주기를 조정하도록 하여 계산하며, 동적해석이 가능한 구조응력해석용 컴퓨터 S/W를 사용하고 있다.

설계 시 동적해석 하중과 등가정적하중과 차이가 발생되고 대부분 동적지진하중이 작기 때문에 우선 2가지 하중을 계산 설계 밑면전단력을 비교하여 동적지진하중이 85%보다 작은 경우 동적지진하중을 보정을 하도록 규정하고 있다.

등가정적해석법으로 설계할 것인가 아니면 동적해석법으로 설계할 것인가의 결정은 설계스펙트럼가속도와 건물의 중요도에 의해 내진설계범주(A, B, C, D등급)를 판정하여 건물 높이, 층수, 정형일 때와 평면비정형, 수직비정형에 따라 다르게 적용하게 되어 있다.

9.3 초고층건물 디자인

9.3.1 디자인 배경

미국에서 최초의 초고층 건물이 시공되면서 1880년대에 초고층 건물을 의미하는 "마천루(skyscraper)"란 신어가 만들어졌다. 이러한 초고층 건물에 대한 정의는 시대적 · 사회적 여건에 따라 변천되었다. CTBUH(국제초고층학회)에 의하면 "보통 50층 또는 200m 이상이거나 밑변과 높이의 비율(세장비)이 1 : 5 이상으로서 고층성(tallness)이 있는 건물"로 정의하고 있다. 그림 9.10과 같이 최근 초고층 건물의 높이에 대한 경쟁은 더욱 가속화되었으며, 기술적, 도시적, 환경적 한계를 뛰어넘는 설계안들이 실현되고 있다.

건물을 설계할 때는 먼저 주어진 조건에 따라 설계에 대한 기본방침을 결정하지 않으면 안 된다. 구조계획은 건물에 작용하는 모든 하중이나 외력에 대해 안전한 구조물을 만들기 위한 기본계획으로 구조물의 골조형식, 기둥 보와 같은 주요 구조재의 배치와 크기, 사용하는 재료와 종류, 설계강도, 내진, 내풍계획 등 구조설계를 진행하는데 필요한 각종 기본사항을 결정하는 것이다.

강구조는 강도와 연성이 커서 장스팬 구조나 초고층구조에 이르기까지 골조의 선

그림 9.10 세계의 초고층 건축물(2009)

택범위가 많지만 부식, 내화, 좌굴, 접합 등 구조 및 재질 상 주의하지 않으면 안 될 많은 특성이 있으므로 부재의 설계 이전에 하여야 할 구조계획이 중요한 것이다.

따라서 다른 구조와 마찬가지로 강구조의 장점을 잘 살려 안전하고 경제적인 설계가 되도록 계획하여야 한다. 알맞은 골조형식을 선정할 때는 다음과 같은 사항들을 고려하게 된다.

9.3.2 초고층 건물의 유형

초고층 건물은 지진, 풍하중 등의 횡하중에 대하여 어떻게 진동반응을 하며 횡력저항은 어느 정도 확보할 것인가에 대한 최적의 설계가 필요하다. 풍하중에 의한 동적 성능 응답을 기준으로 건물 전체가 탄성적으로 흔들림(sway)으로써 외력분산을 한다. 따라서 구조체가 안정을 발휘하여 구조 시스템으로 제어할 수 있도록 세부설계가 될 때에 가장 이상적이다. 이를 위해 초고층 건물에 주로 사용되는 강구조 시스템들에 대하여 설명한다.

(1) 모멘트저항골조(moment-resisting frame structure)

보-기둥접합부가 최초의 부재각을 유지할 수 있을 정도의 충분한 강성을 가지고 있는 골조로서 강접으로 고려되며, 횡하중은 강접합부의 전단력 및 휨모멘트에 의해 저항된다. 이러한 모멘트저항골조의 가장 큰 장점은 취성-전단 파괴모드를 피할 수 있지만 횡변위가 크게 발생한다는 약점이 있다. 그러므로 지진과 같은 반복하중에 저항하기 위해 접합부가 연결된 부재를 보다 강하게 하는 것이 바람직하다.

(2) 내력벽구조(bearing wall structure)

내력벽이 대부분의 중력하중을 부담하며, 횡하중은 전단벽으로 작용하는 내력벽에 의해서 저항되는 시스템으로 지진에 의한 횡하중에 대하여 구조물의 안정성을 확보하기 위하여 아파트 등에 가장 보편적으로 사용되어 온 구조시스템이다. 또한 일반적인 전단벽구조는 서비스 코어, 엘리베이터 샤프트 및 계단실 주위에 상자 형태의 벽체를 두는 형식이다. 전단벽구조는 수평변위에 대한 변형능력이 적어 취성-전단파괴가 일어나기 쉽다.

(3) 건물골조구조(building frame structure)

가새나 전단벽 또는 모멘트 골조에 의해 완전한 입체골조를 가지는 구조로서 내진안전성은 변형적합성 요구조건을 만족하는가에 의해 좌우된다. 가새는 기하학적 특성에 따라 중심가새, 편심가새로 구분된다.

(4) 이중골조구조(dual frame structure)

위의 구조들이 개별적으로 혹은 조합으로 사용될 수 있다. 골조구조와 전단벽이 상호작용할 때, 골조 독자적으로 전체 지진하중의 25% 이상을 저항할 수 있으면 이중골조구조라 한다.

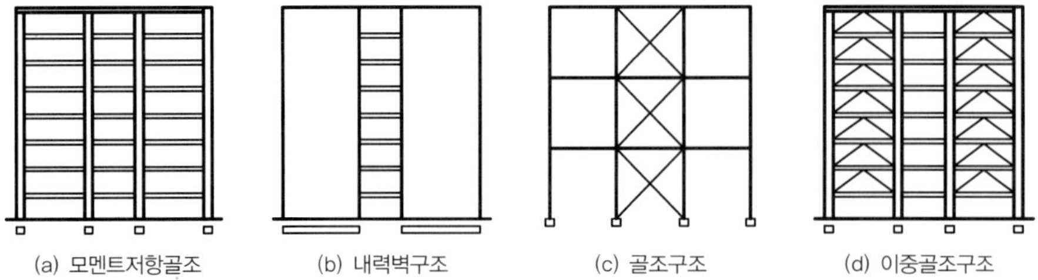

그림 9.11 구조 유형

(5) 아웃리거 및 벨트트러스 구조(outrigger & belt truss structure)

60층 전후의 초고층건물에서 효율적인 저항하는 횡력저항구조로, 일반적으로 코어, 아웃리거와 벨트트러스로 구성되며, 횡력에 의한 전도모멘트를 코어와 외곽기둥이 함께 지지하는 구조이다.

아웃리거란 내부코어와 외주부기둥을 연결시켜 주는 캔틸레버 형태의 벽보 혹은 트러스보를 의미하며, 건물에 횡력이 작용하게 되면 아웃리거로 연결된 외곽기둥이 코어와 함께 횡력에 의한 모멘트에 저항하게 되므로 코어가 독립적으로 횡력에 저항하게 되는 경우에 비해 코어가 부담해야하는 모멘트값이 줄어들게 된다. 아웃리거구조는 코어가 부담해야 하는 모멘트값을 감소시킬 수 있는 구조기는 하지만 코어가 지지해야 하는 전단력값을 감소시켜 주지는 못한다. 비정형 등 다양한 건축형태에 적합한 형태이다.

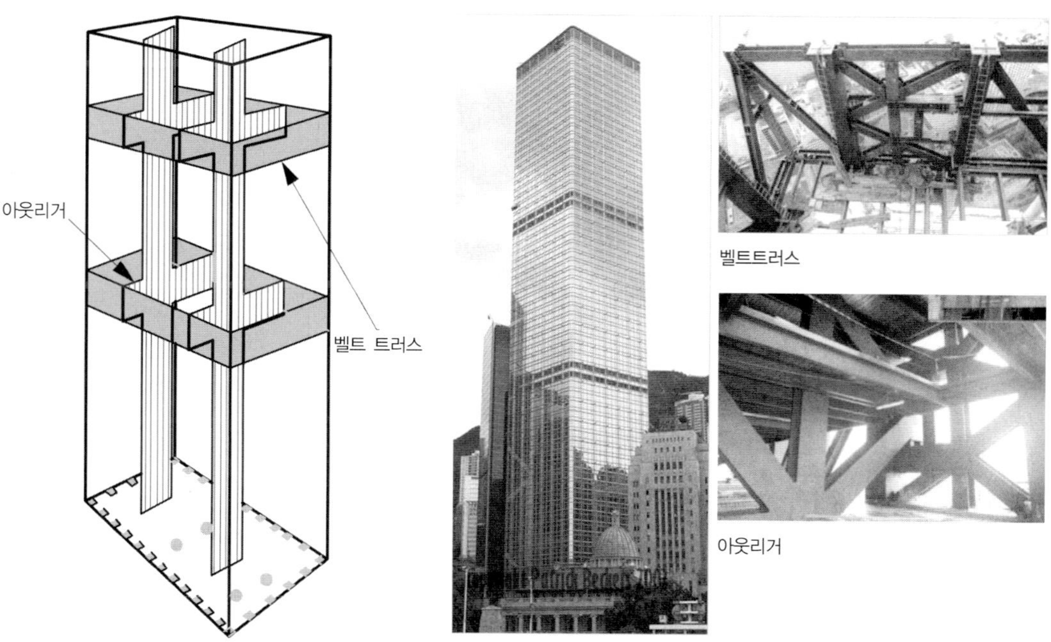

(a) 개요　(b) Cheung Kong center

그림 9.12 아웃리거 구조

(6) 튜브구조(tubular structure)

튜브구조는 건물 외부벽체를 강한 외피로 둘러싸서 외부벽체가 마치 튜브(tube)와 같은 역할을 하여 수평하중을 지탱시키는 건축구조를 의미한다. 이것은 초고층 건물을 캔틸레버보로 이상화한 것으로 캔틸레버보 이론에 의하면 부재의 최상단과 최하단에 가장 큰 응력이 작용하므로 H형강과 같이 부재의 상하단에 부재 단면이 집중되어 있는 경우가 유리하다. 따라서 초고층건물에서도 가장 효율적으로 외주부가 횡력에 저항하도록 고안한 것으로 횡하중저항구조가 건물외주부에 위치하므로 건물의 전체폭이 모멘트에 저항하게 되며, 내부 구조체는 중력하중만 지지하면 되므로 기둥이나 보의 배치가 자유로워지는 장점을 가지고 있으며, 튜브를 형성하는 전층의 바닥구조를 동일하게 할 수 있어 시공측면에서도 유리하다는 장점을 지닌다. 튜브를 구성하는 형태에 따라 골조튜브, 트러스튜브, 이중튜브, 묶음튜브 등이 있다.

1) **골조튜브(framed tube)** : 골조튜브구조는 튜브형식 중 가장 먼저 사용된 구조방식으로 건물의 전체 외부의 기둥들과 춤이 큰 보(spandrel beam)를 서로 강접시켜 외부기둥이 구조물의 횡하중과 연직하중을 동시에 지지하도록 하는 구조이다.

2) **가새튜브(brace tube)** : 골조튜브에 있어서 웨브골조의 기둥과 보의 휨에 의한 불균형 전단분포 현상이나 플랜지 골조의 전단지연 현상에 의하여 구조물의 모멘트 지지력이 감소되고 횡변위가 커진다. 가새튜브는 이러한 현상을 방지하고 구조물의 강성을 증가시키기 위하여 구조체 외부에 가새를 넣어 횡력을 부담

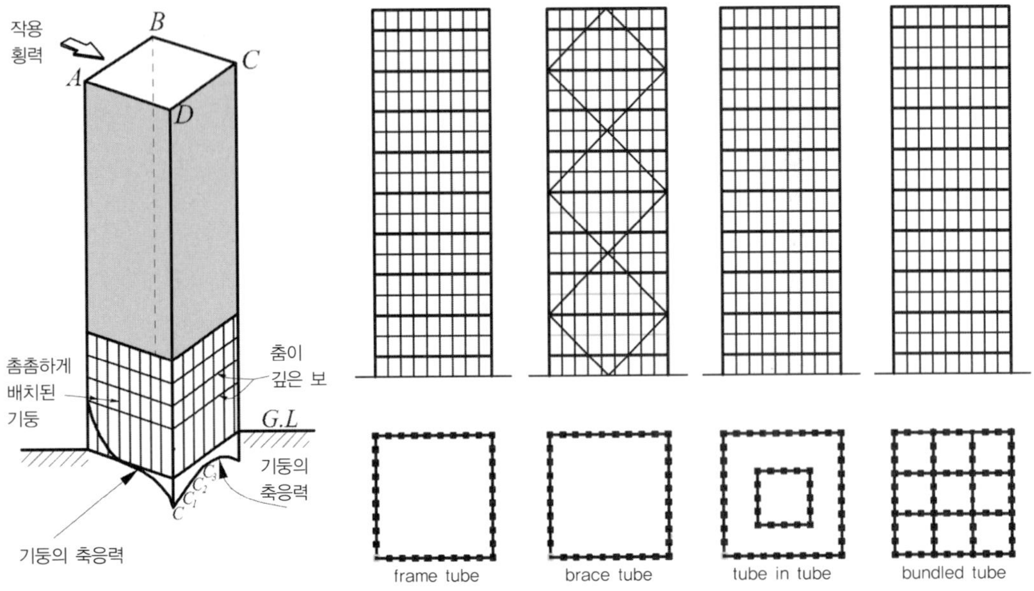

(a) 튜브구조 개요도 (b) 튜브구조의 종류

그림 9.13 튜브구조

하게 하는 방식이다. 즉 수평 전단력을 휨보다는 부재 자체의 축력으로 저항할 수 있는 강성이 큰 상자형 구조를 형성하기 위하여 모든 외부 기둥들이 서로 결합되어 있는 구조이다. 중력하중하에서 가새부재는 하중과 부등변위를 재분배하는 역할도 하여 벽체응력을 균등화한다.

3) **이중튜브**(tube in tube) : 골조튜브의 강성을 증가시키기 위해 내부 코어를 가새 강구조나 콘크리트 전단벽을 배치하는 방법으로 외부 골조튜브의 전단변형을 감소시키고 외부 튜브와 상호작용으로 회전 저항능력을 향상시킨다.

4) **묶음튜브**(bundled tube) : 묶음튜브는 골조튜브나 트러스튜브를 한 평면상에 2개 이상 사용한 구조형태로 튜브골조들을 구조물의 내부에 일정한 간격으로 설치하여 골조튜브에서 발생되는 전단지연 현상을 현저하게 줄인 구조이다.

(a) Mellon bank, USA (골조튜브)　(b) Onterie Center, USA (가새튜브)　(c) Willis tower, USA (묶음튜브)

그림 9.14 튜브구조 사례

(7) 스파인구조(spine structure)

스파인구조는 1987년 미국의 Banavalkar 박사가 시작하여 계속 개발하고 있는 것으로서, 고층건물의 연속적인 부분 내에 스파인을 국부적으로 배치함으로써 건물의 횡력저항구조의 연속성을 유지할 수 있는 구조이다.

기존의 튜브구조의 경우, 모서리 기둥에 발생되는 전단지연(shear lag)으로 인하여 구조의 효율성을 감소시키고 있으며 또 건물 외곽부에 기둥을 조밀하게 배치시킴으로써 단순한 입면을 강조하게 됨으로써 입면계획에 있어서 한계성을 노출시켰

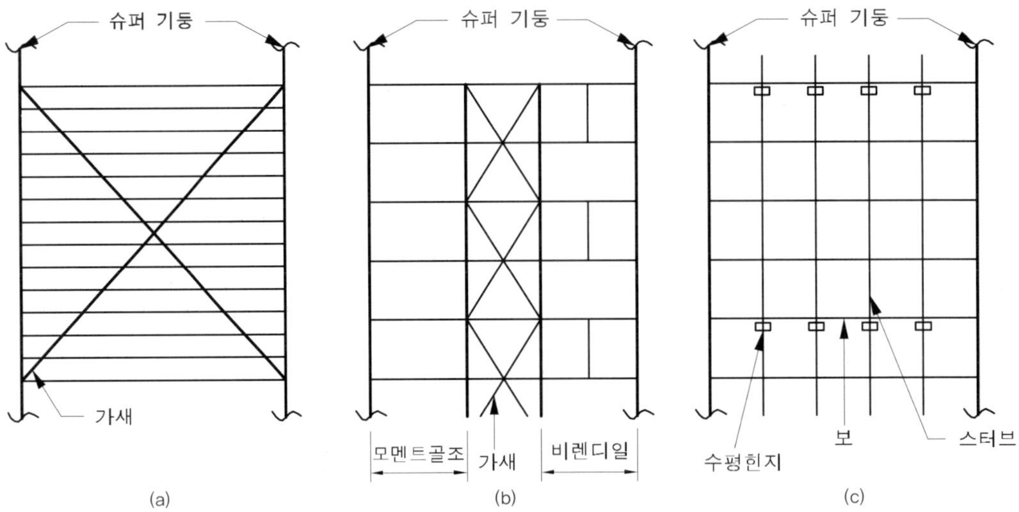

그림 9.15 스파인구조

다. 또한 건물 고층부에서 외벽을 뒤로 물리는 셋백(step back)의 불규칙적인 형태가 나타나고 있으며 대다수의 고층 건물은 높은 현관 출입구와 로비를 요구하고 있다. 이러한 경향은 튜브구조의 건물 저층부에서 수직하중을 전달하기 위한 전이보(transfer girder)가 필요하게 되었고 그 결과 수직력을 전달하는 구조부재에 불연속성을 초래하게 되었다. 이러한 튜브구조의 단점을 보완하고 수많은 step back 및 무주공간의 필요성을 충족시키며 전도에 저항하는 건물의 폭을 최대한 이용함과 동시에 연성과 강성의 조건을 극대화시키는 효율적인 구조를 개발하게 되었는데 이것이 바로 스파인구조이다.

스파인의 구성은 전도모멘트에 의해 발생할 수직력에 저항하는 연직부재와 전단력에 저항하는 전단막으로 구성된다. 횡력에 저항하는 전단막의 종류로는 대각선 가새, 강정으로 연결된 부재 또는 전단벽이 있다. 즉 스파인구조는 건물평면의 끝단에 연속되어 위치하는 제한된 수의 대형기둥(super column)들이 비렌디일(vierendeel) 보, 가새 또는 강접된 아웃리거 보의 형태로 이루어진 전단막에 의해 연결되어 있다. 스파인구조의 형식은 전단막의 형태에 따라 그림 9.16과 같이 3가지의 기본형태로 분류된다.

1) **구조물에 가새를 댄 것** : 대형기둥들이 여러 층을 연결한 대각선 가새들에 의해서 서로 연결되어 있다.

2) **아웃리거 프레임을 가진 가새코어** : 구조체 내부의 코어는 가새로 지지되고 외력부에는 대형기둥이 배치되어 강접된 보나 비렌디일 거더로 구성된 아웃리거

프레임이 가새코어와 대형기둥 사이에서 전단막 역할을 한다.

3) **자유경간 비렌디일**-일정한 층 내에서 샛기둥과 보를 강접으로 연결하여 비렌디일 프레임을 형성하고 이 프레임은 대형기둥 사이를 연결한다.

스파인구조의 경우 바람에 의한 가속도의 경감 및 연속성 등의 구조적 이점을 가지고 있다. 바람에 의한 수평가속도는 유효질량에 반비례하며, 유효질량은 건물 전체의 질량 재분배뿐만 아니라 기본적인 진동모드에도 중요한 영향을 받는다. 스파인구조의 경우 구조물의 저층부 강성을 의도적으로 낮게 하여 구조물의 유효질량을 증대시키는데, 예를 들면 그림 9.16(a)의 Bell Atlantic Tower에서 저층부에서 집중가새 대신에 하부 6개 층에 K가새를 사용하여 전단저항을 줄일 수 있는데 이를 통해 약 25%의 유효질량을 증가시키는 결과를 나타났다. 또한 일반적으로 건물의 저층부에는 연약층(soft story)을 두지 않는 것이 바람직하다. 스파인구조 특유의 연속성을 유지하며 비교적 적은 양의 바닥면적을 스파인구조가 취함으로써 연약층을 피할 수 있다.

(a) Bell Atlantic Tower (b) Norwest Center (c) First Bank Place

그림 9.16 스파인구조 사례

(8) 다이아그리드구조(diagrid structure)

최근 들어 국가적 상징성을 가지는 랜드마크적 요소가 강조되며, 뒤틀리거나 경사진 비정형성의 외관과 구조형식을 가지는 3T(tapered, twisted, tilted) 건축물은 그림 9.17과 같은 초고층의 풍하중에 대한 와류현상 등을 고려하여 풍하중의 영향을 최소화하기 위한 공기역학적 디자인이 구현된 사례이다.

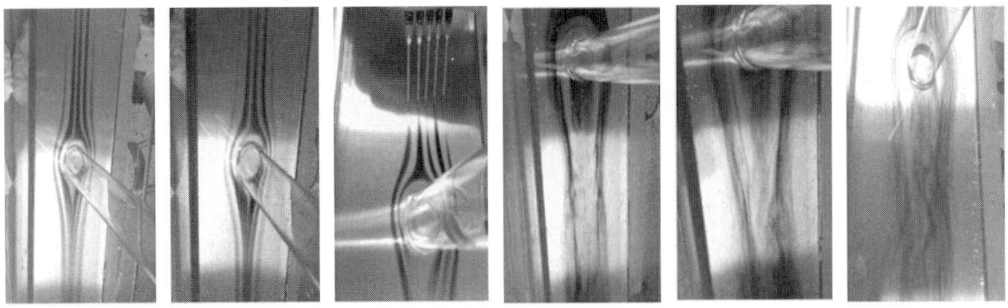

그림 9.17 와류현상

풍하중을 최소화하기 위하여 다음과 같은 방법으로 비정형 초고층 건축물을 설계한다.

1. softened corners : 건물 모서리를 직각이 아니라 부드럽게 만들어 모서리에 집중되는 풍하중을 분배하고, 바람의 진행방행을 줄이고 주변 환경에 반사된 와류 피해를 감소시킨다.
2. tapering and setback : 상층부로 갈수록 평면을 줄어 수직방향 바람의 영향을 감소시킨다.
3. varying cross-section : 층마다 평면에 변화를 줌으로써 풍하중이 평면형태별로 분배되어 반응토록 한다.
4. spoilers : 구조체 높이를 따라 나선형으로 만든 공기에 대한 장애물로 풍하중을 전방위로 분해시키고 비틀림 모멘트를 상쇄시키는 효과가 있다.
5. opening : 구조체에 개구부를 둠으로써 상부에 발생하는 와류의 통로를 제공한다.

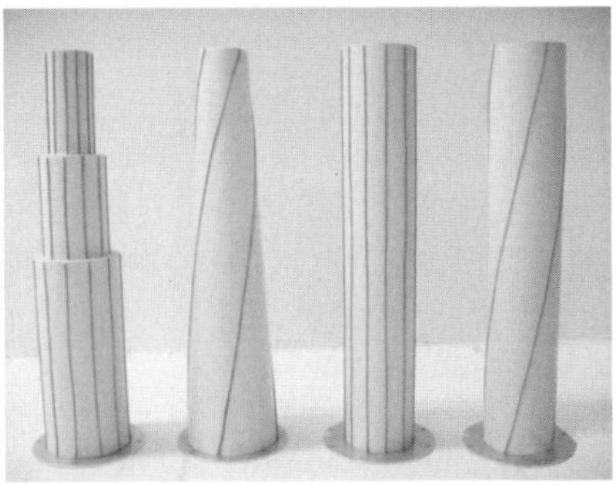

그림 9.18 비정형 건축물 개요

이러한 비정형 건축물을 구현하기 위하여 대각가새를 이용한 다이아그리드(diagrid)구조의 형태로 구성된 건축물이 출현하였다. 다이아그리드구조는 기존의 보와 기둥으로 구성되는 골조 구조를 대체하는 기술로서 구조물 외부에 경사부재를 다이아형태의 그리드 트러스로 구성하여 중력하중 및 횡하중을 모두 효과적으로 전달하는 구조이다. 이 때 그리드의 각도가 구조물의 성능에 차이를 주게 된다. 또한 다이아그리드 접합부는 구조적 성능 측면에서 대단위 수직하중을 대각방향으로 적절하게 배분하여 기초와 지반에 안전하게 전달하고 바람이나 지진과 같은 수평하중

(a) 30 St Mary Axe (영국) (b) 광저우 방송탑 (c) 롯데 수퍼 타워(계획)

그림 9.19 다이아그리드 구조 사례

에 효과적으로 저항할 수 있다. 또한 다이아그리드 구조는 두꺼운 수직 기둥을 사용하지 않기 때문에 기존의 기둥-보 콘크리트 골조에 비해 내부공간이 증가하고 거주자의 외부 시야 확보와 같은 건축물의 기능성이 증대된다.

(9) 메가구조(mega structures)

1960년대 이후 컴퓨터와 소프트웨어의 급격한 발달과 함께 구조적으로 효율성이 큰 특이한 형태의 고층건물이 등장하였다. 메가구조는 횡하중과 중력하중에 모두 저항하게 위하여 막대한 크기의 대형 기둥과 전달보 형식의 트러스 수평부재를 사용하는 구조형식이다. 대형규모의 기둥과 보, 혹은 가새 등의 구조부재들이 건물의 외곽에 형성된 모듈화 대형 구조이며, 수직하중은 몇 개의 슈퍼기둥에서 지지하며, 수평하중은 슈퍼기둥과 슈퍼기더의 접합부 강성 혹은 슈퍼가새에 의하여 지지되고, 슈퍼기둥 사이에 위치하는 샛기둥들은 슈퍼거더/슈퍼가새와 축력힌지로 연결되어 단위 모듈의 수직하중을 부담하는 구조를 메가구조라 말한다. 대표적으로 스페이스 트러스 형식과 슈퍼프레임형식이 있다.

아래의 그림 9.20과 같이 메가프레임의 기본구조 개념은 여러 개의 기둥을 묶어 하나의 메가칼럼으로 만들고 이 초대형 기둥들을 몇 개의 층마다 강성이 큰 보 또는 트러스로 구성된 초대형 수평부재로 이어줌으로써 횡하중에 대한 구조물의 강성을 확보는 것이다.

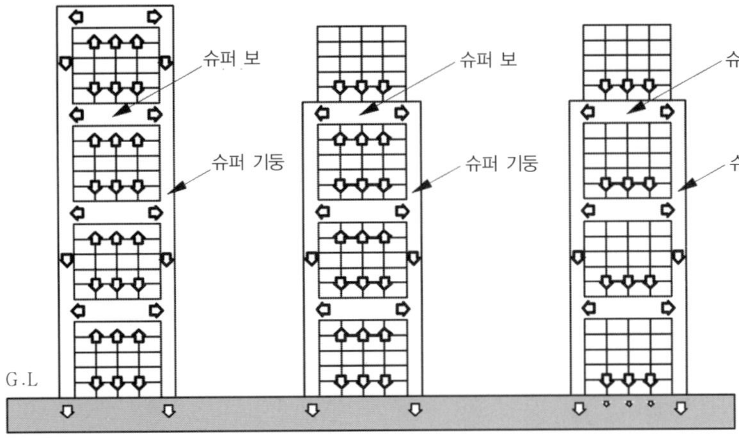

그림 9.20 메가구조 개요

1) **스페이스트러스 형식** : 스페이스 트러스 형식은 건물 전체에 작용하는 수직하중을 구조물의 외곽에 위치하는 대형기둥으로 전달하기 위하여 대형 가새를 구조물의 내외부에 엇갈리게 배치하는 형식을 말하는 것이다. 이 스페이스 트러스 형식구조의 수직하중의 흐름은 보에서 가새를 통하여 직접 대형기둥을 전달하는 단계의 구조형식이다.

2) **슈퍼프레임 형식** : 슈퍼프레임 형식의 수직하중은 장대 스팬의 슈퍼거더를 통하여 전달되어 슈퍼기둥에 의하여 지지되고 수평력은 슈퍼기둥, 거더의 접합부 강성에 의하여 지지되는 형식이다. 슈퍼거더는 매 4~24층마다 위치하며 슈퍼프레임 형식의 종류에는 슈퍼프레임 각 층 하부층에서 상부층을 지지하는 support

(a) 진마오 및 세계금융센터(상하이) (b) Citigroup Center (미국뉴욕) (c) Bank of China

그림 9.21 메가프레임구조 구조 사례

방식과 슈퍼프레임 상부에서 슈퍼프레임 사이층의 하중을 지지하는 suspension 방식이 있다.

9.3.3 구조디자인

초고층 건물의 경우 일반적인 건물과 같이 중력방향 하중뿐만 아니라 지진이나 바람과 같은 횡방향 하중에 대한 강도 및 강성이 고려되어야 한다. 연성 또한 매우 중요한 설계 요인이 된다.

이러한 초고층 건물의 거동을 설명하는 데 있어서 그림 9.22과 같이 지반에 지지된 캔틸레버보로 생각하는 것이 일반적이다. 바람 또는 지진에 의한 횡하중은 건물의 옆을 치거나(shear) 밀어서 휘어지도록(bending) 한다. 따라서 건물은 전단력에 의해 끊어지거나 파단이 생겨서는 안 되며, 과도한 변형이 발생해서는 안 된다. 또한 중력방향 하중과 횡하중의 조합하중에 의한 휨모멘트에 대하여 건물이 전도되어서는 안 되며, 과도한 인장 또는 압축력에 의해 부재가 압괴(crushing) 또는 조기파괴(premature failure)로 인한 파단이 발생되어서는 안 된다.

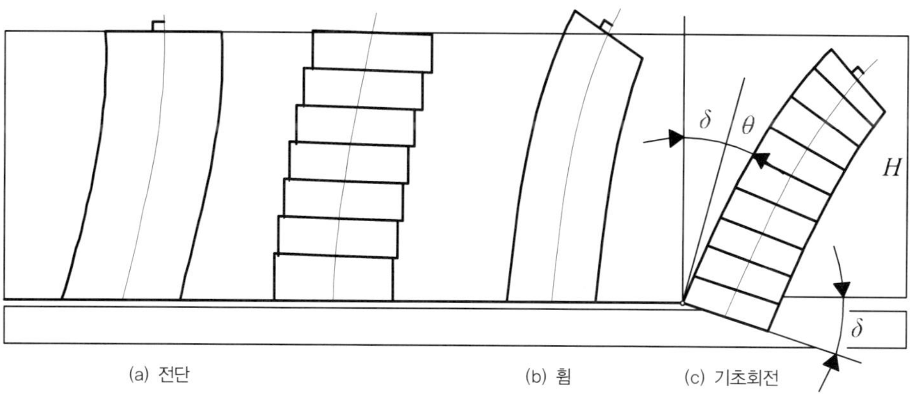

그림 9.22 횡하중을 받는 건물의 캔틸레버 거동

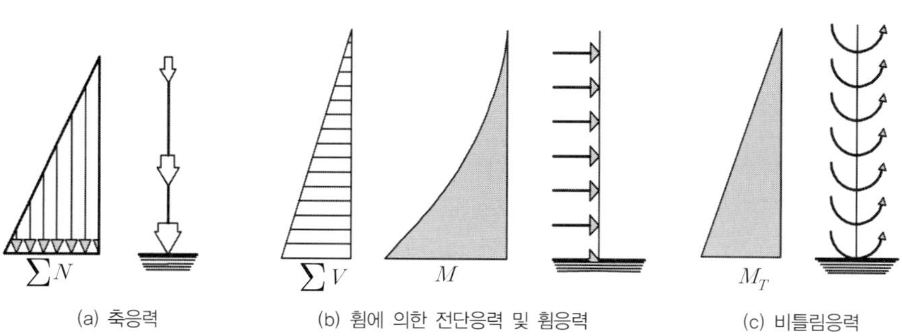

그림 9.23 고층건물의 응력분포

중력방향 하중으로는 건물의 자중 및 건물 용도에 따른 적재하중을 모두 포함한다. 자중은 층수에 비례하여 건물 하단부로 갈수록 누적된다. 적재하중은 최근의 초고층 건물의 경우 복합용도로 사용되는 추세이며, 또한 사용용도가 변화되기도 하므로 이에 대하여 고려하여 설계한다.

풍하중의 경우 가장 중요한 설계요인은 풍속(wind speed)이며, 설계풍속지도(maps of design wind speed)에 근거를 둔다. 이는 지리적 위치, 물리적 위치 등에 의해 결정된다. 건물에 작용하는 풍압은 풍속의 제곱에 비례하여 증가한다. 평균풍속은 건물의 높이, 지면의 평탄성 및 지형을 설명하는 요소이다. 건물 높이가 특히 중요한데, 이는 지면 수준으로부터의 높이에 따라 풍속이 증가하기 때문이다. 이외에 건물의 구조적 형태, 지붕물매, 풍향, 가스트계수(gust response factor) 등에 의한 영향을 고려한다.

지진하중의 경우 주로 지리학적 위치에 의해 좌우된다. 지진이 발생하면 초고층 건물의 질량에 비례한 관성력이 작용하며, 건물평면이 대칭형태가 아닐 경우 그 피해가 더욱 크다. 일반적으로 초고층 건물에 대한 지진의 영향은 저층건물에 비해 상대적으로 작다. 이는 초고층 건물은 매우 유연한 연성 구조건물로 설계되기 때문에 지반운동에 의한 수평변위를 만족시킨다. 따라서 초고층 건물의 경우 일반적으로 풍하중에 의해 설계되지만, 부재와 접합부는 내진설계 요구조건을 만족시켜야 한다.

구조물에 횡력이 작용하면 구조부재는 각각의 강성에 따라 수평력에 저항하기 때문에 강성이 한쪽으로 치우쳐 있으면 구조물은 회전하게 되며 비틀림응력을 발생시킨다. 이때의 회전중심을 강성중심(center of rigidity, C.R.)이라 한다. 이러한 비틀림응력은 그림 9.24(a)와 같이 강성중심과 건물 도심이 일치하지 않을 경우 또는

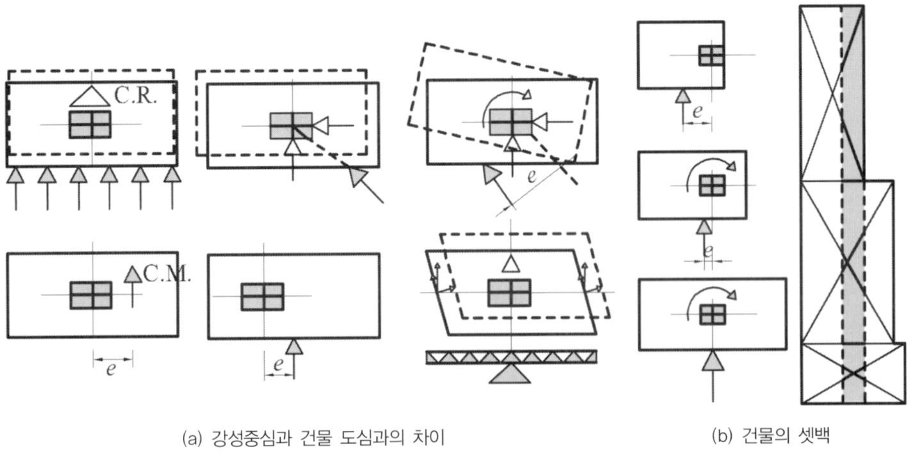

(a) 강성중심과 건물 도심과의 차이 (b) 건물의 셋백

그림 9.24 비틀림응력

그림 9.24(b)와 같이 건물이 셋백(setback)됨으로 인한 편심으로 발생된다. 이러한 비틀림응력 저항에 튜브구조가 효율적인 것으로 알려져 있다.

따라서 초고층건물 설계에 있어서 위의 중력하중 및 풍하중 및 지진하중 등의 횡하중에 저항하기 위한 충분한 강도를 가져야 한다. 또한 고층부에서 건물의 흔들림에 의한 인지(perception) 및 진동에 대한 불편함이 없도록 충분한 강성 및 에너지 소산능력을 가져야 한다.

초고층 건물에서는 지속적으로 작용하는 중력하중의 영향뿐만 아니라 횡하중에 의한 휨과 전단에 저항할 수 있어야 한다. 이 때 중력하중의 흐름에 비해 횡하중에 의한 회전의 크기는 기초방향으로 훨씬 더 빠른 속도로 증가한다. 이러한 힘의 집중에 대하여 전통적으로 다음과 같은 방법으로 해결하고 있다.

1. 아치 또는 변단면 건물 형태
2. 부재의 기하학적 배열
3. 부재 크기의 증가
4. 재료 강도의 증가
5. 시공방법
6. 위 방법들의 조합

20~30층 정도의 일반적인 고층건물의 경우 중력저항구조로 횡하중은 풍하중 보다 지진하중의 영향이 큰 경우가 많다. 그러나 그 이상의 높이가 될 때, 즉 세장비가 1 : 5 이상이 될 때, 풍하중에 저항할 수 있는 구조를 가지게 된다. 이럴 경우, 부재의 단면을 작게 하기 위하여 강도를 키우는 것도 중요하지만 건물의 모서리 부분의 비틀림 변형을 포함하여 수평변위에 저항할 수 있는 구조시스템 선정이 중요하다.

초고층 건물의 높이에 대한 경쟁의식은 아직 끝나지 않았다. 이는 초고층 건물의 설계 · 시공 기술이 국가의 기술력 및 경쟁력으로 인식되고 있기 때문이다. 따라서 초고층 건물의 높이는 더욱 높아져 갈 것이며, 이를 실현시키기 위해서는 효과적인 구조시스템 개발이 필수적이다.

오늘날 초고층 건물의 경우 지진하중 보다는 풍하중의 영향을 더욱 크게 받으므로 건물 높이에 따른 단면적 감소, 건물 모서리 형상 변화, 개구부 추가 등과 같은 내풍계획이 철저히 수립되어야 한다. 또한 층고 절감 시스템의 개발 및 적용이 필요하다.

구조재료의 고강도화하면 단면을 감소시켜 유효 사용 면적을 증대시키고, 자중이 감소하여 내진하중이 감소하고 보춤을 줄일 수 있어 층고를 단축할 수 있는 장점이 있다.

초고층 건물의 시공에 있어서 기둥축소(column shortening)는 매우 중요한 문제이다. 기둥 사이의 상대적인 변위는 각각의 기둥 축소 차이에서 비롯된다. 건물의 기둥은 크기가 다르고, 축하중이 다르기 때문에 각각의 기둥, 코어 부분에 발생하는 기둥축소는 재료에 따라 강구조는 탄성수축만 작용하나 콘크리트 부재는 탄성수축, 크리프, 건조수축 등 다양한 원인으로 발생되는 부등축소에 대한 사전계획 및 대처가 없다면 건물 외장재, 승강기, 설비의 수직 배관과 덕트 등에 영향을 줄 수 있다. 이에 대해 수축량을 예측하여 시공시 각각의 층고를 보정 시공하여 준공 후 기준 시점에서 설계 층고를 유지할 수 있도록 하고 있다.

9.4 대공간건물 디자인

9.4.1 디자인 배경

대공간건물은 대규모의 전시, 유통, 레저 및 체육시설 등 사용목적에 의해 내부에 기둥 없이 넓은 공간을 필요로 하는 장스팬구조(large span spatial structure) 또는 무주 대공간구조(column-frees spatial structure)이다. 보다 좋은 환경, 보다 즐거운 생활을 추구하는 인간의 친환경적인 어메니티(amenity) 감각이 슈퍼세즈 구조(supersheds structure)로 발전되어 왔다.

대공간건물(large span spatial structure)은 3차원적인 힘의 흐름과 면내력에 의

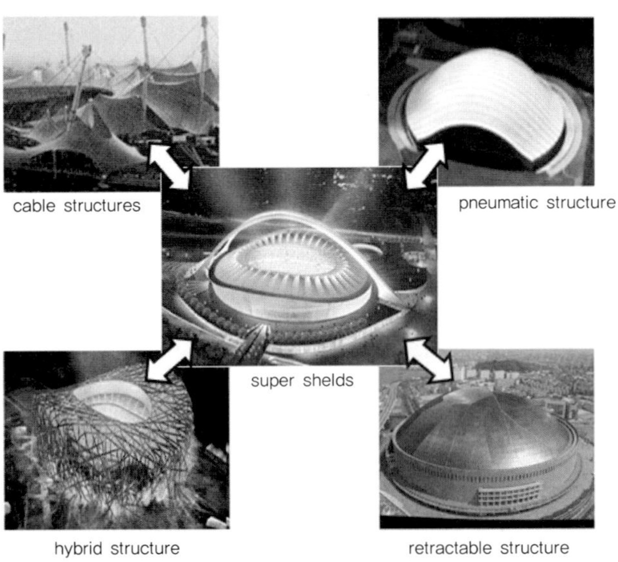

그림 9.25 대공간건축물의 유형

하여 외부하중에 대한 저항능력을 확보하는 형태저항구조(form-active structure)로서 인류는 긴 역사에 걸쳐 건축재료 및 기술개발 등을 통하여 단위중량을 줄이고, 대공간을 확보하려는 노력을 계속하여 왔다. 이러한 노력의 결과로 20세기 후반에서야 중력에 대한 저항능력이 뛰어난 공기막구조가 출현하게 되었다.

따라서 고전적인 의미에서의 조적식 돔 등을 대공간구조의 제1세대라 한다면, 제2세대는 현대적인 의미에서의 대공간구조로 투광성이 있는 개방적 공간에 대한 요구에 부응하여 참신한 조형미와 경쾌감을 주는 공기막구조(pneumatic structure), 고정식 돔 등이 건립되었다. 대공간구조의 제3세대는 대규모 고정 및 개폐식 지붕의 구조적 해결과 실내환경의 개선이라고 하는 개폐식 돔 등이 건립되어 기상변화에 능동적으로 대처할 수 있는 전천후 공간의 확보와 개폐구조 그 자체가 이벤트가 되는 시기이기도 하다. 대공간구조의 제4세대는 1995년 이후로, 이 시기는 다목적 다기능의 공간가변구조와 양호한 친환경의 하이브리드구조(hybrid structure)로 새로운 슈퍼세즈구조를 열어가게 되었다(그림 9.25 참조).

9.4.2 대공간건물의 유형

(1) 케이블구조(cable structures)

케이블을 이용한 서스펜션구조는 장스팬 무주공간에 대하여 인장재와 압축재의 구조요소로서의 역할을 명확히 하고, 양자의 기계적 성질을 최대한 이용하여 경량화를 실현한 구조이다. 즉 최소의 재료로 최대의 공간을 덮는 기구를 내포하는 합리적인 구조라고 할 수 있다. 케이블에 발생하는 인장력의 처리, 크리프 및 이완에 대한 영향 고려 및 바람에 의한 케이블의 진동제어 처리법이 중요하다.

(a) 밀레니엄 돔(런던)

(b) 서울 월드컵 경기장

그림 9.26 케이블구조 사례

(2) 막구조(pneumatic structures)

막구조는 인류가 사용한 구조형식 중에서 가장 오래된 형식 중의 하나이다. 면외 방향에서 작용하는 하중을 면내의 막응력으로 저항하는 형식이고, 경량이지만 많은 하중을 지지할 수 있어 스포츠시설이나 문화시설에 많이 사용된다. 막구조는 재료의 경량성, 고강도성으로 기둥 없이 대규모의 공간을 만들 수 있고, 빛투과율이 좋은 패브릭을 이용하여 주간에 별도의 조명 없이 실내 활동이 가능하기 때문에 작업능률을 향상시킬 수 있으며, 곡면을 살린 외관, 디자인성이 풍부한 조형이 아름다운 외관을 창출한다.

막구조는 공기막구조(pneumatic structures)와 비공기막구조(non-pneumatic structures)로 나눈다. 공기막구조는 공기지지구조와 공기팽창구조가 있고, 비공기막구조는 현수막구조(suspension membrane structures)와 골조막구조(frame membrane structures)가 있다.

공지지지구조는 일반적으로 단일막으로 막내압은 내부공간에 분포하게 된다. 공기팽창구조는 2중막방식으로 2중막 사이에 공기를 보내서 튜브처럼 만드는 것으로 막의 사이에는 1중막보다 조금 높은 압력을 가할 수 있으므로 높은 강성과 휨성능을 향상시킬 수 있다.

현수막구조는 막면 내에 직접 초기장력을 주어 형태를 안정시키는 구조형식이므로 초기장력에 의해 구조안전성이 결정된다. 이 구조에 의해 만들어지는 곡면은 일반적으로 안장형(saddle) 곡면이다. 골조막구조는 스페이스 프레임과 같은 강구조골조 위에 막을 덮는 형식이다.

이러한 막구조는 막면에 장력을 부여함으로써 구조체의 안정성이 확보되며, 막재료의 특성, 곡면으로서의 특성 등에 의한 영향을 받는다. 또한 장력 및 내압 등 유지관리가 철저히 수행되어야 하는 구조이다.

(a) 도쿄 돔

(b) 부산아시아 주경기장

그림 9.27 막구조 사례

(3) 개폐식 돔구조

세계 최초의 개폐식 돔은 스카이 돔으로서 한 방향 수평이동에 의한 중첩방식으로 몇 개로 구성된 지붕이 완전히 열려 정지상태가 될 때 2중 또는 그 이상으로 겹쳐지는 방식이다. 이 외에도 개폐 유형에 따라 지붕의 개폐가 단순히 수평이동에 의해 가능한 형식인 수평이동방식, 회전중첩방식, 혼합된 형태조합방식(combined system)과 케이블에 막을 매달아 커튼처럼 잡아당기고, 풀어주는 방식인 주름접기 방식이 있다(그림 9.28 참조).

(a) 스카이 돔 개폐 전

(b) 스카이 돔 개폐 후

(c) 후쿠오카 돔(일본)

(d) 나고야 돔(일본)

그림 9.28 개폐식 돔구조 사례

(4) 하이브리드구조(hybrid structure)

대공간 건물은 대규모의 전시, 유통, 레저 및 체육시설 등 복합 다목적 사용에 의해 내부에 기둥 없이 넓은 공간(무주대공간구조)을 필요로 하여 건축된 대전 엑스포, 2002 한·일 월드컵 경기장 등이 있으며 이들은 래티스 돔, 케이블+막구조 등 다양한 구조시스템이 활용되었다. 최근에는 보다 좋은 환경, 보다 즐거운 생활을 추구하는 인간의 환경 친화적인 어메니티 감각이 새로운 대공간 수요에 따라서 그림 9.29와 같이 2006년 베이징 올림픽 주경기장, 2010 남아공월드컵 주경기장, 2012

년 런던올림픽 주경기장 등에 시공되고 있는 새로운 슈퍼세즈구조로 발전되고 있다.

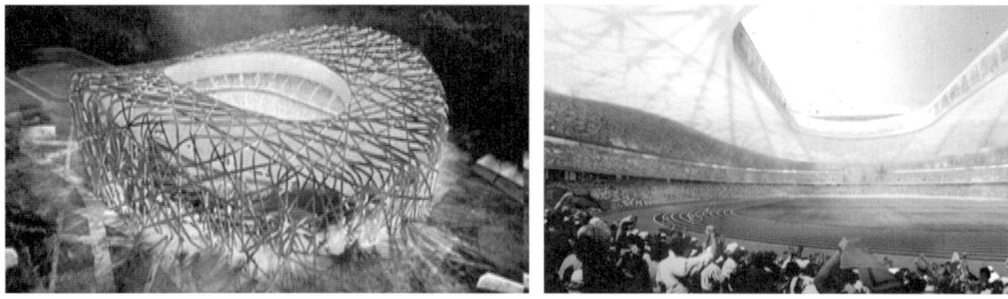

(a) 2006년 베이징 올림픽 주경기장

(b) 2010년 남아공 월드컵 주경기장

(c) 2012년 런던올림픽 주경기장

그림 9.29 하이브리드구조 사례

9.4.3 구조디자인

대공간건물의 디자인은 작용하는 힘의 흐름을 정확히 파악하고 이에 따른 구조시스템의 유형을 선정하여 구조디자인한다. 먼저, 구조시스템의 유형으로 1방향구조(form-active structure)는 인장력이 작용하는 케이블(cable), 텐트(tent), 공기막(pneumatic)구조가 있고, 또한 압축력만이 작용하는 아치(arch)구조가 있다. 그림 9.30(a)와 같이 서스펜션 케이블(suspension cable)과 같은 인장재료의 구조적 거동을 이해한 후, 역으로 생각하는 구조 형태로부터 아치 구조의 메커니즘을 쉽게 이해할 수 있다. 자중과 같이 등분포 하중을 받는 서스펜션 케이블은 9.30(a)과 같이 사용재료의 모양이 카테나리(catenary) 현수선이 되고, 거꾸로 하였을 경우에는 카테나리가 압축선이 됨을 그림 9.30(b)에서 쉽게 알 수 있다. 즉 카테나리 아치는 압축선과 아치의 형태가 일치하고 압축선은 단면의 중심을 지나므로 아치부재는 모두 압축응력을 받고 있다고 할 수 있다. 그림 9.30(b)와 같이 상부에서 오는 수직압력이 아치의 축선에 따라 좌우로 나누어져 밑으로 축력(압축력)만으로 전달 부재의 하부에 인장력과 모멘트가 생기지 않게 하는 구조형태로 경제적인 구조시스템이다.

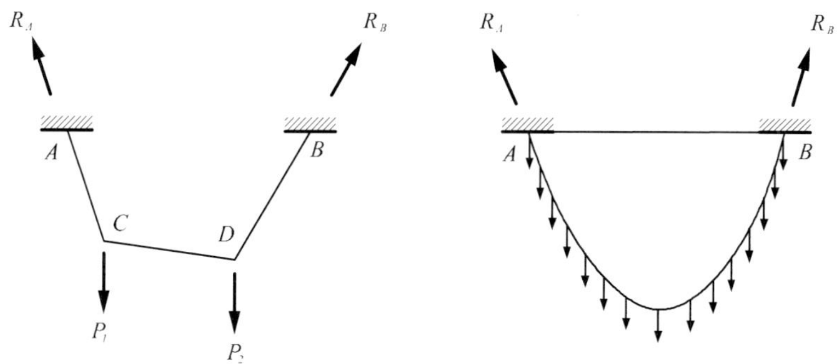

(a) cable structure

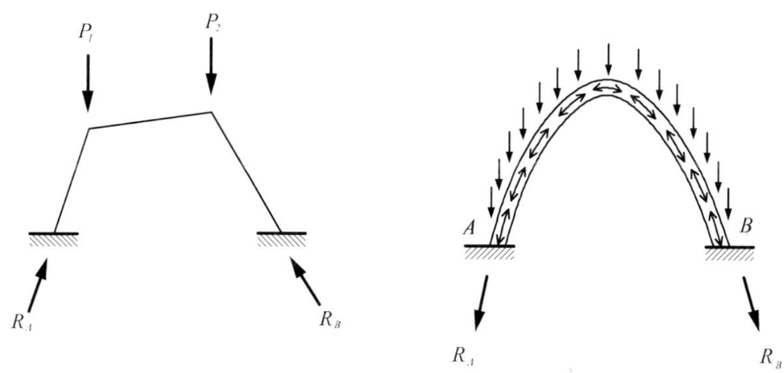

(b) arch structure

그림 9.30 suspension cable과 arch구조의 원리

한편, 가장 오래된 케이블구조는 삼나무, 등나무, 대나무 등의 자연재료를 이용하여 중국, 인도, 남미 등에서 만든 조교(wood bridge)라고 볼 수 있으며, 20세기 초에 발생한 풍하중에 의한 타코마 교량(tacoma bridge)의 붕괴사고가 케이블구조의 구조 안전성에 의문을 제기된 후, 건축디자인에서 케이블 사용이 본격화된 것은 1950년 이후부터라고 할 수 있다. 그림 9.31과 같이 가볍고 강하며 길이에는 제한이 없고 유연해서 휘어 사용할 수 있는 케이블의 특성을 살려 엘스타드(Elstad)가 구조 디자인하여 1953년에 완공된 미국 북캐롤라이의 라레이 체육관(Raleigh Arena)은 세계 최초의 케이블 건물로 알려지고 있으며, 이 작품은 대형 스팬의 지붕에 현수구조를 사용한 선구적인 구조물로도 평가받고 있다.

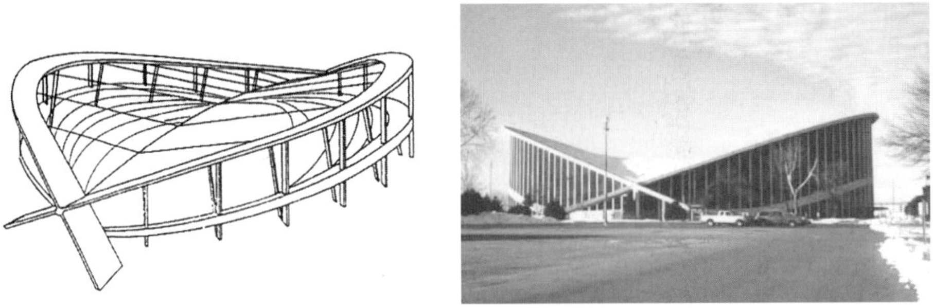

(a) 구조디자인　　(b) 건물의 전경

그림 9.31 J. S. Dorton Arena, Raleigh, North Carolina, USA

그렇지만 현재까지도 장력케이블 구조의 진수는 1967년 독일 슈투트가르트(Stuttgart) 공과대학의 프라이 오토(Frei Otto) 교수가 설계한 독일 뮌헨 올림픽 스타디움 구조물이라고 할 수 있다. 또한, 오토 교수는 막구조 분야에서 초기 구조 시스템을 확립시키고 체계화를 형성하는 데 제일 공헌한 사람이다. 1950년 오토는 안장형 곡면에 초기장력을 도입한 서스펜션 막구조를 사용하여 흥미 있는 지붕형태를 만들었다. 오토는 1952년의 베를린 공업박람회와 1964년 스위스 로잔의 국내박람회에서도 서스펜션 막구조를 만들어 막구조의 아름다움을 잘 표현한 적이 있지만, 1967년 캐나다 몬트리올에서 개최된 박람회에서는 서스펜션 막구조 시스템을 집대성하였다는 서독관 건물을 설계하여 막구조 건축의 존재를 처음으로 세계에 널리 알리는 계기를 제공하였다(그림 9.32 참조).

그림 9.32 Munich Olympic Main Stadium, 1967

공기막 구조의 특이함과 구조가 갖는 미지의 가능성을 독특하게 연출한 1966년 뉴욕의 세계 박람회의 『공기의 꽃』이 막구조를 건축구조 양식의 새로운 장르로 개척한 작품이라고 할 수 있다. 공기막에 대한 초기장력은 구조와 형태를 결정짓는 주요한 요소로서, 초기장력을 주는 방법에 따라 장력막 구조는 막방식과 cable net

방식으로 다시 구분할 수 있다. 강케이블이나 이것과 유사한 강재료를 사용하여 망형태로 구조체를 만들고, 그 표면에 직포나 필름 등으로 피복한 형식의 장력막 구조를 cable net방식이라 한다. 이 형식은 막면에 장력이 반드시 균일하지 않아도 되므로 곡면형태를 자유롭게 설정할 수 있다.

막방식(membranes system)은 처음부터 직포나 필름 등의 막면재를 안장형의 곡률을 갖는 곡면이 되도록 양방향으로 프리스트레스를 가함으로써 안정된 형태를 유지시키는 방법으로 cable net방식에서 사용된 강케이블 등에 의한 구조체를 만들 필요가 없다. 막방식에서는 일반적으로 막면 자체가 매우 얇아서 큰 내력을 기대할 수 없으므로 가능한 균일한 막면 장력을 갖추도록 국부응력과 크리프에 의한 주름(wrinkling) 발생을 방지하기 위한 구조디자인이 필요하다(그림 9.33 참조).

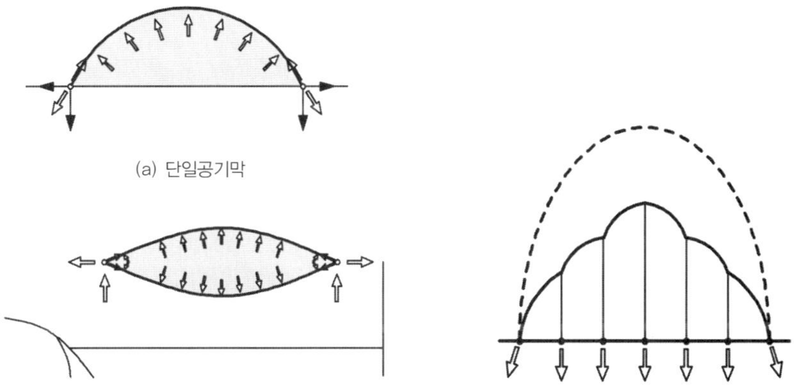

(a) 단일공기막

(b) 이중공기막

(c) 보강케이블의 역할

그림 9.33 공기막구조의 유형

그리고 유럽 남부지방에서는 석회질 지반을 바탕으로 아치구조가 발달하였고, 아치나 볼트구조가 로마인에겐 가장 중요한 조형미 표현의 방법으로 정착됨은 쉽게 이해할 수 있다. 또한, 유럽 북부지방에서는 다수의 목재를 바탕으로 삼각형 형태의 트러스구조가 발달하였다. 즉 목재를 경사방향으로 서로 기대게 하여 삼각형태를 만들 경우에는 평면 내에서 안전성을 갖고 있으면서 그 절점에서는 생각 외의 큰 하중을 지지할 수 있다는 것을 알고, 길고 두꺼운 나무를 얻을 수 없는 상황에서는 짧은 목재로 지붕을 엮는 트러스구조가 지붕 구조에 적합하다는 것을 축적되어온 경험에 의해서 이루어지게 된다.

따라서 트러스구조는 2방향구조(vector-active structure)시스템으로 인장과 압축이 작용하는 핀(pin, hinge)접합이다. 이러한 평면트러스를 x과 y축 방향에 따라 일정한 단위유닛을 전개시켜 나가는 과정에서 입체 및 곡면트러스가 형성된다. 오늘날

스페이스 프레임이라고 불리는 입체트러스 형태의 돔은 슈베드러 돔(schwelder dome)으로서 구조디자인은 경선과 위선(hoop line)으로 구성한 그리드(grid)에 대각선 방향의 브레이스를 넣은 패턴으로 구성되어 있으며, 독일인 J. Schwelder가 1863년에 베를린에 세울 때 세계 최초로 사용하였다고 한다. 그리고 위선을 등분할하고 그 사이 공간에 삼각형의 lattice 형태로 구성하는 방식인 래티스 돔(lattice dome 또는 network dome), 페러렐 라메라 돔(parellel lamella dome), 그리드 돔(grid dome), 지오데직 돔(geodesic dome)으로 발전되어왔다. 1954년 R.Buckminster Fuller가 미국에서 특허를 얻은 후 입체트러스 돔구조가 활성화되어 Fuller Dome이라 부르게 되었다. 그리고 들림형이나 텐세그리티(tensegrity)는 Fuller에 의해 만들어진 용어이다. 텐세그리티 구조 시스템은 힘의 흐름을 인장력으로 자연스럽게 흐르도록 하기 위한 구조적 대안이다. 따라서 압축부재는 연속적인 인장 케이블에 의해 다음 압축부재와 연결된다. 텐세그리티는 압축부재끼리의 연결을 가능한 중력이면서, 이러한 연결흐름을 인장케이블에 의해 실현시키려는 목적을 가지고 있다. 따라서 인장케이블에 압축력이 발생하는 불안정 상태를 방지하기 위한 구조적 메커니즘이 선행되어야 한다(그림 9.34 참조).

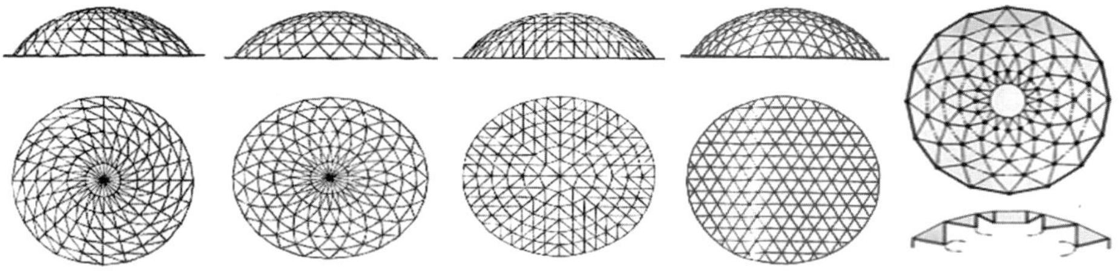

그림 9.34 돔구조의 생성 · 발전과정

그 이후, 구조디자인에 새로운 유용성을 추구하려는 많은 시도가 이루어져 왔으며, 철과 콘크리트를 본격적으로 사용한 19세기 이후부터는 보다 넓은 공간을 아치나 볼트구조가 새로운 재료를 사용하여 건립됨으로써 대공간건물의 새로운 세계를 펼칠 수 있는 획기적인 발전을 갖게 된다.

아치는 정원(반원)이 아니고 포물선으로 압축력을 받는다. 이러한 아치가 연속된 볼트에서는 인장과 압축이 교차되는 부분에 안정성을 고려하여 교차볼트(cross vault)를 설치하여 아치의 조형미를 표출하면서 발전되어 왔다. 그림 9.35에서와 같이 구형(돔)의 인장과 압축이 교차되는 부분에 안정성을 고려하여 인장링(tention ring), 구형의 가장자리는 압축링(compression ring)을 설치하였고, 경선과 위선(hoop line)으로 구성한 그리드(grid)에 대각선 방향의 브레이스를 넣은 패턴으로 구조디자인하였다.

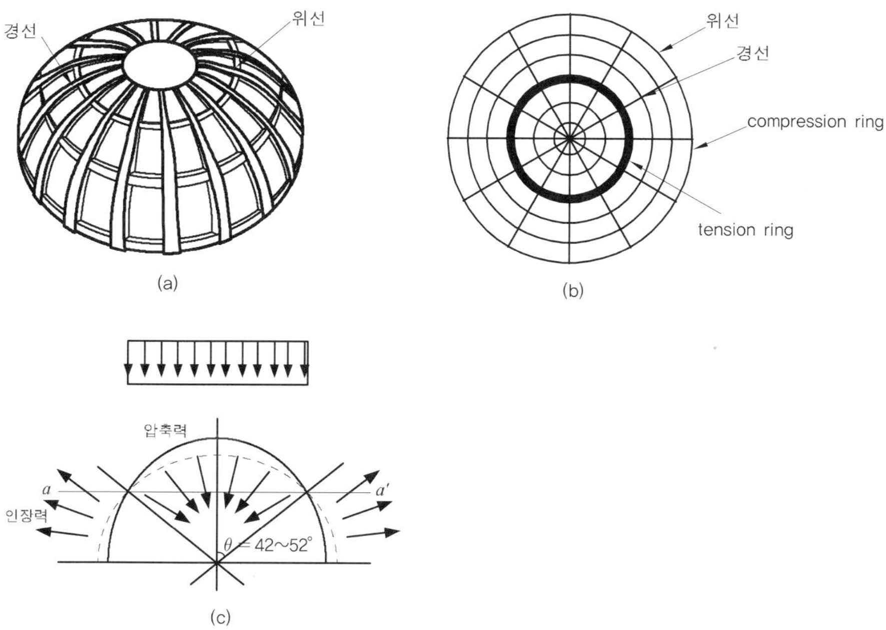

그림 9.35 구형 돔의 구조원리

이와 같은 구조시스템의 유형을 고려한 건물의 디자인을 이해하기 위해서는 작용하는 다양한 하중에 따라 힘의 흐름을 정확히 평가하고, 구조디자인에 대한 기본적인 사항을 인지 및 이해할 필요가 있다. 구조디자인은 구조물 자체가 대규모로 외력으로 자중 이외에 지진과 풍하중 같은 동적하중 및 온도하중에 대한 고려가 필요하며, 구조시스템에 따른 비선형문제가 중요한 설계기준이 된다.

그림 9.36과 같이 건물은 작은 하중에도 부제응력이 크기 때문에 부재에 모멘트나 전단력이 발생되는 구조 보다는 아치나 트러스, 케이블 구조처럼 주로 압축력 또는 인장력이 작용하는 구조시스템이 경제적이며 자중을 경감하기 위하여 구조재를 경량화하고 압축재는 좌굴성능이 우수한 단면성능을 지닌 부재(강관, 각관 등)를 사용할 필요가 있다. 구조디자인은 직선부재를 3차원적으로 조립하고 어느 점의 하중이나 전체에 걸쳐 모든 방향으로 전달되도록 부재상호를 접합한 구조이다. 즉 하중은 모든 방향으로 분산되어 힘이 균형을 잡고 이것에 의해 최대 하중치가 억제되고 내부응력이 감소하여 압축재나 인장재의 부재단면도 작아져 경량화를 실현시킨다.

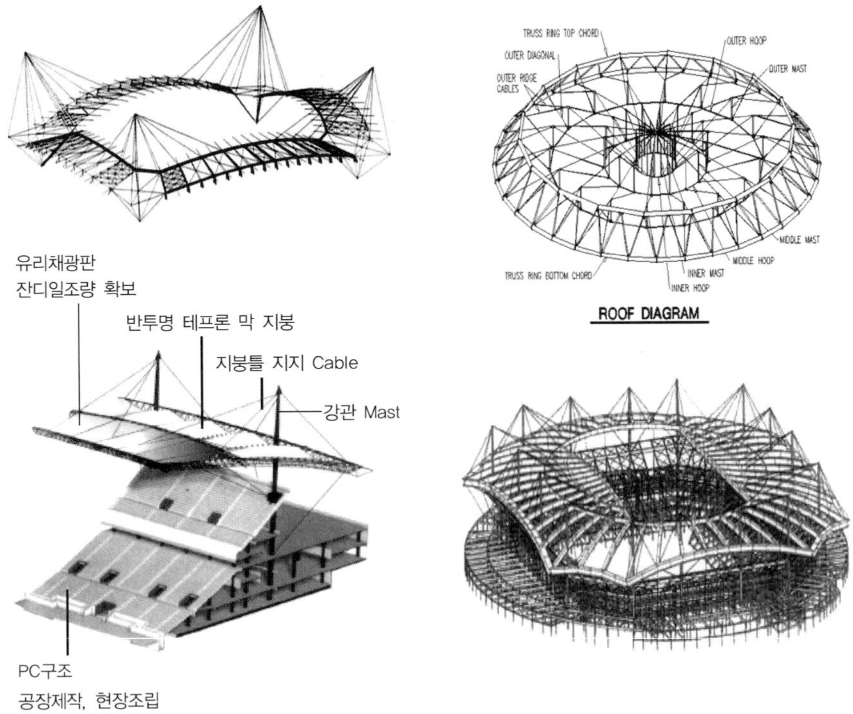

그림 9.36 구형 돔의 구조디자인 생성과정

그리고 면방향 저항구조(surface-active structure)는 축력(인장 및 압축), 모멘트, 전단력이 작용하는 구조시스템으로 절판구조(folded structure)와 쉘구조(shell structure)가 있다. 절판구조는 프리즘형(prismatic)과 피라미드형(pyramatic)이 있고, 쉘구조는 단일곡률셸(translation Shell), 회전셸(hyperbolic paraboloid shell), 안장형 곡면 셸(saddle shell) 등이 있다.

따라서 대공간건물의 디자인과 구조의 만남에서 이루어져가는 공간구조의 아름다움을 만들어내는 것은 구조적으로 가장 좋은 형태가 그대로 조형미에 연결되는 것이 아니라 가공되지 않은 구조를 좀더 연구하여 우수한 작품으로 만들어가는 것은 건축디자인의 구조적 직관력이다.

Vector-active structure. Truss(plane→curve→space). 힘의 원리가 잘 표현된 아름다운 공간과 조형미 있는 곡면 및 입체트러스 역사

Chapter 10

모형실험

Chapter **10** | 모형실험

10.1 강재 소재시험

10.1.1 인장시험

강재인장시험(KS B 0802 : method of tensile test for metallic materials)을 통하여 강재가 KS에 규정한 인장강도 및 항복점 등의 품질을 가지는지의 여부를 판정하고, 건축물에 쓰이는 금속재료의 기계적 특성을 파악하기 위하여 시험을 행한다. 또한 이것으로써 얻을 수 있는 항복강도, 인장강도, 파단강도, 연신율 등을 조사한다.

(1) 시험목적 및 시험재료

1) 시험 목적

① 인장시험의 전반적인 흐름과 방법을 배운다.

② 강재의 인장강도를 측정하는 기본적인 시험으로 강재의 역학적 특성을 파악할 수 있다.

③ 강재의 대표적 성질인 항복점 및 인장강도, 연신율, 단면수축 등을 측정.

④ 이 시험을 통하여 재료의 변형과정과 응력의 변화도를 조사한다.

2) 시험 준비물

① 강재 시험편 : KS B 0801 금속재료 인장시험편(5호 시험편)

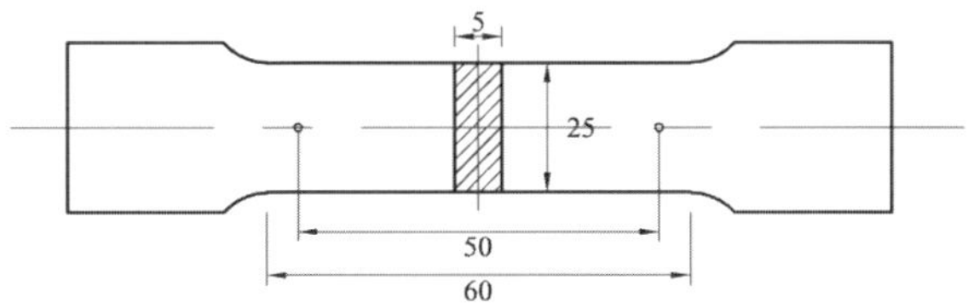

그림 10.1 인장시험편

② 인장시험기 : KS B 5521 강재 인장시험을 하기 위한 시험기
③ 버니어 캘리퍼스 : 강재의 정확한 치수를 위해 필요한 도구
④ 스트레인 게이지(strain gauge), 접착제 : 변형률을 알아보기 위한 스트레인 게이지와 접착제
⑤ 그라인더, 사포 : 강재의 표면을 부드럽게 하기 위한 도구들
⑥ 망치, 못, 자 등 : 표점을 표시하기 위한 도구들

(2) 시험방법 및 시험 과정

① KS B 0801 금속재료 인장시험편을 준비한다.
② 시험편의 평행부 거리(P)와 표점거리(L)를 표시한다.

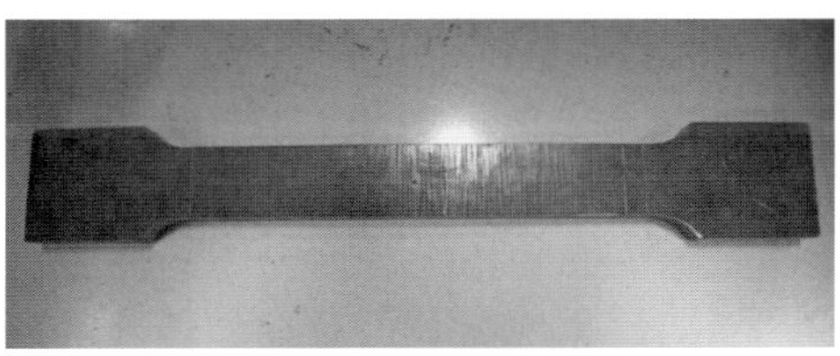

(a) 시험편 준비

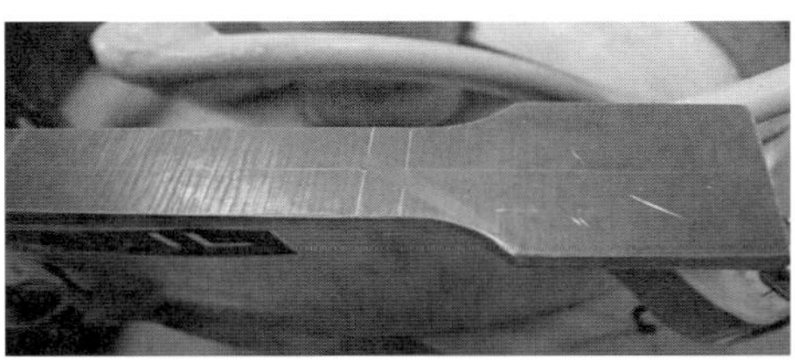

(b) 표시

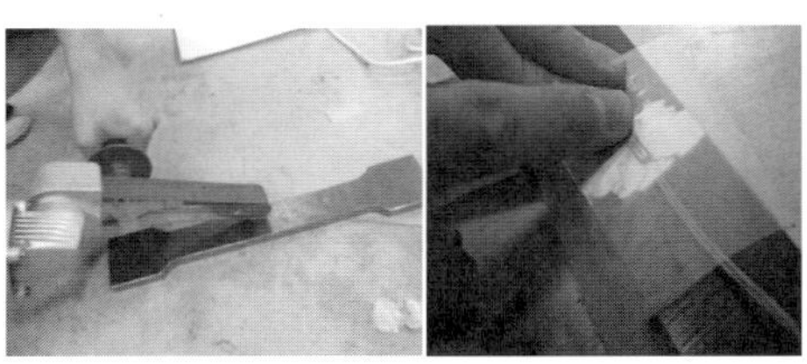

(c) 게이지 부착

(d) 인장시험 실시

(e) 파단 후 측정

그림 10.2 인장시험 준비 및 과정

③ 시험편의 평행부 원단면적은 표점거리의 중앙부 1개 양단부 2개의 단면적을 측정하여 평균치를 구한다.

④ 게이지 부착

⑤ 그라인더 및 사포로 표면을 정리한 후 깨끗이 닦아준다.

⑥ 게이지를 부착하고 기름종이를 대고 눌러준다.

⑦ 게이지선을 고정시키기 위해 테이프를 붙인다.

⑧ 시험편을 시험기에 물린다.

⑨ 하중과 변형의 측정이 가능한 속도로 시험편에 하중을 가한다.

⑩ 절단된 강재시험편을 꺼내서 조립시키고 그 늘어난 표점거리를 측정한다.

(3)시험 결과

1) 응력-변형도 관계곡선 작성

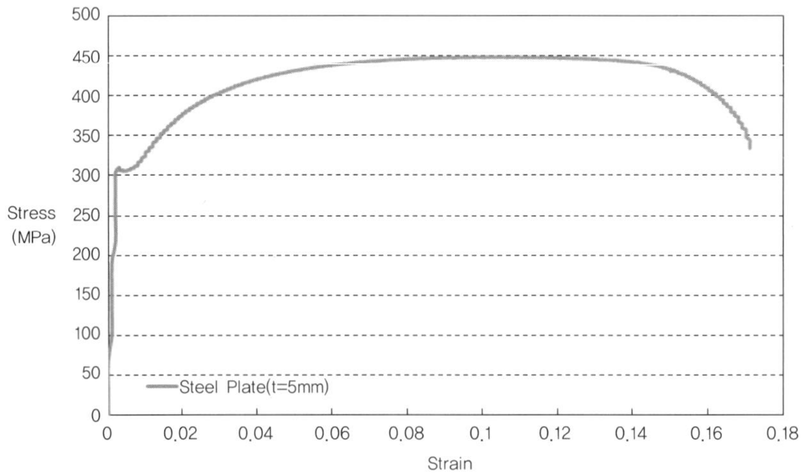

그림 10.3 응력-변형도 관계곡선

2) 계산을 활용한 그래프 파악 및 분석

① 항복강도, 인장강도 및 항복비

• 항복강도 : $\sigma_y = \dfrac{P_y}{A_o} = 307\,\text{MPa}$

• 인장강도 : $\sigma_u = \dfrac{P_{max}}{A_o} = 449\,\text{MPa}$

• 항복비 : $\dfrac{\sigma_y}{\sigma_u} = \dfrac{307}{449} = 0.68$

• 탄성계수 : $E = \dfrac{\sigma_y}{\varepsilon_y} = 213,633\,\mathrm{MPa}$

② 연신율 : 강재의 연신율은 단면수축률과 함께 강재의 포텐샬 에너지(potential energy)를 예측할 수 있는 중요요소이다. 인장실험편의 파단 후의 표점간 거리(L')와 시험 전의 표점간 거리(L)의 차이를 시험전의 표점간의 거리에 대한 백분율로써 파단연신율을 다음 식으로 하여 산출한다.

$$\text{연신율} = \frac{L' - L}{L} \times 100 = \frac{66.79 - 48.70}{48.70} \times 100 = 37.15\%$$

10.1.2 충격시험

강재충격시험(KS B 0810 : method of impact test for metallic materials)을 통하여 강재가 KS에 규정한 샤르피 흡수에너지의 품질을 가지는지의 여부를 판정하고, 강재의 인성(toughness), 즉 재료가 하중을 받아 파괴될 때까지의 에너지 흡수 능력으로 나타내며 높은 응력에 견디고 아울러 큰 변형을 나타내는 성질에 대하여 조사한다.

(1) 시험목적 및 시험재료

1) 시험 목적

① 충격시험의 전반적인 흐름과 방법을 배운다.

② 강재의 인성을 측정하는 기본적인 시험으로 강재의 역학적 특성을 파악할 수 있다.

③ 강재의 샤르피 흡수에너지, 파면율, 전이온도 등을 측정한다.

2) 시험 준비물

① 강재 시험편 : 금속 재료 충격시험편 KS B 0809 (4호 시험편)

② 충격시험기 : KS B 5522 강재 충격시험을 하기 위한 시험기

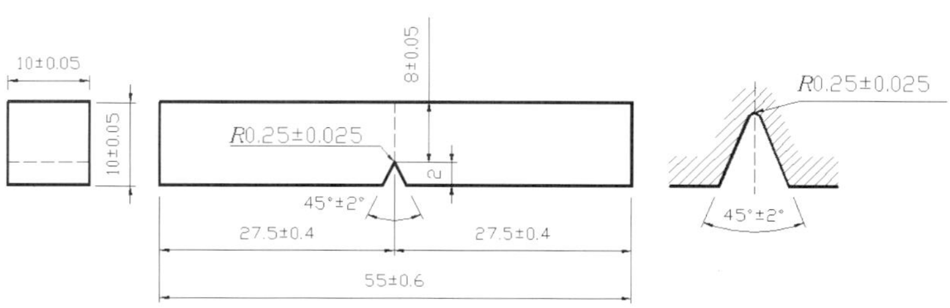

그림 10.4 충격시험편

③ 액조 : 저온에서 시험하는 경우 지정온도를 유지시키도록 만든 통

④ 알코올과 드라이아이스 : 0~-70℃를 유지하도록 시험편을 냉각시키는 매질

(2) 시험방법 및 시험 과정

① 시험 장치를 견고한 기초위에 정확하게 수평으로 설치한다.

② 시험하기 전 해머가 수직으로 놓여 있을 때 게이지의 지침이 0점을 정확히 지시하고 있는가를 확인한다.

③ 원하는 각도(60, 120)를 설정한다.

④ 각도가 설정되면, 그 높이에 해머를 고정시키고 시편을 수평대 위에 놓은 후 노치가 지지대 중심에 오도록 한다.

⑤ 해머를 낙하시켜 시편에 충격을 가한다. 이 때 눈금을 읽어 시험 측정시 충격치를 알 수 있다.

(a) 시험기 세팅　　(b) 충격치 측정

그림 10.5　충격시험 방법 및 과정

(3) 시험결과 및 분석

1) 시험편 파단 양상 : 각 온도별 준비한 시험편의 파단 양상을 관찰하고 비교분석한다.

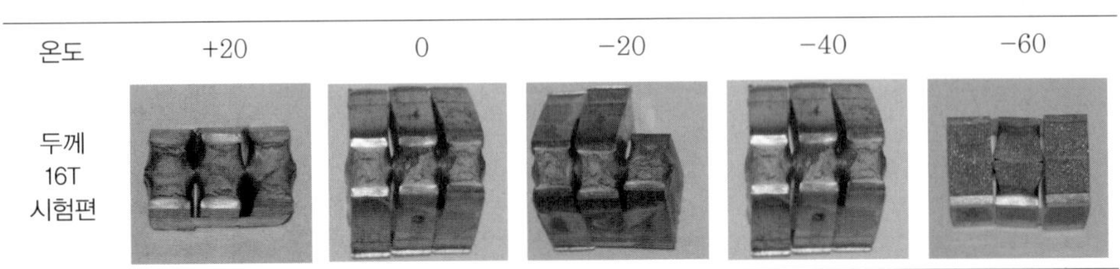

그림 10.6　온도별 시험편 파단양상

2) 샤르피 흡수에너지 : 샤르피 흡수에너지는 강재의 인성을 알기 위한 기준이 되는 중요한 요소로서 온도별 샤르피 흡수에너지로 강재의 사용성을 추정할 수 있다.

$$K = M(\cos\beta - \cos\alpha) - L \qquad (10.1)$$

여기서 K : 시험편을 파단하는데 필요한 에너지 (J)

$M = Wr$: 해머의 회전축 둘레의 모멘트 (Nm)

W : 해머의 질량에 의한 부하(N)

r : 해머의 회전축 중심(中心)에서 중심(重心)까지의 거리(m)

α : 해머의 들어 올림 각도

β : 시험편 파단 후의 해머의 흔들어 올림 각도

L : 해머의 운동 중에 잃어버린 에너지 (J)

표 10.1 충격시험에 의한 샤르피 흡수에너지 결과

번호	시 험 온 도				
	+20℃	±0℃	−20℃	−40℃	−60℃
1	358	358	358	25	138
2	358	358	358	358	15
3	358	358	358	358	25
평균	358	358	358	247	59

3) 파면율 : 파면율은 시험편 파면의 전체면적에 대한 취성파면 면적의 백분율이다.

$$B(\%) = \frac{C}{A} \times 100 \qquad (10.2)$$

여기서 B : 취성파면율

C : 취성파면의 면적(mm^2)

A : 파면의 전면적(mm^2)

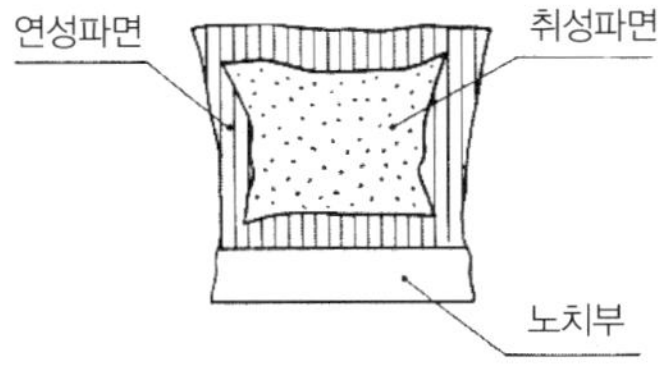

그림 10.7 파면단면의 정의

표 10.2 충격시험에 의한 취성파단면 결과

번호	시험온도				
	+20℃	±0℃	−20℃	−40℃	−60℃
1	0.0	0.0	0.0	0.0	81.9
2	0.0	0.0	0.0	0.0	100
3	0.0	0.0	0.0	100.0	100
평균	0.0	0.0	0.0	33.3	93.9

4) **전이온도** : 전이온도는 시험편을 여러 가지의 온도로 시험하였을 때 흡수에너지가 급격하게 저하되거나 파면이 연성에서 취성으로 (또는 취성에서 연성으로) 변화하는 현상에 대응하는 온도이다. 따라서 전이온도가 낮은 강재일수록 파괴인성이 좋고 질긴 강재라고 할 수 있다.

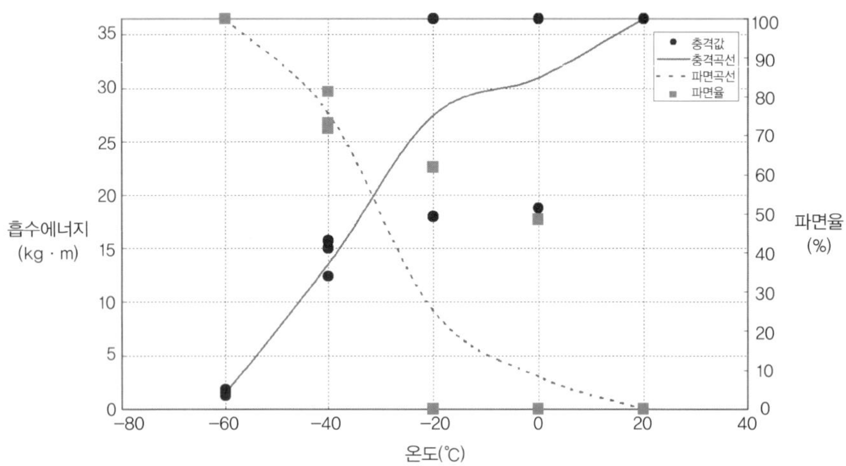

그림 10.8 충격시험에 의한 샤르피 흡수에너지 및 파면율 관계

10.1.3 굽힘시험

강재굽힘시험(KS B 0804 : metallic materials-bend test)을 통하여 강재를 굽힘으로 소성변형이 되는 능력을 측정하는 것이다.

(1) 시험목적 및 시험재료

1) 시험 목적

① 굽힘시험의 전반적인 흐름과 방법을 배운다.

② 강재의 변형성능을 판단하기 위한 시험으로 재료를 규정된 외경의 축 둘레로 규정된 각도까지 변형시킨 후 완곡부의 외측을 조사하여 균열 발생유무를 관찰하여 변형성능을 판단한다.

2) 시험 준비물

① 강재 시험편

② 시험기 : 만능시험기(Universal Testing Machine, UTM)

(2) 시험방법 및 시험 과정

(a) 시험편 세팅

(b) 하중가력

(c) 시험 종료

그림 10.9 굽힘시험 방법 및 과정

(3) 시험결과 및 분석

시험 종료 후 시험편 완곡부의 외측을 육안으로 관찰하여 균열 발생 유무 등을 조사한다.

그림 10.10 굽힘시험편 시험 종료 사진

10.2 압축재

10.2.1 지지조건에 따른 좌굴형상 모형실험

축방향(axial direction)으로 압축력을 받는 부재를 압축재라 한다. 그 길이가 비교적 짧은 것은 압축력을 받을 때 단지 수축만이 생기지만 긴 기둥에 있어서는 압축력이 어떤 한도의 크기까지 도달하면 휘어짐이 생긴다. 즉 기둥의 길이가 그 횡단면의 치수에 비해 클 때, 기둥의 양단에 압축하중이 가해졌을 경우 하중이 어느 크기에 이르면 기둥이 갑자기 휘는 현상을 좌굴이라 한다. 본 실험에서는 지지조건에 따른 좌굴의 형상에 대하여 공부한다.

(1) 실험목적 및 실험재료

1) 실험 목적

동일한 기둥에 동일한 하중으로 집중하중을 최대한 구현하였을 때 4가지 지지조건에 따른 유효길이(L_e)를 관찰하고 유효길이계수(K)를 구한다.

2) 실험 변수 : 4가지 지지조건

① 양단고정

② 양단핀

③ 일단고정, 일단핀

④ 일단고정, 일단자유(캔틸레버)

3) 실험 준비물

우드락, 우드락 본드, 포맥스(2mm × 20mm × 350mm), 고정경첩, 이동경첩, 나사, 시침핀, 아크릴판 드라이버, 롤러, 30도 칼, 칼자, 펜치 등

(2) 실험방법 및 실험 과정

1) 실험체 제작

① 우드락으로 기둥(단면 크기 2mm × 20mm)과 틀을 만든다.

② ㄱ경첩을 사용하여 고정단을 만든다.

③ 핀고정 이동경첩을 사용한다.

④ 각각 기둥의 상부에는 등분포하중을 받도록 하중박스를 만든다.

⑤ 하중박스에는 마찰력이 작용하지 않도록 롤러를 부착한다.

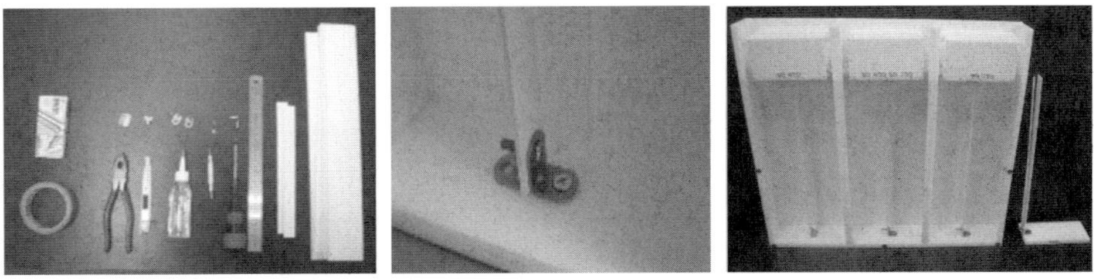

그림 10.11 모형재료 준비 및 제작과정

2) 실험 방법

지지조건 ①, ②, ③의 경우는 동일한 크기의 하중박스를 만들어 그 안에 물(250ml)을 담아 하중을 주기로 계획하였다. 이때 하중박스를 지지하는 양쪽의 벽체가 기울어지면 편심이 일어나므로 평행하도록 정밀하게 작업을 해야 한다. 또한 하중박스와 벽체가 붙으면 마찰력으로 인해 정지할 것으로 판단되어 양 옆에 롤러를 부착하였다.

지지조건 ④의 경우처럼 일단고정, 일단자유단은 집중하중을 구현하는데 가장 난해했던 지지방식으로 기둥의 맨 위 정중앙에 홈을 파서 그 사이로 실을 연결하고 아래에 똑같은 크기의 하중을 줄 수 있도록 하였다.

(3) 실험결과 및 분석

1) **실험체별 좌굴양상** : 하중에 따른 각 모형의 좌굴양상을 관찰한다.

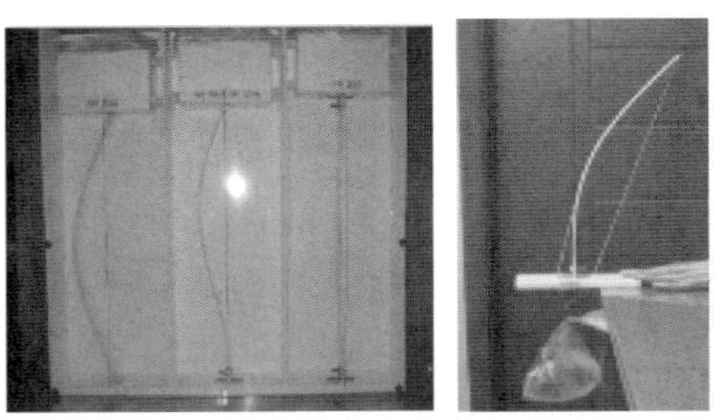

그림 10.12 지지조건에 따른 모형의 최종 좌굴양상

2) 유효좌굴계수 비교

표 10.3 유효좌굴계수 실험결과

지지조건	이론값	결과값
양단 핀	1	1
일단 고정, 타단 핀	0.7	0.71
양단고정	0.5	0.54
일단고정, 타단 자유	2	1.9

10.2.2 SM570TMC 압축재의 좌굴 부재실험

SM570TMC 강재의 구조성능을 평가하기 위하여 박스형 및 H형 단면을 갖는 압축재에 관한 좌굴실험을 수행한다.

(1) 실험목적 및 실험재료

1) 실험 목적

① 단면 형상을 기준으로 2그룹의 실험체를 제작하여 압축 성능을 평가한다.
② 세장비를 변수로 하여 실험체를 제작하여 압축 성능을 평가한다.

2) 실험 재료

SM570TMC 압축재 실험체 4개, 만능시험기(10,000kN), LVDT, strain gauge, 접착제

(2) 실험방법 및 실험과정

1) 실험 방법

① 실험체를 10,000kN 만능시험기(UTM) 위에 올려 놓는다.
② 실험체의 양단 구속조건은 단순지지로 편심하중에 대한 영향을 최소화하기 위하여 실험체 하단에 구좌를 설치하여 단조가력 한다.
③ 만능시험기를 통해 일정한 속도로 하중을 주어 실험체의 변형을 관찰한다.
④ 실험체의 길이방향으로 게이지를 부착하고 4곳 모서리에 변위계(LVDT)를 설치하여 변형률 및 변위를 측정한다.

2) 실험 과정

① 실험체 제작
② 기둥실험체의 길이방향으로 700mm 간격으로 스트레인 게이지를 부착한다.
③ 실험체 하단에 구좌를 설치하고 실험체를 올려둔다. 이때 레이저를 이용하여 중심을 맞춘다.
④ 하중을 가력한다.

(3) 실험결과 및 분석

1) 실험체별 좌굴양상 : 각 실험체별 최대하중 및 좌굴 형상에 대하여 조사한다.

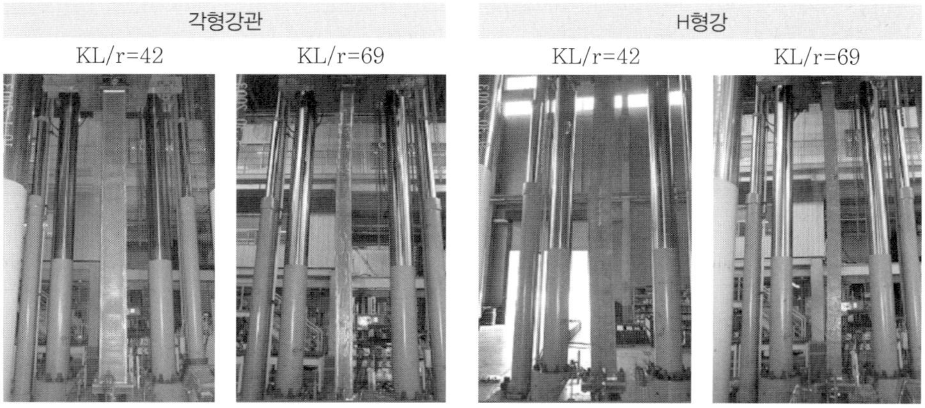

그림 10.13 단면형상 및 세장비에 따른 부재의 최종 좌굴양상

10.3 트러스

트러스(truss)는 일반적으로 3개 이상의 직선 부재를 핀으로 연결한 구조로서 절점에만 하중이 작용하여 휨모멘트는 없고 축방향력(인장력 또는 압축력)만 존재한다. 기본적으로 상현재(top chords), 하현재(bottom chords), 수직재(vertical members), 경사재(diagonal members)로 구성된다. 각기 다른 형태의 트러스 구조의 하중모형실험을 통하여 트러스 구조의 힘의 흐름을 파악한다.

(1) 실험목적 및 실험재료

1) 실험 목적

① 트러스의 기본적 인지 및 이해와 하우트러스(howe truss), 프랫트러스(pratt truss), 와렌트러스(warren truss)에 관한 일반적 지식을 습득한다.

② 모형을 만들고 모형에 가해진 하중에 의한 변형과 하중계산결과의 비교를 한다.

③ 실험결과에 따른 각 트러스의 특징을 파악하고 그 쓰임에 대해 이해한다.

2) 실험 준비물

아크릴, 아크릴칼, 자, 경첩

(2) 실험방법 및 실험 과정

1) 실험 방법

① 하우트러스 중앙의 절점 3곳에 일정한 집중하중을 가한다.

② 프랫트러스와 와렌트러스에도 동일한 방법으로 적용한다.

③ 3가지 유형 트러스의 하중에 대한 변형을 확인하고 비교한다.

(3) 실험결과 및 분석

1) 하우트러스 : 경사재와 상현재가 압축력을 받는 트러스를 하우트러스라 한다. 하우트러스에서 경사재는 상현재의 절점을 밀어 올리는 듯한 기능을 하고 있기 때문 압축부재로 되어 있다. 하우트러스에서 가장 중요한 점은 웨브재가 인장력을, 경사재가 압축력을 부담하고 있는 것이다.

(a) 변형 전 (b) 변형 후

그림 10.14 하우트러스 변형 양상

2) 프랫트러스 : 하우트러스와 비교해 볼 때 웨브재와 경사재의 역학적 기능이 역전하는 형태로 되어 있다. 즉 수직재가 압축력을 받고 경사재가 인장을 받게 되어 있다. 그림에서처럼 가운데가 M자 모양으로 되어 있다.

(a) 변형 전 (b) 변형 후

그림 10.15 프랫트러스 변형 양상

3) **와렌트러스** : 기본적으로 연속된 삼각형 형태라 할 수 있다. 상현재와 하현재의 절점을 교대로 밀어 올리거나 달아 올릴 수 있도록 경사재를 배치하고 있는 점이 구조적인 특색의 하나로 되어 있다. 본 실험에서 사용할 트러스는 수직재를 제거한 단순한 형태의 트러스로서 경사재가 교대로 압축력과 인장력을 받도록 하였다.

(a) 변형 전

(b) 변형 후

그림 10.16 와렌트러스 변형 양상

10.4 보

10.4.1 단면형상에 따른 보 모형실험

H형강보를 강축방향과 약축방향에 대한 모델을 제작하여 하중에 따른 처짐과 파단을 관찰한다. 그리고 강축방향으로 하중을 받는 보의 경우 단면에 변화를 주어 휨모멘트에 대한 기본적인 이해를 돕도록 한다. 즉 각 실험체의 단면2차모멘트를 계산하여 비교한다.

(1) 실험목적 및 실험재료

1) 실험 목적

① H형강보가 강축 및 약축으로 하중을 받을 때의 처짐과 파단양상을 관찰한다.

② 단면의 춤 및 웨브 두께에 변화를 주어 휨모멘트에 대한 단면의 성능에 대하여 비교 · 분석한다.

③ 이를 토대로 휨재에 대한 구조적 형태를 논의한다.

2) 실험 재료

우드락 1장(2.5mm, 5mm), 30° 칼, 철자 50cm, 변위 측정용 자(스케일), 가력용 추(개당 6N인 원뿔형 추 5개), 아령(30N), 본드, 테이프, 실핀 등

(2) 실험방법 및 실험 과정

1) 실험체 제작

① 우드락(2.5mm)을 30mm×400mm로 20개, 60mm×400mm로 2개 정도를 절단한다.

② 우드락(5.0mm)을 30mm×400mm로 2개, 150mm×150mm로 10개 정도를 절단한다.

③ 절단한 우드락을 우드락본드로 접착(이 때 모형의 크기는 오차가 없도록 하여야 한다)

④ H형강보의 처짐치수를 쉽게 체크할 수 있도록 스케일을 적절한 위치에 부착한다.

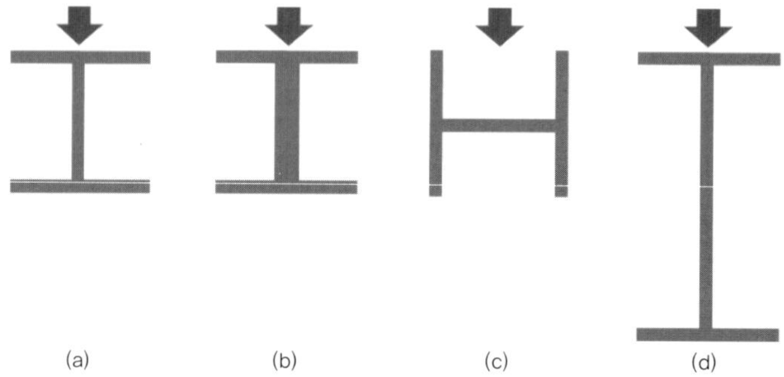

그림 10.17 단면형상에 따른 모형시험체 개요

2) 실험 방법

지지대에 H형강보를 올려놓고 실에 추를 달아 하중을 가한다.

그림 10.18 단면형상에 따른 모형시험 방법 및 과정

(3) 실험결과 및 분석

1) 처짐량 비교 : (a)실험체의 경우 6N를 추를 시작으로 하중을 가한다. 처음 하중을 가하였을 때는 처짐량이 없었다. 하지만 하중을 30N을 가하였을 때 (a)

실험체는 파단이 발생하였다. (b)실험체는 (a)실험체와 동일한 방법으로 하중을 가하였지만 (b)실험체는 (a)실험체와는 다르게 6N을 가하였을 때 처짐이 0.7 mm가 발생하였다. 이 실험체는 36N에서 파단이 났다. (c)실험체는 하중 6N에서 0.8mm의 처짐이 생겼고, 30N에서 파단이 났다. 마지막으로 (d)실험체는 하중 0.6N에서 0.3mm 처짐이 발생하고, 하중이 48N일 때 비틀어지면서 파단이 발생하였다.

2) 단면2차모멘트 비교 : 4개의 실험체의 모멘트비의 크기를 비교하면, d 〈 b 〈 c < a 의 순으로 결과가 나왔다. 결과적으로 이 실험을 통해 알 수 있었던 것은 단면의 형상에 따라 부재의 휨능력이 결정된다.

10.4.2 판폭두께비에 따른 보 부재실험

앞의 모형실험에서도 알 수 있듯이 보의 휨강도는 단면계수에 의해 좌우된다. 따라서 일반적으로 강재를 구조부재로 적용하기 위해서는 휨성능에 관한 기초연구가 수행되어야 한다. 본 실험에서는 SM570TMC 강재가 개발되었을 때 구조부재로 적용 가능성을 평가하기 위하여 휨실험을 수행하였다.

(1) 실험목적 및 실험재료

1) 실험 목적

① 플랜지의 소성한계세장비(λ_p)와 탄성한계세장비(λ_r)를 기준으로 3그룹의 실험체를 제작하여 휨성능을 파악한다.

② 횡지지가새의 위치 조정을 통한 횡지지길이 변화를 변수하여 실험체를 제작

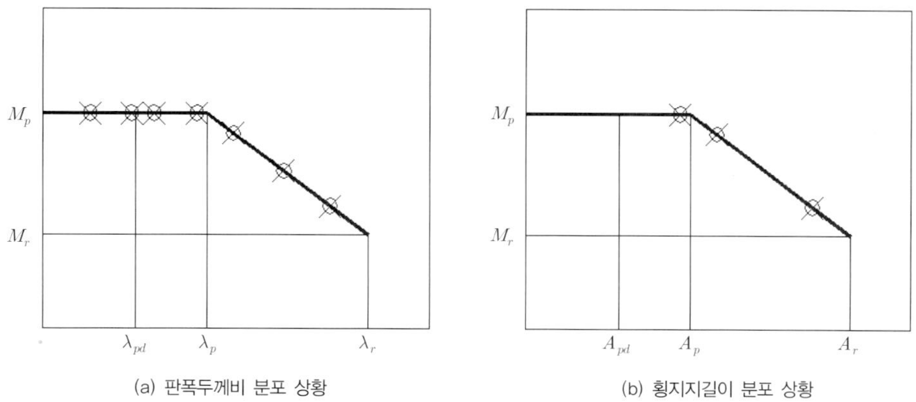

그림 10.19 보실험체의 판폭두께비 및 횡지지길이 분포상황

하여 휨성능을 파악한다.

③ 휨성능에 대한 판폭두께비 및 횡지지길이의 영향을 파악한다.

2) 실험 재료

SM570TMC 보부재 실험체 총 10개, 만능시험기, LVDT, strain gage, 접착제

(2) 실험방법 및 실험과정

1) 실험방법

본 실험은 단조하중 1점 집중재하 방식으로 2단계로 계획하였다. 1단계는 예비실험으로 하중제어 방식을 통하여 30kN/mim의 속도로 탄성범위 내에서의 항복하중

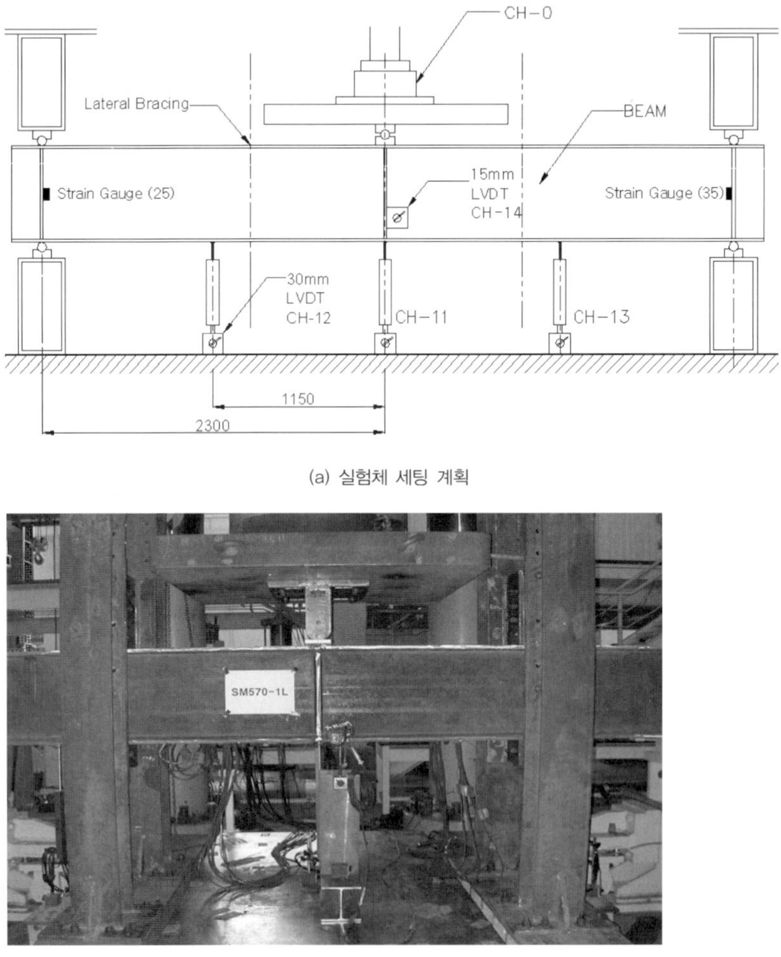

(a) 실험체 세팅 계획

(b) 실험체 세팅 사진

그림 10.20 보실험체 세팅 계획 및 사진

의 1/3에 해당하는 하중까지 가력하여 실험체의 지지장치와 하중장치를 정착시키고 계측기 점검 및 인장 플랜지의 변형률값과 이론값의 비교를 통하여 실험의 정확도를 확인한다. 2단계는 본 실험으로서 중앙지점에서의 변위제어 방식을 채택하여 탄성범위까지는 4.8mm/min 속도로 하중 및 변위를 점진적으로 증가시켜 항복 및 국부좌굴 발생시점의 관찰을 용이하게 하였으며, 이후 각 실험체의 최대하중에 이르면 12mm/min 속도로 가력하여 소성하중 이하로 저감되거나 실험체의 파괴가 발생할 때까지 가력하였다. 초기 탄성범위에서부터 항복이 발생한 후 변형이 증가하는 비탄성범위에서까지 보 중앙점에서의 변위에 의한 제어를 통하여 국부좌굴 등을 관찰한다.

2) 실험 과정

① 실험체 제작 : 총 실험체의 길이는 5,000mm로 각각 양 지지점에 200mm 여유를 두어 실제 단순지지될 실험체의 길이는 4,600mm이다. 각 실험체 중앙의 하중재하점에는 판두께 10mm의 커버플레이트를 두었으며, 하중점 웨브 및 지점 웨브에 스티프너를 플랜지와 웨브에 각각 용접하여 하중점에서의 응력집중 현상을 방지케 하였다.

② 게이지 부착 : 변형률에 대한 측정을 위하여 보의 압축 플랜지에서 국부좌굴이 발생할 수 있는 위치 및 인장 플랜지에 스트레인 게이지를 부착한다.

③ 실험체 세팅 : 양단에 롤러를 장착하고 실험체를 올려둔다. 이때 레이저를 이용하여 중심을 맞춘다.

④ 횡지지대 설치 : 보의 횡-비틀림 좌굴을 막기 위하여 횡지지가새는 하중 재하점에서 900mm 거리에 위치시킨다.

(3) 실험결과 및 분석

1) 좌굴 및 파괴양상 : 모든 실험체는 국부좌굴이 발생하였으며 각 세장비별 다른 좌굴양상을 나타내었다.

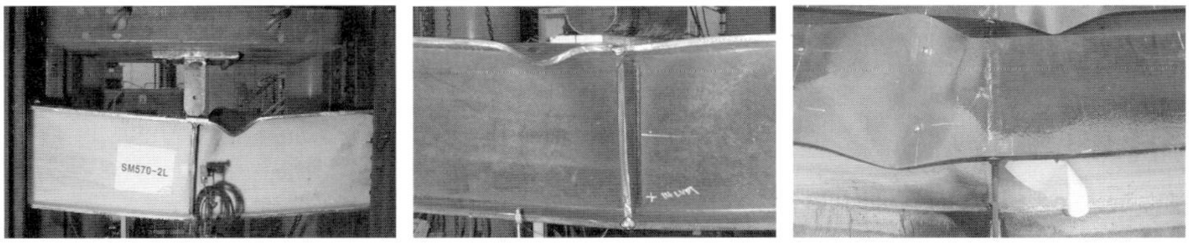

그림 10.21 보 실험체별 좌굴양상

2) 하중-변위 관계 : 실험에 대한 전반적인 내용을 나타내는 보 중앙부의 하중과 처짐과의 관계를 나타낸다. 플랜지의 판폭두께비가 커질수록 소성하중에 대한 휨강도가 낮아짐을 알 수 있다. 또한 세장비가 커질수록 국부좌굴이 조기에 발생함을 알 수 있다. 그리고 조밀단면의 경우 소성강도에서 최대강도까지의 변형능력과 최대강도에서 다시 소성강도로 감소할 때까지의 변형능력이 일치하지만 비조밀 단면을 갖는 실험체의 경우 최대강도 발현 후 급격한 내력저하 현상이 나타남에 따라 변형능력 또한 감소함을 알 수 있다.

3) 휨강도 : 현행 설계기준에서는 사용 가능한 강재의 종류와 휨재의 플랜지 판폭두께비에 따라 휨강도를 산정하는 것으로 규정되어 있다. 이에 대하여 SM570 TMC 강재의 휨강도를 산정하여 비교하였다. 실험결과 최대강도가 공칭강도보다 18~41% 초과하는 것으로 나타났으며 평균 25% 초과하는 것으로 나타나 설계기준을 만족시키고 있다.

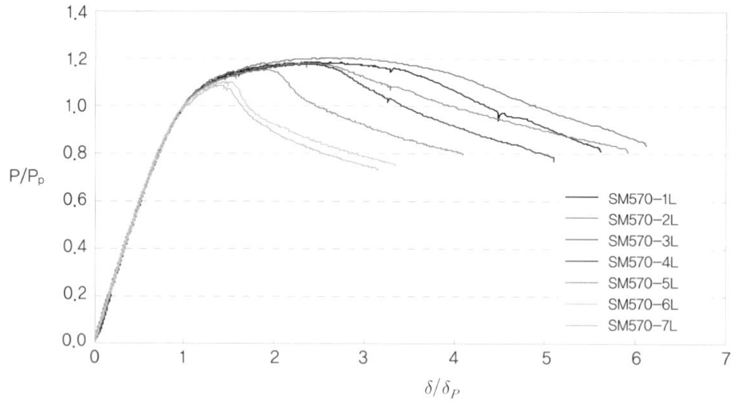

그림 10.22 보 실험체별 무차원한 하중-변위관계그래프

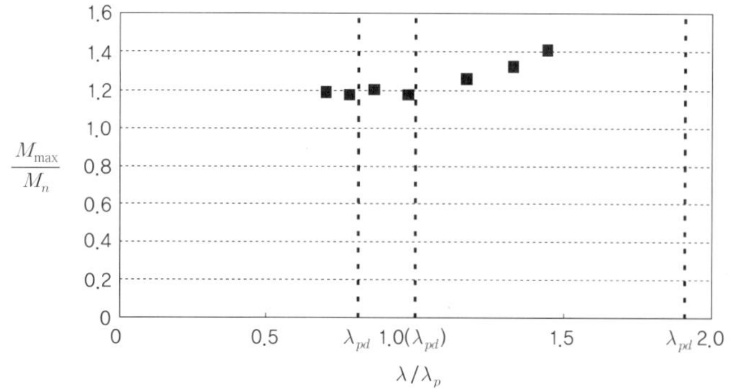

그림 10.23 보 실험체의 판폭두께비 별 휨강도

10.4.3 PEB 시스템에서의 변단면 보 부재실험

최근 공장건물 및 물류창고 등 장스팬 구조를 필요로 하는 곳에서 많이 쓰이고 있는 PEB시스템(Pre-Engineering Metal Building System)은 휨모멘트의 크기에 따라 부재형상을 최적화한 변단면부재를 사용하고, 보조골조의 연속스팬 시공으로 처짐 및 내력면에서 중량구조보다 유리하며, 자중 감소를 통한 기초 크기를 감소시킬 수 있는 장점으로 인하여 경제적인 경쟁력을 갖는 구조시스템이다. 따라서 기둥 및 보에 춤이 변화하는 변단면부재를 사용하게 되며, 이때 일반적인 건축구조물에 사용되는 H형강보의 춤이 450~600mm인데 비해 특성상 200~3,500mm까지의 춤이 큰 웨브의 보를 사용하게 되므로 좌굴에 의한 영향력이 비교적 큰 시스템이다. 따라서 변단면 보 부재실험을 통하여 좌굴 및 휨거동에 대하여 이해를 높일 수 있다.

(1) 실험목적 및 실험재료

1) 실험 목적

① PEB 시스템에 대한 자료조사 및 각 부재에 대하여 조사한다.

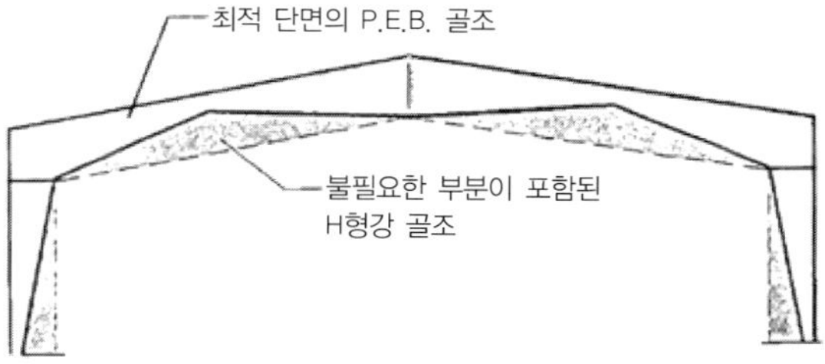

(a) PEB 시스템의 기본개념

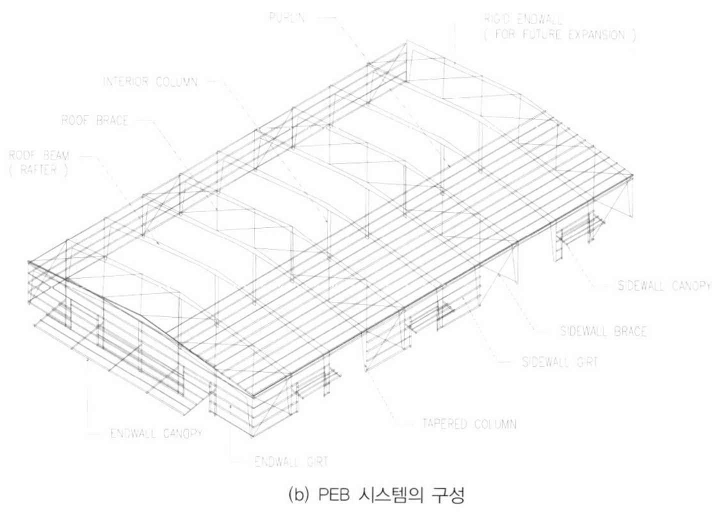

(b) PEB 시스템의 구성

그림 10.24 PEB 시스템

② PEB 시스템의 변단면보의 휨성능에 영향을 미치는 주요변수에 대하여 조사한다. 웨브의 판폭두께비, 스티프너 유무, 횡비지지길이 등을 변수로 하여 총 4개의 실대형 실험체를 제작하고 실험을 수행한다.

③ 횡비틀림좌굴 거동에 대한 이해 및 영향인자를 파악한다.

2) 실험 재료

실험체, UTM(만능시험기, 10,000kN), LVDT, 스트레인게이지, 접착제

(2) 실험방법 및 실험과정

1) 실험 방법

실제 구조물의 모멘트분배에 따라 0이 되는 지점을 힌지화하여 단순보의 형상으로 이상화하고 단조하중 1점 집중재하방식을 적용한다. 좌우 실험체의 횡구속의 정도를 달리함으로써 계획된 부재의 횡좌굴을 유도 및 좌굴 후 거동 평가를 용이하게 계획하였다.

2) 실험 과정

① 횡지지대 설치 : 실제와 동일한 중도리 및 횡가새의 역할을 구현하기 위하여 6개의 H형강기둥을 설치하여 이 실험체의 상부 및 하부높이에서 C형강을 부착

② 횡구속 구현 : 긴 홈구멍을 뚫은 T-스트럿을 각 중도리 및 횡가새의 위치에 부착

③ 실험체와 턴버클로 연결(jaw & jaw 형태)

④ 단부구속 조건 : 양단지점 조건은 연속보나 단부의 영향으로부터 자유로울 수 있는 양단 롤러지지 형태를 구현

(a) 횡지지대 설치 (b) 횡구속 구현

그림 10.25 PEB 실험체의 세팅 개요

(3) 실험결과 및 분석

1) 좌굴 및 파괴양상 : 판폭두께비를 달리한 실험체(a, b) 및 중간 스티프너를 사용한 실험체(c)의 경우 횡비틀림좌굴로 인한 파단양상을 나타내는데 비해 플랜지스테이를 사용하여 횡구속을 구현한 실험체(d)의 경우 횡비틀림좌굴에 대하여 효과적이었다.

(a) TB-2000 (b) TB-250 (c) TB-S (d) TB-L/2

그림 10.26 PEB 실험체별 좌굴양상

2) 휨강도 : PEB system의 특성상 춤이 큰 웨브 변단면부재를 사용함에 따라 판폭두께비 제한값을 초과하는 부재(비조밀 및 세장단면) 특성을 나타냄으로써 좌굴거동에 대한 영향이 지배적이며, 최대내력 발현 이후 급격한 내력저하로 취성적 거동을 나타내고 있다. 따라서 판폭두께비 동일 조건에서는 횡구속길이의 변화가 연성적 측면에서 유리하다고 판단된다.

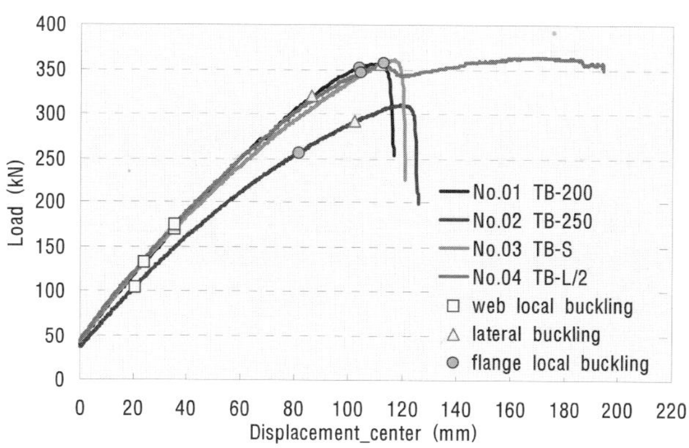

그림 10.27 PEB 실험체별 하중-변위 관계 곡선

10.5 기둥

SM570TMC 강재를 고층건축물에 적용하기 위하여 단일압축력 및 횡하중을 받는 SM570TMC 각형강관 및 H형강을 갖는 기둥의 성능평가를 위한 실험을 수행하여 SM570TMC 강재의 축력에 따른 휨모멘트와 곡률간의 역학적 관계를 검토한다. 단면형상 및 세장비, 축력비를 주요변수로 하여 실험을 실시한다.

(1) 실험목적 및 실험재료

1) 실험 목적

① 단면 형상을 기준으로 2그룹의 실험체를 제작하여 휨성능을 파악한다.

② 세장비를 변수로 실험체를 제작하여 휨성능을 파악한다.

③ 축력비를 기준으로 3 그룹의 실험체로 구별하여 휨성능을 파악한다.

2) 실험 재료

SM570TMC 보부재 실험체 12개, 3,000kN 엑츄에이터 1대, 500kN 엑츄에이터 2대, LVDT, 스트레인게이지, 접착제

(2) 실험체제작 및 실험방법

1) 실험 방법

압축력과 휨모멘트를 받는 기둥부재의 좌굴내력을 평가하기 위해서 바닥과 벽에 3,000kN 엑츄에이터 1대와 500kN 엑츄에이터 2대를 설치해서 실험을 수행한다. 여기서 3,000kN 엑츄에이터는 축력을 나타내고, 500kN 엑츄에이터는 휨모멘트를 나타내기 위한 것이다. 축력과 휨모멘트를 나타내기 위해서 3,000kN 엑츄에이터를

(a) 엑츄에이터 시스템

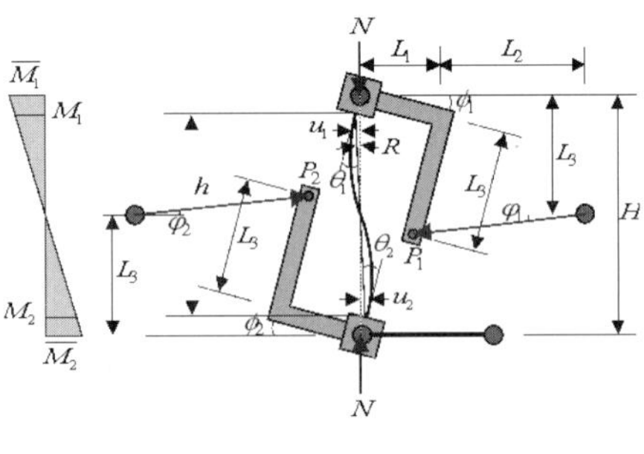

(b) 실험체 셋팅 개념

그림 10.28 기둥실험 전경 및 개념

이용해서 축력을 먼저 가한 다음, 500kN 엑츄에이터로 단조가력해서 보-기둥실험체에 휨모멘트가 발생하도록 한다. 축력은 실측된 항복하중의 0%, 25%, 38% 범위로 변화시켰다. 축력은 하중제어 방식으로 5kN/sec의 속도로, 횡력은 변위제어 방식으로 1mm/sec 속도로 변위를 점진적으로 증가시켜 최대 변위 300mm까지 가력한다.

2) 실험 과정

① 실험체 제작 : 실험체의 길이는 4,440mm으로 보-기둥실험체의 단면은 조립 각형강관과 조립 H형강으로 제작하였다. 여기서 보-기둥실험체의 세장비는 단면형상에 무관하게 모두 42와 69의 2가지 경우로 한다.

② 게이지 부착 : 보-기둥실험체의 길이방향으로 700mm 간격으로 스트레인 게이지를 부착한다.

③ 볼베어링 설치 : 모멘트팔 상하에는 볼베어링을 설치하여 엑츄에이터가 상하로 움직이는 것을 방지한다.

④ 보호프레임 설치 : 3,000kN 엑츄에이터를 보호하기 위하여 보호프레임 3,000 kN 엑츄에이터가 있는 보-기둥실험체 단부 핀에 연결한다.

(3) 실험결과

1) 좌굴 및 파괴양상 : 횡력을 받는 SM570TMC강재로 제작된 기둥부재의 변형모드는 단면형상에 무관하게 좌굴에 의해서 지배되었다. 특히 세장비가 작으면 변형보드가 전체좌굴에서 국부좌굴로 변화하는 것을 알 수 있다.

그림 10.29 기둥실험 결과 및 파단양상

10.6 접합부

강구조물에서 접합부는 구조체의 거동 및 응력전달과 같은 구조적인 문제와 제작 및 설치 등의 시공적인 문제에 큰 영향을 미치는 중요한 구조요소이므로 구조설계 시에 응력전달 방법, 건축물의 형태나 규모, 시공성 및 경제성 등이 고려되어야 한다. 그중 철골모멘트접합부는 골조의 횡변위에 저항하면서 보에 작용하는 휨모멘트와 전단력을 기둥으로 전달하여 높은 연성능력을 보유하는 것으로 간주되어 강진지역에서 많이 사용되고 있다. 본 실험은 내진성능이 뛰어난 SN 강재를 이용해 단면의 효율성이 높은 각형강관 기둥과 H형강 보 접합부의 내진성능을 평가하고자 가장 일반적인 관통형 다이아프램 접합형식에 대하여 실험을 수행하였다.

(1) 실험목적 및 실험재료

1) 실험 목적

① 실험 결과를 강구조설계기준의 내진규정과 비교하여 기준에 대한 적합성을 증명하였다.

② 강구조설계기준의 내진규정

- 내진설계에 사용되는 반응수정계수 R값을 기준으로 특수모멘트골조, 중간모멘트골조와 보통모멘트골조로 나누고 있다.
- 특수모멘트골조는 반응수정계수가 8로서 비탄성회전각 0.03라디안을 수용할 수 있도록 설계되어야 하고, 0.04라디안 총 층간변위각을 수용할 수 있는 것으로 고려되어야 한다.
- 특수모멘트골조에 속하기 위한 보-기둥 접합부는 최소 0.04라디안의 층간변위각을 발휘할 수 있어야 하고, 접합부의 계측휨강도는 0.04라디안의 층간변위에서 적어도 보 M_p의 80% 이상이 유지되어야 한다.

2) 실험 재료

SN400 접합부 실험체, Actuator(2,000kN), 줄 변위계, LVDT, 스트레인게이지, 접착제

(2) 실험방법 및 실험과정

1) 실험 방법

실험은 강구조설계기준에 의한 보-기둥 접합부의 반복재하 인증실험에 의거하여 실험을 수행하였다. 하중은 층간 변위각에 의해 조절된다. 보 끝단의 변위는 층간

변위각에 따라 보 단부의 가력중심에서 각형강관 기둥 중심까지의 거리를 이용하여 정하였으며, 엑츄에이터의 변위제어로 하중가력을 실시하였다. 하중가력방식은 층간 변위각이 0.375, 0.5와 0.75%일 때 각각 6사이클, 1%일 때는 4사이클, 2% 이후로는 2사이클씩 연속해서 반복가력하며 3% 이후에는 파괴될 때까지 2사이클마다 1%씩 증가시켜 수행하였다. 가력속도는 실험 여건상 0.375~1%까지는 0.5 mm/s, 1.5~2%까지는 1.0 mm/s, 3~4%까지는 1.5 mm/s의 속도로 진행하였고, 5% 이후에는 파괴될 때까지 2.0 mm/s의 속도로 진행하였다.

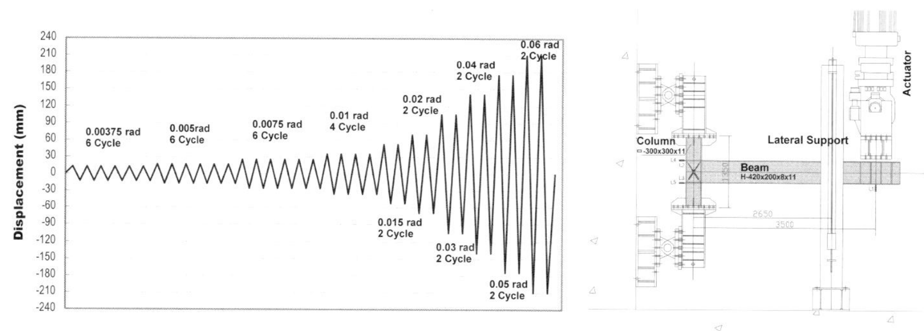

(a) 재하시스템 (b) 실험체 세팅 사진

그림 10.30 접합부 실험 개요

2) 실험 과정

① 실험체 제작 : 실험체는 SN400 강재로 각 부재를 제작하였고, H−420×200×8×11보와 □−300×300×11 각형강관기둥을 사용하였다.

② 계측기 설치 : 변위계는 전체적인 거동과 패널존의 영향을 계측하기 위해 설치하고, 변형도 측정 게이지는 국부 변형을 알기 위한 위치에 설치하였다. 보 끝단에는 줄 변위계를 설치하여 측정된 엑츄에이터의 수직 변위로 실험체 변위를 조절하였다.

③ 실험체 세팅 : 실험체는 반력벽에 고정된 힌지와 기둥단부의 플레이트를 볼트로 체결하여 양단이 힌지인 기둥을 구성하고 보의 가력점에 2,000kN 엑츄에이터(Actuator)를 볼트로 연결하였다.

④ 횡지지대 설치 : 보의 횡좌굴 방지를 위하여 횡지지대를 설치하고 횡지지대와 보 플랜지의 마찰을 최소화하기 위해 보와 횡지지대가 맞닿는 부위는 마찰계수가 작은 합성수지를 삽입하였다.

(3) 실험결과 및 분석

1) **좌굴 및 파괴양상 :** 가력 중, ±0.02 라디안에서 보 접합부의 플랜지에 국부좌굴이 발생하였고, 보 웨브의 스캘럽에 균열이 관측되었다. ±0.04 라디안에서 보의 스캘럽이 설치된 상부 플랜지가 찢어지면서 파괴되었다. 이는 웨브 상부에 스캘럽으로 인한 단면결손으로 상부 플랜지 및 웨브 상부에 작용하는 인장력 때문이다.

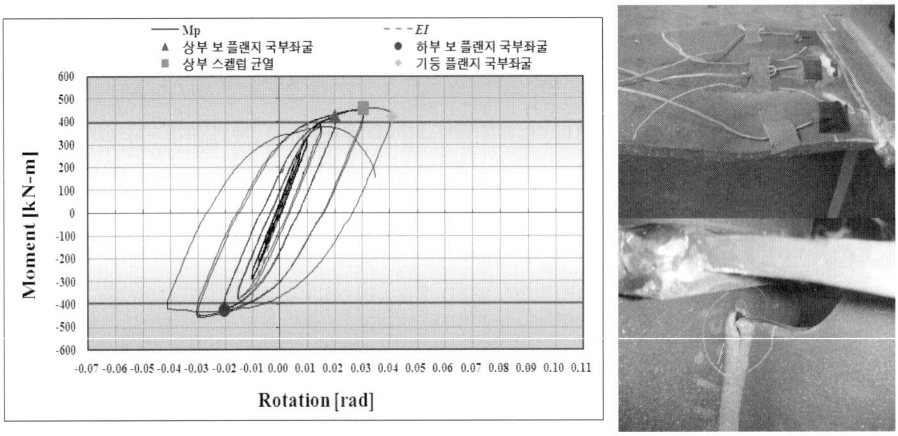

(a) 모멘트-회전각 그래프 (b) 파괴양상

그림 10.31 접합부 실험결과

2) **강구조설계기준 비교 :** 비탄성회전각 0.03라디안을 수용할 수 있도록 설계되어야 하고, 0.04라디안 총 층간변위각을 수용할 수 있는 것으로 고려되어야 한다. 실험 결과 각각 0.0305, 0.0407로 기준에서 요구하는 성능을 만족하고 있다. 또한 0.04라디안에서의 모멘트는 이론값을 적용할 경우 419MPa로 약 15% 높은 성능을 발휘하였다.

10.7 합성재

10.7.1 합성기둥 실험

합성기둥으로는 SRC, CFT, SC 등을 들 수 있으며 이는 초고층 건축물에 많이 적용되고 있다. 이는 초고층 건축물의 경우 상부층으로부터 전달되어 내려온 수직방향 하중에 의해 하부층에서의 부재치수가 증가하여 건물의 중량이 증가하게 되며, 바람이나 지진과 같은 수평방향 외력에 대한 영향이 크다. 따라서 높은 축력 및 휨모멘트에 대응하여 부재치수를 감소시키고 유효공간 확보 등 구조적 성능을 개선시킬 수 있는 부재이다.

(1) 실험목적 및 실험재료

1) 실험 목적

① SM570TMC강을 합성기둥으로 사용할 때의 구조적 거동에 대하여 이해한다.
② SRC과 CFT 부재의 구조성능에 대하여 검토한다.

2) 실험 재료

SM570TMC 합성기둥 실험체, 만능시험기(10,000kN), LVDT, 스트레인 게이지, 접착제

(2) 실험방법 및 실험 과정

1) 실험 방법

① 실험체를 만능시험기 위에 올려놓는다.
② 실험체 위에 원형 구좌를 설치하여 지지조건을 양단핀으로 만든다.
③ 만능시험기를 통해 일정한 속도로 하중을 주어 실험체의 변형을 관찰한다.
④ 실험체의 중앙부에 게이지를 부착하고 4곳 모서리에 변위계(LVDT)를 설치하여 변형률 및 변위를 측정한다.

2) 실험 과정

① 모든 설치가 완료되면 중심 축하중을 재하하고 실험체를 관찰한다.
② 실험이 진행되는 도중에는 실험체에 국부좌굴이 생기는 하중점 및 특이사항을 관찰하고 기록한다.
③ 실험체가 더 이상 힘을 받지 못할 때에는 실험체의 최종파괴형상을 관찰하고 실험을 종료한다.

(3) 실험결과 및 분석

1) **파괴양상 :** 모든 실험체는 콘크리트의 파괴 및 강관의 국부좌굴이 발생하며 최대내력에 도달하고 그 이후에 내력이 감소한다.

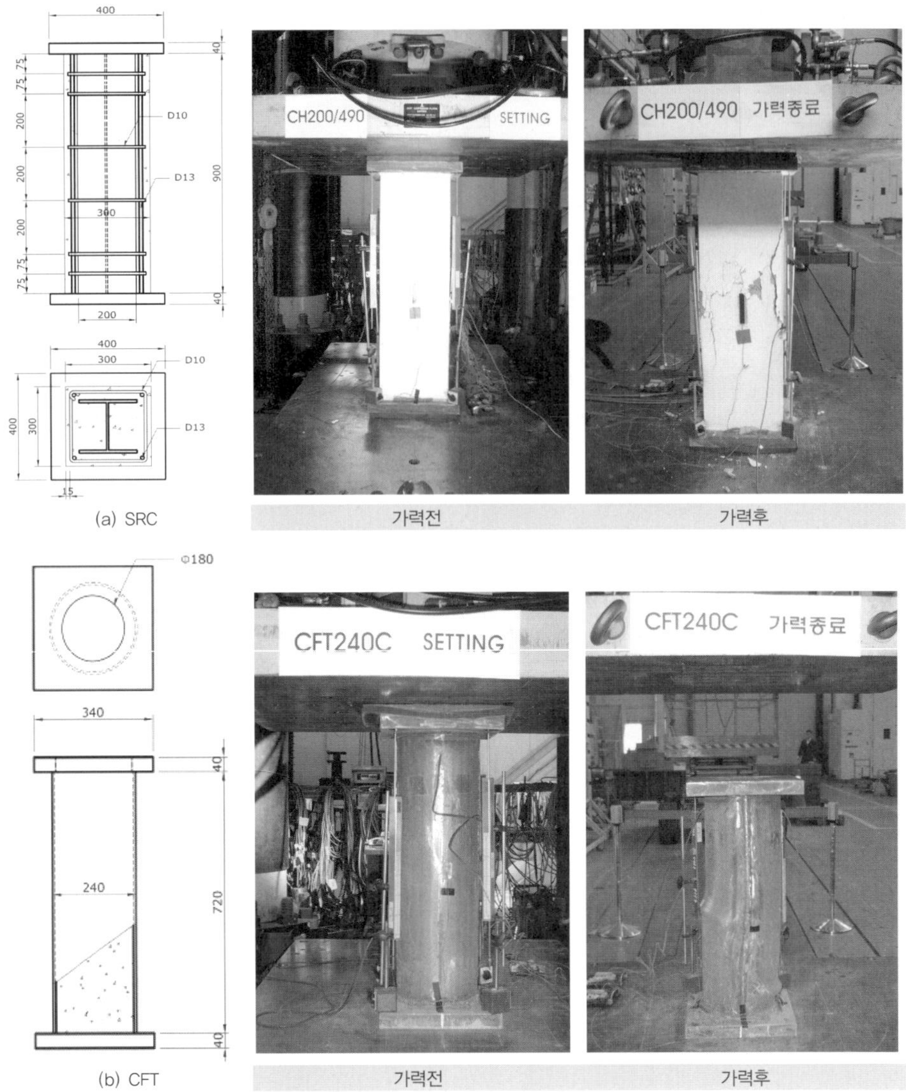

그림 10.32 합성기둥 파단 양상

2) **최대내력** : 폭두께비, 콘크리트의 강도 등에 따라 최대내력 및 강도상승률(하중/누가강도)을 조사한다.

10.7.2 합성슬래브 실험

강구조에서는 공기단축과 시공성 향상을 위해 구조용 데크플레이트를 사용한 합성슬래브를 일반적으로 사용한다. 구조용 데크플레이트는 콘크리트 타설시 거푸집 역할을, 콘크리트 경화 후에는 주 인장재의 역할을 함으로써 인장 주철근 배근을 최소화할 수 있다는 것이 장점이다.

(1) 실험목적 및 실험재료

1) 실험 목적

① 구조용 데크플레이트를 사용한 연속 합성슬래브 시스템에서 각 변수에 따른 부재의 휨거동 및 소요 소성회전능력을 파악한다.

② 구조용 데크플레이트를 사용한 합성슬래브의 부모멘트 영역에서의 휨 균열거동을 파악한다.

2) 실험 재료

합성슬래브 실험체, 엑츄에이터, 로드셀(load cell), LVDT, 스트레인 게이지, 접착제

(2) 실험방법 및 실험과정

1) 실험 방법

2경간 연속합성슬래브 실험체에 상부 2점 가력

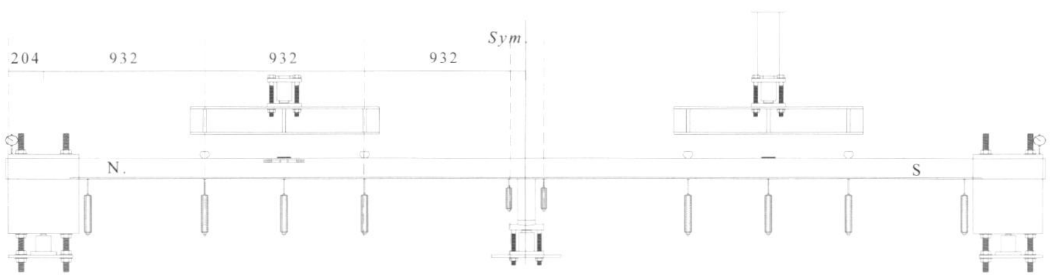

그림 10.33 합성슬래브 실험 개요

2) 실험 과정

양단부 구속조건으로 고정단-가력 Frame의 반력 보에 슬래브 및 슬래브를 지지하는 H형강 보와 함께 슬래브 상단에 PL-600×400×20을 설치하여 8-M36의 고력볼트로 체결하였다. 2스팬을 500kN 용량의 오일잭과 가력 보를 이용하여 4.9kN/min의 속력으로 상부 2점 가력하였다. 가력점 사이의 거리는 스팬의 1/3로 하였다.

(3) 실험결과 및 분석

1) **균열 양상** : 각 변수별, 부모멘트 영역에서의 초기 휨균열발생, 부모멘트 영

역의 인장철근 항복, 정모멘트 영역에서 데크플레이트의 상부플랜지와 하부플랜지 항복 및 부모멘트 영역의 상부철근 파단시점 등에 대하여 관찰한다. 최대하중 이후 처짐이 증가하게 되면 스팬 단부에서 과도한 균열로 인해 데크 플레이트와 콘크리트 사이의 분리가 발생하고 이로 인한 길이방향의 균열이 관찰되었다. 동일 철근응력상태에서 인장철근 양이 증가할수록 균열간격과 균열 폭은 감소하였다.

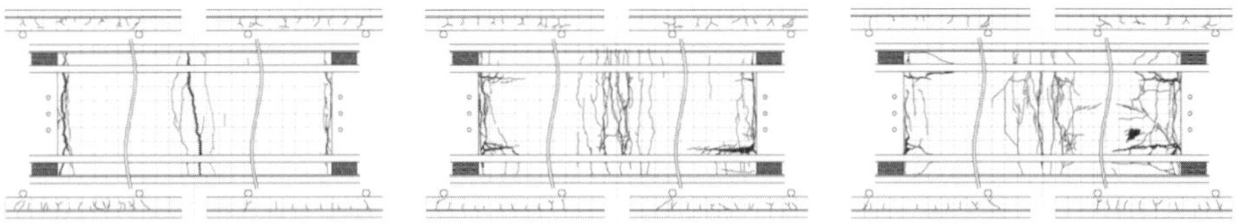

그림 10.34 합성슬래브 균열도

2) **휨내력 :** 정모멘트 영역에서 데크플레이트의 항복은 최대내력의 80~95% 정도에서 항복하며 데크플레이트 상부플렌지의 항복내력과 최대내력은 비슷한 수준으로 있었다. 정, 부 모멘트 영역의 단면이 일정하여 동일한 휨내력을 갖는다면 본 실험조건에서 정모멘트 영역의 항복내력은 부모멘트 영역 항복내력의 2배 정도이다.

3) **소성회전능력 :** 최대내력 시 모멘트 분배를 위해 단부에서 수용할 수 있는 소성회전 능력에 대하여 알아본다.

10.8 구조시스템

10.8.1 풍하중에 의한 골조 모형실험

초고층건물은 그 층수 또는 높이에 따라 정확히 구분되어 있지 않으며 관점에 따라 상대적으로 정의되고 있다. 우리나라의 경우 명확한 정의가 되어 있지 않고 내진설계에 의한 구조안전 확인 대상물인 21층 이상 건물을 초고층기준으로 볼 수가 있겠으나 통상 30층 이상, 높이 100m 이상의 고층건물이 초고층 건물로 간주되어 왔다. 세계초고층학회에서 발표하는 세계 100대 빌딩, 즉 약 50층 이상, 높이 220m 이상의 건물을 초고층 건물이라고도 한다. 이러한 초고층 건축물의 경우 풍하중과 같은 횡력에 의한 영향이 지배적이다. 따라서 본 모형실험에서는 초고층건물에서 볼 수 있는 건물에 작용하는 자중과 풍하중의 영향에 대하여 실험을 하였다.

(1) 실험목적 및 실험재료

1) 실험 목적

건물의 자중의 변화에 따라 풍하중의 영향을 받아 건물이 휘는 정도를 관찰한다.

2) 실험 재료

우드락 보드, 각도기, 잘 휘는 종이판, 얇은 아크릴판, 선풍기, 10원짜리 동전 등

(2) 실험방법 및 실험과정

1) 실험 방법

풍하중 역할을 할 선풍기를 이용하여 모형건물에 하중이 작용하도록 하였다. 그리고 동전의 개수를 점점 늘리면서 자중과 풍하중의 영향에 따른 건물의 휘어지는 영향을 관찰한다.

2) 실험 과정

① 두꺼운 종이판으로 30mm×50mm×300mm의 건물구조물을 만든다.

② 건물벽과 벽 사이는 건물이 휘어지는데 지장을 받지 않도록 얇은 아크릴판을 사용하여 50mm 간격으로 이어준다.

③ 건물의 바닥은 우드락보드를 이용하여 건물이 휘지 않고 서있을 수 있도록 지탱해준다.

④ 가벼운 아크릴판을 이용해 하중의 역할을 할 동전을 넣을 높이 50mm의 바구니를 설치한다. 바닥판에 각도기를 고정하고, 선풍기를 같은 풍속으로 돌린다. 10원짜리 동전을 3개씩 증가시켜 실험한다.

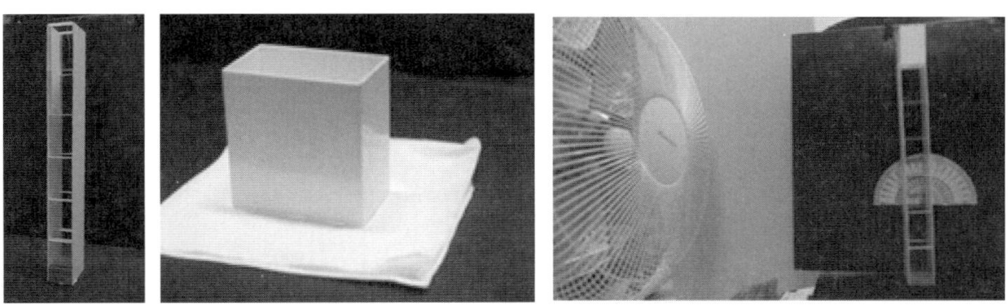

그림 10.35 풍하중 모형재료 및 방법

(3) 실험결과 및 분석

1) 풍하중을 받고 있는 건물의 자중에 대한 횡변위 변화 : 구조물이 90°로 세워진 상태에서 선풍기바람이 불도록 했을 때 건물이 2층 높이에서 기울기 시작했다. 따라서 건물의 2층 위치를 기준으로 기울어진 정도를 측정하였다. 처음에 동전을 넣지 않은 상태의 구조물에 바람이 불도록 했을 때 구조물이 10° 정도 기울어졌다. 이후에 동전을 3개씩 증가시킬 때마다 구조물이 기울어지는 각은 약 4°씩 증가하였다.

동전 없음 - 10° (0g) | 동전 3개 - 14° (12.18g) | 동전 6개 - 19° (24.36g) | 동전 9개 - 24° (36.54g)

그림 10.36 풍하중에 의한 실험결과

10.8.2 아웃리거 시스템 모형실험

60층 전후의 초고층건물에서 효율적인 저항하는 횡력저항시스템으로 아웃리거란 내부코어와 외부 기둥들을 연결하는 강성이 큰 수평부재를 의미하며, 1~2개 층 높이의 철근콘크리트 벽체 또는 철골 트러스형태로 사용된다. 이는 내부코어만으로 횡력(풍하중, 지진하중)에 저항하기 힘든 초고층건물에서 외부기둥을 활용하여 횡저항성능을 효율적으로 향상시킴으로써 구조물량을 감소시킨다.

(1) 실험목적 및 실험재료

1) 실험 목적

① 초고층 건물(세장비≥5)에 있어서 동일한 크기의 수평하중이 가해졌을 때, 코어구조만 수평하중에 저항하는 경우와 아웃리거 벨트트러스가 존재할 때의 처짐 차이를 살펴본다.

② 아웃리거와 벨트트러스를 설치할 때 최적의 위치 등을 알아본다.

2) 실험 재료

스티로폼, 폼보드, 플라스틱 막대, 낚싯줄, 선풍기, 모눈종이, 자

(2) 실험방법 및 실험과정

1) 실험 방법

① 처짐측정 : 외부기둥의 위치를 자를 이용해 모형 뒤쪽 모눈종이에 표시

② 아웃리거의 위치 : 짝수 층 마다 아웃리거 벨트를 설치하여 동일한 하중을 가했을 때의 처짐을 측정함으로써 가장 효과적으로 수평하중을 저항할 수 있는 위치는 찾는다.

2) 실험 과정

① 스티로폼 및 폼보드를 필요한 크기로 재단한다.

② 모형의 기초인 스티로폼 3개에 플라스틱 막대(코어 및 기둥)를 꽂아 넣는다.

③ 필요한 크기로 자른 각 층의 슬래브에 코어 및 기둥 위치에 따라 칼집을 내고 일정한 층고의 간격(2cm)으로 끼워 넣는다.

④ 낚싯줄을 이용해 24개 층 중 약 10개의 층에 수평하중을 가할 수 있도록 연결한다.

⑤ 도르래를 설치하고, 하중을 가할 수 있도록 컵을 설치한다.

⑥ 코어에 작용하는 수평하중에 저항할 수 있는 벨트 트러스를 제작한다.

그림 10.37 아웃리거 모형실험 결과 사진

(3) 실험결과 및 분석

1) 아웃리거 위치별 횡변위 관계에 대하여 조사한다.

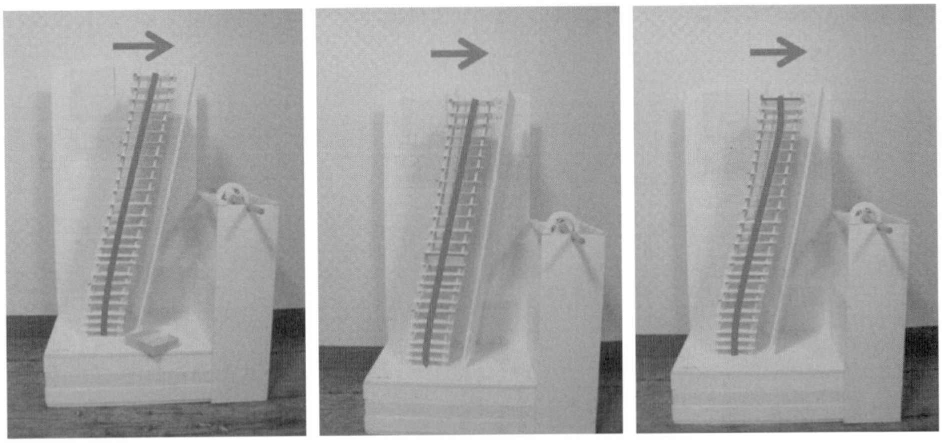

(a) non outrigger　　(b) Z=L/2　　(c) Z=L

그림 10.38 아웃리거 모형실험 결과 사진

부 록

1. 형강일람표
2. 고력볼트의 설계강도
3. 고력볼트의 피치 및 게이지 표준

1. 형강일람표

부 표 1.1 H형강의 표준치수와 단면성능

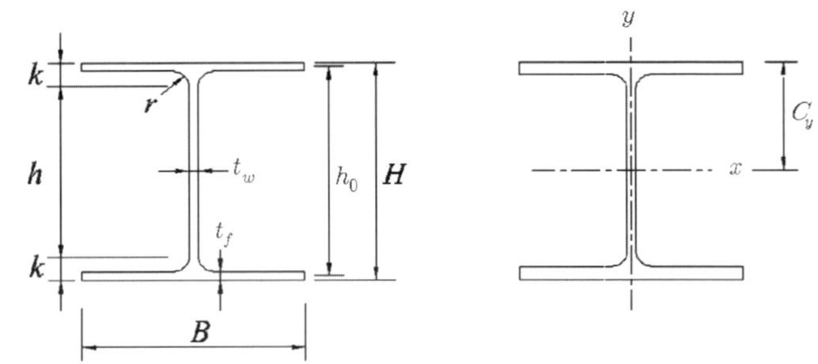

표준단면치수(mm)						단면적 (mm²)	단위중량 (N/mm)	단면2차모멘트 (mm⁴)		단면2차반경 (mm)		탄성단면계수 (mm³)		소성단면계수 (mm³)		비틀림상수 (mm⁴)	뒤틀림상수 (mm⁶)
호칭치수	H	B	t_w	t_f	r	A	W	I_x	I_y	r_x	r_y	S_x	S_y	Z_x	Z_y	J	C_w
100×50	100	50	5	7	8	$1,185\times10^{3}$	$9,11\times10^{-2}$	$1,88\times10^{6}$	$1,48\times10^{5}$	$3,98\times10^{1}$	$1,12\times10^{1}$	$3,75\times10^{4}$	$5,92\times10^{3}$	$4,41\times10^{4}$	$9,52\times10^{3}$	$2,03\times10^{4}$	$3,20\times10^{8}$
100×100	100	100	6	8	10	$2,190\times10^{3}$	$1,69\times10^{-1}$	$3,83\times10^{6}$	$1,34\times10^{6}$	$4,18\times10^{1}$	$2,47\times10^{1}$	$7,65\times10^{4}$	$2,68\times10^{4}$	$8,76\times10^{4}$	$4,12\times10^{4}$	$5,17\times10^{4}$	$2,83\times10^{9}$
125×60	125	60	6	8	9	$1,684\times10^{3}$	$1,29\times10^{-1}$	$4,13\times10^{6}$	$2,95\times10^{5}$	$4,95\times10^{1}$	$1,32\times10^{1}$	$6,61\times10^{4}$	$9,73\times10^{3}$	$7,76\times10^{4}$	$1,57\times10^{4}$	$3,76\times10^{4}$	$9,99\times10^{8}$
125×125	125	125	6,5	9	10	$3,031\times10^{3}$	$2,33\times10^{-1}$	$8,47\times10^{6}$	$2,93\times10^{6}$	$5,29\times10^{1}$	$3,11\times10^{1}$	$1,36\times10^{5}$	$4,69\times10^{4}$	$1,54\times10^{5}$	$7,19\times10^{4}$	$8,44\times10^{4}$	$9,87\times10^{9}$
150×75	150	75	5	7	8	$1,785\times10^{3}$	$1,37\times10^{-1}$	$6,66\times10^{6}$	$4,95\times10^{5}$	$6,11\times10^{1}$	$1,67\times10^{1}$	$8,88\times10^{4}$	$1,32\times10^{4}$	$1,02\times10^{5}$	$2,08\times10^{4}$	$2,81\times10^{4}$	$2,53\times10^{9}$
150×100	148	100	6	9	11	$2,684\times10^{3}$	$2,07\times10^{-1}$	$1,02\times10^{7}$	$1,51\times10^{6}$	$6,17\times10^{1}$	$2,37\times10^{1}$	$1,38\times10^{5}$	$3,02\times10^{4}$	$1,57\times10^{5}$	$4,67\times10^{4}$	$7,37\times10^{4}$	$7,27\times10^{9}$
150×150	150	150	7	10	11	$4,014\times10^{3}$	$3,09\times10^{-1}$	$1,64\times10^{7}$	$5,63\times10^{6}$	$6,39\times10^{1}$	$3,75\times10^{1}$	$2,19\times10^{5}$	$7,51\times10^{4}$	$2,46\times10^{5}$	$1,15\times10^{5}$	$1,35\times10^{5}$	$2,76\times10^{10}$
175×90	175	90	5	8	9	$2,304\times10^{3}$	$1,77\times10^{-1}$	$1,21\times10^{7}$	$9,75\times10^{5}$	$7,26\times10^{1}$	$2,06\times10^{1}$	$1,39\times10^{5}$	$2,17\times10^{4}$	$1,57\times10^{5}$	$3,37\times10^{4}$	$4,50\times10^{4}$	$6,78\times10^{9}$
175×175	175	175	7,5	11	12	$5,121\times10^{3}$	$3,94\times10^{-1}$	$2,88\times10^{7}$	$9,84\times10^{6}$	$7,50\times10^{1}$	$4,38\times10^{1}$	$3,30\times10^{5}$	$1,12\times10^{5}$	$3,69\times10^{5}$	$1,71\times10^{5}$	$2,05\times10^{5}$	$6,61\times10^{10}$
200×100	198	99	4,5	7	11	$2,318\times10^{3}$	$1,78\times10^{-1}$	$1,58\times10^{7}$	$1,14\times10^{6}$	$8,26\times10^{1}$	$2,22\times10^{1}$	$1,60\times10^{5}$	$2,30\times10^{4}$	$1,80\times10^{5}$	$3,57\times10^{4}$	$3,76\times10^{4}$	$1,04\times10^{10}$
	200	100	5,5	8	11	$2,716\times10^{3}$	$2,09\times10^{-1}$	$1,84\times10^{7}$	$1,34\times10^{6}$	$8,24\times10^{1}$	$2,22\times10^{1}$	$1,84\times10^{5}$	$2,68\times10^{4}$	$2,09\times10^{5}$	$4,19\times10^{4}$	$5,73\times10^{4}$	$1,23\times10^{10}$
200×150	194	150	6	9	13	$3,901\times10^{3}$	$3,00\times10^{-1}$	$2,69\times10^{7}$	$5,07\times10^{6}$	$8,30\times10^{1}$	$3,61\times10^{1}$	$2,77\times10^{5}$	$6,76\times10^{4}$	$3,09\times10^{5}$	$1,04\times10^{5}$	$1,08\times10^{5}$	$4,34\times10^{10}$

(표 계속)

호칭치수	표준단면치수(mm) H	B	t_w	t_f	r	단면적 (mm²) A	단위중량 (N/mm) W	단면2차모멘트 (mm⁴) I_x	I_y	단면2차반경 (mm) r_x	r_y	탄성단면계수 (mm³) S_x	S_y	소성단면계수 (mm³) Z_x	Z_y	비틀림상수 (mm⁴) J	뒤틀림상수 (mm⁶) C_w
200×200	200	200	8	12	13	6.353×10^{3}	4.89×10^{-1}	4.72×10^{7}	1.60×10^{7}	8.62×10^{1}	5.02×10^{1}	4.72×10^{5}	1.60×10^{5}	5.25×10^{5}	2.44×10^{5}	2.99×10^{5}	1.42×10^{11}
	200	204	12	12	13	7.153×10^{3}	5.51×10^{-1}	4.98×10^{7}	1.70×10^{7}	8.35×10^{1}	4.88×10^{1}	4.98×10^{5}	1.67×10^{5}	5.65×10^{5}	2.57×10^{5}	3.94×10^{5}	1.50×10^{11}
	208	202	10	16	13	8.369×10^{3}	6.44×10^{-1}	6.53×10^{7}	2.20×10^{7}	8.83×10^{1}	5.13×10^{1}	6.28×10^{5}	2.18×10^{5}	7.10×10^{5}	3.32×10^{5}	6.69×10^{5}	2.03×10^{11}
250×125	248	124	5	8	12	3.268×10^{3}	2.52×10^{-1}	3.54×10^{7}	2.55×10^{6}	1.04×10^{2}	2.79×10^{1}	2.85×10^{5}	4.11×10^{4}	3.19×10^{5}	6.36×10^{4}	6.62×10^{4}	3.67×10^{10}
	250	125	6	9	12	3.766×10^{3}	2.90×10^{-1}	4.05×10^{7}	2.94×10^{6}	1.04×10^{2}	2.79×10^{1}	3.24×10^{5}	4.70×10^{4}	3.66×10^{5}	7.31×10^{4}	9.64×10^{4}	4.27×10^{10}
250×175	244	175	7	11	16	5.624×10^{3}	4.32×10^{-1}	6.12×10^{7}	9.84×10^{6}	1.04×10^{2}	4.18×10^{1}	5.02×10^{5}	1.12×10^{5}	5.58×10^{5}	1.73×10^{5}	2.29×10^{5}	1.34×10^{11}
250×250	244	252	11	11	16	8.206×10^{3}	6.31×10^{-1}	8.79×10^{7}	2.94×10^{7}	1.03×10^{2}	5.99×10^{1}	7.20×10^{5}	2.33×10^{5}	8.05×10^{5}	3.58×10^{5}	3.85×10^{5}	3.99×10^{11}
	248	249	8	13	16	8.470×10^{3}	6.52×10^{-1}	9.93×10^{7}	3.35×10^{7}	1.08×10^{2}	6.29×10^{1}	8.01×10^{5}	2.69×10^{5}	8.83×10^{5}	4.08×10^{5}	4.67×10^{5}	4.62×10^{11}
	250	250	9	14	16	9.218×10^{3}	7.10×10^{-1}	1.08×10^{8}	3.65×10^{7}	1.08×10^{2}	6.29×10^{1}	8.67×10^{5}	2.92×10^{5}	9.60×10^{5}	4.44×10^{5}	5.88×10^{5}	5.08×10^{11}
	250	255	14	14	16	1.047×10^{4}	8.06×10^{-1}	1.15×10^{8}	3.88×10^{7}	1.05×10^{2}	6.09×10^{1}	9.19×10^{5}	3.04×10^{5}	1.04×10^{6}	4.68×10^{5}	7.87×10^{5}	5.40×10^{11}
300×150	298	149	5.5	8	13	4.080×10^{3}	3.14×10^{-1}	6.32×10^{7}	4.42×10^{6}	1.24×10^{2}	3.29×10^{1}	4.24×10^{5}	5.93×10^{4}	4.75×10^{5}	9.18×10^{4}	8.48×10^{4}	9.29×10^{10}
	300	150	6.5	9	13	4.678×10^{3}	3.60×10^{-1}	7.21×10^{7}	5.08×10^{6}	1.24×10^{2}	3.30×10^{1}	4.81×10^{5}	6.77×10^{4}	5.42×10^{5}	1.05×10^{5}	1.23×10^{5}	1.07×10^{11}
300×200	294	200	8	12	18	7.238×10^{3}	5.57×10^{-1}	1.13×10^{8}	1.60×10^{7}	1.25×10^{2}	4.71×10^{1}	7.71×10^{5}	1.60×10^{5}	8.59×10^{5}	2.47×10^{5}	3.53×10^{5}	3.19×10^{11}
	298	201	9	14	18	8.336×10^{3}	6.41×10^{-1}	1.33×10^{8}	1.90×10^{7}	1.26×10^{2}	4.77×10^{1}	8.93×10^{5}	1.89×10^{5}	1.00×10^{6}	2.91×10^{5}	5.32×10^{5}	3.83×10^{11}
300×300	294	302	12	12	18	1.077×10^{4}	8.28×10^{-1}	1.69×10^{8}	5.52×10^{7}	1.25×10^{2}	7.16×10^{1}	1.15×10^{6}	3.66×10^{5}	1.28×10^{6}	5.60×10^{5}	5.95×10^{5}	1.10×10^{12}
	298	299	9	14	18	1.108×10^{4}	8.53×10^{-1}	1.88×10^{8}	6.24×10^{7}	1.30×10^{2}	7.50×10^{1}	1.27×10^{6}	4.17×10^{5}	1.30×10^{6}	6.34×10^{5}	7.12×10^{5}	1.26×10^{12}
	300	300	10	15	18	1.198×10^{4}	9.21×10^{-1}	2.04×10^{8}	6.75×10^{7}	1.31×10^{2}	7.51×10^{1}	1.36×10^{6}	4.50×10^{5}	1.50×10^{6}	6.84×10^{5}	8.82×10^{5}	1.37×10^{12}
	300	305	15	15	18	1.348×10^{4}	1.04×10^{0}	2.15×10^{8}	7.10×10^{7}	1.26×10^{2}	7.26×10^{1}	1.44×10^{6}	4.66×10^{5}	1.61×10^{6}	7.16×10^{5}	1.16×10^{6}	1.44×10^{12}
	304	301	11	17	18	1.348×10^{4}	1.04×10^{0}	2.34×10^{8}	7.73×10^{7}	1.32×10^{2}	7.57×10^{1}	1.54×10^{6}	5.14×10^{5}	1.71×10^{6}	7.81×10^{5}	1.25×10^{6}	1.59×10^{12}
	310	305	15	20	18	1.653×10^{4}	1.27×10^{0}	2.86×10^{8}	9.46×10^{7}	1.32×10^{2}	7.57×10^{1}	1.85×10^{6}	6.20×10^{5}	2.08×10^{6}	9.49×10^{5}	2.16×10^{6}	1.99×10^{12}
	310	310	20	20	18	1.808×10^{4}	1.39×10^{0}	2.99×10^{8}	9.94×10^{7}	1.29×10^{2}	7.42×10^{1}	1.93×10^{6}	6.41×10^{5}	2.20×10^{6}	9.92×10^{5}	2.70×10^{6}	2.09×10^{12}
350×175	346	174	6	9	14	5.268×10^{3}	4.06×10^{-1}	1.11×10^{8}	7.92×10^{6}	1.45×10^{2}	3.88×10^{1}	6.41×10^{5}	9.10×10^{4}	7.16×10^{5}	1.40×10^{5}	1.34×10^{5}	2.25×10^{11}
	350	175	7	11	14	6.314×10^{3}	4.86×10^{-1}	1.36×10^{8}	9.84×10^{6}	1.47×10^{2}	3.95×10^{1}	7.75×10^{5}	1.12×10^{5}	8.68×10^{5}	1.74×10^{5}	2.29×10^{5}	2.83×10^{11}
	354	176	8	13	14	7.368×10^{3}	5.66×10^{-1}	1.61×10^{8}	1.18×10^{7}	1.48×10^{2}	4.01×10^{1}	9.09×10^{5}	1.34×10^{5}	1.02×10^{6}	2.08×10^{5}	3.62×10^{5}	3.44×10^{11}
340×250	336	249	8	12	20	8.815×10^{3}	6.78×10^{-1}	1.85×10^{8}	3.09×10^{7}	1.45×10^{2}	5.92×10^{1}	1.10×10^{6}	2.48×10^{5}	1.22×10^{6}	3.80×10^{5}	4.34×10^{5}	8.11×10^{11}
	340	250	9	14	20	1.015×10^{4}	7.81×10^{-1}	2.17×10^{8}	3.65×10^{7}	1.46×10^{2}	6.00×10^{1}	1.28×10^{6}	2.92×10^{5}	1.41×10^{6}	4.47×10^{5}	6.57×10^{5}	9.70×10^{11}
350×350	338	351	13	13	20	1.353×10^{4}	1.04×10^{0}	2.82×10^{8}	9.38×10^{7}	1.44×10^{2}	8.33×10^{1}	1.67×10^{6}	5.34×10^{5}	1.85×10^{6}	8.72×10^{5}	8.72×10^{5}	2.48×10^{12}
	344	348	10	16	20	1.460×10^{4}	1.13×10^{0}	3.33×10^{8}	1.12×10^{8}	1.51×10^{2}	8.78×10^{1}	1.94×10^{6}	6.44×10^{5}	2.12×10^{6}	9.80×10^{5}	1.21×10^{6}	3.02×10^{12}

(표 계속)

표준단면치수(mm)						단면적 (mm^2)	단위중량 (N/mm)	단면2차모멘트 (mm^4)		단면2차반경 (mm)		탄성단면계수 (mm^3)		소성단면계수 (mm^3)		비틀림상수 (mm^4)	뒤틀림상수 (mm^6)
호칭치수	H	B	t_w	t_f	r	A	W	I_x	I_y	r_x	r_y	S_x	S_y	Z_x	Z_y	J	C_w
350×350	344	354	16	16	20	1.666×10^{4}	1.28×10^{0}	3.53×10^{8}	1.18×10^{8}	1.46×10^{2}	8.43×10^{1}	2.05×10^{6}	6.67×10^{5}	2.25×10^{6}	1.02×10^{6}	1.62×10^{6}	3.19×10^{12}
	350	350	12	19	20	1.739×10^{4}	1.34×10^{0}	4.03×10^{8}	1.36×10^{8}	1.52×10^{2}	8.84×10^{1}	2.30×10^{6}	7.77×10^{5}	2.55×10^{6}	1.18×10^{6}	1.99×10^{6}	3.72×10^{12}
	350	357	19	19	20	1.984×10^{4}	1.53×10^{0}	4.28×10^{8}	1.44×10^{8}	1.47×10^{2}	8.53×10^{1}	2.45×10^{6}	8.07×10^{5}	2.76×10^{6}	1.24×10^{6}	2.69×10^{6}	3.95×10^{12}
400×200	396	199	7	11	16	7.216×10^{3}	5.55×10^{-1}	2.00×10^{8}	1.45×10^{7}	1.67×10^{2}	4.48×10^{1}	1.01×10^{6}	1.46×10^{5}	1.13×10^{6}	2.24×10^{5}	2.68×10^{5}	5.36×10^{11}
	400	200	8	13	16	8.412×10^{3}	6.47×10^{-1}	2.37×10^{8}	1.74×10^{7}	1.68×10^{2}	4.55×10^{1}	1.19×10^{6}	1.74×10^{5}	1.33×10^{6}	2.68×10^{5}	4.21×10^{5}	6.50×10^{11}
	404	201	9	15	16	9.616×10^{3}	7.40×10^{-1}	2.75×10^{8}	2.03×10^{7}	1.69×10^{2}	4.60×10^{1}	1.36×10^{6}	2.02×10^{5}	1.53×10^{6}	3.12×10^{5}	6.24×10^{5}	7.69×10^{11}
400×300	386	299	9	14	22	1.201×10^{4}	9.24×10^{-1}	3.37×10^{8}	6.24×10^{7}	1.67×10^{2}	7.22×10^{1}	1.75×10^{6}	4.17×10^{5}	1.92×10^{6}	6.37×10^{5}	7.84×10^{5}	2.16×10^{12}
	390	300	10	16	22	1.360×10^{4}	1.05×10^{0}	3.87×10^{8}	7.21×10^{7}	1.69×10^{2}	7.28×10^{1}	1.98×10^{6}	4.81×10^{5}	2.19×10^{6}	7.33×10^{5}	1.13×10^{6}	2.52×10^{12}
400×400	388	402	15	15	22	1.785×10^{4}	1.37×10^{0}	4.90×10^{8}	1.63×10^{8}	1.66×10^{2}	9.54×10^{1}	2.52×10^{6}	8.11×10^{5}	2.80×10^{6}	1.24×10^{6}	1.53×10^{6}	5.66×10^{12}
	394	398	11	18	22	1.868×10^{4}	1.44×10^{0}	5.61×10^{8}	1.89×10^{8}	1.73×10^{2}	1.01×10^{2}	2.85×10^{6}	9.50×10^{5}	3.12×10^{6}	1.44×10^{6}	1.94×10^{6}	6.69×10^{12}
	394	405	18	18	22	2.144×10^{4}	1.65×10^{0}	5.97×10^{8}	2.00×10^{8}	1.67×10^{2}	9.65×10^{1}	3.03×10^{6}	9.88×10^{5}	3.39×10^{6}	1.51×10^{6}	2.63×10^{6}	7.05×10^{12}
	400	400	13	21	22	2.187×10^{4}	1.69×10^{0}	6.66×10^{8}	2.24×10^{8}	1.75×10^{2}	1.01×10^{2}	3.33×10^{6}	1.12×10^{6}	3.67×10^{6}	1.70×10^{6}	3.04×10^{6}	8.05×10^{12}
	400	408	21	21	22	2.507×10^{4}	1.93×10^{0}	7.09×10^{8}	2.38×10^{8}	1.68×10^{2}	9.75×10^{1}	3.54×10^{6}	1.17×10^{6}	3.99×10^{6}	1.79×10^{6}	4.14×10^{6}	8.55×10^{12}
	406	403	16	24	22	2.549×10^{4}	1.96×10^{0}	7.80×10^{8}	2.62×10^{8}	1.75×10^{2}	1.01×10^{2}	3.84×10^{6}	1.30×10^{6}	4.28×10^{6}	1.98×10^{6}	4.63×10^{6}	9.56×10^{12}
	414	405	18	28	22	2.954×10^{4}	2.27×10^{0}	9.28×10^{8}	3.10×10^{8}	1.77×10^{2}	1.02×10^{2}	4.48×10^{6}	1.53×10^{6}	5.03×10^{6}	2.33×10^{6}	7.16×10^{6}	1.16×10^{13}
	428	407	20	35	22	3.607×10^{4}	2.77×10^{0}	1.19×10^{9}	3.94×10^{8}	1.82×10^{2}	1.04×10^{2}	5.57×10^{6}	1.94×10^{6}	6.31×10^{6}	2.94×10^{6}	1.32×10^{7}	1.52×10^{13}
	458	417	30	50	22	5.286×10^{4}	4.07×10^{0}	1.87×10^{9}	6.05×10^{8}	1.88×10^{2}	1.07×10^{2}	8.17×10^{6}	2.90×10^{6}	9.54×10^{6}	4.44×10^{6}	3.89×10^{7}	2.52×10^{13}
	498	432	45	70	22	7.701×10^{4}	5.93×10^{0}	2.98×10^{9}	9.40×10^{8}	1.97×10^{2}	1.11×10^{2}	1.20×10^{7}	4.35×10^{6}	1.44×10^{7}	6.72×10^{6}	1.11×10^{8}	4.32×10^{13}
450×200	446	199	8	12	18	8.430×10^{3}	6.49×10^{-1}	2.87×10^{8}	1.58×10^{7}	1.85×10^{2}	4.33×10^{1}	1.29×10^{6}	1.59×10^{5}	1.45×10^{6}	2.47×10^{5}	3.78×10^{5}	7.44×10^{11}
	450	200	9	14	18	9.676×10^{3}	7.45×10^{-1}	3.35×10^{8}	1.87×10^{7}	1.86×10^{2}	4.40×10^{1}	1.49×10^{6}	1.87×10^{5}	1.68×10^{6}	2.91×10^{5}	5.67×10^{5}	8.89×10^{11}
450×300	434	299	10	15	24	1.350×10^{4}	1.04×10^{0}	4.68×10^{8}	6.69×10^{7}	1.86×10^{2}	7.04×10^{1}	2.16×10^{6}	4.47×10^{5}	2.38×10^{6}	6.86×10^{5}	1.02×10^{6}	2.94×10^{12}
	440	300	11	18	24	1.574×10^{4}	1.22×10^{0}	5.61×10^{8}	8.11×10^{7}	1.89×10^{2}	7.18×10^{1}	2.55×10^{6}	5.41×10^{5}	2.82×10^{6}	8.28×10^{5}	1.62×10^{6}	3.61×10^{12}
500×200	496	199	9	14	20	1.013×10^{4}	7.79×10^{-1}	4.19×10^{8}	1.84×10^{7}	2.03×10^{2}	4.28×10^{1}	1.69×10^{6}	1.85×10^{5}	1.91×10^{6}	2.99×10^{6}	6.01×10^{5}	1.07×10^{12}
	500	200	10	16	20	1.142×10^{4}	8.78×10^{-1}	4.78×10^{8}	2.14×10^{7}	2.05×10^{2}	4.33×10^{1}	1.91×10^{6}	2.14×10^{5}	2.18×10^{6}	3.35×10^{5}	8.57×10^{5}	1.25×10^{12}
	506	201	11	19	20	1.313×10^{4}	1.01×10^{0}	5.65×10^{8}	2.58×10^{7}	2.07×10^{2}	4.43×10^{1}	2.23×10^{6}	2.57×10^{5}	2.54×10^{6}	4.01×10^{5}	1.32×10^{6}	1.53×10^{12}
500×300	482	300	11	15	26	1.455×10^{4}	1.12×10^{0}	6.04×10^{8}	6.76×10^{7}	2.04×10^{2}	6.82×10^{1}	2.50×10^{6}	4.51×10^{5}	2.79×10^{6}	6.95×10^{5}	1.15×10^{6}	3.69×10^{12}
	488	300	11	18	26	1.635×10^{4}	1.25×10^{0}	7.10×10^{8}	8.11×10^{7}	2.08×10^{2}	7.04×10^{1}	2.91×10^{6}	5.41×10^{5}	3.23×10^{6}	8.30×10^{5}	1.70×10^{6}	4.48×10^{12}

(표 계속)

표준단면치수(mm)						단면적 (mm^2)	단위중량 (N/mm)	단면2차모멘트 (mm^4)		단면2차반경 (mm)		탄성단면계수 (mm^3)		소성단면계수 (mm^3)		비틀림상수 (mm^4)	뒤틀림상수 (mm^6)
호칭치수	H	B	t_w	t_f	r	A	W	I_x	I_y	r_x	r_y	S_x	S_y	Z_x	Z_y	J	C_w
600×200	596	199	10	15	22	$1,205\times10^{4}$	$9,27\times10^{-1}$	$6,87\times10^{8}$	$1,98\times10^{7}$	$2,39\times10^{2}$	$4,05\times10^{1}$	$2,31\times10^{6}$	$1,99\times10^{5}$	$2,65\times10^{6}$	$3,15\times10^{5}$	$8,15\times10^{5}$	$1,67\times10^{12}$
	600	200	11	17	22	$1,344\times10^{4}$	$1,04\times10^{0}$	$7,76\times10^{8}$	$2,28\times10^{7}$	$2,40\times10^{2}$	$4,12\times10^{1}$	$2,59\times10^{6}$	$2,28\times10^{5}$	$2,98\times10^{6}$	$3,61\times10^{5}$	$1,13\times10^{6}$	$1,94\times10^{12}$
	606	201	12	20	22	$1,525\times10^{4}$	$1,18\times10^{0}$	$9,04\times10^{8}$	$2,72\times10^{7}$	$2,43\times10^{2}$	$4,22\times10^{1}$	$2,98\times10^{6}$	$2,71\times10^{5}$	$3,43\times10^{6}$	$4,29\times10^{5}$	$1,67\times10^{6}$	$2,34\times10^{12}$
	612	202	13	23	22	$1,707\times10^{4}$	$1,31\times10^{0}$	$1,03\times10^{9}$	$3,18\times10^{7}$	$2,46\times10^{2}$	$4,32\times10^{1}$	$3,38\times10^{6}$	$3,15\times10^{5}$	$3,89\times10^{6}$	$4,98\times10^{5}$	$2,38\times10^{6}$	$2,76\times10^{12}$
600×300	582	300	12	17	28	$1,745\times10^{4}$	$1,34\times10^{0}$	$1,03\times10^{9}$	$7,67\times10^{7}$	$2,43\times10^{2}$	$6,63\times10^{1}$	$3,53\times10^{6}$	$5,11\times10^{5}$	$3,96\times10^{6}$	$7,93\times10^{5}$	$1,69\times10^{6}$	$6,12\times10^{12}$
	588	300	12	20	28	$1,925\times10^{4}$	$1,48\times10^{0}$	$1,18\times10^{9}$	$9,02\times10^{7}$	$2,48\times10^{2}$	$6,85\times10^{1}$	$4,02\times10^{6}$	$6,01\times10^{5}$	$4,49\times10^{6}$	$9,28\times10^{5}$	$2,38\times10^{6}$	$7,28\times10^{12}$
	594	302	14	23	28	$2,224\times10^{4}$	$1,72\times10^{0}$	$1,37\times10^{9}$	$1,06\times10^{8}$	$2,49\times10^{2}$	$6,90\times10^{1}$	$4,62\times10^{6}$	$7,02\times10^{5}$	$5,20\times10^{6}$	$1,08\times10^{6}$	$3,56\times10^{6}$	$8,63\times10^{12}$
700×300	692	300	13	20	28	$2,115\times10^{4}$	$1,63\times10^{0}$	$1,72\times10^{9}$	$9,02\times10^{7}$	$2,86\times10^{2}$	$6,53\times10^{1}$	$4,98\times10^{6}$	$6,01\times10^{5}$	$5,63\times10^{6}$	$9,36\times10^{5}$	$2,58\times10^{6}$	$1,02\times10^{13}$
	700	300	13	24	28	$2,355\times10^{4}$	$1,81\times10^{0}$	$2,01\times10^{9}$	$1,08\times10^{8}$	$2,93\times10^{2}$	$6,79\times10^{1}$	$5,76\times10^{6}$	$7,20\times10^{5}$	$6,46\times10^{6}$	$1,12\times10^{6}$	$3,83\times10^{6}$	$1,24\times10^{13}$
	708	302	15	28	28	$2,736\times10^{4}$	$2,11\times10^{0}$	$2,37\times10^{9}$	$1,29\times10^{8}$	$2,94\times10^{2}$	$6,87\times10^{1}$	$6,70\times10^{6}$	$8,54\times10^{5}$	$7,56\times10^{6}$	$1,32\times10^{6}$	$5,91\times10^{6}$	$1,49\times10^{13}$
800×300	792	300	14	22	28	$2,434\times10^{4}$	$1,87\times10^{0}$	$2,54\times10^{9}$	$9,93\times10^{7}$	$3,23\times10^{2}$	$6,39\times10^{1}$	$6,41\times10^{6}$	$6,62\times10^{5}$	$7,29\times10^{6}$	$1,04\times10^{6}$	$3,40\times10^{6}$	$1,47\times10^{13}$
	800	300	14	26	28	$2,674\times10^{4}$	$2,06\times10^{0}$	$2,92\times10^{9}$	$1,17\times10^{8}$	$3,30\times10^{2}$	$6,62\times10^{1}$	$7,29\times10^{6}$	$7,80\times10^{5}$	$8,24\times10^{6}$	$1,22\times10^{6}$	$4,87\times10^{6}$	$1,76\times10^{13}$
	808	302	16	30	28	$3,076\times10^{4}$	$2,36\times10^{0}$	$3,39\times10^{9}$	$1,38\times10^{8}$	$3,32\times10^{2}$	$6,70\times10^{1}$	$8,40\times10^{6}$	$9,14\times10^{5}$	$9,53\times10^{6}$	$1,43\times10^{6}$	$7,30\times10^{6}$	$2,09\times10^{13}$
900×300	890	299	15	23	18	$2,669\times10^{4}$	$2,06\times10^{0}$	$3,39\times10^{9}$	$1,03\times10^{8}$	$3,56\times10^{2}$	$6,21\times10^{1}$	$7,61\times10^{6}$	$6,89\times10^{5}$	$8,91\times10^{6}$	$1,08\times10^{6}$	$3,62\times10^{6}$	$1,93\times10^{13}$
	900	300	16	28	18	$3,058\times10^{4}$	$2,35\times10^{0}$	$4,04\times10^{9}$	$1,26\times10^{8}$	$3,64\times10^{2}$	$6,43\times10^{1}$	$8,99\times10^{6}$	$8,40\times10^{5}$	$1,05\times10^{7}$	$1,32\times10^{6}$	$5,81\times10^{6}$	$2,40\times10^{13}$
	912	302	18	34	18	$3,601\times10^{4}$	$2,77\times10^{0}$	$4,91\times10^{9}$	$1,57\times10^{8}$	$3,69\times10^{2}$	$6,56\times10^{1}$	$1,08\times10^{7}$	$1,04\times10^{6}$	$1,25\times10^{7}$	$1,63\times10^{6}$	$9,81\times10^{6}$	$3,02\times10^{13}$
	918	303	19	37	18	$3,874\times10^{4}$	$2,98\times10^{0}$	$5,35\times10^{9}$	$1,72\times10^{8}$	$3,72\times10^{2}$	$6,67\times10^{1}$	$1,17\times10^{7}$	$1,14\times10^{6}$	$1,34\times10^{7}$	$1,78\times10^{6}$	$1,24\times10^{7}$	$3,34\times10^{13}$

부 표 1.2 T형강의 표준치수와 단면성능

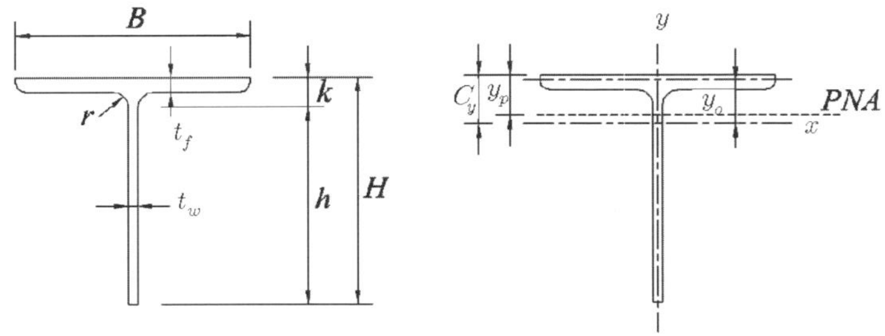

표준단면치수(mm)						단면적 (mm²)	단위중량 (N/mm)	단면2차모멘트 (mm⁴)		단면2차반경 (mm)		탄성단면계수 (mm³)		소성단면계수 (mm³)			거리 (mm)		비틀림상수 (mm⁴)	뒤틀림상수 (mm⁶)
호칭치수	H	B	t_w	t_f	r	A	W	I_x	I_y	r_x	r_y	S_x	S_y	Z_x	Z_y	C_y	y_p	y_o	J	C_w
50×100	50	100	6	8	10	1.095×10^{3}	8.43×10^{-2}	1.61×10^{5}	6.69×10^{5}	1.21×10^{1}	2.47×10^{1}	4.03×10^{3}	1.34×10^{4}	7.10×10^{3}	1.00×10^{1}	2.04×10^{4}	5.30×10^{0}	6.00×10^{0}	2.57×10^{4}	4.14×10^{6}
62.5×125	62.5	125	6.5	9	10	1.516×10^{3}	1.17×10^{-1}	3.50×10^{5}	1.47×10^{6}	1.52×10^{1}	3.11×10^{1}	6.92×10^{3}	2.35×10^{4}	1.21×10^{4}	1.19×10^{1}	3.57×10^{4}	5.90×10^{0}	7.36×10^{0}	4.20×10^{4}	1.14×10^{7}
75×75	75	75	5	7	8	8.925×10^{2}	6.87×10^{-2}	4.25×10^{5}	2.4×10^{5}	2.18×10^{1}	1.67×10^{1}	7.44×10^{3}	6.60×10^{3}	1.29×10^{4}	1.79×10^{1}	1.03×10^{4}	5.80×10^{0}	1.44×10^{1}	1.40×10^{4}	2.27×10^{6}
75×100	75	100	6	9	11	1.348×10^{3}	1.03×10^{-1}	5.38×10^{5}	7.53×10^{5}	2.00×10^{1}	2.36×10^{1}	9.09×10^{3}	1.51×10^{4}	1.55×10^{4}	1.58×10^{1}	2.31×10^{4}	6.50×10^{0}	1.13×10^{1}	3.68×10^{4}	7.16×10^{6}
75×150	75	150	7	10	11	2.007×10^{3}	1.55×10^{-1}	6.64×10^{5}	2.82×10^{6}	1.82×10^{1}	3.75×10^{1}	1.08×10^{4}	3.76×10^{4}	2.05×10^{4}	1.37×10^{1}	5.70×10^{4}	6.69×10^{0}	8.69×10^{0}	6.72×10^{4}	2.67×10^{7}
100×100	100	100	5.5	8	11	1.358×10^{3}	1.05×10^{-1}	1.14×10^{6}	6.70×10^{5}	2.90×10^{1}	2.22×10^{1}	1.48×10^{4}	1.34×10^{4}	2.55×10^{4}	2.29×10^{1}	2.07×10^{4}	6.50×10^{0}	1.89×10^{1}	2.86×10^{4}	7.64×10^{6}
100×150	97	150	6	9	13	1.951×10^{3}	1.50×10^{-1}	1.25×10^{6}	2.54×10^{6}	2.53×10^{1}	3.61×10^{1}	1.58×10^{4}	3.38×10^{4}	2.67×10^{4}	1.79×10^{1}	5.14×10^{4}	6.30×10^{0}	1.34×10^{1}	5.38×10^{4}	2.18×10^{7}
100×200	100	200	8	12	13	3.177×10^{3}	2.44×10^{-1}	1.85×10^{6}	8.01×10^{6}	2.41×10^{1}	5.02×10^{1}	2.23×10^{4}	8.01×10^{4}	3.88×10^{4}	1.73×10^{1}	1.21×10^{5}	7.80×10^{0}	1.13×10^{1}	1.49×10^{5}	1.08×10^{8}
	100	204	12	12	13	3.577×10^{3}	2.75×10^{-1}	2.56×10^{6}	8.51×10^{6}	2.67×10^{1}	4.88×10^{1}	3.24×10^{4}	8.34×10^{4}	5.52×10^{4}	2.09×10^{1}	1.28×10^{5}	8.60×10^{0}	1.49×10^{1}	1.95×10^{5}	1.42×10^{8}
	104	202	10	16	13	4.185×10^{3}	3.21×10^{-1}	2.51×10^{6}	1.10×10^{7}	2.45×10^{1}	5.13×10^{1}	2.96×10^{4}	1.09×10^{5}	5.26×10^{4}	1.91×10^{1}	1.65×10^{5}	1.02×10^{1}	1.11×10^{1}	3.34×10^{5}	2.59×10^{8}
125×125	124	124	5	8	12	1.634×10^{3}	1.25×10^{-1}	2.07×10^{6}	1.28×10^{6}	3.56×10^{1}	2.79×10^{1}	2.12×10^{4}	2.06×10^{4}	3.63×10^{4}	2.63×10^{1}	3.15×10^{4}	6.30×10^{0}	2.23×10^{1}	3.30×10^{4}	1.28×10^{7}
	125	125	6	9	12	1.883×10^{3}	1.25×10^{-1}	2.47×10^{6}	1.47×10^{6}	3.62×10^{1}	2.79×10^{1}	2.55×10^{4}	2.35×10^{4}	4.39×10^{4}	2.78×10^{1}	3.62×10^{4}	7.30×10^{0}	2.33×10^{1}	4.81×10^{4}	2.04×10^{7}

(표 계속)

표준단면치수(mm)						단면적 (mm^2)	단위중량 (N/mm)	단면2차모멘트 (mm^4)		단면2차반경 (mm)		탄성단면계수 (mm^3)		소성단면계수 (mm^3)			거리 (mm)		비틀림상수 (mm^4)	뒤틀림상수 (mm^6)
호칭치수	H	B	t_w	t_f	r	A	W	I_x	I_y	r_x	r_y	S_x	S_y	Z_x	Z_y	C_y	y_p	y_o	J	C_w
125×175	122	175	7	11	16	2.812×10^{3}	2.17×10^{-1}	2.88×10^{6}	4.93×10^{6}	3.20×10^{1}	4.19×10^{1}	2.90×10^{4}	5.63×10^{4}	4.93×10^{4}	2.27×10^{1}	8.56×10^{4}	7.70×10^{0}	1.72×10^{1}	1.14×10^{5}	6.46×10^{7}
125×250	122	252	11	11	16	4.103×10^{3}	3.16×10^{-1}	4.44×10^{6}	1.47×10^{7}	3.29×10^{1}	5.98×10^{1}	4.53×10^{4}	1.17×10^{5}	7.69×10^{4}	2.39×10^{1}	1.78×10^{5}	7.90×10^{0}	1.84×10^{1}	1.91×10^{5}	2.06×10^{8}
	124	249	8	13	16	4.235×10^{3}	3.25×10^{-1}	3.64×10^{6}	1.67×10^{7}	2.93×10^{1}	6.29×10^{1}	3.49×10^{4}	1.34×10^{5}	6.06×10^{4}	1.98×10^{1}	2.03×10^{5}	8.30×10^{0}	1.33×10^{1}	2.33×10^{5}	2.59×10^{8}
	125	250	9	14	16	4.609×10^{3}	3.55×10^{-1}	4.12×10^{6}	1.82×10^{7}	2.99×10^{1}	6.29×10^{1}	3.96×10^{4}	1.46×10^{5}	6.87×10^{4}	2.08×10^{1}	2.21×10^{5}	9.00×10^{0}	1.38×10^{1}	2.93×10^{5}	3.31×10^{8}
	125	255	14	14	16	5.234×10^{3}	4.03×10^{-1}	5.89×10^{6}	1.94×10^{7}	3.35×10^{1}	6.09×10^{1}	5.94×10^{4}	1.52×10^{5}	1.01×10^{4}	2.58×10^{1}	2.33×10^{5}	1.00×10^{1}	1.88×10^{1}	3.89×10^{5}	4.41×10^{8}
150×150	149	149	5.5	8	13	2.040×10^{3}	1.57×10^{-1}	3.91×10^{6}	2.21×10^{6}	4.38×10^{1}	3.29×10^{1}	3.36×10^{4}	2.97×10^{4}	5.81×10^{4}	3.26×10^{1}	4.55×10^{4}	6.60×10^{0}	2.86×10^{1}	4.23×10^{4}	2.59×10^{7}
	150	150	6.5	9	13	2.339×10^{3}	1.80×10^{-1}	4.61×10^{6}	2.54×10^{6}	4.44×10^{1}	3.29×10^{1}	3.98×10^{4}	3.38×10^{4}	6.91×10^{4}	3.41×10^{1}	5.21×10^{4}	7.60×10^{0}	2.96×10^{1}	6.12×10^{4}	4.06×10^{7}
150×200	147	200	8	12	18	3.619×10^{3}	2.78×10^{-1}	5.71×10^{6}	8.02×10^{6}	3.97×10^{1}	4.71×10^{1}	4.81×10^{4}	8.02×10^{4}	8.16×10^{4}	2.83×10^{1}	1.22×10^{5}	8.70×10^{0}	2.23×10^{1}	1.76×10^{5}	1.36×10^{8}
	149	201	9	14	18	4.168×10^{3}	3.20×10^{-1}	6.61×10^{6}	9.50×10^{6}	3.98×10^{1}	4.77×10^{1}	5.51×10^{4}	9.45×10^{4}	9.37×10^{4}	2.91×10^{1}	1.44×10^{5}	1.00×10^{1}	2.21×10^{1}	2.65×10^{5}	2.13×10^{8}
150×300	147	302	12	12	18	5.383×10^{3}	4.15×10^{-1}	8.56×10^{6}	2.76×10^{7}	3.99×10^{1}	7.16×10^{1}	7.22×10^{4}	1.83×10^{5}	1.22×10^{4}	2.84×10^{1}	2.78×10^{5}	8.70×10^{0}	2.24×10^{1}	2.95×10^{5}	4.65×10^{8}
	149	299	9	14	18	5.540×10^{3}	4.26×10^{-1}	7.15×10^{6}	3.12×10^{7}	3.59×10^{1}	7.51×10^{1}	5.70×10^{4}	2.09×10^{5}	9.79×10^{4}	2.36×10^{1}	3.16×10^{5}	9.00×10^{0}	1.66×10^{1}	3.55×10^{5}	5.67×10^{8}
	150	300	10	15	18	5.98×10^{3}	4.61×10^{-1}	7.98×10^{6}	3.38×10^{7}	3.65×10^{1}	7.51×10^{1}	6.37×10^{4}	2.25×10^{5}	1.10×10^{5}	2.47×10^{1}	3.41×10^{5}	9.80×10^{0}	1.72×10^{1}	4.40×10^{5}	7.13×10^{8}
	150	305	15	15	18	6.739×10^{3}	5.18×10^{-1}	1.11×10^{7}	3.55×10^{7}	4.05×10^{1}	7.26×10^{1}	9.24×10^{4}	2.33×10^{5}	1.57×10^{5}	3.03×10^{1}	3.56×10^{5}	1.08×10^{1}	2.28×10^{1}	5.73×10^{5}	9.36×10^{8}
	152	301	11	17	18	6.741×10^{3}	5.18×10^{-1}	9.03×10^{6}	3.87×10^{7}	3.66×10^{1}	7.57×10^{1}	7.14×10^{4}	2.57×10^{5}	1.24×10^{5}	2.55×10^{1}	3.89×10^{5}	1.10×10^{1}	1.70×10^{1}	6.22×10^{5}	1.04×10^{9}
175×175	173	174	6	9	14	2.634×10^{3}	2.03×10^{-1}	6.75×10^{6}	3.96×10^{6}	5.06×10^{1}	3.88×10^{1}	4.97×10^{4}	4.55×10^{4}	8.56×10^{4}	3.71×10^{1}	6.96×10^{4}	7.30×10^{0}	3.26×10^{1}	6.70×10^{4}	5.54×10^{7}
	175	175	7	11	14	3.157×10^{3}	2.43×10^{-1}	8.11×10^{6}	4.92×10^{6}	5.07×10^{1}	3.95×10^{1}	5.90×10^{4}	5.63×10^{4}	1.01×10^{5}	3.75×10^{1}	8.62×10^{4}	8.80×10^{0}	3.20×10^{1}	1.14×10^{5}	9.59×10^{7}
175×250	168	249	8	12	20	4.408×10^{3}	3.39×10^{-1}	8.80×10^{6}	1.55×10^{7}	4.47×10^{1}	5.92×10^{1}	6.38×10^{4}	1.24×10^{5}	1.08×10^{5}	3.02×10^{1}	1.88×10^{5}	8.50×10^{0}	2.42×10^{1}	2.17×10^{5}	2.46×10^{8}
	170	250	9	14	20	5.076×10^{3}	3.90×10^{-1}	1.02×10^{7}	1.83×10^{7}	4.47×10^{1}	6.00×10^{1}	7.30×10^{4}	1.46×10^{5}	1.24×10^{5}	3.09×10^{1}	2.22×10^{5}	9.80×10^{0}	2.39×10^{1}	3.28×10^{5}	3.85×10^{8}
175×350	172	348	10	16	20	7.300×10^{3}	5.62×10^{-1}	1.23×10^{7}	5.62×10^{7}	4.11×10^{1}	8.78×10^{1}	8.47×10^{4}	3.23×10^{5}	1.46×10^{5}	2.67×10^{1}	4.88×10^{5}	1.02×10^{1}	1.87×10^{1}	6.03×10^{5}	1.32×10^{9}
	172	354	16	16	20	8.332×10^{3}	6.41×10^{-1}	1.80×10^{7}	5.92×10^{7}	4.65×10^{1}	8.43×10^{1}	1.31×10^{5}	3.35×10^{5}	2.22×10^{5}	3.40×10^{1}	5.11×10^{5}	1.15×10^{1}	2.60×10^{1}	8.04×10^{5}	1.76×10^{9}

(표 계속)

호칭치수	표준단면치수(mm) H	B	t_w	t_f	r	단면적 (mm^2) A	단위중량 (N/mm) W	단면2차모멘트 (mm^4) I_x	I_y	단면2차반경 (mm) r_x	r_y	탄성단면계수 (mm^3) S_x	S_y	소성단면계수 (mm^3) Z_x	Z_y	C_y	거리 (mm) y_b	y_o	비틀림상수 (mm^4) J	뒤틀림상수 (mm^6) C_w
175×350	175	350	12	19	20	8.694×10^{3}	6.68×10^{-1}	1.52×10^{7}	6.79×10^{7}	4.18×10^{1}	8.84×10^{1}	1.04×10^{5}	3.88×10^{5}	1.80×10^{5}	2.86×10^{1}	5.87×10^{5}	1.22×10^{1}	1.91×10^{1}	9.95×10^{5}	2.26×10^{9}
	175	357	19	19	20	9.919×10^{3}	7.63×10^{-1}	2.20×10^{7}	7.22×10^{7}	4.71×10^{1}	8.53×10^{1}	1.58×10^{5}	4.04×10^{5}	2.85×10^{5}	3.59×10^{1}	6.19×10^{5}	1.39×10^{1}	2.64×10^{1}	1.33×10^{6}	3.03×10^{9}
	169	351	13	13	20	6.763×10^{3}	5.20×10^{-1}	1.42×10^{7}	4.69×10^{7}	4.59×10^{1}	8.33×10^{1}	1.04×10^{5}	2.67×10^{5}	1.83×10^{5}	3.21×10^{1}	4.07×10^{5}	9.63×10^{0}	2.56×10^{1}	4.33×10^{5}	9.22×10^{8}
200×200	198	199	7	11	16	3.608×10^{3}	2.77×10^{-1}	1.19×10^{7}	7.24×10^{6}	5.74×10^{1}	4.48×10^{1}	7.60×10^{4}	7.2×10^{4}	1.31×10^{5}	4.17×10^{1}	1.11×10^{5}	8.80×10^{0}	3.62×10^{1}	1.34×10^{5}	1.41×10^{8}
	200	200	8	13	16	4.206×10^{3}	3.23×10^{-1}	1.39×10^{7}	8.68×10^{6}	5.75×10^{1}	4.54×10^{1}	8.82×10^{4}	8.68×10^{4}	1.51×10^{4}	4.23×10^{1}	1.33×10^{5}	1.02×10^{1}	3.58×10^{1}	2.10×10^{5}	2.25×10^{8}
200×300	193	299	9	14	22	6.005×10^{3}	4.62×10^{-1}	1.52×10^{7}	3.12×10^{7}	5.04×10^{1}	7.21×10^{1}	9.53×10^{4}	2.09×10^{4}	1.61×10^{4}	3.33×10^{1}	3.17×10^{5}	9.70×10^{0}	2.63×10^{1}	3.91×10^{5}	6.40×10^{8}
	195	300	10	16	22	6.798×10^{3}	5.23×10^{-1}	1.73×10^{7}	3.60×10^{7}	5.04×10^{1}	7.28×10^{1}	1.07×10^{5}	2.40×10^{4}	1.82×10^{4}	3.41×10^{1}	3.64×10^{5}	1.10×10^{1}	2.61×10^{1}	5.63×10^{5}	9.50×10^{8}
200×400	194	402	15	15	22	8.923×10^{3}	6.86×10^{-1}	2.48×10^{7}	8.13×10^{7}	5.27×10^{1}	9.54×10^{1}	1.58×10^{4}	4.04×10^{4}	2.79×10^{4}	3.70×10^{1}	6.16×10^{5}	1.11×10^{1}	2.95×10^{1}	7.58×10^{5}	2.13×10^{9}
	197	398	11	18	22	9.341×10^{3}	7.18×10^{-1}	2.05×10^{7}	9.46×10^{7}	4.68×10^{1}	1.01×10^{2}	1.23×10^{4}	4.75×10^{4}	2.24×10^{4}	3.01×10^{1}	7.18×10^{5}	1.17×10^{1}	2.11×10^{1}	9.67×10^{5}	2.80×10^{9}
	197	405	18	18	22	1.072×10^{4}	8.24×10^{-1}	3.05×10^{7}	9.98×10^{7}	5.33×10^{1}	9.65×10^{1}	1.93×10^{4}	4.93×10^{4}	3.44×10^{4}	3.89×10^{1}	7.53×10^{5}	1.32×10^{1}	2.99×10^{1}	1.30×10^{6}	3.77×10^{9}
	200	400	13	21	22	1.093×10^{4}	8.41×10^{-1}	2.48×10^{7}	1.12×10^{8}	4.76×10^{1}	1.01×10^{2}	1.47×10^{4}	5.60×10^{4}	2.73×10^{4}	3.21×10^{1}	8.48×10^{5}	1.37×10^{1}	2.16×10^{1}	1.52×10^{6}	4.53×10^{9}
	200	408	21	21	22	1.253×10^{4}	9.64×10^{-1}	3.65×10^{7}	1.19×10^{8}	5.40×10^{1}	9.74×10^{1}	2.29×10^{4}	5.83×10^{4}	4.12×10^{4}	4.07×10^{1}	8.94×10^{5}	1.54×10^{1}	3.02×10^{1}	2.05×10^{6}	6.12×10^{9}
	203	403	16	24	22	1.274×10^{4}	9.80×10^{-1}	3.09×10^{7}	1.31×10^{8}	4.92×10^{1}	1.01×10^{2}	1.84×10^{4}	6.50×10^{4}	3.44×10^{4}	3.51×10^{1}	9.86×10^{5}	1.58×10^{1}	2.31×10^{1}	2.31×10^{6}	7.08×10^{9}
	207	405	18	28	22	1.477×10^{4}	1.12×10^{0}	3.62×10^{7}	1.55×10^{8}	4.95×10^{1}	1.02×10^{2}	2.13×10^{4}	7.66×10^{4}	4.06×10^{4}	3.68×10^{1}	1.16×10^{6}	1.82×10^{1}	2.28×10^{1}	3.57×10^{6}	1.13×10^{10}
	214	407	20	35	22	1.803×10^{4}	1.39×10^{0}	4.38×10^{7}	1.97×10^{8}	4.93×10^{1}	1.04×10^{2}	2.50×10^{4}	9.67×10^{4}	5.00×10^{4}	3.90×10^{1}	1.47×10^{6}	2.22×10^{1}	2.15×10^{1}	6.58×10^{6}	2.18×10^{10}
	229	417	30	50	22	2.643×10^{4}	2.03×10^{0}	7.47×10^{7}	3.03×10^{8}	5.32×10^{1}	1.07×10^{2}	4.14×10^{4}	1.45×10^{6}	8.58×10^{4}	4.85×10^{1}	2.21×10^{6}	3.17×10^{1}	2.35×10^{1}	1.94×10^{7}	6.93×10^{10}
	249	432	45	70	22	3.850×10^{4}	2.96×10^{0}	1.32×10^{8}	4.72×10^{8}	5.87×10^{1}	1.11×10^{2}	7.05×10^{5}	2.18×10^{6}	1.49×10^{6}	6.13×10^{1}	3.36×10^{6}	4.46×10^{1}	2.63×10^{1}	5.48×10^{7}	2.17×10^{11}
225×200	223	199	8	12	18	4.215×10^{3}	3.24×10^{-1}	1.86×10^{7}	7.90×10^{6}	6.65×10^{1}	4.33×10^{1}	1.08×10^{5}	7.94×10^{4}	1.89×10^{5}	5.10×10^{1}	1.22×10^{5}	1.02×10^{1}	4.50×10^{1}	1.88×10^{5}	2.40×10^{8}
	225	200	9	14	18	4.838×10^{3}	3.72×10^{-1}	2.14×10^{7}	9.36×10^{6}	6.66×10^{1}	4.40×10^{1}	1.24×10^{5}	9.36×10^{4}	2.15×10^{5}	5.15×10^{1}	1.44×10^{5}	1.17×10^{1}	4.45×10^{1}	2.83×10^{5}	3.62×10^{8}
225×300	217	299	10	15	24	6.752×10^{3}	5.19×10^{-1}	2.34×10^{7}	3.35×10^{7}	5.89×10^{1}	7.04×10^{1}	1.32×10^{5}	2.24×10^{5}	2.24×10^{5}	4.04×10^{1}	3.40×10^{5}	1.09×10^{1}	3.29×10^{1}	5.09×10^{5}	8.82×10^{8}
	220	300	11	18	24	7.869×10^{3}	6.06×10^{-1}	2.68×10^{7}	4.06×10^{7}	5.83×10^{1}	7.18×10^{1}	1.49×10^{5}	2.70×10^{5}	2.53×10^{5}	4.05×10^{1}	4.11×10^{5}	1.27×10^{1}	3.15×10^{1}	8.11×10^{5}	1.44×10^{9}

(표 계속)

표준단면치수(mm)						단면적 (mm^2)	단위중량 (N/mm)	단면2차모멘트 (mm^4)		단면2차반경 (mm)		탄성단면계수 (mm^3)		소성단면계수 (mm^3)			거리 (mm)		비틀림상수 (mm^4)	뒤틀림상수 (mm^6)
호칭치수	H	B	t_w	t_f	r	A	W	I_x	I_y	r_x	r_y	S_x	S_y	Z_x	Z_y	C_y	y_p	y_o	J	C_w
250×200	248	199	9	14	20	5.064×10^{3}	3.89×10^{-1}	2.81×10^{7}	9.23×10^{6}	7.46×10^{1}	4.27×10^{1}	1.49×10^{5}	9.28×10^{4}	2.62×10^{5}	5.90×10^{1}	1.43×10^{5}	1.23×10^{1}	5.20×10^{1}	3.00×10^{5}	4.34×10^{8}
	250	200	10	16	20	5.712×10^{3}	4.39×10^{-1}	3.19×10^{7}	1.07×10^{7}	7.47×10^{1}	4.33×10^{1}	1.68×10^{5}	1.07×10^{5}	2.93×10^{5}	5.96×10^{1}	1.66×10^{5}	1.39×10^{1}	5.16×10^{1}	4.27×10^{5}	6.21×10^{8}
	253	201	11	19	20	6.565×10^{3}	5.05×10^{-1}	3.65×10^{7}	1.29×10^{7}	7.46×10^{1}	4.43×10^{1}	1.89×10^{5}	1.28×10^{5}	3.28×10^{5}	5.95×10^{1}	1.99×10^{5}	1.59×10^{1}	5.00×10^{1}	6.60×10^{5}	9.21×10^{8}
250×300	241	300	11	15	26	7.276×10^{3}	5.60×10^{-1}	3.40×10^{7}	3.38×10^{7}	6.83×10^{1}	6.82×10^{1}	1.77×10^{5}	2.26×10^{5}	3.03×10^{5}	4.92×10^{1}	3.44×10^{5}	1.16×10^{1}	4.17×10^{1}	5.71×10^{5}	1.10×10^{9}
	244	300	11	18	26	8.176×10^{3}	6.29×10^{-1}	3.61×10^{7}	4.06×10^{7}	6.65×10^{1}	7.05×10^{1}	1.83×10^{5}	2.71×10^{5}	3.10×10^{5}	4.66×10^{1}	4.12×10^{5}	1.31×10^{1}	3.76×10^{1}	8.46×10^{5}	1.57×10^{9}
300×200	298	199	10	15	22	6.023×10^{3}	4.64×10^{-1}	5.13×10^{7}	9.91×10^{6}	9.23×10^{1}	4.06×10^{1}	2.33×10^{5}	9.96×10^{4}	4.22×10^{5}	7.79×10^{1}	1.56×10^{5}	1.46×10^{1}	7.04×10^{1}	4.06×10^{5}	8.66×10^{9}
	300	200	11	17	22	6.721×10^{3}	5.17×10^{-1}	5.75×10^{7}	1.14×10^{7}	9.25×10^{1}	4.12×10^{1}	2.60×10^{5}	1.14×10^{5}	4.67×10^{5}	7.84×10^{1}	1.79×10^{5}	1.63×10^{1}	6.99×10^{1}	5.61×10^{5}	1.19×10^{9}
	303	201	12	20	22	7.624×10^{3}	5.86×10^{-1}	6.51×10^{7}	1.36×10^{7}	9.24×10^{1}	4.22×10^{1}	2.89×10^{5}	1.35×10^{5}	5.15×10^{5}	7.79×10^{1}	2.12×10^{5}	1.84×10^{1}	6.79×10^{1}	8.34×10^{5}	1.66×10^{6}
	306	202	13	23	22	8.533×10^{3}	6.57×10^{-1}	7.29×10^{7}	1.59×10^{7}	9.24×10^{1}	4.31×10^{1}	3.20×10^{5}	1.57×10^{5}	5.64×10^{5}	7.79×10^{1}	2.47×10^{5}	1.06×10^{1}	6.64×10^{1}	1.19×10^{6}	2.26×10^{6}
300×300	291	300	12	17	28	8.724×10^{3}	6.66×10^{-1}	6.31×10^{7}	3.84×10^{7}	8.51×10^{1}	6.63×10^{1}	2.78×10^{5}	2.56×10^{5}	4.91×10^{5}	6.39×10^{1}	3.92×10^{5}	1.45×10^{1}	5.54×10^{1}	8.43×10^{5}	2.00×10^{6}
	294	300	12	20	28	9.624×10^{3}	7.41×10^{-1}	6.68×10^{7}	4.51×10^{7}	8.33×10^{1}	6.85×10^{1}	2.86×10^{5}	3.01×10^{5}	5.04×10^{5}	6.08×10^{1}	4.60×10^{5}	1.60×10^{1}	5.08×10^{1}	1.19×10^{6}	2.60×10^{6}
	297	302	14	23	28	1.112×10^{4}	8.56×10^{-1}	7.89×10^{7}	5.29×10^{7}	8.42×10^{1}	6.90×10^{1}	3.38×10^{5}	3.51×10^{5}	5.97×10^{5}	6.33×10^{1}	5.38×10^{5}	1.84×10^{1}	5.18×10^{1}	1.78×10^{6}	4.10×10^{6}
350×300	346	300	13	20	28	1.057×10^{4}	8.13×10^{-1}	1.12×10^{8}	4.51×10^{7}	1.03×10^{2}	6.53×10^{1}	4.22×10^{5}	3.01×10^{5}	7.48×10^{5}	7.99×10^{1}	4.64×10^{5}	1.76×10^{1}	6.99×10^{1}	1.29×10^{6}	3.81×10^{6}
	350	300	13	24	28	1.177×10^{4}	9.06×10^{-1}	1.20×10^{8}	5.41×10^{7}	1.01×10^{2}	6.78×10^{1}	4.36×10^{5}	3.61×10^{5}	7.70×10^{5}	7.55×10^{1}	5.54×10^{5}	1.96×10^{1}	6.35×10^{1}	1.91×10^{6}	4.95×10^{6}
	354	302	15	28	28	1.368×10^{4}	1.05×10^{0}	1.41×10^{8}	6.44×10^{7}	1.02×10^{2}	6.86×10^{1}	5.11×10^{5}	4.27×10^{5}	9.05×10^{5}	7.78×10^{1}	6.57×10^{5}	2.27×10^{1}	6.38×10^{1}	2.95×10^{6}	7.88×10^{6}
400×300	396	300	14	22	28	1.217×10^{4}	9.37×10^{-1}	1.76×10^{8}	4.97×10^{7}	1.20×10^{2}	6.39×10^{1}	5.88×10^{5}	3.31×10^{5}	1.05×10^{6}	9.66×10^{1}	5.13×10^{5}	2.03×10^{1}	8.56×10^{1}	1.70×10^{6}	6.35×10^{6}
	400	300	14	26	28	1.337×10^{4}	1.03×10^{0}	1.87×10^{8}	5.87×10^{7}	1.18×10^{2}	6.62×10^{1}	6.07×10^{5}	3.91×10^{5}	1.08×10^{6}	9.18×10^{1}	6.03×10^{5}	2.23×10^{1}	7.88×10^{1}	2.43×10^{6}	7.71×10^{6}
	404	302	16	30	28	1.538×10^{4}	1.19×10^{0}	2.18×10^{8}	6.91×10^{7}	1.19×10^{2}	6.70×10^{1}	7.02×10^{5}	4.57×10^{5}	1.25×10^{6}	9.41×10^{1}	7.08×10^{5}	2.55×10^{1}	7.91×10^{1}	3.64×10^{6}	1.19×10^{10}

부 표 1.3 등변 ㄱ형강의 표준치수와 단면성능

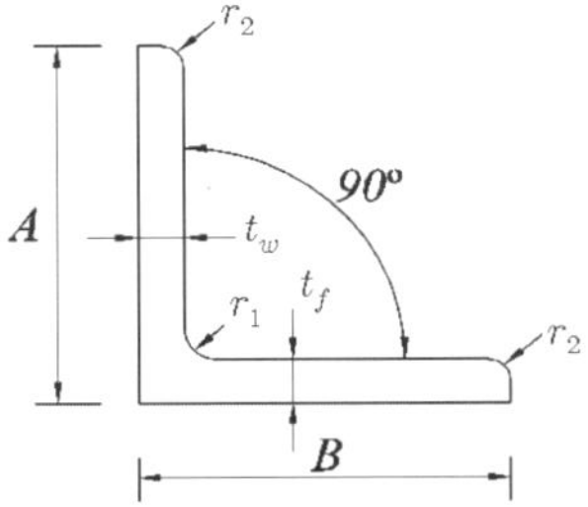

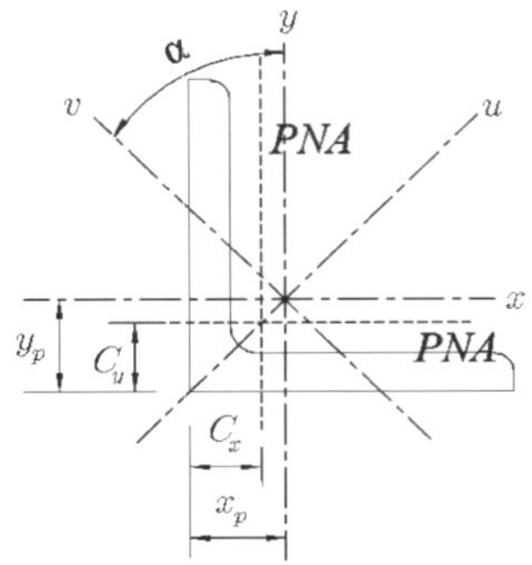

표준단면치수(mm)						단면적 (mm^2)	단위중량 (N/mm)	단면2차모멘트 (mm^4)			단면2차반경 (mm)			탄성단면계수 (mm^3)	소성단면계수 (mm^3)	거리 (mm)		비틀림상수 (mm^4)	뒤틀림상수 (mm^6)
호칭치수	A	B	t	r_1	r_2	A	W	$I_x=I_y$	I_{umax}	I_{vmin}	$r_x=r_y$	r_u	r_v	$S_x=S_y$	$Z_x=Z_y$	$C_x=C_y$	$x_p=y_p$	J	C_w
25×25	25	25	3	4	2	$1,427\times10^{2}$	$1,10\times10^{-2}$	$7,97\times10^{3}$	$1,26\times10^{4}$	$3,32\times10^{3}$	$7,47\times10^{0}$	$9,40\times10^{0}$	$4,82\times10^{0}$	$4,48\times10^{2}$	$1,03\times10^{3}$	$7,19\times10^{0}$	$2,85\times10^{0}$	$4,10\times10^{2}$	$1,77\times10^{4}$
30×30	30	30	3	4	2	$1,727\times10^{2}$	$1,33\times10^{-2}$	$4,20\times10^{3}$	$2,26\times10^{4}$	$5,90\times10^{3}$	$4,93\times10^{0}$	$1,14\times10^{1}$	$5,84\times10^{0}$	$1,95\times10^{2}$	$1,46\times10^{3}$	$8,44\times10^{0}$	$2,88\times10^{0}$	$5,00\times10^{2}$	$3,21\times10^{4}$
40×40	40	40	3	4,5	2	$2,336\times10^{2}$	$1,79\times10^{-2}$	$3,53\times10^{4}$	$5,60\times10^{4}$	$1,45\times10^{4}$	$1,23\times10^{1}$	$1,55\times10^{1}$	$7,88\times10^{0}$	$1,25\times10^{3}$	$2,56\times10^{3}$	$1,17\times10^{1}$	$2,92\times10^{0}$	$6,80\times10^{2}$	$8,08\times10^{4}$
	40	40	5	4,5	3	$3,755\times10^{2}$	$2,89\times10^{-2}$	$5,42\times10^{4}$	$8,59\times10^{4}$	$2,25\times10^{4}$	$1,20\times10^{1}$	$1,51\times10^{1}$	$7,74\times10^{0}$	$1,92\times10^{3}$	$4,38\times10^{3}$	$1,17\times10^{1}$	$4,69\times10^{0}$	$3,02\times10^{3}$	$3,32\times10^{5}$
45×45	45	45	4	6,5	3	$3,492\times10^{2}$	$2,69\times10^{-2}$	$6,50\times10^{4}$	$1,03\times10^{5}$	$2,69\times10^{4}$	$1,36\times10^{1}$	$1,72\times10^{1}$	$8,78\times10^{0}$	$1,99\times10^{3}$	$4,36\times10^{3}$	$1,24\times10^{1}$	$3,88\times10^{0}$	$1,79\times10^{3}$	$2,64\times10^{5}$
	45	45	5	6,5	3	$4,302\times10^{2}$	$3,31\times10^{-2}$	$7,91\times10^{4}$	$1,25\times10^{5}$	$3,29\times10^{4}$	$1,36\times10^{1}$	$1,70\times10^{1}$	$8,75\times10^{0}$	$2,46\times10^{3}$	$5,51\times10^{3}$	$1,28\times10^{1}$	$4,78\times10^{0}$	$3,44\times10^{3}$	$4,89\times10^{5}$
50×50	50	50	4	6,5	3	$3,892\times10^{2}$	$3,00\times10^{-2}$	$9,06\times10^{4}$	$1,44\times10^{5}$	$3,76\times10^{4}$	$1,53\times10^{1}$	$1,92\times10^{1}$	$9,83\times10^{0}$	$2,50\times10^{3}$	$5,35\times10^{3}$	$1,37\times10^{1}$	$3,89\times10^{0}$	$2,01\times10^{3}$	$3,70\times10^{5}$
	50	50	5	6,5	3	$4,082\times10^{2}$	$3,69\times10^{-2}$	$1,11\times10^{5}$	$1,75\times10^{5}$	$4,58\times10^{4}$	$1,65\times10^{1}$	$2,07\times10^{1}$	$1,06\times10^{1}$	$3,09\times10^{3}$	$6,58\times10^{3}$	$1,41\times10^{1}$	$4,08\times10^{0}$	$3,85\times10^{3}$	$6,89\times10^{5}$
	50	50	6	6,5	4,5	$5,644\times10^{2}$	$4,34\times10^{-2}$	$1,26\times10^{5}$	$2,00\times10^{5}$	$5,23\times10^{4}$	$1,49\times10^{1}$	$1,88\times10^{1}$	$9,63\times10^{0}$	$3,54\times10^{3}$	$8,19\times10^{3}$	$1,44\times10^{1}$	$5,64\times10^{0}$	$6,55\times10^{3}$	$1,13\times10^{6}$

(표 계속)

표준단면치수(mm)						단면적 (mm^2)	단위중량 (N/mm)	단면2차모멘트 (mm^4)			단면2차반경 (mm)			탄성단면계수 (mm^3)	소성단면계수 (mm^3)	거리 (mm)		비틀림상수 (mm^4)	뒤틀림상수 (mm^6)
호칭치수	A	B	t	r_1	r_2	A	W	$I_x=I_y$	I_{umax}	I_{vmin}	$r_x=r_y$	r_u	r_v	$S_x=S_y$	$Z_x=Z_y$	$C_x=C_y$	$x_p=y_p$	J	C_w
60×60	60	60	4	6.5	3	4.692×10^{2}	3.61×10^{-2}	1.60×10^{5}	2.54×10^{5}	6.62×10^{4}	1.85×10^{1}	2.33×10^{1}	1.19×10^{1}	3.64×10^{3}	7.63×10^{3}	1.61×10^{1}	3.91×10^{0}	2.43×10^{3}	6.59×10^{5}
	60	60	5	6.5	3	5.802×10^{2}	4.46×10^{-2}	1.96×10^{5}	3.12×10^{5}	8.09×10^{4}	1.84×10^{1}	2.32×10^{1}	1.18×10^{1}	4.52×10^{3}	9.64×10^{3}	1.66×10^{1}	4.84×10^{0}	4.69×10^{3}	1.24×10^{6}
	60	60	6	6.5	4.5	6.844×10^{2}	5.26×10^{-2}	2.26×10^{5}	3.59×10^{5}	9.30×10^{4}	1.82×10^{1}	2.29×10^{1}	1.17×10^{1}	5.24×10^{3}	1.17×10^{4}	1.69×10^{1}	5.70×10^{0}	7.99×10^{3}	2.06×10^{6}
65×65	65	65	5	8.5	3	6.367×10^{2}	4.90×10^{-2}	2.53×10^{5}	4.01×10^{5}	1.05×10^{5}	1.99×10^{1}	2.51×10^{1}	1.28×10^{1}	5.35×10^{3}	1.13×10^{4}	1.77×10^{1}	4.90×10^{0}	5.10×10^{3}	1.60×10^{6}
	65	65	6	8.5	4	7.527×10^{2}	5.79×10^{-2}	2.94×10^{5}	4.66×10^{5}	1.22×10^{5}	1.98×10^{1}	2.49×10^{1}	1.27×10^{1}	6.27×10^{3}	1.37×10^{4}	1.81×10^{1}	5.79×10^{0}	8.71×10^{3}	2.66×10^{6}
	65	65	8	8.5	6	9.761×10^{2}	7.51×10^{-2}	3.68×10^{5}	5.83×10^{5}	1.53×10^{5}	1.94×10^{1}	2.44×10^{1}	1.25×10^{1}	7.97×10^{3}	1.85×10^{4}	1.88×10^{1}	7.51×10^{0}	2.01×10^{4}	5.86×10^{6}
70×70	70	70	6	8.5	4	8.127×10^{2}	6.25×10^{-2}	3.71×10^{5}	5.89×10^{5}	1.53×10^{5}	2.14×10^{1}	2.69×10^{1}	1.37×10^{1}	7.32×10^{3}	1.58×10^{4}	1.93×10^{1}	5.81×10^{0}	9.43×10^{3}	3.38×10^{6}
75×75	75	75	6	8.5	4	8.727×10^{2}	6.71×10^{-2}	4.61×10^{5}	7.32×10^{5}	1.90×10^{5}	2.30×10^{1}	2.90×10^{1}	1.48×10^{1}	8.47×10^{3}	1.80×10^{4}	2.06×10^{1}	5.82×10^{0}	1.02×10^{4}	4.21×10^{6}
	75	75	9	8.5	6	1.269×10^{3}	9.76×10^{-2}	6.44×10^{5}	1.02×10^{6}	2.67×10^{5}	2.25×10^{1}	2.84×10^{1}	1.45×10^{1}	1.21×10^{4}	2.76×10^{4}	2.17×10^{1}	8.46×10^{0}	3.32×10^{4}	1.29×10^{7}
	75	75	12	8.5	6	1.656×10^{3}	1.27×10^{-1}	8.19×10^{5}	1.29×10^{6}	3.45×10^{5}	2.22×10^{1}	2.79×10^{1}	1.44×10^{1}	1.57×10^{4}	3.74×10^{4}	2.29×10^{1}	1.10×10^{1}	7.60×10^{4}	2.78×10^{7}
80×80	80	80	6	8.5	4	9.327×10^{2}	7.17×10^{-2}	5.64×10^{5}	8.96×10^{5}	2.32×10^{5}	2.46×10^{1}	3.10×10^{1}	1.58×10^{1}	9.69×10^{3}	2.05×10^{4}	2.18×10^{1}	5.83×10^{0}	1.09×10^{4}	5.17×10^{6}
	80	80	7	8.5	4	1.080×10^{3}	8.31×10^{-2}	6.42×10^{5}	1.02×10^{6}	2.68×10^{5}	2.44×10^{1}	3.08×10^{1}	1.58×10^{1}	1.11×10^{4}	2.40×10^{4}	2.23×10^{1}	6.75×10^{0}	1.71×10^{4}	7.97×10^{6}
90×90	90	90	6	10	5	1.055×10^{3}	8.11×10^{-2}	8.07×10^{5}	1.28×10^{6}	3.34×10^{5}	2.77×10^{1}	3.48×10^{1}	1.78×10^{1}	1.23×10^{4}	2.57×10^{4}	2.42×10^{1}	5.86×10^{0}	1.23×10^{4}	7.51×10^{6}
	90	90	7	10	5	1.222×10^{3}	9.40×10^{-2}	9.30×10^{5}	1.48×10^{6}	3.83×10^{5}	2.76×10^{1}	3.48×10^{1}	1.77×10^{1}	1.42×10^{4}	3.03×10^{4}	2.46×10^{1}	6.79×10^{0}	1.94×10^{4}	1.16×10^{7}
	90	90	8	10	7	1.376×10^{3}	1.06×10^{-1}	1.04×10^{6}	1.65×10^{6}	4.28×10^{5}	2.75×10^{1}	3.46×10^{1}	1.76×10^{1}	1.60×10^{4}	3.48×10^{4}	2.50×10^{1}	7.65×10^{0}	2.87×10^{4}	1.69×10^{7}
	90	90	9	10	7	1.539×10^{3}	1.19×10^{-1}	1.14×10^{6}	1.82×10^{6}	4.73×10^{5}	2.72×10^{1}	3.44×10^{1}	1.75×10^{1}	1.76×10^{4}	3.94×10^{4}	2.54×10^{1}	8.55×10^{0}	4.05×10^{4}	2.34×10^{7}
	90	90	10	10	7	1.700×10^{3}	1.30×10^{-1}	1.25×10^{6}	1.99×10^{6}	5.17×10^{5}	2.71×10^{1}	3.42×10^{1}	1.74×10^{1}	1.94×10^{4}	4.40×10^{4}	2.57×10^{1}	9.44×10^{0}	5.50×10^{4}	3.13×10^{7}
	90	90	13	10	7	2.171×10^{3}	1.67×10^{-1}	1.56×10^{6}	2.48×10^{6}	6.53×10^{5}	2.68×10^{1}	3.38×10^{1}	1.73×10^{1}	2.47×10^{4}	5.81×10^{4}	2.69×10^{1}	1.21×10^{1}	1.18×10^{5}	6.34×10^{7}
100×100	100	100	7	10	5	1.362×10^{3}	1.05×10^{-1}	1.29×10^{6}	2.05×10^{6}	5.32×10^{5}	3.08×10^{1}	3.88×10^{1}	1.98×10^{1}	1.77×10^{4}	3.71×10^{4}	2.71×10^{1}	6.81×10^{0}	2.17×10^{4}	1.62×10^{7}
	100	100	8	10	8	1.536×10^{3}	1.19×10^{-1}	1.44×10^{6}	2.29×10^{6}	5.94×10^{5}	3.06×10^{1}	3.86×10^{1}	1.97×10^{1}	1.99×10^{4}	4.27×10^{4}	2.75×10^{1}	7.68×10^{0}	3.21×10^{4}	2.37×10^{7}
	100	100	10	10	7	1.900×10^{3}	1.46×10^{-1}	1.75×10^{6}	2.78×10^{6}	7.20×10^{5}	3.03×10^{1}	3.83×10^{1}	1.95×10^{1}	2.44×10^{4}	5.40×10^{4}	2.82×10^{1}	9.50×10^{0}	6.17×10^{4}	4.41×10^{7}
	100	100	13	10	7	2.431×10^{3}	1.87×10^{-1}	2.20×10^{6}	3.48×10^{6}	9.11×10^{5}	3.01×10^{1}	3.78×10^{1}	1.94×10^{1}	3.12×10^{4}	7.13×10^{4}	2.94×10^{1}	1.22×10^{1}	1.32×10^{5}	9.01×10^{7}

(표 계속)

표준단면치수(mm)						단면적 (mm²)	단위중량 (N/mm)	단면2차모멘트 (mm⁴)			단면2차반경 (mm)			탄성단면계수 (mm³)	소성단면계수 (mm³)	거리 (mm)		비틀림상수 (mm⁴)	뒤틀림상수 (mm⁶)
호칭치수	A	B	t	r_1	r_2	A	W	$I_x=I_y$	$I_{u\max}$	$I_{v\min}$	$r_x=r_y$	r_u	r_v	$S_x=S_y$	$Z_x=Z_y$	$C_x=C_y$	$x_p=y_p$	J	C_w
120×120	120	120	8	12	5	1.876×10^{3}	1.44×10^{-1}	2.58×10^{6}	4.10×10^{6}	1.06×10^{6}	3.71×10^{1}	4.67×10^{1}	2.38×10^{1}	2.95×10^{4}	6.10×10^{4}	3.24×10^{1}	7.82×10^{0}	3.89×10^{4}	4.22×10^{7}
130×130	130	130	9	12	6	2.274×10^{3}	1.75×10^{-1}	3.66×10^{6}	5.83×10^{6}	1.50×10^{6}	4.01×10^{1}	5.06×10^{1}	2.57×10^{1}	3.86×10^{4}	8.07×10^{4}	3.53×10^{1}	8.75×10^{0}	5.99×10^{4}	7.59×10^{7}
	130	130	10	12	6	2.516×10^{3}	1.93×10^{-1}	4.03×10^{6}	6.41×10^{6}	1.65×10^{6}	4.00×10^{1}	5.05×10^{1}	2.56×10^{1}	4.27×10^{4}	9.01×10^{4}	3.57×10^{1}	9.68×10^{0}	8.17×10^{4}	1.02×10^{8}
	130	130	12	12	8.5	2.976×10^{3}	2.29×10^{-1}	4.67×10^{6}	7.43×10^{6}	1.92×10^{6}	3.96×10^{1}	5.00×10^{1}	2.54×10^{1}	4.99×10^{4}	1.09×10^{5}	3.64×10^{1}	1.14×10^{1}	1.39×10^{5}	1.70×10^{8}
	130	130	15	12	8.5	3.675×10^{3}	2.82×10^{-1}	5.68×10^{6}	9.02×10^{6}	2.34×10^{6}	3.93×10^{1}	4.95×10^{1}	2.52×10^{1}	6.15×10^{4}	1.38×10^{5}	3.76×10^{1}	1.41×10^{1}	2.67×10^{5}	3.15×10^{8}
150×150	150	150	10	14	7	2.921×10^{3}	2.24×10^{-1}	6.27×10^{6}	9.97×10^{6}	2.58×10^{6}	4.63×10^{1}	5.84×10^{1}	2.97×10^{1}	5.73×10^{4}	1.19×10^{5}	4.06×10^{1}	9.74×10^{0}	9.50×10^{4}	1.61×10^{8}
	150	150	12	14	7	3.477×10^{3}	2.68×10^{-1}	7.40×10^{6}	1.18×10^{7}	3.04×10^{6}	4.61×10^{1}	5.83×10^{1}	2.96×10^{1}	6.81×10^{4}	1.44×10^{5}	4.14×10^{1}	1.16×10^{1}	1.62×10^{5}	2.69×10^{8}
	150	150	15	14	10	4.276×10^{3}	3.29×10^{-1}	8.88×10^{6}	1.14×10^{7}	3.65×10^{6}	4.56×10^{1}	5.16×10^{1}	2.92×10^{1}	8.25×10^{4}	1.82×10^{5}	4.24×10^{1}	1.43×10^{1}	3.12×10^{5}	5.02×10^{8}
	150	150	19	14	10	5.338×10^{3}	4.11×10^{-1}	1.09×10^{7}	1.73×10^{7}	4.51×10^{6}	4.52×10^{1}	5.69×10^{1}	2.91×10^{1}	1.03×10^{5}	2.34×10^{5}	4.40×10^{1}	1.78×10^{1}	6.21×10^{5}	9.57×10^{8}
175×175	175	175	12	15	11	4.052×10^{3}	3.12×10^{-1}	1.17×10^{7}	1.86×10^{7}	4.80×10^{6}	5.37×10^{1}	6.78×10^{1}	3.44×10^{1}	9.16×10^{4}	1.95×10^{5}	4.73×10^{1}	1.16×10^{1}	1.91×10^{5}	4.40×10^{8}
	175	175	15	15	11	5.021×10^{3}	3.86×10^{-1}	1.44×10^{7}	2.29×10^{7}	5.89×10^{6}	5.36×10^{1}	6.75×10^{1}	3.43×10^{1}	1.14×10^{5}	2.46×10^{5}	4.85×10^{1}	1.43×10^{1}	3.68×10^{5}	8.25×10^{8}
200×200	200	200	15	17	12	5.775×10^{3}	4.44×10^{-1}	2.18×10^{7}	3.47×10^{7}	8.91×10^{6}	6.14×10^{1}	7.75×10^{1}	3.93×10^{1}	1.50×10^{5}	3.19×10^{5}	5.46×10^{1}	1.44×10^{1}	4.25×10^{5}	1.26×10^{9}
	200	200	20	17	12	7.600×10^{3}	5.85×10^{-1}	2.82×10^{7}	4.49×10^{7}	1.16×10^{7}	6.09×10^{1}	7.69×10^{1}	3.91×10^{1}	1.97×10^{5}	4.32×10^{5}	5.67×10^{1}	1.90×10^{1}	9.87×10^{5}	2.82×10^{9}
	200	200	25	17	12	9.375×10^{3}	7.21×10^{-1}	3.42×10^{7}	5.42×10^{7}	1.41×10^{7}	6.04×10^{1}	7.60×10^{1}	3.88×10^{1}	2.42×10^{5}	5.47×10^{5}	5.86×10^{1}	2.34×10^{1}	1.89×10^{6}	5.19×10^{9}
250×250	250	250	25	24	12	1.194×10^{4}	9.18×10^{-1}	6.95×10^{7}	1.11×10^{8}	2.76×10^{7}	7.63×10^{1}	9.64×10^{1}	4.81×10^{1}	3.88×10^{5}	8.45×10^{5}	7.10×10^{1}	2.39×10^{1}	2.41×10^{6}	1.08×10^{10}
	250	250	28	24	18	1.626×10^{4}	1.25×10^{0}	9.11×10^{7}	1.44×10^{8}	3.79×10^{7}	7.49×10^{1}	9.41×10^{1}	4.83×10^{1}	5.19×10^{5}	9.94×10^{5}	7.45×10^{1}	3.25×10^{1}	3.35×10^{6}	1.47×10^{10}

부 표 1.4 부등변 ㄱ형강의 표준치수와 단면성능

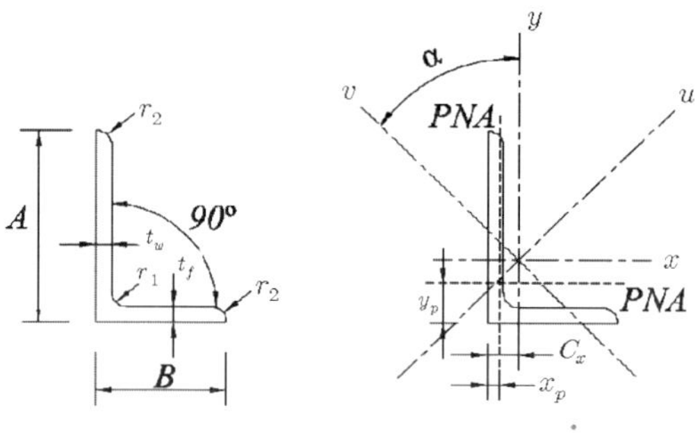

표준단면치수(mm)						단면적 (mm²)	단위중량 (N/mm)	단면2차모멘트 (mm⁴)				단면2차반경 (mm)				탄성단면계수 (mm³)		소성단면계수 (mm³)	
호칭치수	A	B	t	r_1	r_2	A	W	I_x	I_y	$I_{u\max}$	$I_{v\min}$	r_x	r_y	r_u	r_v	S_x	S_y	Z_x	Z_y
90×75	90	75	9	8.5	6	1.40×10^{3}	1.08×10^{-1}	1.09×10^{6}	6.81×10^{5}	1.43×10^{6}	3.41×10^{5}	2.78×10^{1}	2.20×10^{1}	3.19×10^{1}	1.56×10^{1}	1.74×10^{4}	1.24×10^{4}	3.12×10^{4}	2.77×10^{4}
100×75	100	75	7	10	5	1.19×10^{3}	9.13×10^{-2}	1.18×10^{6}	5.69×10^{5}	1.44×10^{6}	3.08×10^{5}	3.15×10^{1}	2.19×10^{1}	3.49×10^{1}	1.61×10^{1}	1.70×10^{4}	1.00×10^{4}	2.99×10^{4}	2.13×10^{4}
	100	75	10	10	7	1.65×10^{3}	1.27×10^{-1}	1.59×10^{6}	7.61×10^{5}	1.94×10^{6}	4.13×10^{5}	3.11×10^{1}	2.15×10^{1}	3.43×10^{1}	1.58×10^{1}	2.33×10^{4}	1.37×10^{4}	4.06×10^{4}	3.11×10^{4}
125×75	125	75	7	10	5	1.36×10^{3}	1.05×10^{-1}	2.19×10^{6}	6.04×10^{5}	2.43×10^{6}	3.64×10^{5}	4.01×10^{1}	2.11×10^{1}	4.23×10^{1}	1.64×10^{1}	2.61×10^{4}	1.03×10^{4}	4.20×10^{4}	2.13×10^{4}
	125	75	10	10	7	1.90×10^{3}	1.46×10^{-1}	2.99×10^{6}	8.09×10^{5}	3.30×10^{6}	4.90×10^{5}	3.96×10^{1}	2.06×10^{1}	4.17×10^{1}	1.61×10^{1}	3.61×10^{4}	1.41×10^{4}	5.69×10^{4}	3.11×10^{4}
	125	75	13	10	7	2.43×10^{3}	1.87×10^{-1}	3.76×10^{6}	1.01×10^{6}	4.15×10^{6}	6.19×10^{5}	3.93×10^{1}	2.04×10^{1}	4.13×10^{1}	1.60×10^{1}	4.61×10^{4}	1.79×10^{4}	7.05×10^{4}	4.13×10^{4}
125×90	125	90	10	10	7	2.05×10^{3}	1.58×10^{-1}	3.18×10^{6}	1.38×10^{6}	3.80×10^{6}	7.62×10^{5}	3.94×10^{1}	2.59×10^{1}	4.30×10^{1}	1.93×10^{1}	3.72×10^{4}	2.03×10^{4}	6.40×10^{4}	4.42×10^{4}
	125	90	13	10	7	2.63×10^{3}	2.02×10^{-1}	4.01×10^{6}	1.73×10^{6}	4.77×10^{6}	9.63×10^{5}	3.91×10^{1}	2.57×10^{1}	4.26×10^{1}	1.91×10^{1}	4.75×10^{4}	2.59×10^{4}	8.01×10^{4}	5.85×10^{4}
150×90	150	90	9	12	6	2.09×10^{3}	1.61×10^{-1}	4.85×10^{6}	1.33×10^{6}	5.37×10^{6}	8.04×10^{5}	4.81×10^{1}	2.52×10^{1}	5.06×10^{1}	1.96×10^{1}	4.82×10^{4}	1.90×10^{4}	7.71×10^{4}	3.96×10^{4}
	150	90	12	12	8.5	2.74×10^{3}	2.11×10^{-1}	6.19×10^{6}	1.67×10^{6}	6.85×10^{6}	1.02×10^{6}	4.76×10^{1}	2.47×10^{1}	5.00×10^{1}	1.93×10^{1}	6.23×10^{4}	2.43×10^{4}	9.83×10^{4}	5.38×10^{4}
150×100	150	100	9	12	6	2.18×10^{3}	1.68×10^{-1}	5.02×10^{6}	1.81×10^{6}	5.79×10^{6}	1.04×10^{6}	4.79×10^{1}	2.88×10^{1}	5.15×10^{1}	2.18×10^{1}	4.91×10^{4}	2.35×10^{4}	8.23×10^{4}	4.85×10^{4}
	150	100	12	12	8.5	2.86×10^{3}	2.20×10^{-1}	6.42×10^{6}	2.28×10^{6}	7.38×10^{6}	1.32×10^{6}	4.74×10^{1}	2.83×10^{1}	5.09×10^{1}	2.15×10^{1}	6.34×10^{4}	3.01×10^{4}	1.06×10^{5}	6.58×10^{4}
	150	100	15	12	8.5	3.53×10^{3}	2.71×10^{-1}	7.82×10^{6}	2.76×10^{6}	8.97×10^{6}	1.61×10^{6}	4.71×10^{1}	2.80×10^{1}	5.04×10^{1}	2.14×10^{1}	7.82×10^{4}	3.70×10^{4}	1.28×10^{5}	8.36×10^{4}

(표 계속)

호칭치수	표준단면치수(mm)					거리(mm)				Tanα	비틀림상수(mm^4)	뒤틀림상수(mm^6)
	A	B	t	r_1	r_2	C_x	C_y	x_p	y_p		J	C_w
90×75	90	75	9	8,5	6	$2,75\times10^{1}$	$2,00\times10^{1}$	$7,80\times10^{0}$	$1,20\times10^{1}$	$6,76\times10^{-1}$	$3,68\times10^{4}$	$1,79\times10^{7}$
100×75	100	75	7	10	5	$3,06\times10^{1}$	$1,83\times10^{1}$	$5,94\times10^{0}$	$1,52\times10^{1}$	$5,48\times10^{-1}$	$1,88\times10^{4}$	$1,11\times10^{7}$
	100	75	10	10	7	$3,17\times10^{1}$	$1,94\times10^{1}$	$8,25\times10^{0}$	$1,75\times10^{1}$	$5,43\times10^{-1}$	$5,33\times10^{4}$	$2,98\times10^{7}$
125×75	125	75	7	10	5	$4,10\times10^{1}$	$1,64\times10^{1}$	$5,45\times10^{0}$	$2,77\times10^{1}$	$3,62\times10^{-1}$	$2,17\times10^{4}$	$1,91\times10^{7}$
	125	75	10	10	7	$4,22\times10^{1}$	$1,75\times10^{1}$	$7,60\times10^{0}$	$3,00\times10^{1}$	$3,57\times10^{-1}$	$6,17\times10^{4}$	$5,18\times10^{7}$
	125	75	13	10	7	$4,35\times10^{1}$	$1,87\times10^{1}$	$9,72\times10^{0}$	$3,15\times10^{1}$	$3,52\times10^{-1}$	$1,32\times10^{5}$	$1,05\times10^{8}$
125×90	125	90	10	10	7	$3,95\times10^{1}$	$2,22\times10^{1}$	$8,20\times10^{0}$	$2,25\times10^{1}$	$5,05\times10^{-1}$	$6,67\times10^{4}$	$5,93\times10^{7}$
	125	90	13	10	7	$4,07\times10^{1}$	$2,34\times10^{1}$	1,05	$2,40\times10^{1}$	$5,01\times10^{-1}$	$1,43\times10^{5}$	$1,21\times10^{8}$
150×90	150	90	9	12	6	$4,95\times10^{1}$	$1,99\times10^{1}$	$6,98\times10^{0}$	$3,37\times10^{1}$	$3,61\times10^{-1}$	$5,50\times10^{4}$	$6,94\times10^{7}$
	150	90	12	12	8,5	$5,07\times10^{1}$	$2,01\times10^{1}$	$9,12\times10^{0}$	$3,60\times10^{1}$	$3,57\times10^{-1}$	$1,28\times10^{5}$	$1,55\times10^{8}$
150×100	150	100	9	12	6	$4,76\times10^{1}$	$2,30\times10^{1}$	$7,28\times10^{0}$	$2,87\times10^{1}$	$4,39\times10^{-1}$	$5,75\times10^{4}$	$7,44\times10^{7}$
	150	100	12	12	8,5	$4,88\times10^{1}$	$2,41\times10^{1}$	$9,52\times10^{0}$	$3,10\times10^{1}$	$4,35\times10^{-1}$	$1,34\times10^{5}$	$1,66\times10^{8}$
	150	100	15	12	8,5	$5,00\times10^{1}$	$2,53\times10^{1}$	$1,18\times10^{1}$	$3,25\times10^{1}$	$4,31\times10^{-1}$	$2,56\times10^{5}$	$3,05\times10^{8}$

부 표 1.5 ㄷ형강의 표준치수와 단면성능

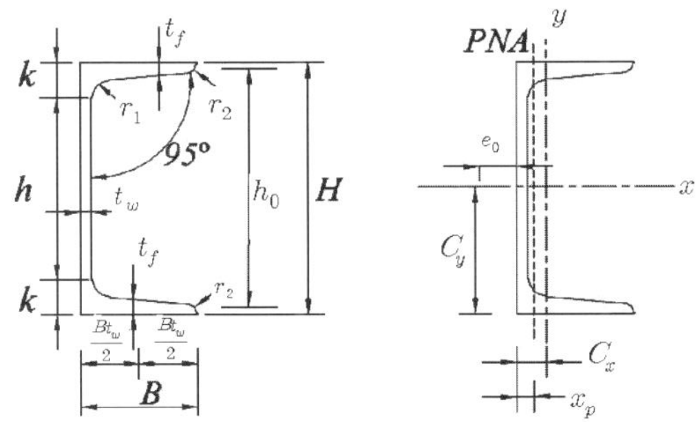

표준단면치수(mm)							단면적 (mm²)	단위중량 (N/mm)	단면2차모멘트 (mm⁴)		단면2차반경 (mm)		탄성단면계수 (mm³)		소성단면계수 (mm³)		거리 (mm)			비틀림상수 (mm⁴)	뒤틀림상수 (mm⁶)
호칭치수	H	B	t_w	t_f	r_1	r_2	A	W	I_x	I_y	r_x	r_y	S_x	S_y	Z_x	Z_y	C_x	e_o	x_p	J	C_w
75×40	75	40	5	7	8	4	8.818×10^{2}	6.78×10^{-2}	7.59×10^{5}	1.24×10^{5}	2.93×10^{1}	1.19×10^{1}	2.02×10^{4}	4.54×10^{3}	2.37×10^{4}	7.17×10^{3}	1.27×10^{1}	1.50×10^{1}	9.11×10^{0}	1.25×10^{4}	1.14×10^{8}
100×50	100	50	5	7.5	8	4	1.192×10^{3}	9.17×10^{-2}	1.89×10^{6}	2.69×10^{5}	3.98×10^{1}	1.50×10^{1}	3.78×10^{4}	7.80×10^{3}	4.37×10^{4}	1.17×10^{4}	1.55×10^{1}	1.92×10^{1}	1.08×10^{1}	1.88×10^{4}	4.31×10^{8}
125×65	125	65	6	8	8	4	1.711×10^{3}	1.31×10^{-1}	4.25×10^{6}	6.55×10^{5}	4.98×10^{1}	1.96×10^{1}	6.80×10^{4}	1.44×10^{4}	7.87×10^{4}	2.34×10^{4}	1.94×10^{1}	2.48×10^{1}	1.21×10^{1}	3.26×10^{4}	1.63×10^{9}
150×75	150	75	6.5	10	10	5	2.371×10^{3}	1.82×10^{-1}	8.64×10^{6}	1.22×10^{6}	6.04×10^{1}	2.27×10^{1}	1.15×10^{5}	2.35×10^{4}	1.32×10^{5}	3.45×10^{4}	2.31×10^{1}	2.92×10^{1}	1.64×10^{1}	6.65×10^{4}	4.34×10^{9}
	150	75	9	12.5	15	7.5	3.059×10^{3}	2.35×10^{-1}	1.05×10^{7}	1.47×10^{6}	5.86×10^{1}	2.19×10^{1}	1.40×10^{5}	2.83×10^{4}	1.64×10^{5}	4.63×10^{4}	2.31×10^{1}	2.80×10^{1}	1.50×10^{1}	1.37×10^{5}	5.32×10^{9}
180×75	180	75	7	10.5	11	5.5	2.720×10^{3}	2.10×10^{-1}	1.38×10^{7}	1.37×10^{6}	7.12×10^{1}	2.24×10^{1}	1.53×10^{5}	2.56×10^{4}	1.78×10^{5}	3.80×10^{4}	2.15×10^{1}	2.79×10^{1}	1.10×10^{1}	8.18×10^{4}	7.14×10^{9}
200×70	200	70	7	10	11	5.5	2.692×10^{3}	2.07×10^{-1}	1.62×10^{7}	1.13×10^{6}	7.76×10^{1}	2.05×10^{1}	6.12×10^{5}	2.19×10^{4}	1.90×10^{5}	4.45×10^{4}	1.85×10^{1}	2.46×10^{1}	6.65×10^{0}	7.27×10^{4}	7.44×10^{9}
200×80	200	80	7.5	11	12	6	3.133×10^{3}	2.41×10^{-1}	1.95×10^{7}	1.77×10^{6}	7.89×10^{1}	2.38×10^{1}	1.95×10^{5}	3.07×10^{4}	2.26×10^{5}	4.59×10^{4}	2.24×10^{1}	2.93×10^{1}	9.66×10^{0}	1.04×10^{5}	1.15×10^{10}
200×90	200	90	8	13.5	14	7	3.865×10^{3}	2.97×10^{-1}	2.49×10^{7}	2.86×10^{6}	8.03×10^{1}	2.72×10^{1}	2.49×10^{5}	4.59×10^{4}	2.86×10^{5}	6.35×10^{4}	2.77×10^{1}	3.49×10^{1}	1.94×10^{1}	1.89×10^{5}	1.82×10^{10}
250×90	250	90	9	13	14	7	4.407×10^{3}	3.39×10^{-1}	4.18×10^{7}	3.06×10^{6}	9.74×10^{1}	2.64×10^{1}	3.34×10^{5}	4.65×10^{4}	3.90×10^{5}	9.54×10^{4}	2.42×10^{1}	3.19×10^{1}	8.71×10^{0}	2.01×10^{5}	3.14×10^{10}
	250	90	11	14.5	17	8.5	5.117×10^{3}	3.94×10^{-1}	4.69×10^{7}	3.42×10^{6}	9.57×10^{1}	2.59×10^{1}	3.75×10^{5}	5.17×10^{4}	4.42×10^{5}	1.05×10^{5}	2.39×10^{1}	3.06×10^{1}	1.01×10^{1}	3.04×10^{5}	3.60×10^{10}
300×90	300	90	9	13	14	7	4.857×10^{3}	3.73×10^{-1}	6.44×10^{7}	3.25×10^{6}	1.15×10^{2}	2.59×10^{1}	4.29×10^{5}	4.80×10^{4}	5.05×10^{5}	9.69×10^{4}	2.23×10^{1}	3.04×10^{1}	8.01×10^{0}	2.15×10^{5}	4.89×10^{10}
	300	90	10	15.5	19	9.5	5.574×10^{3}	4.29×10^{-1}	7.40×10^{7}	3.73×10^{6}	1.15×10^{2}	2.59×10^{1}	4.93×10^{5}	5.59×10^{4}	5.78×10^{5}	1.14×10^{5}	2.33×10^{1}	3.06×10^{1}	9.13×10^{0}	3.34×10^{5}	5.62×10^{10}
	300	90	12	16	19	9.5	6.190×10^{3}	4.76×10^{-1}	7.87×10^{7}	3.91×10^{6}	1.13×10^{2}	2.51×10^{1}	5.25×10^{5}	5.79×10^{4}	6.24×10^{5}	1.17×10^{5}	2.25×10^{1}	2.89×10^{1}	1.02×10^{1}	4.32×10^{5}	6.08×10^{10}
330×100	330	100	10.5	16	18	9	6.939×10^{3}	5.34×10^{-1}	1.45×10^{8}	5.57×10^{6}	1.45×10^{2}	2.83×10^{1}	8.79×10^{5}	7.34×10^{4}	7.36×10^{5}	1.46×10^{5}	2.41×10^{1}	2.44×10^{1}	9.59×10^{0}	4.16×10^{5}	1.36×10^{11}
380×100	380	100	13	16.5	18	9	7.896×10^{3}	6.08×10^{-1}	1.56×10^{8}	5.84×10^{6}	1.41×10^{2}	2.72×10^{1}	8.21×10^{5}	7.57×10^{4}	9.91×10^{5}	1.51×10^{5}	2.29×10^{1}	3.05×10^{1}	1.03×10^{1}	6.03×10^{5}	1.47×10^{11}
	380	100	13	20	24	10	8.571×10^{3}	6.60×10^{-1}	1.76×10^{8}	6.71×10^{6}	1.43×10^{2}	2.80×10^{1}	9.26×10^{5}	8.95×10^{4}	1.10×10^{6}	1.81×10^{5}	2.50×10^{1}	3.22×10^{1}	1.11×10^{1}	8.31×10^{5}	1.68×10^{11}

부 표 1.6 I 형강의 표준치수와 단면성능

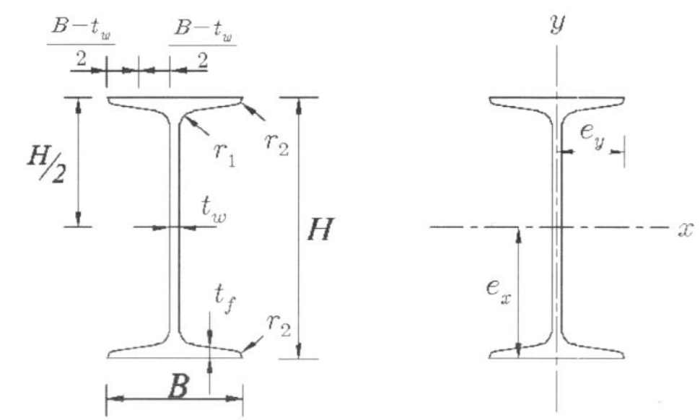

호칭치수	표준단면치수(mm)						단면적 (mm^2)	단위중량 (N/mm)	단면2차모멘트 (mm^4)		단면2차반경 (mm)		탄성단면계수 (mm^3)		소성단면계수 (mm^3)		비틀림상수 (mm^4)	뒤틀림상수 (mm^6)
	H	B	t_w	t_f	r_1	r_2	A	W	I_x	I_y	r_x	r_y	S_x	S_y	Z_x	Z_y	J	C_w
100×75	100	75	5	8	7	3,5	$1,643\times10^{3}$	$1,26\times10^{-1}$	$2,83\times10^{6}$	$4,83\times10^{5}$	$1,81\times10^{1}$	$4,10\times10^{-2}$	$5,66\times10^{4}$	$1,29\times10^{4}$	$6,40\times10^{4}$	$2,30\times10^{4}$	$2,94\times10^{4}$	$1,02\times10^{9}$
125×75	125	75	5,5	9,5	9	4,5	$2,045\times10^{3}$	$1,58\times10^{-1}$	$5,40\times10^{6}$	$5,90\times10^{5}$	$1,93\times10^{1}$	$4,59\times10^{-2}$	$8,64\times10^{4}$	$1,57\times10^{4}$	$9,77\times10^{4}$	$2,75\times10^{4}$	$4,93\times10^{4}$	$1,97\times10^{9}$
150×75	150	75	5,5	9,5	9	4,5	$2,183\times10^{3}$	$1,68\times10^{-1}$	$8,20\times10^{6}$	$5,91\times10^{5}$	$1,99\times10^{1}$	$4,73\times10^{-2}$	$1,09\times10^{5}$	$1,58\times10^{4}$	$1,24\times10^{5}$	$2,77\times10^{4}$	$5,07\times10^{4}$	$2,92\times10^{9}$
150×125	150	125	8,5	14	13	6,5	$4,615\times10^{3}$	$3,55\times10^{-1}$	$1,78\times10^{7}$	$3,95\times10^{6}$	$2,33\times10^{1}$	$5,33\times10^{-2}$	$2,37\times10^{5}$	$6,32\times10^{4}$	$2,70\times10^{5}$	$1,12\times10^{5}$	$2,57\times10^{5}$	$1,83\times10^{10}$
180×100	180	100	6	10	10	5	$3,006\times10^{3}$	$2,31\times10^{-1}$	$1,67\times10^{7}$	$1,41\times10^{6}$	$2,24\times10^{1}$	$4,81\times10^{-2}$	$1,86\times10^{5}$	$2,82\times10^{4}$	$2,08\times10^{5}$	$5,14\times10^{4}$	$7,89\times10^{4}$	$1,02\times10^{10}$
200×100	200	100	7	10	10	5	$3,306\times10^{3}$	$2,55\times10^{-1}$	$2,18\times10^{7}$	$1,42\times10^{6}$	$2,17\times10^{1}$	$5,05\times10^{-2}$	$2,18\times10^{5}$	$2,84\times10^{4}$	$2,47\times10^{5}$	$5,22\times10^{4}$	$8,84\times10^{4}$	$1,28\times10^{10}$
200×150	200	150	9	16	15	7,5	$6,416\times10^{3}$	$4,94\times10^{-1}$	$4,49\times10^{7}$	$7,71\times10^{6}$	$2,67\times10^{1}$	$5,74\times10^{-2}$	$4,49\times10^{5}$	$1,03\times10^{5}$	$5,05\times10^{5}$	$1,83\times10^{5}$	$4,54\times10^{5}$	$6,53\times10^{10}$
250×125	250	125	7,5	12,5	12	6	$4,879\times10^{3}$	$3,75\times10^{-1}$	$5,19\times10^{7}$	$3,45\times10^{6}$	$2,55\times10^{1}$	$5,48\times10^{-2}$	$4,15\times10^{5}$	$5,52\times10^{4}$	$4,66\times10^{5}$	$1,01\times10^{5}$	$1,96\times10^{5}$	$4,87\times10^{10}$
	250	125	10	19	21	10,5	$7,073\times10^{3}$	$5,44\times10^{-1}$	$7,34\times10^{7}$	$5,60\times10^{6}$	$2,66\times10^{1}$	$6,60\times10^{-2}$	$5,87\times10^{5}$	$8,96\times10^{4}$	$6,61\times10^{5}$	$1,54\times10^{5}$	$6,49\times10^{5}$	$7,47\times10^{10}$
300×150	300	150	8	13	12	6	$6,158\times10^{3}$	$4,73\times10^{-1}$	$9,50\times10^{7}$	$6,00\times10^{6}$	$2,77\times10^{1}$	$5,62\times10^{-2}$	$6,33\times10^{5}$	$8,00\times10^{4}$	$7,10\times10^{5}$	$1,51\times10^{5}$	$2,69\times10^{5}$	$1,24\times10^{11}$
	300	150	10	18,5	19	9,5	$8,347\times10^{3}$	$6,42\times10^{-1}$	$1,27\times10^{8}$	$8,86\times10^{6}$	$2,89\times10^{1}$	$6,54\times10^{-2}$	$8,47\times10^{5}$	$1,18\times10^{5}$	$9,54\times10^{5}$	$2,15\times10^{5}$	$7,27\times10^{5}$	$1,76\times10^{11}$
	300	150	11,5	22	23	11,5	$9,788\times10^{3}$	$7,53\times10^{-1}$	$1,47\times10^{8}$	$1,12\times10^{7}$	$2,92\times10^{1}$	$7,09\times10^{-2}$	$9,80\times10^{5}$	$1,49\times10^{5}$	$1,11\times10^{6}$	$2,56\times10^{5}$	$1,21\times10^{6}$	$2,16\times10^{11}$
350×150	350	150	9	15	13	6,5	$7,458\times10^{3}$	$5,73\times10^{-1}$	$1,52\times10^{8}$	$7,15\times10^{6}$	$2,88\times10^{1}$	$6,18\times10^{-2}$	$8,69\times10^{5}$	$9,53\times10^{4}$	$9,84\times10^{5}$	$1,75\times10^{5}$	$4,19\times10^{5}$	$2,01\times10^{11}$
	350	150	12	24	25	12,5	$1,111\times10^{4}$	$8,55\times10^{-1}$	$2,25\times10^{8}$	$1,23\times10^{7}$	$9,62\times10^{0}$	$7,55\times10^{-2}$	$1,29\times10^{6}$	$1,64\times10^{5}$	$1,45\times10^{6}$	$2,81\times10^{5}$	$1,57\times10^{6}$	$3,27\times10^{11}$
400×150	400	150	10	18	17	8,5	$9,173\times10^{3}$	$7,06\times10^{-1}$	$2,40\times10^{8}$	$8,87\times10^{6}$	$3,03\times10^{1}$	$6,86\times10^{-2}$	$1,20\times10^{6}$	$1,18\times10^{5}$	$1,36\times10^{6}$	$2,12\times10^{5}$	$7,11\times10^{5}$	$3,24\times10^{11}$
	400	150	12,5	25	27	13,5	$1,221\times10^{4}$	$9,39\times10^{-1}$	$3,17\times10^{8}$	$1,29\times10^{7}$	$9,88\times10^{0}$	$7,91\times10^{-2}$	$1,59\times10^{6}$	$1,72\times10^{5}$	$1,79\times10^{6}$	$2,95\times10^{5}$	$1,81\times10^{6}$	$4,54\times10^{11}$
450×175	450	175	11	20	19	9,5	$1,168\times10^{4}$	$8,99\times10^{-1}$	$3,92\times10^{8}$	$1,55\times10^{7}$	$1,03\times10^{1}$	$7,17\times10^{-2}$	$1,74\times10^{6}$	$1,77\times10^{5}$	$1,97\times10^{6}$	$3,19\times10^{5}$	$1,12\times10^{6}$	$7,16\times10^{11}$
	450	175	13	26	27	13,5	$1,461\times10^{4}$	$1,13\times10^{0}$	$4,88\times10^{8}$	$2,10\times10^{7}$	$1,06\times10^{1}$	$8,04\times10^{-2}$	$2,17\times10^{6}$	$2,40\times10^{5}$	$2,44\times10^{6}$	$4,15\times10^{5}$	$2,36\times10^{6}$	$9,44\times10^{11}$
600×190	600	190	13	25	25	12,5	$1,694\times10^{4}$	$1,30\times10^{0}$	$9,32\times10^{8}$	$2,54\times10^{7}$	$1,14\times10^{1}$	$8,27\times10^{-2}$	$3,11\times10^{6}$	$2,67\times10^{5}$	$3,71\times10^{6}$	$4,74\times10^{5}$	$2,40\times10^{6}$	$2,10\times10^{12}$
	600	190	16	35	38	19	$2,245\times10^{4}$	$1,72\times10^{0}$	$1,30\times10^{9}$	$3,70\times10^{7}$	$1,18\times10^{1}$	$9,51\times10^{-2}$	$4,33\times10^{6}$	$3,89\times10^{5}$	$4,88\times10^{6}$	$6,66\times10^{5}$	$6,20\times10^{6}$	$2,95\times10^{12}$

부 표 1.7 원형강관의 표준치수와 단면성능

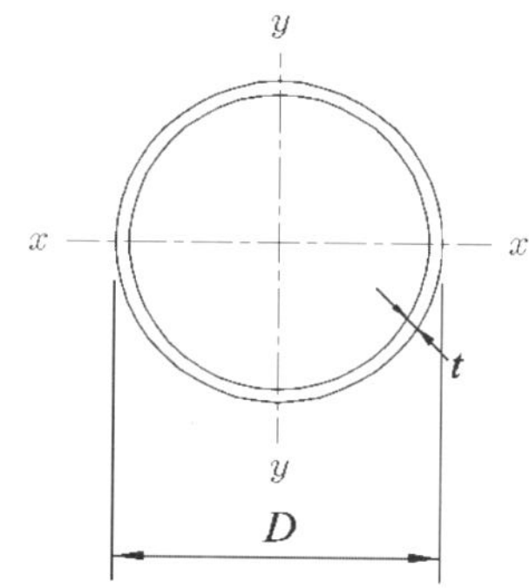

표준단면치수 (mm) D	t	단면적 (mm²) A	단위중량 (N/mm) W	단면2차모멘트 (mm⁴) $I_x=I_y$	단면2차반경 (mm) $r_x=r_y$	탄성단면계수 (mm³) $S_x=S_y$	소성단면계수 (mm³) $Z_x=Z_y$	비틀림상수 (mm⁴) J
21,7	2	$1,238\times10^{2}$	$9,53\times10^{-2}$	$6,07\times10^{3}$	$5,60\times10^{2}$	$7,00\times10^{0}$	$7,79\times10^{2}$	$1,21\times10^{4}$
27,2	2	$1,583\times10^{2}$	$1,22\times10^{-2}$	$1,26\times10^{4}$	$9,30\times10^{2}$	$8,90\times10^{0}$	$1,27\times10^{3}$	$2,53\times10^{4}$
	2,3	$1,799\times10^{2}$	$1,38\times10^{-2}$	$1,41\times10^{4}$	$1,03\times10^{3}$	$8,80\times10^{0}$	$1,62\times10^{1}$	$2,81\times10^{4}$
34,0	2,3	$2,291\times10^{2}$	$1,76\times10^{-2}$	$2,89\times10^{4}$	$1,70\times10^{3}$	$1,12\times10^{1}$	$2,32\times10^{3}$	$5,78\times10^{4}$
42,7	2,3	$2,919\times10^{2}$	$2,24\times10^{-2}$	$5,97\times10^{4}$	$2,80\times10^{3}$	$1,43\times10^{1}$	$3,76\times10^{3}$	$1,19\times10^{5}$
	2,8	$3,510\times10^{2}$	$2,70\times10^{-2}$	$7,02\times10^{4}$	$3,29\times10^{3}$	$1,41\times10^{1}$	$2,93\times10^{1}$	$1,40\times10^{5}$
48,6	2,3	$3,345\times10^{2}$	$2,58\times10^{-2}$	$8,99\times10^{4}$	$3,70\times10^{3}$	$1,64\times10^{1}$	$4,93\times10^{3}$	$1,80\times10^{5}$
	2,8	$4,029\times10^{2}$	$3,10\times10^{-2}$	$1,06\times10^{5}$	$4,36\times10^{3}$	$1,62\times10^{1}$	$2,93\times10^{1}$	$2,12\times10^{5}$
	3,2	$4,564\times10^{2}$	$3,51\times10^{-2}$	$1,18\times10^{5}$	$4,86\times10^{3}$	$1,61\times10^{1}$	$4,37\times10^{1}$	$2,36\times10^{5}$
60,5	2,3	$4,205\times10^{2}$	$3,23\times10^{-2}$	$1,78\times10^{5}$	$5,90\times10^{3}$	$2,06\times10^{1}$	$7,79\times10^{3}$	$3,57\times10^{5}$
	3,2	$5,760\times10^{2}$	$4,43\times10^{-2}$	$2,37\times10^{5}$	$7,84\times10^{3}$	$2,03\times10^{1}$	$4,37\times10^{1}$	$4,74\times10^{5}$
	4	$7,100\times10^{2}$	$5,46\times10^{-2}$	$2,85\times10^{5}$	$9,41\times10^{3}$	$2,00\times10^{1}$	$8,53\times10^{1}$	$5,69\times10^{5}$
76,3	2,8	$6,465\times10^{2}$	$4,98\times10^{-2}$	$4,37\times10^{5}$	$1,15\times10^{4}$	$2,60\times10^{1}$	$1,51\times10^{4}$	$8,74\times10^{5}$
	3,2	$7,349\times10^{2}$	$5,65\times10^{-2}$	$4,92\times10^{5}$	$1,29\times10^{4}$	$2,59\times10^{1}$	$4,37\times10^{1}$	$9,84\times10^{5}$
	4	$9,085\times10^{2}$	$6,99\times10^{-2}$	$5,95\times10^{5}$	$1,56\times10^{4}$	$2,56\times10^{1}$	$8,53\times10^{1}$	$1,19\times10^{6}$

(표 계속)

표준단면치수 (mm)		단면적 (mm^2)	단위중량 (N/mm)	단면2차모멘트 (mm^4)	단면2차반경 (mm)	탄성단면계수 (mm^3)	소성단면계수 (mm^3)	비틀림상수 (mm^4)
D	t	A	W	$I_x=I_y$	$r_x=r_y$	$S_x=S_y$	$Z_x=Z_y$	J
89.1	2.8	7.591×10^2	5.84×10^{-2}	7.07×10^5	1.59×10^4	3.05×10^1	2.09×10^4	1.41×10^6
	3.2	8.636×10^2	6.64×10^{-2}	7.98×10^5	1.79×10^4	3.04×10^1	4.37×10^1	1.60×10^6
	4	1.069×10^3	8.22×10^{-2}	9.70×10^5	2.18×10^4	3.01×10^1	8.53×10^1	1.94×10^6
101.6	3.2	9.892×10^2	7.60×10^{-2}	1.20×10^6	2.36×10^4	3.48×10^1	3.10×10^4	2.40×10^6
	4	1.226×10^3	9.44×10^{-2}	1.46×10^6	2.38×10^4	3.45×10^1	8.53×10^1	2.93×10^6
	5	1.517×10^3	1.17×10^{-1}	1.77×10^6	3.49×10^4	3.42×10^1	1.67×10^2	3.55×10^6
114.3	3.2	1.117×10^3	8.59×10^{-2}	1.72×10^6	3.02×10^4	3.93×10^1	3.95×10^4	3.45×10^6
	3.6	1.252×10^3	9.63×10^{-2}	1.92×10^6	3.36×10^4	3.92×10^1	6.22×10^1	3.84×10^6
	4.5	1.552×10^3	1.20×10^{-1}	2.34×10^6	4.10×10^4	3.89×10^1	1.22×10^2	4.69×10^6
	5.6	1.912×10^3	1.47×10^{-1}	2.83×10^6	4.96×10^4	3.85×10^1	2.34×10^2	5.66×10^6
139.8	3.6	1.540×10^3	1.19×10^{-1}	3.57×10^6	5.11×10^4	4.82×10^1	6.68×10^4	7.15×10^6
	4	1.707×10^3	1.31×10^{-1}	3.94×10^6	5.63×10^4	4.80×10^1	8.53×10^1	7.87×10^6
	4.5	1.913×10^3	1.47×10^{-1}	4.38×10^6	6.27×10^4	4.79×10^1	1.22×10^2	8.76×10^6
	6	2.522×10^3	1.94×10^{-1}	5.66×10^6	8.09×10^4	4.74×10^1	2.88×10^2	1.13×10^7
165.2	4.5	2.272×10^3	1.74×10^{-1}	7.34×10^6	8.89×10^4	5.68×10^1	1.16×10^5	1.47×10^7
	5	2.516×10^3	1.94×10^{-1}	8.08×10^6	9.78×10^4	5.67×10^1	1.67×10^2	1.62×10^7
	6	3.001×10^3	2.31×10^{-1}	9.52×10^6	1.15×10^5	5.63×10^1	2.88×10^2	1.90×10^7
	7	3.479×10^3	2.68×10^{-1}	1.09×10^7	1.32×10^5	5.60×10^1	4.57×10^2	2.18×10^7
190.7	4.5	2.632×10^3	2.03×10^{-1}	1.14×10^7	1.20×10^5	6.59×10^1	1.56×10^5	2.28×10^7
	5	2.917×10^3	2.24×10^{-1}	1.26×10^7	1.32×10^5	6.57×10^1	1.67×10^2	2.52×10^7
	6	3.482×10^3	2.68×10^{-1}	1.49×10^7	1.56×10^5	6.53×10^1	2.88×10^2	2.97×10^7
	7	4.040×10^3	3.11×10^{-1}	1.71×10^7	1.79×10^5	6.50×10^1	4.57×10^2	3.41×10^7
216.3	4.5	2.994×10^3	2.30×10^{-1}	1.68×10^7	1.55×10^5	7.49×10^1	2.02×10^5	3.36×10^7
	6	3.961×10^3	3.05×10^{-1}	2.19×10^7	2.03×10^5	7.44×10^1	2.88×10^2	4.39×10^7
	7	4.603×10^3	3.54×10^{-1}	2.52×10^7	2.33×10^5	7.40×10^1	4.57×10^2	5.05×10^7
	8	5.235×10^3	4.03×10^{-1}	2.84×10^7	2.63×10^5	7.37×10^1	6.83×10^2	5.69×10^7

(표 계속)

표준단면치수 (mm)		단면적 (mm^2)	단위중량 (N/mm)	단면2차모멘트 (mm^4)	단면2차반경 (mm)	탄성단면계수 (mm^3)	소성단면계수 (mm^3)	비틀림상수 (mm^4)
D	t	A	W	$I_x=I_y$	$r_x=r_y$	$S_x=S_y$	$Z_x=Z_y$	J
267.4	6	4.927×10^3	3.79×10^{-1}	4.21×10^7	3.15×10^5	9.24×10^1	4.10×10^5	8.42×10^7
	7	5.727×10^3	4.41×10^{-1}	4.86×10^7	3.63×10^5	9.21×10^1	4.57×10^2	9.71×10^7
	8	6.519×10^3	5.02×10^{-1}	5.49×10^7	4.11×10^5	9.18×10^1	6.83×10^2	1.10×10^8
	9	7.306×10^3	5.63×10^{-1}	6.11×10^7	4.57×10^5	9.14×10^1	9.72×10^2	1.22×10^8
318.5	6	5.891×10^3	4.53×10^{-1}	7.19×10^7	4.52×10^5	1.11×10^2	5.86×10^5	1.44×10^8
	7	6.850×10^3	5.27×10^{-1}	8.31×10^7	5.52×10^5	1.10×10^2	4.57×10^2	1.66×10^8
	8	7.804×10^3	6.01×10^{-1}	9.41×10^7	5.91×10^5	1.10×10^2	6.83×10^2	1.88×10^8
	9	8.751×10^3	6.73×10^{-1}	1.05×10^8	6.59×10^5	1.09×10^2	9.72×10^2	2.10×10^8
355.6	6.3	6.913×10^3	5.32×10^{-1}	1.05×10^8	5.93×10^5	1.24×10^2	7.69×10^5	2.11×10^8
	8	8.736×10^3	6.72×10^{-1}	1.32×10^8	7.42×10^5	1.23×10^2	6.83×10^2	2.64×10^8
	9	8.700×10^3	7.54×10^{-1}	1.47×10^8	8.28×10^5	1.23×10^2	9.72×10^2	2.95×10^8
	12	1.124×10^4	1.00×10^0	1.91×10^8	1.08×10^6	1.22×10^2	2.30×10^3	3.83×10^8
405.4	9	1.124×10^4	8.64×10^{-1}	2.22×10^8	1.09×10^6	1.41×10^2	1.41×10^6	4.41×10^8
	12	1.487×10^4	1.15×10^0	2.89×10^8	1.42×10^6	1.40×10^2	2.30×10^3	5.74×10^8
	16	1.962×10^4	1.51×10^0	3.74×10^8	1.84×10^6	1.38×10^2	5.46×10^3	7.43×10^8
	19	2.312×10^4	1.78×10^0	4.35×10^8	2.14×10^6	1.37×10^2	9.15×10^3	8.63×10^8
457.2	9	1.267×10^4	9.75×10^{-1}	3.18×10^8	1.40×10^6	1.58×10^2	1.81×10^6	6.37×10^8
	12	1.678×10^4	1.29×10^0	4.16×10^8	1.82×10^6	1.57×10^2	2.30×10^3	8.32×10^8
	16	2.218×10^4	1.71×10^0	5.40×10^8	2.36×10^6	1.56×10^2	5.46×10^3	1.08×10^9
	19	2.616×10^4	2.01×10^0	6.29×10^8	2.75×10^6	1.55×10^2	9.15×10^3	1.26×10^9
500	9	1.388×10^4	1.07×10^0	4.18×10^8	1.67×10^6	1.74×10^2	2.17×10^6	8.37×10^8
	12	1.840×10^4	1.41×10^0	5.48×10^8	2.19×10^6	1.73×10^2	2.30×10^3	1.10×10^9
	14	2.138×10^4	1.65×10^0	6.32×10^8	2.53×10^6	1.72×10^2	3.66×10^3	1.26×10^9
508	9	1.411×10^4	1.09×10^0	4.39×10^8	1.73×10^6	1.76×10^2	2.24×10^6	8.79×10^8
	12	1.870×10^4	1.44×10^0	5.75×10^8	2.26×10^6	1.75×10^2	2.30×10^3	1.15×10^9
	14	2.173×10^4	1.68×10^0	6.63×10^8	2.61×10^6	1.75×10^2	3.66×10^3	1.33×10^9

(표 계속)

표준단면치수 (mm)		단면적 (mm^2)	단위중량 (N/mm)	단면2차모멘트 (mm^4)	단면2차반경 (mm)	탄성단면계수 (mm^3)	소성단면계수 (mm^3)	비틀림상수 (mm^4)
D	t	A	W	$I_x=I_y$	$r_x=r_y$	$S_x=S_y$	$Z_x=Z_y$	J
508	16	2.473×10^4	1.90×10^0	7.49×10^8	2.95×10^6	1.74×10^2	5.46×10^3	1.50×10^9
	19	2.919×10^4	2.24×10^0	8.74×10^8	3.44×10^6	1.73×10^2	9.15×10^3	1.75×10^9
	22	3.359×10^4	2.59×10^0	9.94×10^8	3.91×10^6	1.72×10^2	1.42×10^4	1.99×10^9
558.8	9	1.555×10^4	1.20×10^0	5.88×10^8	2.10×10^6	1.94×10^2	2.72×10^6	1.18×10^9
	12	2.061×10^4	1.59×10^0	7.71×10^8	2.76×10^6	1.93×10^2	2.30×10^3	1.54×10^9
	16	2.728×10^4	2.10×10^0	1.01×10^9	3.60×10^6	1.92×10^2	5.46×10^3	2.01×10^9
	19	3.222×10^4	2.48×10^0	1.18×10^9	4.21×10^6	1.91×10^2	9.15×10^3	2.35×10^9
	22	2.910×10^4	2.85×10^0	1.34×10^9	4.79×10^6	1.90×10^2	1.42×10^4	2.68×10^9
600	9	1.671×10^4	1.28×10^0	7.30×10^8	2.43×10^6	2.09×10^2	3.14×10^6	1.46×10^9
	12	2.217×10^4	1.71×10^0	9.58×10^8	3.20×10^6	2.08×10^2	2.30×10^3	1.92×10^9
	14	2.577×10^4	1.98×10^0	1.11×10^9	3.69×10^6	2.07×10^2	3.66×10^3	2.21×10^9
	16	2.936×10^4	2.25×10^0	1.25×10^9	4.18×10^6	2.07×10^2	5.46×10^3	2.50×10^9
609.6	9	1.698×10^4	1.30×10^0	7.66×10^9	2.51×10^6	2.12×10^2	3.25×10^6	1.53×10^9
	12	2.253×10^4	1.73×10^0	1.01×10^9	3.30×10^6	2.11×10^2	2.30×10^3	2.01×10^9
	14	2.620×10^4	2.02×10^0	1.16×10^9	3.81×10^6	2.11×10^2	3.66×10^3	2.32×10^9
	16	2.984×10^4	2.29×10^0	1.32×10^9	4.32×10^6	2.10×10^2	5.46×10^3	2.63×10^9
	19	3.255×10^4	2.71×10^0	1.54×10^9	5.05×10^6	2.09×10^2	9.15×10^3	3.08×10^9
	22	4.061×10^4	3.13×10^0	1.76×10^9	5.76×10^6	2.08×10^2	1.42×10^4	3.51×10^9
700	9	1.954×10^4	1.50×10^0	1.17×10^9	3.33×10^6	2.44×10^2	4.30×10^6	2.33×10^9
	12	2.594×10^4	2.00×10^0	1.54×10^9	4.39×10^6	2.43×10^2	2.30×10^3	3.07×10^9
	14	3.017×10^4	2.32×10^0	1.78×10^9	5.07×10^6	2.43×10^2	3.66×10^3	3.55×10^9
	16	3.438×10^4	2.65×10^0	2.01×10^9	5.75×10^6	2.42×10^2	5.46×10^3	4.02×10^9
711.2	9	1.985×10^4	1.53×10^0	1.22×10^9	3.44×10^6	2.48×10^2	4.44×10^6	2.45×10^9
	12	2.636×10^4	2.03×10^0	1.61×10^9	4.53×10^6	2.47×10^2	2.30×10^3	3.22×10^9
	14	3.066×10^4	2.36×10^0	1.86×10^9	5.24×10^6	2.47×10^2	3.66×10^3	3.73×10^9
	16	3.494×10^4	2.69×10^0	2.12×10^9	5.94×10^6	2.46×10^2	5.46×10^3	4.22×10^9

(표 계속)

표준단면치수 (mm) D	t	단면적 (mm²) A	단위중량 (N/mm) W	단면2차모멘트 (mm⁴) $I_x=I_y$	단면2차반경 (mm) $r_x=r_y$	탄성단면계수 (mm³) $S_x=S_y$	소성단면계수 (mm³) $Z_x=Z_y$	비틀림상수 (mm⁴) J
711.2	19	4.132×10^4	3.18×10^0	2.48×10^9	6.96×10^6	2.45×10^2	9.15×10^3	4.95×10^9
	22	4.763×10^4	3.67×10^0	2.83×10^9	7.96×10^6	2.44×10^2	1.42×10^4	5.66×10^9
812.8	9	2.273×10^4	1.74×10^0	1.84×10^9	4.52×10^6	2.84×10^2	5.82×10^6	3.67×10^9
	12	3.019×10^4	2.32×10^0	2.42×10^9	5.96×10^6	2.83×10^2	2.30×10^3	4.84×10^9
	14	3.513×10^4	2.70×10^0	2.80×10^9	6.90×10^6	2.82×10^2	3.66×10^3	5.61×10^9
	16	4.005×10^4	3.08×10^0	3.18×10^9	7.82×10^6	2.82×10^2	5.46×10^3	6.36×10^9
	19	4.738×10^4	3.65×10^0	3.73×10^9	9.19×10^6	2.81×10^2	9.15×10^3	7.47×10^9
	22	5.466×10^4	4.20×10^0	4.28×10^9	1.05×10^7	2.80×10^2	1.42×10^4	8.55×10^9
914.4	12	3.402×10^4	2.62×10^0	3.46×10^9	7.58×10^6	3.19×10^2	9.77×10^6	6.93×10^9
	14	3.960×10^4	3.05×10^0	4.01×10^9	8.78×10^6	3.18×10^2	3.66×10^3	8.03×10^9
	16	4.516×10^4	3.47×10^0	4.56×10^9	9.97×10^6	3.18×10^2	5.46×10^3	9.12×10^9
	19	5.345×10^4	4.12×10^0	5.36×10^9	1.17×10^7	3.17×10^2	9.15×10^3	1.07×10^{10}
	22	6.165×10^4	4.74×10^0	6.14×10^9	1.34×10^7	3.15×10^2	1.42×10^4	1.23×10^{10}
1016	12	3.785×10^4	2.91×10^0	4.77×10^9	9.39×10^6	3.55×10^2	1.21×10^7	9.54×10^9
	14	4.407×10^4	3.39×10^0	5.53×10^9	1.09×10^7	3.54×10^2	3.66×10^3	1.11×10^{10}
	16	5.027×10^4	3.87×10^0	6.28×10^9	1.24×10^7	3.54×10^2	5.46×10^3	1.26×10^{10}
	19	5.951×10^4	4.58×10^0	7.40×10^9	1.46×10^7	3.52×10^2	9.15×10^3	1.48×10^{10}
	22	6.870×10^4	5.28×10^0	8.49×10^9	1.67×10^7	3.52×10^2	1.42×10^4	1.70×10^{10}

부 표 1.8 각형강관의 표준치수와 단면성능

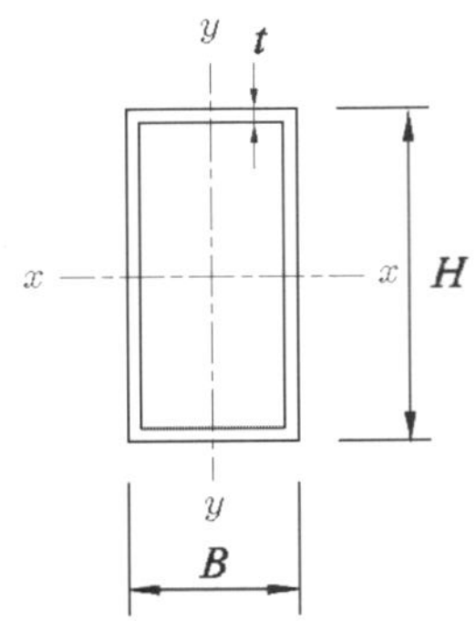

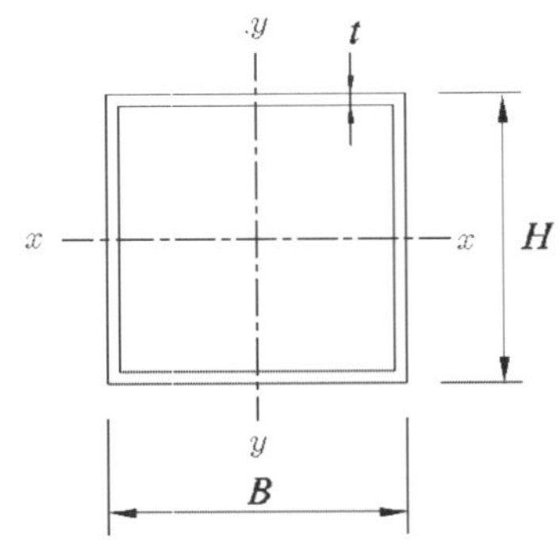

표준단면치수(mm)				단면적 (mm^2)	단위중량 (N/mm)	단면2차모멘트 (mm^4)		단면2차반경 (mm)		탄성단면계수 (mm^3)		소성단면계수 (mm^3)		비틀림상수 (mm^4)
호칭치수	H	B	t	A	W	I_x	I_y	r_x	r_y	S_x	S_y	Z_x	Z_y	J
300×300	300	300	6	6.993×10^3	5.36×10^{-1}	9.96×10^7	9.96×10^7	1.19×10^2	1.19×10^2	6.64×10^5	6.64×10^5	7.78×10^5	7.78×10^5	1.62×10^8
	300	300	4.5	5.267×10^3	4.05×10^{-1}	7.63×10^7	7.63×10^7	1.20×10^2	1.20×10^2	5.09×10^5	5.09×10^5	5.89×10^5	5.89×10^5	1.22×10^8
250×250	250	250	8	7.579×10^3	5.83×10^{-1}	7.32×10^7	7.32×10^7	9.83×10^1	9.83×10^1	5.86×10^5	5.86×10^5	7.03×10^5	7.03×10^5	1.25×10^8
	250	250	6	5.763×10^3	4.43×10^{-1}	5.67×10^7	5.67×10^7	9.92×10^1	9.92×10^1	4.54×10^5	4.54×10^5	5.36×10^5	5.36×10^5	9.38×10^7
	250	250	5	4.836×10^3	3.72×10^{-1}	4.81×10^7	4.81×10^7	9.97×10^1	9.97×10^1	3.85×10^5	3.85×10^5	4.50×10^5	4.50×10^5	7.81×10^7
200×200	200	200	8	5.979×10^3	4.60×10^{-1}	3.62×10^7	3.62×10^7	7.78×10^1	7.78×10^1	3.62×10^5	3.62×10^5	4.43×10^5	4.43×10^5	6.40×10^7
	200	200	6	4.563×10^3	3.51×10^{-1}	2.83×10^7	2.83×10^7	7.88×10^1	7.88×10^1	2.83×10^5	2.83×10^5	3.39×10^5	3.39×10^5	4.80×10^7
200×100	200	100	6	3.363×10^3	2.59×10^{-1}	1.70×10^7	5.77×10^6	7.11×10^1	4.14×10^1	1.70×10^5	1.15×10^5	2.22×10^5	1.36×10^5	1.60×10^5
	200	100	4.5	2.567×10^3	1.97×10^{-1}	1.33×10^7	4.55×10^6	7.20×10^1	4.21×10^1	1.33×10^5	9.10×10^4	1.70×10^5	1.05×10^5	1.20×10^5
175×175	175	175	6	3.963×10^3	3.05×10^{-1}	1.86×10^7	1.86×10^7	6.85×10^1	6.85×10^1	2.13×10^5	2.13×10^5	2.57×10^5	2.57×10^5	3.22×10^7
	175	175	5	3.336×10^3	2.57×10^{-1}	1.59×10^7	1.59×10^7	6.90×10^1	6.90×10^1	1.82×10^5	1.82×10^5	2.17×10^5	2.17×10^5	2.68×10^7
150×150	150	150	6	3.363×10^3	2.59×10^{-1}	1.15×10^7	1.15×10^7	5.85×10^1	5.85×10^1	1.53×10^5	1.53×10^5	1.87×10^5	1.87×10^5	2.03×10^7
	150	150	5	2.836×10^3	2.19×10^{-1}	9.82×10^6	9.82×10^6	5.88×10^1	5.88×10^1	1.31×10^5	1.31×10^5	1.58×10^5	1.58×10^5	1.69×10^7
	150	150	4.5	2.567×10^3	1.97×10^{-1}	8.96×10^6	8.96×10^6	5.91×10^1	5.91×10^1	1.19×10^5	1.19×10^5	1.43×10^5	1.43×10^5	1.52×10^7
150×100	150	100	6	2.763×10^3	2.13×10^{-1}	8.35×10^6	4.44×10^6	5.50×10^1	4.01×10^1	1.11×10^5	8.88×10^4	1.44×10^5	1.08×10^5	1.44×10^5
	150	100	4.5	2.117×10^3	1.63×10^{-1}	6.85×10^6	3.52×10^6	5.69×10^1	4.08×10^1	9.13×10^4	7.04×10^4	1.10×10^5	8.31×10^4	1.08×10^5

(표 계속)

표준단면치수(mm)				단면적 (mm^2)	단위중량 (N/mm)	단면2차모멘트 (mm^4)		단면2차반경 (mm)		탄성단면계수 (mm^3)		소성단면계수 (mm^3)		비틀림상수 (mm^4)
호칭치수	H	B	t	A	W	I_x	I_y	r_x	r_y	S_x	S_y	Z_x	Z_y	J
150×80	150	80	6	2.523×10^{3}	1.94×10^{-1}	7.10×10^{6}	2.64×10^{6}	5.30×10^{1}	3.23×10^{1}	9.47×10^{4}	6.60×10^{4}	1.26×10^{5}	8.05×10^{4}	1.00×10^{5}
	150	80	5	2.136×10^{3}	1.65×10^{-1}	6.14×10^{6}	2.30×10^{6}	5.36×10^{1}	3.28×10^{1}	8.19×10^{4}	5.75×10^{4}	1.07×10^{5}	6.85×10^{4}	8.35×10^{4}
	150	80	4.5	1.937×10^{3}	1.49×10^{-1}	5.63×10^{6}	2.11×10^{6}	5.39×10^{1}	3.30×10^{1}	7.51×10^{4}	5.28×10^{4}	9.71×10^{4}	6.23×10^{4}	7.51×10^{4}
125×125	125	125	6	2.763×10^{3}	2.13×10^{-1}	6.41×10^{6}	6.41×10^{6}	4.82×10^{1}	4.82×10^{1}	1.03×10^{5}	1.03×10^{5}	1.28×10^{5}	1.28×10^{5}	1.17×10^{7}
	125	125	5	2.336×10^{3}	1.79×10^{-1}	5.53×10^{6}	5.53×10^{6}	4.87×10^{1}	4.87×10^{1}	8.85×10^{4}	8.85×10^{4}	1.08×10^{5}	1.08×10^{5}	9.77×10^{6}
	125	125	4.5	2.117×10^{3}	1.63×10^{-1}	5.06×10^{6}	5.06×10^{6}	4.89×10^{1}	4.89×10^{1}	8.10×10^{4}	8.10×10^{4}	9.81×10^{4}	9.81×10^{4}	8.79×10^{6}
	125	125	3.2	1.533×10^{3}	1.18×10^{-1}	3.76×10^{6}	3.76×10^{6}	4.95×10^{1}	4.95×10^{1}	6.02×10^{4}	6.02×10^{4}	7.12×10^{4}	7.12×10^{4}	6.25×10^{6}
125×75	125	75	4	1.495×10^{3}	1.15×10^{-1}	3.11×10^{6}	1.44×10^{6}	4.56×10^{1}	3.10×10^{1}	4.98×10^{4}	3.84×10^{4}	6.37×10^{4}	4.45×10^{4}	5.63×10^{4}
	125	75	3.2	1.213×10^{3}	9.33×10^{-2}	2.57×10^{6}	1.17×10^{6}	4.60×10^{1}	3.11×10^{1}	4.11×10^{4}	3.12×10^{4}	5.17×10^{4}	3.62×10^{4}	4.50×10^{4}
	125	75	2.3	8.852×10^{2}	6.81×10^{-2}	1.92×10^{6}	8.75×10^{5}	4.66×10^{1}	3.14×10^{1}	3.07×10^{4}	2.33×10^{4}	3.78×10^{4}	2.66×10^{4}	3.23×10^{4}
125×40	125	40	2.3	7.242×10^{2}	5.58×10^{-2}	1.31×10^{6}	2.16×10^{5}	4.25×10^{1}	1.73×10^{1}	2.10×10^{4}	1.08×10^{4}	2.80×10^{4}	1.23×10^{4}	1.12×10^{4}
	125	40	1.6	5.112×10^{2}	3.93×10^{-2}	9.44×10^{5}	1.58×10^{5}	4.30×10^{1}	1.76×10^{1}	1.51×10^{4}	7.90×10^{3}	1.98×10^{4}	8.76×10^{3}	7.76×10^{3}
100×100	100	100	4.5	1.667×10^{3}	1.28×10^{-1}	2.49×10^{6}	2.49×10^{6}	3.86×10^{1}	3.86×10^{1}	4.98×10^{4}	4.98×10^{4}	6.16×10^{4}	6.16×10^{4}	4.50×10^{6}
	100	100	4	1.495×10^{3}	1.15×10^{-1}	2.26×10^{6}	2.26×10^{6}	3.89×10^{1}	3.89×10^{1}	4.52×10^{4}	4.52×10^{4}	5.53×10^{4}	5.53×10^{4}	4.00×10^{6}
	100	100	3.2	1.213×10^{3}	9.33×10^{-2}	1.87×10^{6}	1.87×10^{6}	3.93×10^{1}	3.93×10^{1}	3.74×10^{4}	3.74×10^{4}	4.50×10^{4}	4.50×10^{4}	3.20×10^{6}
	100	100	2.3	8.852×10^{2}	6.81×10^{-2}	1.40×10^{6}	1.40×10^{6}	3.98×10^{1}	3.98×10^{1}	2.80×10^{4}	2.80×10^{4}	3.29×10^{4}	3.29×10^{4}	2.30×10^{6}
100×50	100	50	3.2	8.927×10^{2}	6.87×10^{-2}	1.12×10^{6}	3.80×10^{5}	3.54×10^{1}	2.06×10^{1}	2.24×10^{4}	1.52×10^{4}	2.95×10^{4}	1.80×10^{4}	2.13×10^{4}
	100	50	2.3	6.552×10^{2}	5.04×10^{-2}	8.48×10^{5}	2.90×10^{5}	3.60×10^{1}	2.10×10^{1}	1.70×10^{4}	1.16×10^{4}	2.17×10^{4}	1.33×10^{4}	1.53×10^{4}
100×40	100	40	2.3	6.092×10^{2}	4.68×10^{-2}	7.39×10^{5}	1.75×10^{5}	3.48×10^{1}	1.69×10^{1}	1.48×10^{4}	8.75×10^{3}	1.95×10^{4}	1.01×10^{4}	1.05×10^{4}
	100	40	1.6	4.312×10^{2}	3.31×10^{-2}	5.35×10^{5}	1.29×10^{5}	3.52×10^{1}	1.73×10^{1}	1.07×10^{4}	6.45×10^{3}	1.38×10^{4}	7.23×10^{3}	7.31×10^{3}
100×20	100	20	2.3	5.172×10^{2}	3.98×10^{-2}	5.19×10^{5}	3.64×10^{4}	3.17×10^{1}	8.39×10^{0}	1.04×10^{4}	3.64×10^{3}	1.50×10^{4}	4.34×10^{3}	3.07×10^{3}
	100	20	1.3	3.672×10^{2}	2.82×10^{-2}	3.81×10^{5}	2.78×10^{4}	3.22×10^{1}	8.70×10^{0}	7.62×10^{3}	2.78×10^{3}	8.73×10^{3}	2.63×10^{3}	1.73×10^{3}
90×90	90	90	3.2	1.085×10^{3}	8.34×10^{-2}	1.35×10^{6}	1.35×10^{6}	3.53×10^{1}	3.53×10^{1}	3.00×10^{4}	3.00×10^{4}	3.62×10^{4}	3.62×10^{4}	2.33×10^{6}
	90	90	2.3	7.932×10^{2}	6.11×10^{-2}	1.01×10^{6}	1.01×10^{6}	3.57×10^{1}	3.57×10^{1}	2.24×10^{4}	2.24×10^{4}	2.65×10^{4}	2.65×10^{4}	1.68×10^{6}
90×45	90	45	3.2	7.967×10^{2}	6.13×10^{-2}	8.02×10^{5}	2.70×10^{5}	3.17×10^{1}	1.84×10^{1}	1.78×10^{4}	1.20×10^{4}	2.37×10^{4}	1.44×10^{4}	1.73×10^{4}
	90	45	2.6	6.576×10^{2}	5.06×10^{-2}	6.77×10^{5}	2.29×10^{5}	3.21×10^{1}	1.87×10^{1}	1.50×10^{4}	1.02×10^{4}	1.96×10^{4}	1.20×10^{4}	1.40×10^{4}
	90	45	2.3	5.862×10^{2}	4.51×10^{-2}	6.10×10^{5}	2.08×10^{5}	3.23×10^{1}	1.88×10^{1}	1.36×10^{4}	9.24×10^{3}	1.75×10^{4}	1.07×10^{4}	1.24×10^{4}

(표 계속)

표준단면치수(mm)				단면적 (mm^2)	단위중량 (N/mm)	단면2차모멘트 (mm^4)		단면2차반경 (mm)		탄성단면계수 (mm^3)		소성단면계수 (mm^3)		비틀림상수 (mm^4)
호칭치수	H	B	t	A	W	I_x	I_y	r_x	r_y	S_x	S_y	Z_x	Z_y	J
80×80	80	80	3,2	$9,567\times10^{2}$	$7,36\times10^{-2}$	$9,27\times10^{5}$	$9,27\times10^{5}$	$3,11\times10^{1}$	$3,11\times10^{1}$	$2,32\times10^{4}$	$2,32\times10^{4}$	$2,83\times10^{4}$	$2,83\times10^{4}$	$1,64\times10^{6}$
75×75	75	75	3,2	$8,927\times10^{2}$	$6,87\times10^{-2}$	$7,55\times10^{5}$	$7,55\times10^{5}$	$2,91\times10^{1}$	$2,91\times10^{1}$	$2,01\times10^{4}$	$2,01\times10^{4}$	$2,48\times10^{4}$	$2,48\times10^{4}$	$1,35\times10^{6}$
	75	75	2,3	$6,552\times10^{2}$	$5,04\times10^{-2}$	$5,71\times10^{5}$	$5,71\times10^{5}$	$2,95\times10^{1}$	$2,95\times10^{1}$	$1,52\times10^{4}$	$1,52\times10^{4}$	$1,82\times10^{4}$	$1,82\times10^{4}$	$9,70\times10^{5}$
75×45	75	45	3,2	$7,007\times10^{2}$	$5,39\times10^{-2}$	$5,08\times10^{5}$	$2,28\times10^{5}$	$2,69\times10^{1}$	$1,80\times10^{1}$	$1,35\times10^{4}$	$1,01\times10^{4}$	$1,79\times10^{4}$	$1,24\times10^{4}$	$1,62\times10^{4}$
	75	45	2,3	$5,172\times10^{2}$	$3,98\times10^{-2}$	$3,89\times10^{5}$	$1,76\times10^{5}$	$2,74\times10^{1}$	$1,84\times10^{1}$	$1,04\times10^{4}$	$7,82\times10^{3}$	$1,32\times10^{4}$	$9,24\times10^{3}$	$1,16\times10^{4}$
	75	45	2	$4,537\times10^{2}$	$3,49\times10^{-2}$	$3,45\times10^{5}$	$1,57\times10^{5}$	$2,76\times10^{1}$	$1,86\times10^{1}$	$9,20\times10^{3}$	$6,98\times10^{3}$	$1,16\times10^{4}$	$8,13\times10^{3}$	$1,01\times10^{4}$
	75	45	1,6	$3,672\times10^{2}$	$2,82\times10^{-2}$	$2,84\times10^{5}$	$1,29\times10^{5}$	$2,78\times10^{1}$	$1,87\times10^{1}$	$7,57\times10^{3}$	$5,73\times10^{3}$	$9,41\times10^{3}$	$6,61\times10^{3}$	$8,10\times10^{3}$
75×20	75	20	2,3	$4,022\times10^{2}$	$3,10\times10^{-2}$	$2,37\times10^{5}$	$2,73\times10^{4}$	$2,43\times10^{1}$	$8,24\times10^{0}$	$6,32\times10^{3}$	$2,73\times10^{3}$	$9,04\times10^{3}$	$3,33\times10^{3}$	$2,91\times10^{3}$
	75	20	1,3	$2,872\times10^{2}$	$2,21\times10^{-2}$	$1,76\times10^{5}$	$2,10\times10^{4}$	$2,48\times10^{1}$	$8,55\times10^{0}$	$4,69\times10^{3}$	$2,10\times10^{3}$	$5,32\times10^{3}$	$2,02\times10^{3}$	$1,64\times10^{3}$
60×60	60	60	3,2	$7,007\times10^{2}$	$5,39\times10^{-2}$	$3,69\times10^{5}$	$3,69\times10^{5}$	$2,29\times10^{1}$	$2,29\times10^{1}$	$1,23\times10^{4}$	$1,23\times10^{4}$	$1,55\times10^{4}$	$1,55\times10^{4}$	$6,91\times10^{5}$
	60	60	2,3	$5,175\times10^{2}$	$3,98\times10^{-2}$	$2,83\times10^{5}$	$2,83\times10^{5}$	$2,34\times10^{1}$	$2,34\times10^{1}$	$9,43\times10^{3}$	$9,43\times10^{3}$	$1,15\times10^{4}$	$1,15\times10^{4}$	$4,97\times10^{5}$
	60	60	1,6	$3,672\times10^{2}$	$2,82\times10^{-2}$	$2,07\times10^{5}$	$2,07\times10^{5}$	$2,37\times10^{1}$	$2,37\times10^{1}$	$6,90\times10^{3}$	$6,90\times10^{3}$	$8,19\times10^{3}$	$8,19\times10^{3}$	$3,46\times10^{5}$
60×30	60	30	3,2	$5,087\times10^{2}$	$3,91\times10^{-2}$	$2,14\times10^{5}$	$7,08\times10^{4}$	$2,05\times10^{1}$	$1,18\times10^{1}$	$7,13\times10^{3}$	$4,72\times10^{3}$	$1,00\times10^{4}$	$6,04\times10^{3}$	$7,68\times10^{3}$
	60	30	2,3	$3,792\times10^{2}$	$2,92\times10^{-2}$	$1,68\times10^{5}$	$5,65\times10^{4}$	$2,10\times10^{1}$	$1,22\times10^{1}$	$5,60\times10^{3}$	$3,77\times10^{3}$	$7,51\times10^{3}$	$4,56\times10^{3}$	$5,52\times10^{3}$
	60	30	1,6	$2,712\times10^{2}$	$2,09\times10^{-2}$	$1,25\times10^{5}$	$4,25\times10^{4}$	$2,15\times10^{1}$	$1,25\times10^{1}$	$4,17\times10^{3}$	$2,83\times10^{3}$	$5,38\times10^{3}$	$3,30\times10^{3}$	$3,84\times10^{3}$
50×50	50	50	3,2	$5,727\times10^{2}$	$4,41\times10^{-2}$	$2,04\times10^{5}$	$2,04\times10^{5}$	$1,89\times10^{1}$	$1,89\times10^{1}$	$8,16\times10^{3}$	$8,16\times10^{3}$	$1,05\times10^{4}$	$1,05\times10^{4}$	$4,00\times10^{5}$
	50	50	2,3	$4,252\times10^{2}$	$3,27\times10^{-2}$	$1,59\times10^{5}$	$1,59\times10^{5}$	$1,93\times10^{1}$	$1,93\times10^{1}$	$6,36\times10^{3}$	$6,36\times10^{3}$	$7,86\times10^{3}$	$7,86\times10^{3}$	$2,88\times10^{5}$
	50	50	1,6	$3,032\times10^{2}$	$2,33\times10^{-2}$	$1,17\times10^{5}$	$1,17\times10^{5}$	$1,96\times10^{1}$	$1,96\times10^{1}$	$4,68\times10^{3}$	$4,68\times10^{3}$	$5,62\times10^{3}$	$5,62\times10^{3}$	$2,00\times10^{5}$
50×20	50	20	2,3	$2,872\times10^{2}$	$2,21\times10^{-2}$	$8,00\times10^{4}$	$1,83\times10^{4}$	$1,67\times10^{1}$	$7,98\times10^{0}$	$3,20\times10^{3}$	$1,83\times10^{3}$	$4,56\times10^{3}$	$2,31\times10^{3}$	$2,63\times10^{3}$
	50	20	1,6	$2,072\times10^{2}$	$1,60\times10^{-2}$	$6,08\times10^{4}$	$1,42\times10^{4}$	$1,71\times10^{1}$	$8,28\times10^{0}$	$2,43\times10^{3}$	$1,42\times10^{3}$	$3,30\times10^{3}$	$1,70\times10^{3}$	$1,83\times10^{3}$

부 2 . 고력볼트의 설계강도

부 표 2.1 지압접합된 고력볼트의 설계강도

종류	볼트 호칭지름 (mm)	볼트 축지름 (mm)	볼트 구멍지름 (mm)	공칭 단면적 (mm^2)	설계인장 강도 (N)	설계전단강도(N)			
						1면전단		2면전단	
						나사부가 전단면에 있을 때	나사부가 전단면에 없을 때	나사부가 전단면에 있을 때	나사부가 전단면에 없을 때
F13T	M16	16	18	2.01×10^2	1.47×10^5	7.84×10^4	9.80×10^4	1.57×10^5	1.96×10^5
	M20	20	22	3.14×10^2	2.30×10^5	1.22×10^5	1.53×10^5	2.45×10^5	3.06×10^5
	M22	22	24	3.80×10^2	2.78×10^5	1.48×10^5	1.85×10^5	2.96×10^5	3.71×10^5
	M24	24	26	4.52×10^2	3.31×10^5	1.76×10^5	2.20×10^5	3.53×10^5	4.41×10^5
F10T	M16	16	18	2.01×10^2	1.13×10^5	6.03×10^4	7.54×10^4	1.21×10^5	1.51×10^5
	M20	20	22	3.14×10^2	1.77×10^5	9.42×10^4	1.18×10^5	1.88×10^5	2.36×10^5
	M22	22	24	3.80×10^2	2.14×10^5	1.14×10^5	1.43×10^5	2.28×10^5	2.85×10^5
	M24	24	26	4.52×10^2	2.54×10^5	1.36×10^5	1.70×10^5	2.71×10^5	3.39×10^5
F8T	M16	16	18	2.01×10^2	9.05×10^4	4.82×10^4	6.03×10^4	9.65×10^4	1.21×10^5
	M20	20	22	3.14×10^2	1.41×10^5	7.54×10^4	9.42×10^4	1.51×10^5	1.88×10^5
	M22	22	24	3.80×10^2	1.71×10^5	9.12×10^4	1.14×10^5	1.82×10^5	2.28×10^5
	M24	24	26	4.52×10^2	2.03×10^5	1.08×10^5	1.36×10^5	2.17×10^5	2.71×10^5

부 표 2.2 계수하중에 대한 고력볼트의 설계미끄럼강도(블라스트 후 페인트칠하지 않은 표준구멍일 경우)

볼트의 등급	볼트의 호칭	공칭단면적 (mm^2)	설계볼트장력 T_0(kN)	표준볼트장력 1.1 T_0(kN)	설계미끄럼강도(kN)	
					1면 전단	2면 전단
F8T	M16	2.01×10^2	84	93	35.7	71.4
	M20	3.14×10^2	132	146	56.1	112.2
	M22	3.80×10^2	160	176	68.0	136.0
	M24	4.52×10^2	190	209	80.8	161.5
F10T	M16	2.01×10^2	106	117	45.1	90.1
	M20	3.14×10^2	165	182	70.1	140.3
	M22	3.80×10^2	200	220	85.0	170.0
	M24	4.52×10^2	237	261	100.7	201.5
F13T	M16	2.01×10^2	137	151	58.2	116.5
	M20	3.14×10^2	214	236	91.0	181.9
	M22	3.80×10^2	269	285	110.1	220.2
	M24	4.52×10^2	308	339	130.9	261.8

설계볼트장력은 볼트인장강도의 0.7배에 볼트 유효단면적을 곱한 값
볼트의 유효단면적은 공칭단면적의 0.75배

부 3 . 고력볼트의 피치 및 게이지 표준

부 표 3.1 형강의 게이지(mm)

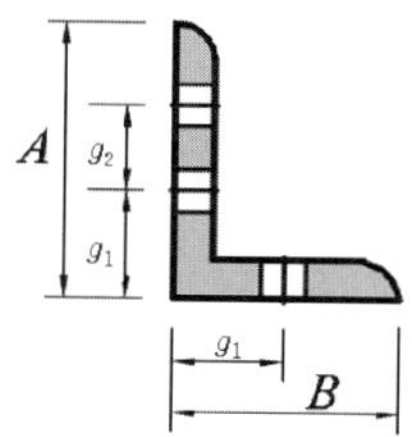

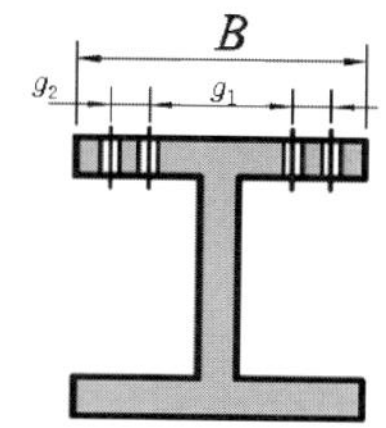

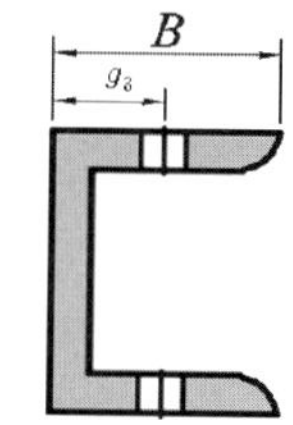

H 혹은 B	g_1	g_2	최대축지름	B	g_1	g_2	최대축지름	B	g_3	최대축지름
40	22		10	100[2]	60		16	40	24	10
45	25		12	125	75		16	50	30	12
50[2]	30		16	150	90		22	65	35	20
60	35		16	175	105		22	70	40	20
65	35		20	200	120		24	75	40	22
70	40		20	250	150		24	80	45	22
75	40		22	300[1]	150	40	24	90	50	24
80	45		22	350	140	70	24	100	55	24
90	50		24	400	140	90	24			
100	55		24							
125	50	35	24							
130	50	40	24							
150	55	55	24							
175	60	70	24							
200	60	90	24							

1) $B=300$은 엇모배치로 한다.
2) g 및 최대축지름의 값은 강도상 지장이 없을 때 최소연단거리의 규정에 불구하고 사용할 수 있다.

부 표 3.2 피치(mm)

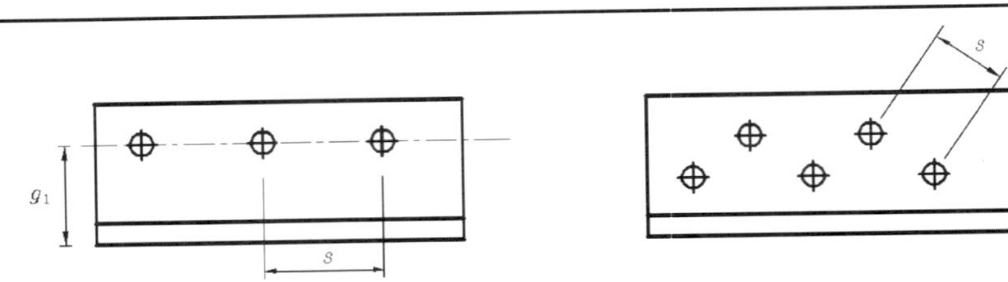

축지름 d		10	12	16	20	22	24	28
피치 s	표준	40	50	60	70	80	90	100
	최소	25	30	40	50	55	60	70

부 표 3.3 엇모배치의 게이지와 피치(mm)

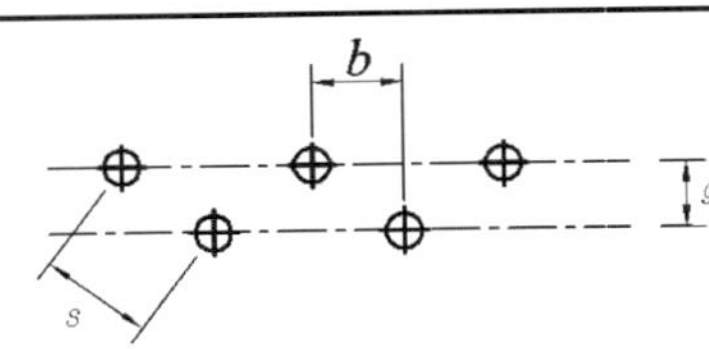

g	b		
	축 지 름		
	16	20	22
	$s=48$	$s=63$	$s=66$
35	33	49	56
40	27	45	53
45	17	40	48
50		33	43
55		25	37
60			26
65			12

부 표 3.4 형강에 대한 엇모배치(mm)

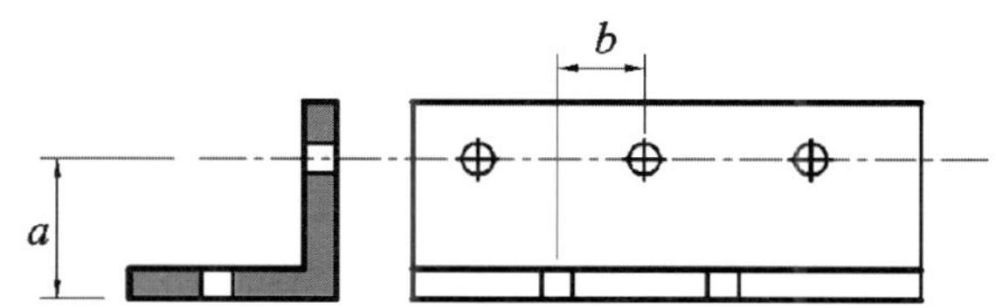

a	b 축 지 름 16	b 축 지 름 20	b 축 지 름 22	a	b 축 지 름 16	b 축 지 름 20	b 축 지 름 22
21	25	30	36	32	8	19	26
22	25	30	35	33		17	25
23	24	29	35	34		15	24
24	23	28	34	35		12	22
25	22	27	33	36		9	21
26	20	26	32	37			19
27	19	25	32	38			17
28	17	24	31	39			14
29	16	23	30	40			11
30	14	22	29	41			6
31	11	20	28	42			

기 호

A : 단면적(mm^2)

A_B : 콘크리트의 재하면적(mm^2)

A_b : 볼트의 공칭단면적(mm^2)

A_c : 콘크리트의 단면적(mm^2)

A_e : 유효순단면적(mm^2)

A_g : 총단면적(mm^2)

A_{gt} : 인장저항 총단면적(mm^2)

A_{gt} : 플랜지 이음판 소요총단면적(mm^2)

A_{gv} : 전단저항 총단면적(mm^2)

A_n : 순단면적(mm^2)

A_{nt} : 인장저항 순단면적(mm^2)

A_{nv} : 전단저항 순단면적(mm^2)

A_{nv} : 웨브 이음판의 소요순단면적(mm^2)

A_r : 슬래브의 유효폭 내에 있는 철근의 단면적(mm^2)

A_s : 강재보의 단면적(mm^2)

A_{sc} : 스터드 연결재의 단면적(mm^2)

A_{sr} : 주철근의 단면적, mm^2

A_w : 용접유효단면적(mm^2)

A_w : 웨브의 단면적(mm^2)

A_1 : 베이스 플레이트 면적(mm^2)

A_2 : 콘크리트 주각부 전단면적(mm^2)

a : 접합재 사이의 길이(mm)

a : 콘크리트 응력블록의 춤

a_r : 슬래브 하단부터 철근 중심까지의 거리(mm)

a/r_i : 개재의 세장비

a/r_{ib} : 부재좌굴축과 나란한 개재도심축에 대한 개재의 세장비

B : 형강단면의 폭

B_1 : 부재효과($P\delta$ effect)에 따른 확대계수(magnification factor)

B_2 : 골조효과($P\Delta$ effect)에 따른 확대계수

b : 보의 간격

b' : 보 중심선에서 슬래브 끝단까지의 거리

b_e : 콘크리트 슬래브의 유효 폭(mm)

b_f : 플랜지의 폭

b_l : ㄱ형강의 긴쪽다리의 길이(mm)

b_s : ㄱ형강의 짧은쪽다리의 길이(mm)

C_b : 횡좌굴모멘트 수정계수(Lateral- torsional buckling modification factor)

C_e : 슬래브의 유효압축력

C_f : 완전합성보의 콘크리트 슬래브의 압축력(N)

C_m : 수정계수(modification factor)

C_w : 뒤틀림 상수(warping constant, mm^6)

c : 개재의 중심간 거리(mm)

d : 볼트 공칭직경(mm)

d : 볼트 구멍의 직경(mm)

d : 스터드 연결재의 직경(mm)

d : 응력을 계산하고자하는 지점에서 볼트 면적의 중심까지의 거리(mm)

E : 강재의 탄성계수(elastic modulus, N/mm^2)

E_c : 콘크리트의 탄성계수(N/mm^2)

E_e : 크리프 변형을 고려한 콘크리트의 유효 탄성계수(N/mm^2)

E_{sh} : 변형도경화계수(strain hardening modulus, N/mm^2)

E_t : 접선계수(N/mm^2)

F : 발생한 마찰력

F_e : 탄성좌굴응력(N/mm^2)

F_n : 공칭강도(N/mm^2)

F_{nt} : 공칭인장응력(N/mm^2)

F_{nv} : 공칭전단응력(N/mm^2)

F_u : 인장강도(N/mm^2)

F_{ub} : 볼트재료의 인장강도(N/mm^2)

F_w : 용접모재의 공칭강도(N/mm^2)

F_y : 강재의 항복강도(N/mm^2)

F_{yf} : 플랜지 항복강도(N/mm^2)

F_{yr} : 철근의 항복강도(N/mm^2)

F_{yw} : 웨브의 항복강도(N/mm^2)

f_{ck} : 콘크리트의 설계기준압축강도(N/mm^2)

G : 전단탄성계수(shearing modulus of elasticity)

g : 파스너 게이지선 사이의 응력 수직방향 중심간격(mm)

H : H형강 단면의 전체 춤(mm)

h : 개재의 좌굴축간 거리(mm)

h_o : 상하부 플랜지간 중심거리(mm)

h_r : 데크플레이트 리브의 높이(mm)

h_{sc} : 구멍치수 계수

I : 단면2차모멘트(mm^4)

I_c : 콘크리트 단면의 단면2차모멘트(mm^4)

I_{eff} : 난변의 유효단면2차모멘트(mm^4)

I_s : 강재단면의 단면2차모멘트(mm^4)

I_{sr} : 철근단면의 단면2차모멘트(mm^4)

I_{tr} : 균열이 없는 완전합성 환산단면의 단면 2차모멘트(mm^4)

I_x, I_y : 주축에 대한 단면2차모멘트(mm^4)

I_{yc} : y축에 대한 압축플랜지의 단면2차모멘트 또는 복곡률의 경우 압축플랜지 중 작은쪽 플랜지의 단면2차모멘트(mm^4)

J : 비틀림상수(torsional constant, mm^4)

J : 중심에 대한 볼트면적의 극단면2차모멘트(mm^4)

K : 부재의 유효좌굴길이계수

K_1 : 횡방향으로 구속된 골조에 대해 산정한 휨평면에 대한 유효좌굴길이계수

K_z : 비틀림좌굴에 대한 유효좌굴길이계수

KL : 유효좌굴길이

k : 재료 및 단부조건에 따라서 결정되는 상수

k : 플랜지 표면에서 웨브 필릿 선단까지의 거리(mm)

L : 표점거리(mm),

L : 부재의 길이(mm)

L_b : 보의 지지길이(mm)

L_c : ㄷ형강 전단연결재의 길이(mm)

L_c : 구멍 끝에서 부재연단까지 또는 다음구멍까지의 실거리(mm)

L_e : 연단거리(edge distance, mm)

L_p : 소성한계지지길이(mm)

L_r : 탄성한계지지길이(mm)

L/r : 세장비

l_c 또는 N : 집중력이 작용하는 폭(k 이상일 것, mm)

M_1 : 작은 쪽 재단모멘트(N·mm)

M_2 : 큰 쪽 재단모멘트(N·mm)

M_A : 지지구간에서 1/4지점의 모멘트 절대값(N·mm)

M_B : 지지구간에서 중앙점 모멘트의 절대값(N·mm)

M_C : 지지구간에서 3/4지점의 모멘트 절대값(N·mm)

M_c : 휨재의 설계기준에 의한 설계휨강도(N·mm)

M_d : 설계휨강도(N·mm)

M_{lt} : 골조의 횡변위에 의한 1차모멘트(N·mm)

M_{max} : 지지구간에서 최대모멘트의 절대값(N·mm)

M_n : 공칭휨강도(N·mm)

M_{nt} : 횡변위가 없다고 생각할 때의 1차모멘트(first order moment, N·mm)

M_p : 소성모멘트(plastic moment, N·mm)

M_{ps} : 강재보의 소성모멘트($=Z_pF_y$, N·mm)

M_r : 2차효과가 고려된 소요휨강도(N·mm)

M_u : 계수하중하의 소요휨강도(N·mm)

M_y : 항복모멘트(yield moment, N·mm)

N_s : 미끄럼면의 수

N_b : 인장력을 받는 볼트의 수

n : 인장력에 의한 파단선상에 있는 구멍의 개수

n : 탄성계수비

n : 전단연결재의 소요개수

P : 평행부길이(mm)

P : 조인트에 작용하는 전단력, 플레이트에 작용하는 면내 축하중 ⇨ 작용축하중

P_o : 세장효과를 고려하지 않은 공칭압축강도(N)

P_c : 압축재의 설계기준에 의한 설계압축강도(N)

P_{cr} : 좌굴하중(N)

$P_{e1}=\pi^2EI/L^2$: 오일러 좌굴하중(N)

P_{lt} : 횡변위에 의한 소요압축강도(N)

P_n : 공칭강도(N)

P_{nt} : 횡변위가 없다고 생각할 때의 소요압축강도(N)

P_p : 공칭압축강도(N)

P_r : 등가계수하중(reduced modulus or double modulus load)

P_t : 접선계수하중(tangent modulus load)

P_t : 설계인장강도(N)

P_u : 소요인장력

P_r : 소요압축강도(N)

P_r : 소요인장강도(N)

P_r : 작용축하중

Q_n : 콘크리트 슬래브에 매입된 전단연결재 1개의 공칭강도

R : 회전능력계수

R_g, R_q : 스터드와 데크플레이트의 결합구조에 따른 감소계수

R_m : 단면의 대칭성을 나타낸 형상계수

R_n : 플랜지 공칭 국부휨강도(N)

R_n : 웨브의 공칭 국부항복강도(N)

R_n : 공칭강도

R_a : 소요강도

r : 좌굴축에 대한 단면2차반경(mm)

r_i : 개재의 최소 단면2차반경(mm)

r_{ib} : 부재좌굴축과 나란한 개재도심축에 대한 개재의 단면2차반경(mm)

$\bar{r}_0$: 전단중심에 대한 극2차반경(mm)

r_x : 접합된 다리의 단면2차반경(mm)

r_y : y축에 대한 단면2차반경(mm)

r_z : 약축(minor principal axis)에 대한 단면2차반경(mm)

r_{yb} : 개재의 도심축(yb축)에 대한 단면2차반경(mm)

S : 탄성단면계수(mm^3)

S : 단면1차모멘트(mm^3)

S : 조인트의 미끄럼 저항(slip resistane)

S_1 : y_1에서 y_2에 이르는 단면의 중립축에 대한 단면1차모멘트(mm^3)

s : 인접한 2개 구멍의 응력방향 중심간격(mm)

s : 피치

s : 필릿 치수

T_0 : 볼트도입장력(N)

T_b : 설계볼트장력(N)

T_s : 비틀림모멘트(N·mm)

t : 부재의 판두께(mm)

t : 피접합재의 두께(mm)

t_c : 콘크리트 슬래브의 유효두께(mm)

t_f : 플랜지 두께(mm)

t_w : 웨브의 두께(mm)

U : 감소계수(reduction coefficient) 또는 전단지연계수(shear lag factors)

V : 기둥에 작용하는 전단력(N)

V' : 시어커넥터에 의해 전달되는 전단력(N)

V_n : 공칭전단강도(N)

V_u : 소요전단강도(N)

v : 전단응력

W : 폭(mm)

w_r : 콘크리트 리브 또는 헌치의 평균폭(mm)

x_0, y_0 : 단면중심에 대한 전단중심의 좌표(mm)

Y : 보의 처짐길이

y : 중립축으로부터의 거리

y_p : 소성 중립축 거리

Z : 보 단면의 소성단면계수(mm^3)

Δ_H : 횡력에 의한 층간변위(1차해석시)

ΔL : 늘어난 길이(mm)

δ : 횡방향 변형

γ : 보 표면의 전단변형도

λ_r : 비콤팩트단면의 한계 판폭두께비

λ_p : 콤팩트단면의 한계 판폭두께비

μ : 미끄럼계수

ν : 푸아송비

θ : 비틀림각

ϕ : 보의 곡률

ϕ : 강도저항계수

ϕ_b : 휨에 대한 강도저항계수

ϕ_c : 압축저항계수

ϕ_l : 인장강도저항계수

ϕS_s : 고력볼트의 설계미끄럼 강도

ϕ_t : 인장저항계수

ϕ_v : 전단 저항계수

ξ : 단면의 형상비(shape factor)

Ω : 안전율

ρ_s : 매입합성기둥의 강재단면적비

ρ_{sr} : 주근의 철근비

찾아보기

저자소개

김 덕 재 　중앙대학교 명예교수, 공학박사, 구조기술사
김 용 익 　경기대학교 대우교수, 공학박사, 건축사
(주)태인엔지니어링종합건축사사무소 대표
이 은 택 　중앙대학교 교수, 공학박사
이 한 필 　태 구조연구소 소장, 구조기술사
은 희 창 　강원대학교 교수, 공학박사
최 병 정 　경기대학교 교수, 공학박사
심 현 주 　중앙대학교 연구원, 공학박사

강구조디자인과 모형실험

2010년 3월 5일 1판 1쇄 인쇄
2010년 3월 10일 1판 1쇄 발행

저 자 　김덕재 김용익 이은택 이한필
은희창 최병정 심현주
발행인 　강 해 작
발행처 　기 문 당
주 소 　서울시 성동구 공명길 39
(왕십리동 966-22)
전 화 　02)2295-6171(代)~5
팩 스 　02)2296-8188
출판등록 　1976. 10. 7(1976-2)
홈페이지 　http://기문당
http://www.kimoondang.com
ISBN 　978-89-6225-228-6 93540
정 가 　22,000원